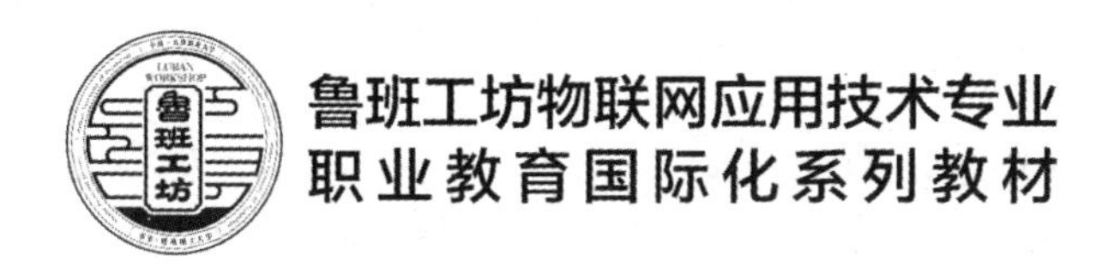

NB-IoT技术原理与应用开发

主　编　崔雁松
副主编　王　彦

電子工業出版社
Publishing House of Electronics Industry
北京・BEIJING

内 容 简 介

本书主要由基础理论篇和应用开发篇两大部分组成。基础理论篇共 6 章内容，旨在为读者积累必备的物联网和 NB-IoT 理论知识，同时为学习后面的应用开发篇打下良好的理论基础。基础理论篇第 1 章，主要介绍了物联网的分层架构、协议架构和物联网各层的关键技术。无论之前是否接触过物联网，通过本章的学习都能对物联网有一个笼统的认识。第 2 章～第 5 章按照由简到繁、由易到难的顺序讲述了 NB-IoT 网络和技术。第 6 章简单介绍了 NB-IoT 开发所需资源、NB-IoT 开发基本流程方法，以及华为 NB-IoT 全栈式实验箱的结构组成。第 6 章对本书应用开发篇起到衔接和引领作用。应用开发篇由 5 个实验项目组成，遵循由浅入深、由易到难的顺序。同时，每个实验项目都由必备知识、实验准备、实验任务、任务执行结果解析和思考题五个部分构成。建议先按照操作步骤和实验要求完成实验任务，在完成实验任务后或者当确实遇到问题不能完成实验任务时，再查看任务执行结果解析。由于每个实验项目都有必备知识讲解，所以本书整体上既可以采取理论和实验穿插结合的方式进行学习和授课，也可以先把基础理论篇学习完，再统一开展实验部分。

本书既适用于高等职业院校物联网或通信技术等相关专业中、高年级学生使用，也可作为 NB-IoT 初级从业人员的技术参考用书。

图书在版编目（CIP）数据

NB-IoT 技术原理与应用开发 / 崔雁松主编. —北京：电子工业出版社，2023.6

ISBN 978-7-121-45288-8

Ⅰ. ①N… Ⅱ. ①崔… Ⅲ. ①互联网络－应用 ②智能技术－应用 Ⅳ. ①TP393.4 ②TP18

中国国家版本馆 CIP 数据核字（2023）第 049925 号

责任编辑：张　凌　　　　特约编辑：田学清
印　　刷：天津画中画印刷有限公司
装　　订：天津画中画印刷有限公司
出版发行：电子工业出版社
　　　　　北京市海淀区万寿路 173 信箱　　　　邮编：100036
开　　本：787×1 092　1/16　印张：16.25　字数：405.6 千字
版　　次：2023 年 6 月第 1 版
印　　次：2023 年 6 月第 1 次印刷
定　　价：68.00 元

凡所购买电子工业出版社图书有缺损问题，请向购买书店调换。若书店售缺，请与本社发行部联系，联系及邮购电话：（010）88254888，88258888。

质量投诉请发邮件至 zlts@phei.com.cn，盗版侵权举报请发邮件至 dbqq@phei.com.cn。

本书咨询联系方式：（010）88254583，zling@phei.com.cn。

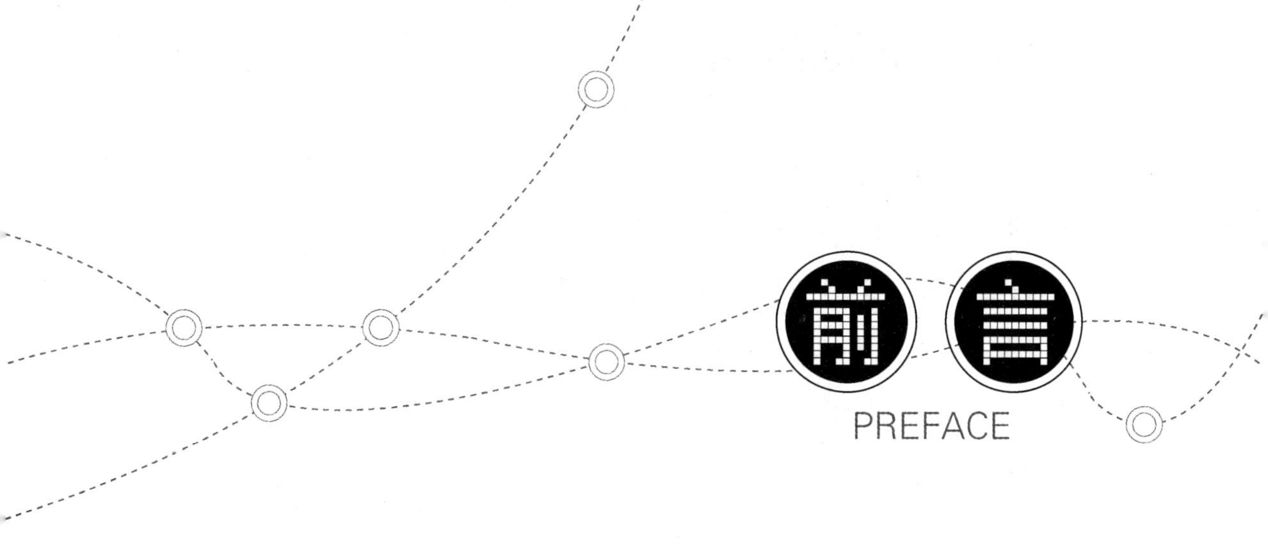

前言

PREFACE

2005年11月27日，国际电信联盟（ITU）在突尼斯举行的信息社会世界峰会上正式提出了物联网的概念。经过十余年的发展，物联网由最初的概念炒作，逐渐开始商业落地。2017年，全球物联网发展进入快车道。我国自2009年提出“感知中国”的理念之后，物联网概念为国人大众所认识和关注。继而，在2010年10月10日出台的《国务院关于加快培育和发展战略性新兴产业的决定》中，物联网作为新一代信息技术中的重要一项，成为国家首批加快培育的七个战略性新兴产业之一。这标志着物联网已被列入我国国家发展战略。自此，国家、行业、地方政府纷纷斥巨资，大力推动物联网的发展，物联网产业联盟、物联网应用示范项目陆续建立。近年来，我国的物联网产业得到长足的发展，公共事业、智慧城市、智能家居、车联网等物联网业务得到广泛应用。习近平总书记在二十大报告中明确指出要加快发展物联网。LPWA（低功耗广域）技术成为物联网网络技术的主力军，作为LPWA四大成员之一的NB-IoT技术得到全球众多运营商的认可和支持，有后来居上的发展态势。

从2016年开始，天津市作为现代职业教育改革创新示范区，在“一带一路”沿线国家搭建“鲁班工坊”平台，把优秀职业教育成果输出国门与世界分享，成为我国职业教育服务“一带一路”倡议、与世界对话、交流的实体桥梁。2018年，国家主席习近平在中非合作论坛开幕式上提出，将在非洲设立10个“鲁班工坊”，向非洲青年提供职业技能培训。

经过近半年时间的接洽和筹备，天津职业大学与南非德班理工大学共同建立的南非鲁班工坊于 2019 年 12 月 16 日正式揭牌运营。物联网应用技术专业是南非鲁班工坊首期建设的两个专业之一，并于 2021 年 8 月立项成为第二批国家级职业教育教师教学创新团队。

本书正是在此背景下，经过作者多年教学经验的积累，以及三年时间的不断深入学习和反复修改，最终编写而成。

本书整体采用新型立体化活页式教材设计理念，在理论知识和实验任务的呈现上，结合数字化特色资源设计，通过二维码形式，链接到课件、微课视频、习题，以及各种实验资源中，加强了本书同读者的联系，降低了学习难度。

本书第 2 章由王彦编写，其余部分由崔雁松编写，本书由崔雁松统稿。

本书在编写过程中，得到了浙江华为培训中心多位工程师的大力指导和帮助，在此表示诚挚的谢意！

由于作者时间和水平有限，书中难免有疏漏之处，恳请广大读者批评指正。

编　者

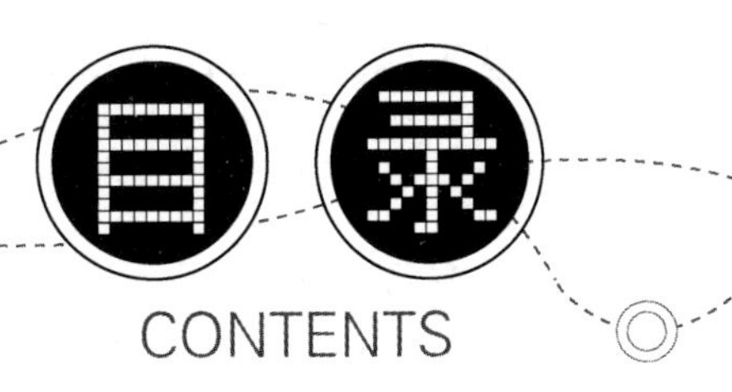

第 1 部分　NB-IoT 基础理论篇

第 1 章　物联网概述......2

1.1　物联网的诞生......2
1.2　物联网发展概况......3
1.3　物联网分层架构......6
1.4　物联网协议架构......8
1.5　物联网关键技术......10
习题 1......30

第 2 章　NB-IoT 网络架构......32

2.1　网络整体架构......32
2.2　网元功能......33
2.3　接口协议栈......35
2.4　基本数据传输方式......37
习题 2......38

第 3 章　NB-IoT 空中接口......39

3.1　NB-IoT 空口协议栈......40
3.2　NB-IoT 空口物理层......47
3.3　NB-IoT 空口物理信道......50

3.4 功率控制 61
3.5 HARQ 过程 63
习题 3 64
第 4 章 NB-IoT 特性实现 65
4.1 覆盖增强 65
4.2 海量连接 69
4.3 低功耗 71
4.4 低成本 77
习题 4 77
第 5 章 NB-IoT 关键信令流程 79
5.1 系统消息调度 79
5.2 小区选择和重选 81
5.3 附着与去附着 87
5.4 跟踪区更新 101
5.5 数据传输流程 104
习题 5 109
第 6 章 NB-IoT 应用开发概述 110
6.1 获取开发资源 110
6.2 基本的应用开发方法 112
6.3 华为 NB-IoT 全栈式实验箱 114
习题 6 120

第 2 部分 NB-IoT 应用开发篇

项目 1 NB-IoT 模组常用 AT 指令 122
1.1 必备知识 122
1.2 实验准备 124
1.3 实验任务 128
1.4 任务执行结果解析 130

思考题 1......133

项目 2 NB-IoT 模组指令入网设计......134

2.1 必备知识......134

2.2 实验准备......137

2.3 实验任务......139

2.4 任务执行结果解析......145

思考题 2......146

项目 3 NB-IoT 终端和云平台对接......147

3.1 必备知识......147

3.2 实验准备......155

3.3 实验任务......156

3.4 任务执行结果解析......179

思考题 3......182

项目 4 终端日志分析......183

4.1 必备知识......183

4.2 实验准备......201

4.3 实验任务......205

4.4 任务执行结果解析......211

思考题 4......217

项目 5 CoAP 协议分析......218

5.1 必备知识......218

5.2 实验准备......229

5.3 实验任务......239

5.4 任务执行结果解析......242

思考题 5......244

缩略语......245

参考文献......252

本书配套资源（分章节）

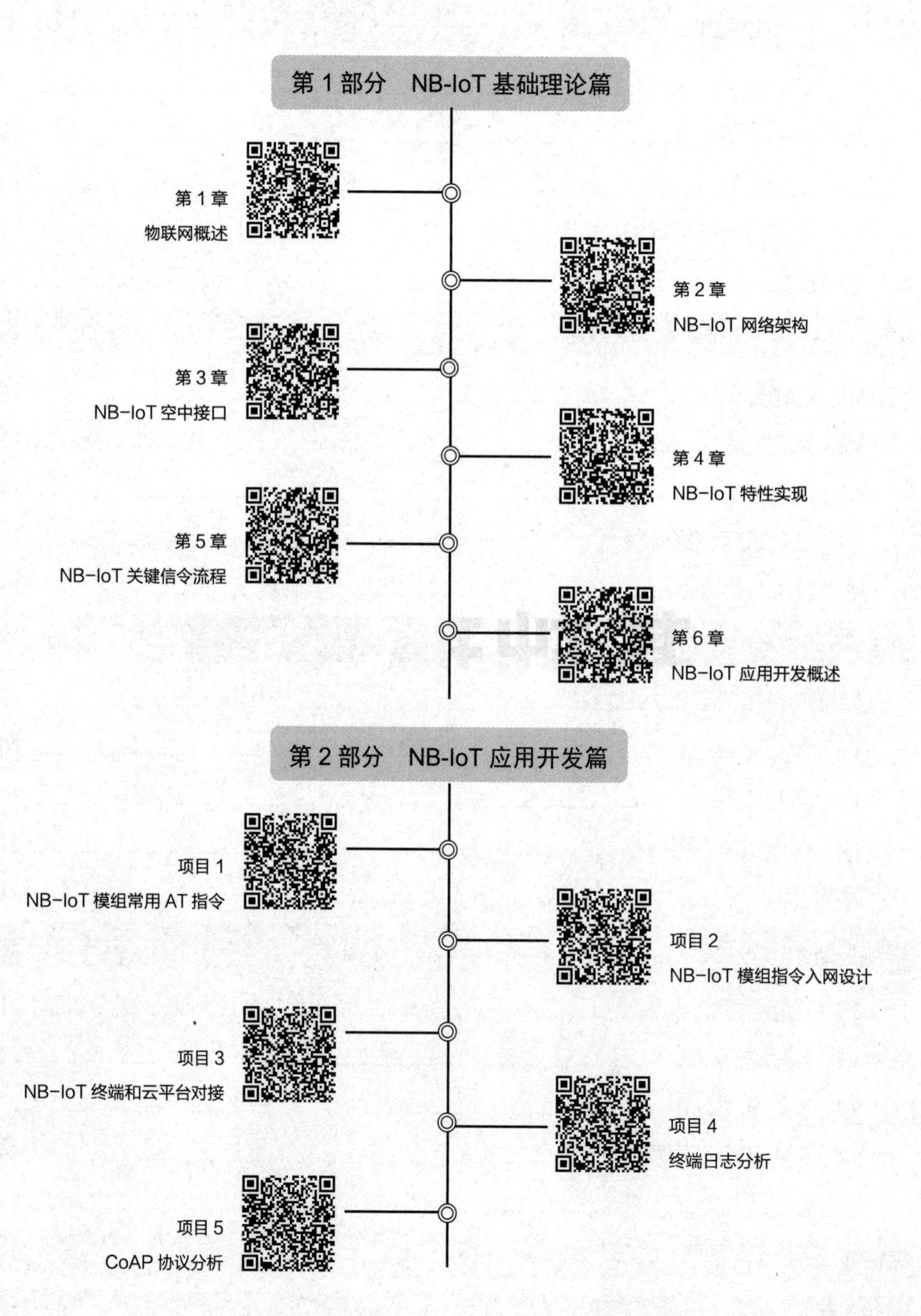

第 1 部分　NB-IoT 基础理论篇
第 1 章
物联网概述
第 2 章
NB-IoT 网络架构
第 3 章
NB-IoT 空中接口
第 4 章
NB-IoT 特性实现
第 5 章
NB-IoT 关键信令流程
第 6 章
NB-IoT 应用开发概述
第 2 部分　NB-IoT 应用开发篇
项目 1
NB-IoT 模组常用 AT 指令
项目 2
NB-IoT 模组指令入网设计
项目 3
NB-IoT 终端和云平台对接
项目 4
终端日志分析
项目 5
CoAP 协议分析

第1部分

NB-IoT 基础理论篇

第1章 物联网概述

本章配套资源

NB-IoT 是应物联网（Internet of Things，IoT）发展需求而诞生的一种低功耗广域（Low Power Wide Area，LPWA）网络技术，是 5G 物联网技术的重要组成部分。为了更好地理解和学习 NB-IoT 技术，首先有必要对物联网的基本概念和相关技术有所认识。本章主要介绍物联网的定义、物联网的产生和发展现状、物联网的网络结构组成和协议分层、物联网各层涉及哪些关键技术，以及物联网的安全问题，同时将 NB-IoT 技术和 LoRa、eMTC（LTE-M）和 Sigfox 等同类技术进行对比，从而能够直观地了解 NB-IoT 技术的特性。

1.1 物联网的诞生

最广为人知的物联网起源，恐怕要追溯到 1991 年的“特洛伊咖啡壶服务器”事件。当时，剑桥大学特洛伊计算机实验室的科学家们，经常要下楼去看咖啡煮好了没有，但又怕影响工作，为了解决麻烦，他们编写了一套程序，在咖啡壶旁边安装了一个便携式摄像头，利用终端计算机的图像捕捉技术，以 3 帧/s 的速率传输到实验室的计算机上，以方便工作人员随时查看咖啡是否煮好。

关于物联网的起源，还有另外一种说法：1990 年，在卡内基梅隆大学的校园里，有一群程序设计师，他们每次敲完代码后都习惯到楼下的可乐贩卖机购买一罐冰可乐。可是很多时候他们都会因可乐已售完或者没有冰可乐败兴而回，这令他们十分苦恼。于是他们就把楼下的贩卖机连上网络，并写了一段代码去监视可乐机。

由上可见，无论是远程监控咖啡壶还是监视可乐机，都是一群“懒人”为了方便自己“偷懒”而设计出来的“物”和“物”，以及“人”和“物”之间的互联系统，这就是物联网最早的雏形，也是物联网概念的由来。

国际电信联盟（ITU）在 2005 年的互联网报告中提出：物联网是任何时间、任何地点、人和物之间的互联；它是泛在的网络世界和泛在的计算；RFID 技术、无线传感器技术、智能技术和纳米技术都是物联网的关键促成因素。

欧洲物联网研究项目组（CERP-IoT）在 2009 年研究报告中指出：物联网是未来因特网的一个组成部分，可以被定义为基于标准的和可互操作的通信协议，且具有自配置能力的动态的全球网络和服务基础架构。物联网中的“物”都具有标识、物理属性和自身的独

特性，能使用通用的接口实现与因特网无缝且安全的整合。

我国 2010 年政府工作报告中的物联网定义：通过信息传感设备，按照约定的协议，把任何物品与互联网连接起来，进行信息交换和通信，以实现智能化识别、定位、跟踪、监控和管理的一种网络。它是在互联网基础上延伸和扩展的网络。

事实上，在近 20 年的研究和探索中，不同的组织和学者对物联网给出了不同的定义。相信随着科技的进步，物联网的内涵和外延还会不断地演进和发展。

1.2　物联网发展概况

随着移动通信技术和传感器技术的进步，物联网产业得到迅猛发展。尤其是近些年来，随着电信运营商的大力投入，物联网产业链已呈现全球化趋势，发展势头更加强劲。物联网产业链的从业者众多，既包括离客户较远的电信运营商、通信设备商、芯片制造商、通信模组商、配套服务商等，也包括离客户较近的各种各样的物联网垂直应用服务商。物联网的应用场景也非常广泛，已经涉及远程抄表、智慧城市、资产管理、智慧物流、电梯物联网、智能交通、消防物联网、环保物联网、地下空间、智慧家庭、工业物联网、农业物联网、可穿戴设备等领域。

1.2.1　全球物联网发展概况

近年来，世界各国都高度重视物联网的发展，纷纷从战略高度制定出物联网发展策略以抢占先机。各种物联网联盟纷纷成立，各种物联网创新项目纷纷出台，各种物联网新技术不断诞生。

早期的物联网主要采用蓝牙、Wi-Fi、ZigBee 等中距离无线通信技术，真正承载到移动网络（传统的 2G、3G、4G 等移动通信网）上的物与物连接只占到连接总数的 10%。为了充分发挥移动网络的覆盖优势和成本优势，为了扩展物联网的应用领域，在移动运营商的大力支持下，一些专门针对物联网业务的低功耗广域（LPWA）移动通信技术应运而生，最主流的就是 NB-IoT 和 eMTC。

NB-IoT 是 3GPP 制定的专门针对窄带物联网应用的低功耗广域蜂窝移动通信技术标准。现在，NB-IoT 已经被广泛部署于现有各种网络中，并得到大量应用，这就使它成为世界上极具影响力的一种物联网。NB-IoT 标准的演进历程如图 1-1-1 所示。

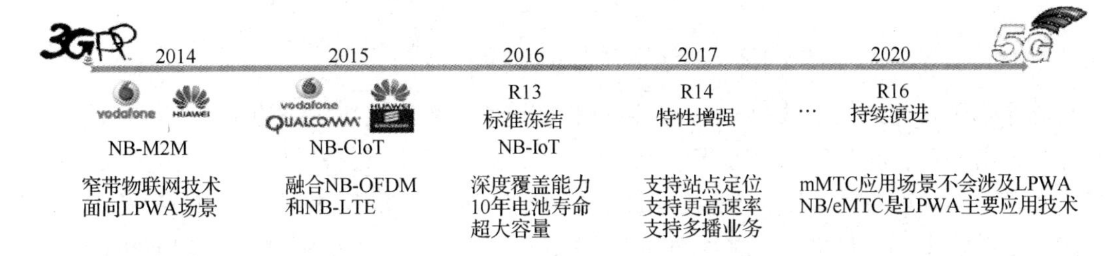

图 1-1-1　NB-IoT 标准的演进历程

最早时 3GPP 提出了一个窄带物联网的设计目标，由此产生了一个新空口的需求。2014 年 5 月，GERAN 技术规范组确立“新空口”项目；同时，华为提出了新空口技术 NB-M2M。2014 年 7 月，高通公司提交了 NB-OFDM 技术方案。2015 年 5 月，NB-M2M 和 NB-OFDM 融合形成了 NB-CIoT。2015 年 7 月，爱立信联合中兴、诺基亚等公司提出了 NB-LTE 技术方案。2015 年 9 月，NB-LTE 和 NB-CIoT 进一步融合，窄带物联网技术最终定名为 NB-IoT。2016 年，3GPP 的 R13 版本冻结。R13 是 NB-IoT 的基础版本，在满足 4 个需求（覆盖、时延、功耗、连接数）的同时，可以支持 IP 和非 IP 连接，也可以支持短信功能。2017 年的 R14 版本在 R13 版本的基础上增加了一些特性：定位精度提高、峰值速率提升、引入更低的设备功耗等级、多播、覆盖增强授权等。相比 R14 版本，R15 版本在 NB-IoT 的降低功耗、减小时延和 QoS 提升等基本性能上做了进一步增强。R15 版本还增加了对 TDD 的支持。2020 年 7 月发布的 R16 版本主要是增强下行控制，提高下行消息可达性，增强互操作性，实现小区互重选等。

2020 年 7 月 9 日，国际电信联盟无线电通信部（ITU-R）举行会议宣称 NB-IoT 满足各种目标需求，被正式接受成为 5G IMT-2020 技术标准。换句话说，在 3GPP 组织的推动下，ITU 已经公开接受 NB-IoT 成为 5G IMT-2020 技术标准的一个组成部分。将来，物联网设备不仅能够通过 NB-IoT 的核心网接入互联网，还能够连接到 5G 核心网中，共享 5G 的边缘计算、网络切片和其他业务。

根据全球移动通信系统协会（GSMA）统计，截止到 2018 年 8 月，全球已有超过 30 家主流运营商推出 60 张蜂窝物联网。其中，NB-IoT 为 47 张，eMTC 为 13 张，有 8 家运营商在同一地区同时使用 NB-IoT 和 eMTC。根据 GSMA 预测，到 2025 年，全球蜂窝物联网连接数将达到 3100 百万（其中传统的 2G/3G/4G 网络占 1300 百万，NB-IoT/eMTC 占 1800 百万），如图 1-1-2 所示。

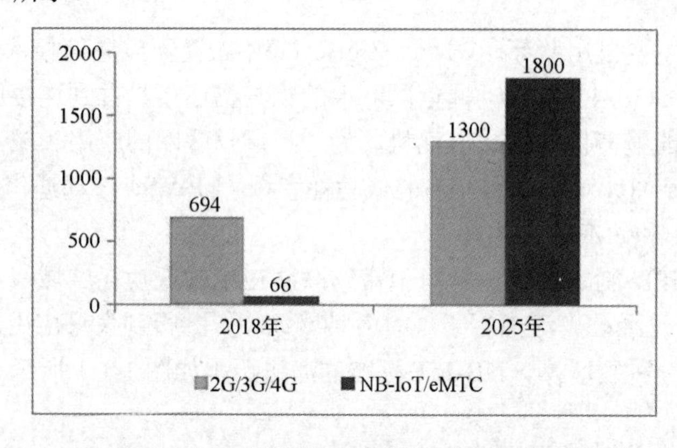

图 1-1-2　全球蜂窝物联网连接数（单位：百万）

除了基于移动通信设计的 NB-IoT 和 eMTC 这两个采用授权频谱的系统，基于 IT 通信设计并采用非授权频谱的两个 LPWA 网络（LoRa 和 Sigfox）也将保持持续发展势头，并且抢占了部分物联网市场。LoRa 是这里的领跑者。虽然许多 LoRa 网络是专用网，但它有强大的行业组织 LoRa 联盟（目前有 500 多家成员公司）和 5 万多家开发者生态圈的支持。目前有 10 个国家已经推出了 14 张全国性的公共 LoRa 网络，而且全球 120 家服务提供商

正在支持这项技术。

由上可见，窄带物联网巨大的“蓝海”市场已经开启，并将在未来出现爆炸式增长。据著名国际研究咨询公司 Omdia 的观点：新型冠状病毒感染对全球经济发展都有一定影响，也不可避免地影响到了物联网某些领域的投资，但物联网在帮助应对新型冠状病毒感染挑战方面发挥了重要作用。同时，新的物联网应用连同 5G、宽带消费等应用的增长，预计在 2025 年电信收入的增长率将超过 2%，其中以移动收入为首。

1.2.2 国内物联网发展概况

中国政府高度重视物联网产业的发展，早在 2010 年出台的《国务院关于加快培育和发展战略性新兴产业的决定》中，物联网已经作为新一代信息技术产业中的重要项目位列其中，成为国家首批加快培育的七个战略性新兴产业之一。随后，国家又出台了一系列的规划政策，保证了我国物联网产业健康有序的发展。

由于中国政府的大力支持和华为、中兴等具有国际影响力的通信公司的技术引领，中国在物联网领域始终处于世界领先地位。全球物联网领域的前三大通信业务提供商（CSP）分别是中国移动、中国联通和中国电信。截止到 2019 年，这三家公司总共拥有 9.7 亿个物联网连接（占全球总连接数的 77%），它们在 2018 年总共增加了 4.2 亿个物联网连接。中国第 4 家 5G 运营商——中国广电网络已于 2019 年年中获得牌照，它的加入将进一步推动中国物联网市场的壮大。

不只是在通信技术领域，中国物联网终端和芯片组的生产制造也已实现本土化。中国作为制造业大国的优势使其成为全球物联网市场上的中坚力量。

以物联网典型应用场景智慧城市为例，在世界前 10 大城市中，中国占了 2 个。根据中国政府十三五规划（截至 2020 年），中国政府计划对智慧城市投资高达 5000 亿元人民币（合 740 亿美元）。

据麦肯锡公司预测：到 2030 年，发达国家将占物联网经济价值的 55%左右，但细分地理位置后发现，真正增长的是中国，中国已成为全球物联网的重要力量。

NB-IoT 在中国市场更是取得了重大成功。截至 2019 年年底，中国占全球授权频谱 LPWAN 连接总量的 72%以上，其中绝大多数使用的是 NB-IoT。

2014—2020 年中国 NB-IoT 基站规模如图 1-1-3 所示，到 2017 年年末，国内的 NB-IoT 网络已实现覆盖直辖市、省会城市等主要城市，基站规模达到 40 万个。到 2020 年 2 月，网络已基本实现全国普遍覆盖，并开始面向室内、交通路网、地下管网等应用场景实现深度覆盖，基站数量超过 90 万个。预测到 2025 年，国内 NB-IoT 基站数量有望突破 300 万个。

截至 2020 年 2 月，NB-IoT 在全国范围内完成了超过 300 个城市的覆盖，终端连接数突破 1 亿，且每年以千万级的数量在递增，覆盖了智慧城市、环保、农业、医疗、物流等各个行业。

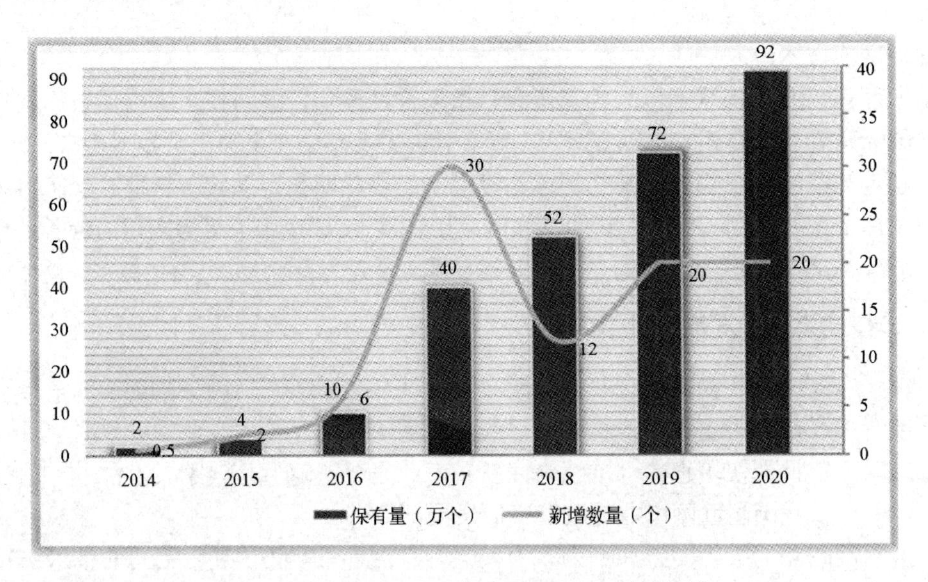

图 1-1-3　2014—2020 年中国 NB-IoT 基站规模

1.3 物联网分层架构

物联网是为了打破地域限制，实现物与物之间按需进行的信息获取、传递、存储、融合、使用等服务的网络。为此，物联网应具有三个能力：全面感知、可靠传输和智能处理。因此，业界普遍认为物联网应至少具有三个层次：感知层、网络层和应用层。但是，在物联网实际部署和商用过程中，应用平台功能逐渐从应用层中分离出来，形成了一个单独的层次——平台层。物联网分层架构如图 1-1-4 所示。

图 1-1-4　物联网分层架构

1. 感知层

感知层又称为感知识别层，负责信息收集和信号处理（包括边缘计算）。它通过感知识

别技术，让物品“开口说话、发布信息”。感知层能够采集的信息包括用户位置、环境温湿度、个体喜好、身体状况、用户业务感受、网络状态等。感知层就像物联网的皮肤和五官，它也是物联网区别于其他网络的最独特部分。

感知层的感知识别需要依靠终端设备来实现，因此感知层也称为终端层，简称“端”。这些终端设备既包括采用信息自动生成方式的 RFID 卡、传感器、二维码、摄像头、定位系统等，也包括采用人工信息生成方式的各种智能设备，如智能手机、PDA、多媒体播放器等。第 1 部分 NB-IoT 基础理论篇 1.5.3 节将对有关感知层的相关技术进行介绍。

感知层将传统网络的用户终端向下延伸和扩展，扩大了通信对象的范围，即通信不仅仅局限于人和人之间，还扩展到了人和现实世界的各种物之间，甚至是物和物之间。它解决的是人类世界和物理世界的数据获取问题，是物理世界与数字世界的高度融合。

感知层位于物联网四层结构中的最底端，是所有上层结构的基础。

2. 网络层

网络层又称为网络构建层，它直接通过现有的互联网、移动通信网、卫星通信网等网络基础设施，对来自感知层的信息进行无障碍、高可靠性、高安全性、远距离地传输。它的作用就像感知层与平台层及应用层之间的传输管道，因此，简称“管”。

网络层是 NB-IoT、eMTC、LoRa、Sigfox 等物联网的关键技术所在。第 1 部分 NB-IoT 基础理论篇 1.5.2 节将对有关网络层的相关技术进行介绍。

在物联网四层结构中，网络层接驳感知层和平台层，具有强大的纽带和传递作用，如同物联网的神经网络。

3. 平台层

在物联网实际部署和商用过程中，遇到了三大挑战。

（1）挑战 1：新业务上线周期长（应用碎片化、开发周期长、产品上市慢）。

（2）挑战 2：终端/传感器厂家众多、标准不一，集成困难。

（3）挑战 3：网络连接复杂（网络类型多：2G/3G/4G/NB-IoT/ZigBee 等，如何满足安全性要求、实时性要求、QoS 要求等）。

为此，需要有一个统一的控制点。因此，平台层应运而生。采用物联网平台具有以下益处。

（1）能够聚合更多的应用，并实现快速集成。

（2）能够减少各种基础研发的成本。

（3）方便实现各种网络标准和通信协议与应用层的对接。

（4）将各种物联网应用的孤岛数据汇聚起来，充分挖掘数据价值。

（5）降低物联网技术方案升级、部署、扩展和维护的成本。

（6）提升物联网数据的安全性和网络的可靠性。

此外，对于电信运营商来讲，网络层是其传统优势，但 ARPU（每用户平均收入）较低。平台层是运营商物联网价值链的锚点，是其介入物联网垂直产业的核心竞争力。

平台层又称为平台管理层，它对感知和传输来的信息进行分析和处理，做出正确的控制和决策，实现智能化的管理。这一层解决的是海量数据信息如何处理的问题，自然地与云计算技术融合在一起，因此各种物联网平台都称为“云平台”，平台层简称为“云”。

在高性能网络计算机的环境下，平台层能够将网络内海量的信息资源通过计算机整合成一个可互联互通的大型智能网络，进而解决数据如何存储（数据库与海量存储技术）、如何检索（搜索引擎）、如何使用（数据挖掘与机器学习）、如何不被滥用（数据安全与隐私保护）等问题。第 1 部分 NB-IoT 基础理论篇 1.5.1 节将对有关平台层的相关技术进行介绍。

平台层是物联网产业链的枢纽，向下接入分散的物联网感知层，汇集传感数据，向上面向应用服务提供商提供应用开发的基础性平台和面向底层网络的统一数据接口，支持具体的基于传感数据的物联网应用。它是物联网智慧的源泉，就像物联网的大脑一样。人们通常把各种物联网应用冠以“智能”的名称，如智能电网、智能交通、智能物流等，而其中的智慧就来自于这一层。

4. 应用层

应用层又称为综合应用层，是物联网系统的用户接口，解决的是人机界面的问题。它通过分析处理后的感知数据，为用户提供丰富的特定服务。

应用层是物联网的“社会分工”，与行业需求结合，与行业专业技术深度融合。物联网服务的各个行业将各自感知终端采集的数据，通过网络和平台传输到对应行业的物联网服务器中，各个行业根据其提供的高价值的数据，进行产业升级、提效及智能化改造。

1.4 物联网协议架构

互联网时代，TCP/IP 协议已经一统江湖，现在物联网的通信协议架构也是构建在传统互联网基础架构之上的。物联网协议分层架构如图 1-1-5 所示。按照功能作用不同，物联网协议可以分为两大类：传输协议（也叫接入协议）和通信协议。传输协议负责子网内部设备间的组网及通信，主要对应 OSI 七层模型的数据链路层/物理层的协议，如 NB-IoT、LTE、ZigBee、LoRa 等。通信协议是运行在传统互联网 TCP/IP 协议之上的设备通信协议，主要负责设备通过互联网进行数据交换及通信，对应 OSI 七层模型应用层的协议，如 MQTT、CoAP、HTTP 等。

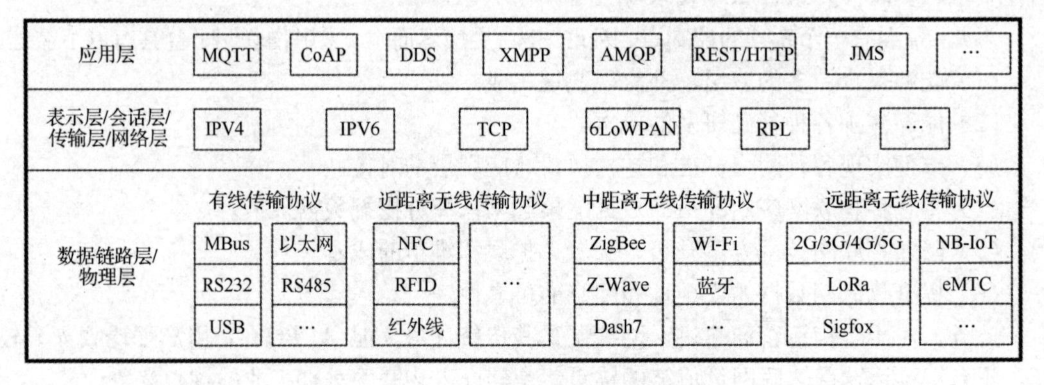

图 1-1-5 物联网协议分层架构

1.4.1 通信协议

物联网中存在如图 1-1-5 所示的七大通信应用协议：MQTT、CoAP、DDS、XMPP、

AMQP、REST/HTTP 和 JMS。这些协议都已被广泛应用，且每种协议都有至少十种以上的代码实现，都支持实时的发布/订阅。同时，每种通信协议都有各自的特点和一定的适用范围，如 AMQP、JMS、REST/HTTP 都工作在以太网，CoAP 是专门为资源受限设备开发的协议，而 DDS 和 MQTT 的兼容性则相对强很多。所以在具体物联网系统架构设计时，需要考虑实际场景的通信需求，选择合适的协议。

以智能家居为例：智能灯光控制可以使用 XMPP 协议控制灯的开关；电力供给、发电厂的发电机组的监控可以使用 DDS 协议；当电力输送到千家万户时，电力线的巡查和维护可以使用 MQTT 协议；家中所有电器的电量消耗，可以使用 AMQP 协议传输到云端或家庭网关中进行分析；如果用户想把自家的能耗查询服务公布到互联网上，那么可以使用 REST/HTTP 协议来发布 API（应用编程接口）服务。

七种通信协议的区别如表 1-1-1 所示。

表 1-1-1 七种通信协议的区别

特性	通信协议						
	DDS	MQTT	AMQP	XMPP	JMS	REST/HTTP	CoAP
交互模式	发布/订阅	发布/订阅	发布/订阅	NA	发布/订阅	请求/响应	请求/响应
架构风格	全局数据空间	代理	P2P 或代理	NA	代理	P2P	P2P
QoS	22 种	3 种	3 种	NA	3 种	通过 TCP 保证	确认或非确认消息
互操作性	是	部分	是	NA	否	是	是
性能	100000msg/s/sub	1000 msg/s/sub	1000 msg/s/sub	NA	1000 msg/s/sub	100 请求/s	100 请求/s
硬实时	是	否	否	否	否	否	否
传输层	默认为 UDP，也支持 TCP	TCP	TCP	TCP	不指定，一般为 TCP	TCP	UDP
订阅控制	消息过滤的主题订阅	层级匹配的主题订阅	队列和消息过滤	NA	消息过滤的主题和队列订阅	NA	支持多播地址
编码	二进制	二进制	二进制	XML	二进制	普通文本	二进制
动态发现	是	否	否	NA	否	否	是
安全性	提供方支持，一般基于 SSL 和 TLS	简单用户名/密码认证，SSL 数据加密	SASL 认证，TLS 数据加密	TLS 数据加密	提供方支持，一般基于 SSL 和 TLS，JAAS API 支持	一般基于 SSL 和 TLS	DTLS

由于篇幅受限，关于七种通信协议的具体内容请参考其他资料。本书将在第 2 部分 NB-IoT 应用开发篇项目 5 详细介绍专门为物联网应用设计的 CoAP 协议。

1.4.2 传输协议

如图 1-1-5 所示，传输协议分为有线传输协议和无线传输协议。无线传输协议又可分为近距离无线传输协议、中距离无线传输协议和远距离无线传输协议。

有线传输协议包括 MBus、以太网（Ethernet）、RS232、RS485、USB 等。有线传输可靠性高、稳定性好，缺点是通信依赖于传输介质，终端移动性受限，只能在物联网的特定场景中发挥作用。

近距离无线传输协议包括 NFC、RFID、红外线等，由于传输距离过短（几厘米～十米），适用于物联网终端的感知和识别，所以一般被归类为物联网感知层的识别技术，将在第 1 部分 NB-IoT 基础理论篇 1.5.3 节中加以详细介绍。

中距离无线传输协议包括 ZigBee、Wi-Fi、Z-Wave、蓝牙、Dash 7 等，传输距离介于近距离无线传输和远距离无线传输之间（几十米～几千米）。中距离无线传输归属于物联网感知层还是网络层是个没有定论的问题，由于物联网的纷繁复杂性，作者认为在研究不同的问题时可以因需而定。第 1 部分 NB-IoT 基础理论篇 1.5.2 节暂把中距离无线传输协议作为网络层技术加以详细介绍。

远距离无线传输协议（传输距离在千米以上）既包括传统的 2G、3G、4G 和 5G 移动通信网络，也包括专门设计的物联网类型，目前主要指 NB-IoT、eMTC、LoRa 和 Sigfox。远距离无线传输协议是构成物联网网络层的骨干技术，将在第 1 部分 NB-IoT 基础理论篇 1.5.2 节中加以详细介绍。

1.5 物联网关键技术

物联网涉及感知、控制、网络通信、微电子、软件、嵌入式系统、微机电等技术领域，因此物联网涵盖的关键技术也非常多。根据中国信息通信研究院 2010 年的研究成果，将物联网技术体系划分为感知关键技术、网络通信关键技术、应用关键技术、共性技术和支撑技术，如图 1-1-6 所示。这一成果对现今的物联网研究仍有重大指导意义。

图 1-1-6　物联网技术体系

物联网支撑技术包括嵌入式系统、微机电、软件和算法、电源和储能、新材料等。共性技术中的标识，如感知层的 RFID 标识、条码标识、国际移动设备识别码（IMEI）等，

网络层的 IPv4、IPv6、国际移动用户识别码（IMSI）、MAC 地址等，以及应用层的统一资源定位器（URL）、内容标识（Content-ID）等。由于篇幅受限，这些技术请参考其他相关书籍。本节主要讲述物联网平台层技术、网络层技术和感知层技术，以及共性技术中的物联网安全问题。

1.5.1　平台层技术

物联网平台层的主要功能：连接管理、设备管理、应用使能和业务分析，因此整个物联网平台层可以进一步划分为相应的逻辑功能模块——设备管理平台、连接管理平台、应用使能平台和业务分析平台，如图 1-1-7 所示。不同的平台开发商可能对自己的平台有不同的命名方法，但都要至少包含这四大功能模块，其他所有的功能模块都是基于此四大功能模块的延展。

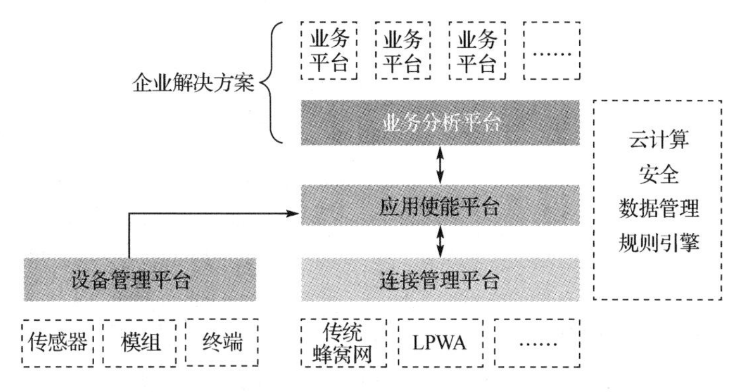

图 1-1-7　物联网平台按服务层次的分类

设备管理平台主要用于物联网设备的接入、数据收集和设备状态的监控与维护。设备管理平台提供的功能，如对物联网终端设备进行远程监控、设置调整、软件升级、系统升级、故障排查、生命周期管理等。

连接管理平台也称为用户管理平台、SIM 卡管理平台，一般应用于电信运营商网络之上，能够实现对物联网连接配置和故障管理，保证终端联网通道稳定，实现网络资源用量管理、连接资费管理、账单管理、号码/IP 地址/MAC 资源管理、套餐变更、更好地进行物联网 SIM 的管理。同时，作为面向用户的运营支撑平台，连接管理平台能够为用户提供用户卡信息查询、通信管理、数据统计分析等服务。

设备管理平台和连接管理平台都处于物联网平台层中的较低层次。更高层次的应用使能平台主要架构在连接管理平台之上。应用使能平台又称为服务能力开放平台，它是直接面向物联网应用开发者开放网络能力的 PaaS 平台。应用使能平台提供了成套应用开发工具（大部分能提供图形化操作界面，不需要开发者编写代码）、中间件、数据存储功能、业务逻辑引擎、对接第三方系统的 API 等，物联网应用开发者可以快速开发、部署和管理物联网应用，而不需要考虑下层基础设施管理、数据管理和归集、通信协议、通信安全等问题，从而大大降低了开发成本、缩短了开发时间。应用使能平台解决了随上层应用灵活扩展的问题——即使上层应用大规模扩张，也不需要担心底层资源跟不上连接设备的扩张速度。

业务分析平台是物联网平台分层中最高的，它与企业的各种具体业务平台共同构成了企业物联网解决方案。业务分析平台主要包含大数据服务和机器学习两个功能：大数据服务在汇集云平台的各类相关数据后，对其进行分类处理、分析，并提供视觉化数据分析结果（图表、仪表盘、数据报告）；机器学习将沉淀在平台上的结构化和非结构化的数据进行训练，形成具有预测性的、认知的、复杂的业务分析逻辑。未来，机器学习必将向人工智能过渡。

综上所述，物联网平台层涉及云计算、大数据、数据挖掘、机器学习、人工智能等技术，这些技术可能分属不同的研究领域，但又存在着紧密的联系。下面加以简要介绍。

1. 云计算

迄今为止，对云计算最权威的解释是由美国国家标准与技术研究院（NIST）在2010年7月发布的。NIST认为：云计算是一种模型，用来实现对可灵活配置的计算资源（如网络、服务器、存储、应用程序、服务等）便捷地、按需地访问，这些计算资源可以快速地被获取和释放，同时用户的管理成本极低，几乎不需要与供应商进行沟通。云计算应用示意图如图1-1-8所示。

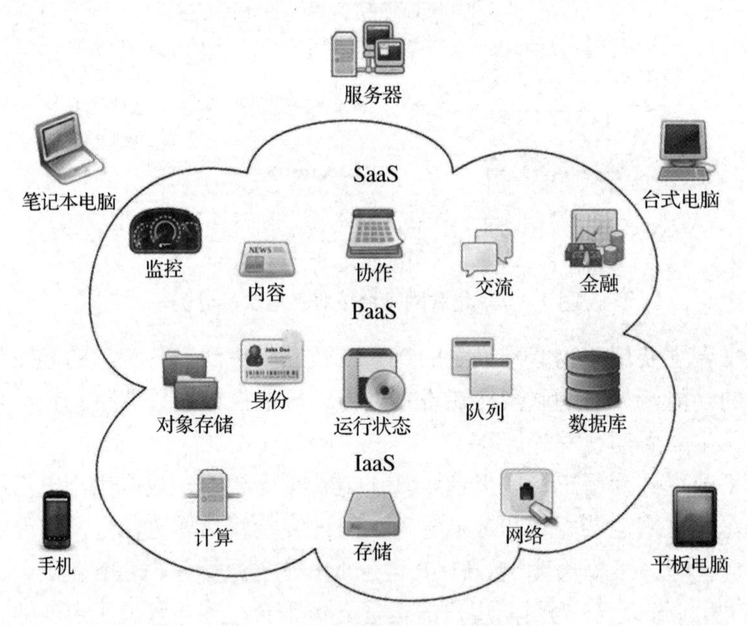

图1-1-8 云计算应用示意图

NIST同时明确了云计算的五个特性、三种服务模型和四种部署模式。其中，五个特性如下。

（1）按需提供服务：用户可以根据自己的需求，单方面完成对计算资源的获取（如服务器租用时间、网络存储大小），而不需要与供应商进行交流。

（2）宽泛的网络访问：遵循相应的标准就能通过网络访问到云计算的资源，这就保证了各种各样的客户端（手机、平板电脑、笔记本电脑等）都能实现对资源的访问。

（3）资源整合：供应商将计算资源整合成资源池，采用多租户模式可以同时向很多用户提供服务。资源池中的计算资源（物理的或虚拟的）可以根据用户需求动态地进行分配和再分配。

（4）快速可伸缩性：给用户分配的计算资源可以根据业务变化的需求快速地增多或减少。对于用户来讲，供应商的资源可以看成是无限多的，而且可以随时无限量地购买使用。

（5）计量付费服务：云计算系统能够按照合适的度量指标（如存储、处理、带宽和活跃用户数）、针对不同的服务类型进行计量，能够自动控制和优化资源的使用。资源的使用可以被监控和报告，以提升供应商和用户之间的透明度。

由上到下的三种服务模型如下。

（1）软件即服务（SaaS）：供应商通过部署在云基础设施上的应用程序为用户提供服务。用户不用去管控这些应用程序所依赖的基础设施（包括网络、服务器、操作系统或存储设备，甚至是单个应用程序的功能），除非需要对应用程序进行个性化设置。

（2）平台即服务（PaaS）：用户通过使用供应商所支持的编程语言和工具来把自己编写的或者购买的应用软件部署到云基础设施上，从而获得服务。用户不用去管控基础设施（包括网络、服务器、操作系统或存储设备），但是可以管理这些应用软件和一些环境配置。

（3）基础设施即服务（IaaS）：用户通过将软件（包括操作系统和应用软件）部署和运行到供应商所提供的基本计算资源（处理、存储、网络等）上来获得服务。用户不用去管控基础设施，但是可以管理操作系统、应用软件、存储方式，甚至网络组件（如主机防火墙）。

四种部署模式如下。

（1）私有云：云基础设施为某个组织所独占。这些基础设施可以由这个组织或者第三方来管理，存放位置可以在组织内部或外部。

（2）社区云：云基础设施为有共同关注点的某个社区中的多个组织所共有。这些基础设施可以由这些组织或者第三方管理，存放位置可以在组织内部或外部。

（3）公有云：云基础设施可以被公众或一个大的行业群体使用，但是归属权为云服务供应商所有。

（4）混合云：云基础设施是由两种或者两种以上的云（私有云、社区云或公有云）组成的，这些云在保持独立存在的同时通过标准化的或者专有的技术捆绑在一起，从而实现数据和应用的可移植性（如为了实现云间负载均衡的云爆发模式）。

以上云计算的三种服务模型和四种部署模式在实际物联网系统中都有所应用。NIST对云计算的定义和解释为业界所认同，对于学习和研究云计算具有重大指导意义。

2. 大数据和数据挖掘

大数据（Big Data）是指无法在一定时间范围内用常规软件工具进行捕捉、管理和处理的数据集合，需要采用划算的、创新的信息处理模式才能具有更强的洞察力、决策力和过程自动化能力。大数据一般都具有如下“3V”特性。

（1）海量（High Volume）：数据量级从太字节（TB）到泽字节（ZB）。

（2）高增长率（High Velocity）：近两年全球大数据相关产品和服务业务年均复合增长率超过20%。

（3）多样化（High Variety）：数据来源不同；数据类型各式各样（结构化、半结构化和非结构化）。

数据挖掘是在大量的数据集合中寻找隐藏的、合理的和潜在有用的数据模式的过程。数据挖掘的目的是发现数据间未知的或以前未发现的关系。因此，数据挖掘也称为知识发现、知识提取、模式分析、信息收获等。数据挖掘是一门交叉学科，涉及机器学习、统计学、人工智能和数据库等技术。

随着物联网的广泛应用，加上使用先进的自动数据采集和生成工具，物联网中的数据量急剧增大。如果使用传统的数据分析工具，那么很难对这样的数据进行足够广度和深层次的处理。大数据分析和数据挖掘技术克服了传统分析方法的不足，在物联网应用中，既能帮助人们准确地感知现在，也能有效地预测未来。

3. 机器学习和人工智能

人工智能（AI）是研究使各种机器模拟人的某些思维过程和智能行为（如学习、推理、思考、规划等），使人类的智能得以物化与延伸的一门学科。人工智能是一门边缘学科，属于自然科学和社会科学的交叉。除了计算机科学，人工智能还涉及信息论、控制论、自动化、仿生学、生物学、心理学、数理逻辑、语言学、医学和哲学等学科。人工智能学科研究的主要内容包括：知识表示、自动推理和搜索方法、机器学习和知识获取、知识处理系统、自然语言理解、计算机视觉、智能机器人、自动程序设计等方面。

机器学习（ML）是人工智能的一个子集，指的是不需要给机器系统一直编程，它就具有自我学习和优化的能力。简言之，机器学习是机器使用数据、统计学和反复试验来学习特定的任务，而不必为此任务专门编写代码。

在物联网中，将机器学习和人工智能与大数据分析和数据挖掘技术相结合，能够实现对物联网中产生的大量数据进行自动分析，进而实现计算机自动处理和可靠预测，从而提高物联网的运营效率和加强风险管理。

1.5.2 网络层技术

物联网无线通信技术除了第 1 部分 NB-IoT 基础理论篇 1.4.2 节的分类，还可以按照使用的频谱性质分为采用授权频谱（2G/3G/4G/5G、NB-IoT、eMTC 等）和采用非授权频谱（LoRa、Sigfox、Wi-Fi、蓝牙等）两类。

按照是否需要使用接入网关设备才能接入电信运营商，分为需要网关（LoRa、Wi-Fi、ZigBee 等）和不需要网关（2G/3G/4G/5G、NB-IoT、eMTC 等）两类。

按照数据传输速率不同，可以分为以下三类（见图 1-1-9）。

（1）低速率：＜100kbit/s，可用于农林牧渔、传感、抄表等数据采集类场景，典型技术如 NB-IoT、LoRa、Sigfox、各种中距离通信技术等。

（2）中速率：＜1Mbit/s，可用于智能家居、智能建筑、智慧电梯等交互协同类场景，典型技术如 2G/3G、eMTC 等。

（3）高速率：＞1Mbit/s，可用于视频监控、车联网、智慧医疗等监控控制类场景，典型技术如 3G/4G/5G、C-V2X、Wi-Fi 等。

可见，通信技术种类繁多，不同的技术具有不同的特点，适用不同的物联网应用场景，没有哪一种通信技术可以同时满足系统的所有需求。在物联网系统设计时，技术实现、功耗、成本、速率、安全性等都是需要考虑的重要因素。

本节将对物联网网络层中所采用的几种主流的中距离无线通信技术和远距离无线通信技术分别加以介绍，首先介绍几种主流的中距离无线通信技术。

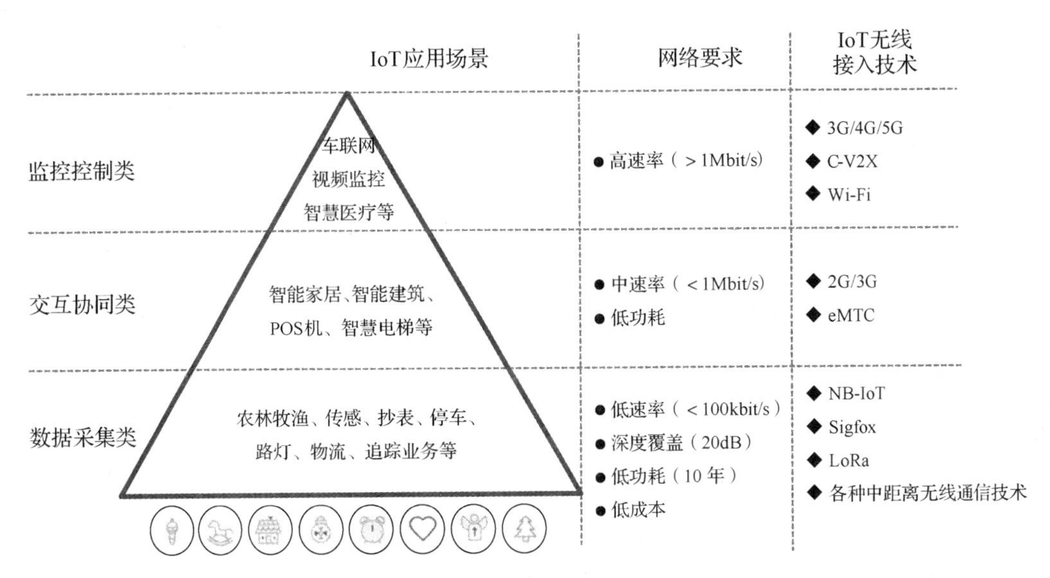

图 1-1-9 不同速率的无线通信技术

1. Wi-Fi

Wi-Fi 是 Wireless-Fidelity 的简称，基于 IEEE 802.11 标准，是一种无线保真的局域网通信技术。Wi-Fi 使用以太网通信协议，其组网只需要一个无线接入点（AP）或无线路由器即可。

早期的 Wi-Fi 技术采用 2.4GHz 或 5GHz 的高频频段，因此在传输距离、数据速率、功耗等方面都不能满足物联网的需求。2016 年，Wi-Fi 联盟发布的 IEEE 802.11ah 标准——Wi-Fi HaLow 是专门针对物联网设计的。HaLow 采用 900MHz 频段，覆盖范围最高 1000m，设备连接数可达数千个，可采用 BPSK、QPSK 或 QAM 的调制方式，支持 OFDM 和 MIMO，具有低功耗、干扰小等特点。

针对物联网应用的另外一种新的 Wi-Fi 技术是 IEEE 802.11af 标准，也称为超级 Wi-Fi。它旨在使用从几十兆赫兹到几百兆赫兹范围内的电视频率的白色空间（为电视频道保留的缓冲频段，随着电视的数字化而逐渐失去存在的意义），为人烟稀少地区提供无线高速物联网业务。这些白色空间频段具有良好的衍射能力，可以大大提高 Wi-Fi 的覆盖范围。IEEE 802.11af 采用 BPSK、QPSK 或 QAM 的 OFDM 调制技术，单空间流的最大数据速率可达 35.6Mbit/s，覆盖范围在室内可达数百米、室外可达上千米。

由于 Wi-Fi 并非国际标准，在实际应用时可能受到国家政策和使用频段等方面的限制。

2. 蓝牙

蓝牙（Bluetooth）是一种基于数据包传输，采用高速跳频（FH）技术，可支持点对点的语音和数据业务的中距离无线通信技术，常用于固定设备、移动设备和楼宇个域网（PAN）之间的通信连接。

蓝牙采用 GFSK 调制，占用 2.4GHz～2.485GHz 的 ISM 频段的特高频（UHF）无线电波，通信距离可达 100m 左右，最大数据传输速率为 2Mbit/s。

蓝牙曾被列为 IEEE 802.15.1 标准，后由蓝牙技术联盟（SIG）管理。4.0 版本后性能得到很大提升，最新的 5.2 版本中的功率控制技术可将蓝牙电池使用寿命延长至五年以上。

蓝牙在物联网中的应用主要存在以下两种场景。

一种场景是通过蓝牙网关部署网络。这种场景下，由于蓝牙点对点的通信方式，所以需要考虑如下问题。

（1）蓝牙网关的容量问题：一个蓝牙网关能够接入多少蓝牙设备。

（2）蓝牙设备的配对问题：蓝牙设备如果不能实现自动配对，大规模部署将是一个很麻烦的事情。

另一种场景是蓝牙设备不需要一直在线，而只在某些特殊情况下需要连接服务器。这种场景下，可以通过控制终端开启/关闭蓝牙功能来实现。

3. ZigBee

ZigBee 是 IEEE 802.15.4 标准的代称，是一种采用局域网协议，支持固定、便携或移动设备使用的无线通信技术。ZigBee 名称的由来有着仿生学的意味：蜜蜂（Bee）通过“嗡嗡”(Zig)地抖动翅膀飞翔的方法来向同伴传递消息，这样就形成了蜂群的通信网络。ZigBee 技术具有如下特点。

（1）大连接：受网关的硬件配置限制，一般可以支持数百个终端。

（2）短距离：单点传输距离在 10～100m 的范围内。

（3）工作频段灵活：典型频段包括 2.4GHz 的 ISM 非授权频段、欧洲的 868MHz 频段和美国的 915MHz 频段。

（4）低速率：对应上述三个频段，最高速率依次为 250kbit/s、20kbit/s 和 40kbit/s。

（5）低功耗：电池工作时间可以长达 2 年左右，在休眠模式下可达 10 年。

（6）自组织：节点间自动通信进行组网，采用动态路由的网状结构。

（7）安全性高：采用跳频技术，支持数据完整性检查和加密，支持鉴权和认证。

ZigBee 是专门针对低功耗无线传感器网络设计的，适用于对一些数据传输速率要求不高的中距离通信物联网场景。

这里给出了几种中距离无线通信技术的对比，如表 1-1-2 所示。有关 Z-Wave、Dash7、UWB 等中距离无线通信技术请参考其他资料进行学习。

表 1-1-2　几种中距离无线通信技术对比

性能	技术					
	Wi-Fi	蓝牙 5.0	ZigBee3.0	Z-Wave	Dash 7	UWB
标准	IEEE 802.11ah	IEEE 802.15.1	IEEE 802.15.4	Z-Wave 联盟	ISO18000-7	IEEE 802.15.3a
频段	＜1GHz	2.4GHz	868MHz，915MHz，2.4GHz	＜1GHz	433MHz，868 MHz，915 MHz	3.1GHz～10.6GHz
最大距离	数千米	300m	100m	30m	1000m	10m
最大速率	24Mbit/s	2Mbit/s	250kbit/s	9.6kbit/s，40kbit/s，100kbit/s	9kbit/s，55.55kbit/s，166.667kbit/s	480Mbit/s
功耗	中	低	低	低	低	低
成本	低	低	中	中	低	低
连接数	几千个	几个	几百个	几百个	几百个	几百个
带宽	1MHz，2MHz，4MHz，8MHz，16MHz	1MHz，2MHz	2MHz，5MHz	300kHz，400kHz	25kHz，200kHz	＞500MHz

要把数据传输得更远往往意味着需要更高的能耗和更大的成本，因此，中距离通信和远距离通信在技术实现、功耗、成本等方面均不相同。

传统的移动通信系统（2G、3G、4G 等）主要是为人和人之间通信而设计的，相对于物联网应用来说，协议过于复杂，终端功耗过高，数据传输速率对某些物联网场景纯属浪费，因此并不直接适用于物联网应用。

目前，主流的四大物联网系统（NB-IoT、LoRa、eMTC 和 Sigfox）都属于 LPWA 网络。LPWA 网络具有四大基本特性：广覆盖、大容量、低功耗和低成本。除此之外，一般还具有低速率和高时延等特点。

如前所述，四大物联网系统中 LoRa 和 Sigfox 使用非授权频谱（也称为免许可频谱），不需要支付频谱费用，但仍有政府对频谱的使用进行规范，以确保不同技术可以相互兼容。同时，非授权频谱系统存在干扰大、安全性低等问题。NB-IoT 和 eMTC 都使用授权频谱，也都属于 C-IoT（蜂窝物联网）技术，即使用政府授权的特定专用无线频段，需要支付频谱费用，以传统电信运营商为主体运营者，技术规范基于蜂窝网络技术，并由 3GPP 来定义和发布。由于 C-IoT 都是对传统蜂窝网络进行裁剪和优化以适应物联网应用的，因此，相比于 LoRa 和 Sigfox，其系统复杂度、成本和功耗都相对要高一些。

下面就对四种主流物联网技术分别加以详细介绍。

1. LoRa

LoRa 是由美国 Semtech 公司收购、由 LoRa 联盟制定的远距离无线通信技术标准。LoRa 这个名字源于远距离（Long Range）这个词组，其名字直接体现了该技术的特点——覆盖范围广（链路预算达到 168dB）。

LoRa 采用线性 Chirp 扩频调制，射频脉冲信号的载波频率进行线性变化，这种方式具有功耗低、抗干扰能力强、接收灵敏度高和传输距离远的特点，已经在军事和航天通信方面应用多年。而且，LoRa 允许用户自行设定扩频调制的带宽（7.8～500kHz）、扩频因子（6～12）和编码效率（1/2、4/7、4/6 和 4/5），从而可以在带宽占用、数据速率、链路预算改善和抗干扰性能之间达到更好的平衡。

LoRa 采用速率自适应（ADR）技术，具有很大的数据速率范围（0.3～50 kbit/s），网络服务器根据链路质量，独立地管理每个终端设备的数据速率和发射功率，这就实现了网络容量和速率的平衡，使终端可以获得更低的功耗，最大化电池使用寿命（长达十年以上），通过增加网关可以轻松实现扩容。

LoRa 采用异步空口结构，将空口的 MAC 层协议处理功能上移，站点网关只进行数据转发，用户调度都在机房的网络服务器上完成，这就大大简化了空口操作。

LoRa 采用基于 TDOA（精度为 500m）、RSS（精度为 1000m）和 DRSS（精度为 500m）免 GPS 定位技术，只需要每个网关通过 GPS 进行同步，以获得共同的时间基准，再通过更多的信道（获得 50%的频率分集增益）、更多的网关（获得 25%的网关分集增益）、更多的天线和使用统计技术，来提高定位精度。LoRa 还开放了其 API 接口，以允许系统集成商使用可用的第三方算法以提高位置精度。

LoRa 的典型覆盖范围是 2000～5000m（城市环境）和 15km（郊区环境），在极端情况下，可以覆盖整个城市或者几十千米。LoRa 支持低功率、大频率范围的收发，频率范围为 137～1020MHz，接收灵敏度为-148dBm，接收电流为 10.3mA，包长最大为 256 个字节。

LoRaWAN 是为 LoRa 网络设计的一套通信协议和系统架构，其空中接口协议分层架构图如图 1-1-10 所示。LoRaWAN 在协议和网络架构的设计上，充分考虑了节点功耗、网络容量、QoS、安全性和网络应用多样性等因素。而且在协议中定义了 Class A/B/C 三类终端设备，这三类终端设备基本覆盖了物联网所有的应用场景。

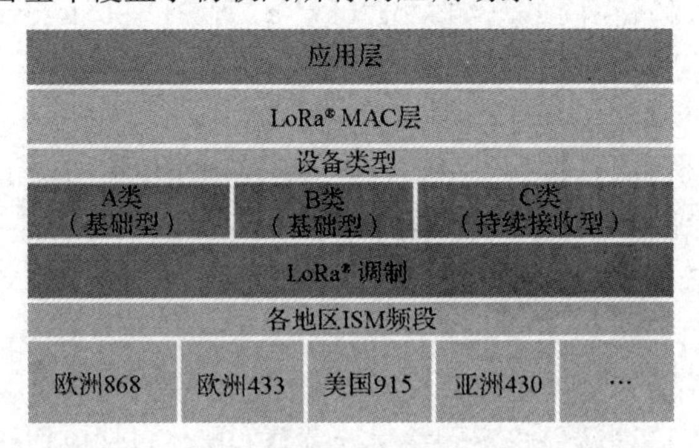

图 1-1-10　LoRaWAN 空中接口协议分层架构图

LoRaWAN 的网络架构如图 1-1-11 所示，其中包含了终端、网关、网络服务器和应用服务器四个部分。网关和终端之间采用星形网络拓扑，由于 LoRa 的长距离特性，它们之间得以使用单跳传输。空口采用基于 Aloha 协议的异步通信，上行可以多点接收。

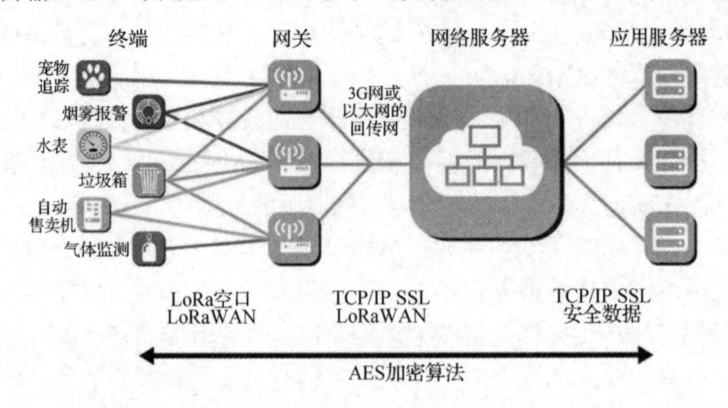

图 1-1-11　LoRaWAN 的网络架构

2. Sigfox

Sigfox 技术由同名的法国 Sigfox 公司设计研发，是专为微小上行链路数据容量的传感器网络而设计的，是技术成熟度最高的远距离物联网通信技术。

Sigfox 的最大特点是采用非授权频谱的超窄带（UNB）技术。超窄带技术利用极窄的物理带宽（采用 FDMA 技术，子信道仅为几百赫兹）进行通信。由于信号本身带宽小，带内的随机噪声功率很低，因而灵敏度非常高，相比于其他系统能够传输更远的距离，具有更强的穿透能力。

Sigfox 技术优势如下。

（1）终端成本低：在现有遥控器或者中距离传输的芯片硬件的基础上更新软件即可，

其芯片价格可低至1美元。

（2）功耗低：对于低频率使用的业务，终端电池的使用寿命可达十年以上。

（3）覆盖性能优：在链路预算为162dB的前提下，在城市环境中可传输3～10km；在农村环境中可传输30～50km。

（4）抗干扰能力强：采用UNB技术使其在单位频带上有更高的功率谱密度，再加上跳频、帧重复和多基站连接功能，使其具有强大的抗干扰能力。

（5）网络容量大：可支持三百万左右的终端连接数。

另外，Sigfox技术也存在局限性。

（1）终端通信能力有限：使用非授权频谱会受到某些限制，如在Sigfox技术应用最广的欧洲地区，其管理法规要求868MHz频段每个终端的发射占空比必须小于1%。

（2）数据传输速率低：Sigfox技术可支持的数据传输速率为10～1000bit/s，但是对于有极高功耗要求的物联网来说，100bit/s的速率更合适。

（3）空口安全性差：采用非授权频谱本身就易受到干扰，Sigfox技术空口设计过于简单，无法采用有效的加密和认证，存在数据被伪基站窃听并破解的风险。

（4）下行传输能力有限且无法支持软件升级更新：Sigfox技术支持上/下行双向通信，但通信必须由终端发起。

Sigfox网络称为LTN（低吞吐率网络）。Sigfox技术的LTN网络架构如图1-1-12所示，LEP（LTN End-Point）是终端设备，负责采集传感器数据。LAP（LTN Access Point）是网关，负责接收和转发无线数据。LEP和LAP之间的无线接口（也称为空口）采用A接口协议。LAP与WAN云通过B接口协议连接。WAN云主要由各种类型的服务器组成（通过C、C′、D、F等接口实现连接）：LTN服务器负责存储和转发应用层数据和管理网络；CRA（Center of Registration and Authentication）是注册鉴权中心，负责管理LEP和LAP的身份标识；OSS/BSS（Operation Support System/Business Support System）是操作支持系统或业务支持系统，负责网络管理；网络中还存在各种应用程序提供商服务器。

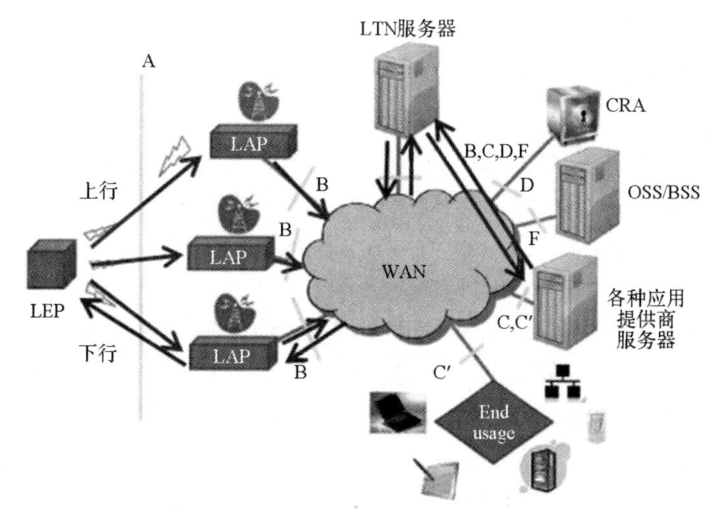

图1-1-12 Sigfox技术的LTN网络架构

应用层	• 应用满足每位终端用户的需求
MAC层	• 用于纠检错的帧校验序列
物理层	• 调制；插入或移除前导码
无线电层	• 无线频率；发射功率等

图 1-1-13 Sigfox 空中接口协议分层架构图

图 1-1-13 所示为 Sigfox 空中接口协议分层架构图，它由无线电层、物理层、MAC 层和应用层组成。各层功能如下。

（1）无线电层：负责终端设备和基站/网关的频率分配和收发功率要求。

（2）物理层：负责前导码插入（发送端）和移除（接收端）。Sigfox 在上行链路中使用 BPSK 调制，下行链路中使用 GFSK 调制。

（3）MAC 层：负责 MAC 消息的管理。按照定义的格式要求为上/下行链路准备数据帧，主要用于纠检错的帧校验序列（Frame Check Sequence，FCS）。

（4）应用层：支持 SNMP、HTTP、MQTT、IPv6 等各种接口协议，以支持不同的应用。

3. eMTC

eMTC 是增强型机器类通信（enhanced Machine Type Communication）的简称，是 3GPP 在 MTC 技术的基础上，在 R13 版本正式引入的。eMTC 是在 LTE 协议基础上，专门为满足中速率（上/下行峰值速率可达 1Mbit/s）物联网业务而进行裁剪和优化的蜂窝物联网技术，所以也称为 LTE-M（LTE-Machine-to-machine）。

相比于原有的 LTE 系统，窄带的 eMTC 具有以下几个特性。

（1）系统复杂度大幅度降低，成本得到了极大的优化（eMTC 芯片目标成本在 1～2 美元）。

（2）功耗极度降低，电池续航时间大幅度增强。

（3）网络的覆盖能力大大加强。

（4）网络覆盖的密度增强。

eMTC 的关键技术如下。

（1）15dB 增益的深度覆盖技术。

eMTC 的深度覆盖主要源于两个方面：一是在连续的子帧的相同资源块中调度相同数据的时域重传技术（将在第 1 部分 NB-IoT 基础理论篇 4.1 节介绍 NB-IoT 的这项技术），这样在接收端通过 HARQ（混合自动重传请求，将在第 1 部分 NB-IoT 基础理论篇 3.5 节介绍 NB-IoT 的这项技术）合并这些数据就可以获得 12dB 左右的合并增益；二是通过跳频技术，可以获得 2～3dB 的频域分集增益。

（2）节电技术。

eMTC 通过 PSM（省电模式）和 eDRX（扩展非连续接收）来延长终端电池的使用寿命。其中，99% 的待机时间处于 PSM，所消耗的电量小于 1%。电池使用寿命可以长达十年。本书将在第 1 部分 NB-IoT 基础理论篇 4.3 节介绍 NB-IoT 的节电技术。

（3）定位技术。

eMTC 采用 UTDOA（上行到达时间差）技术，不需要 GPS 也可以实现定位。UTDOA 通过三个基站构成的不同圆的交点估算终端位置，测试基站越多定位精度越高。而且，UTDOA 的实现不需要终端新增定位芯片。

（4）无缝切换技术。

eMTC 支持无缝切换以保证用户体验的平滑连续。具体来讲，eMTC 支持连接态的移动性管理，给用户提供连续的业务体验。无缝切换技术是 eMTC 与 NB-IoT 的最大区别之一。eMTC 还支持灵活的组网策略，满足运营商业务分层、负载平衡等需求。eMTC 通过自动频率控制来校正终端的频率偏差，以降低多普勒频移对解调的影响，从而能够支持终端在高速移动场景下的业务性能。

eMTC 端到端网络架构和 LTE 保持一致，不需要网络改造，只需要升级软件即可支持。从网络设备数量最多的基站角度来看，eMTC 可以重用 LTE 频谱资源，重用 LTE 射频、天馈等硬件资源，只需要软件升级即可。eMTC 的用户设备通过支持 1.4MHz 的射频和基带带宽，可以直接接入现有的 LTE 网络。

4. NB-IoT

NB-IoT 是窄带物联网（Narrow Band Internet of Things）的简称，是 3GPP 在 LTE 协议基础上针对低速率（100kbit/s～1Mbit/s）物联网业务而制定的蜂窝物联网技术标准。

NB-IoT 只占用 180kHz 的带宽，可直接部署于 GSM 网络、UMTS 网络或 LTE 网络，以降低部署成本、实现平滑升级。NB-IoT 支持以下三种部署方式（见图 1-1-14）。

（1）独立（Standalone）部署：通常是对 GSM/UMTS/LTE 频谱进行重耕或者使用空闲零散的频谱资源部署 NB-IoT。

（2）保护带（Guard band）部署：在 LTE 的保护带中部署 NB-IoT，这就要求 LTE 系统带宽在 10MHz 或以上。

（3）带内（In-band）部署：在 LTE 的资源块（RB）资源上直接部署 NB-IoT，这种方式相对应 LTE 可用的 RB 资源会减少。

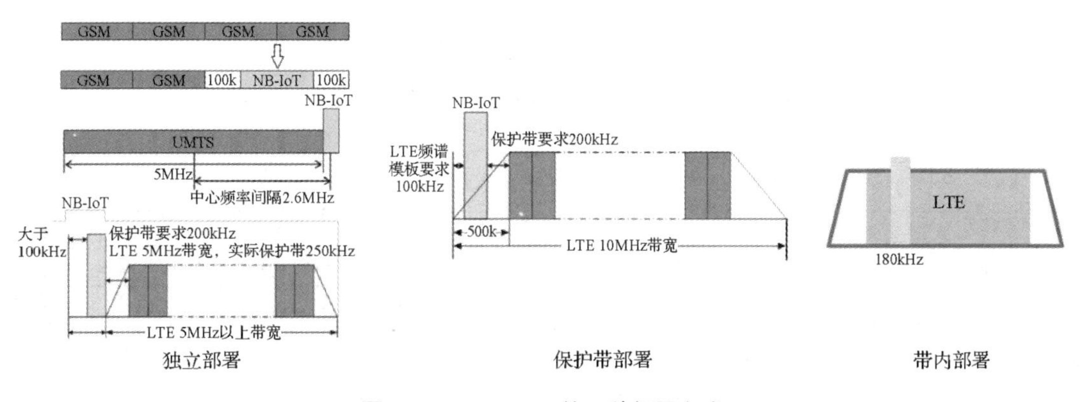

图 1-1-14　NB-IoT 的三种部署方式

NB-IoT、eMTC 同属 3GPP 标准内的 LPWA 技术，两者在标准化进程、产业发展、网络商用等方面几乎是齐头并进的，两者就像 3GPP 标准下的一对双胞胎，有很多相似之处，但也有一些区别，如表 1-1-3 所示。

表 1-1-3 NB-IoT 与 eMTC 的区别

性能	技术	
	NB-IoT	eMTC
频段	FDD	FDD，TDD
双工方式	半双工	半双工/全双工
部署方式	独立/保护带/带内	LTE 带内
上行覆盖	增益：20+dB	增益：15+dB
下行覆盖	164dB	156dB
信道带宽	180kHz	1.4MHz
峰值速率	UL：250kbit/s（多频）/200kbit/s（单频） DL：250kbit/s	UL：1Mbit/s（全双工）/375kbit/s（半双工） DL：1Mbit/s（全双工）/300kbit/s（半双工）
移动性	低速，小区重选	低/中/高速，小区切换
时延	秒级	100ms
业务	数据	数据，语音
芯片成本	目标：<1 美元	目标：1～2 美元
子载波带宽	UL：15/3.75kHz（单频），15kHz（多频） DL：15kHz	UL：15kHz DL：15kHz
TTI	1ms	1ms/8ms
调制方式	BPSK，QPSK	QPSK，16QAM

由表 1-1-3 可见，在频段、移动性、峰值速率等有较高要求时，eMTC 技术占明显优势；反之，如果对这些方面要求不高，而对芯片成本、上/下行覆盖等有更高要求时，则可选择 NB-IoT。两者在不同领域有不同的优势，既竞争又互补。

为了方便对比 LoRa、Sigfox、eMTC 和 NB-IoT 四种 LPWA 技术，现给出表 1-1-4。具体选择哪种 LPWA 技术，与物联网性能需求、国家政策、频谱规划、运营商的实力等都有很大关系。

表 1-1-4 四种 LPWA 技术对比

技术	性能								
	频谱	信道带宽	吞吐量	容量	覆盖（MCL）	时延	模组成本	电池寿命	建网
LoRa	非授权频谱	7.8~500kHz	50kbit/s	NA	168dB	NA	5 美元	10 年	新建网络
Sigfox	非授权频谱	几百赫兹	100bit/s	NA	162dB	NA	5 美元	10 年	新建网络
eMTC	授权频谱	1.4MHz	1Mbit/s	每小区>50k	156dB	100ms	5~10 美元	10 年	LTE 网络 软件升级
NB-IoT	授权频谱	180kHz	250kbit/s	每小区>50k	164dB	秒级	5 美元	10 年	LTE 网络 软件升级

1.5.3 感知层技术

物联网终端的结构组成框图和物联网终端的实物组成分别如图 1-1-15 和图 1-1-16 所示。从硬件上来看，物联网终端最核心的部分是芯片，芯片主要负责通过无线接口和物联网网络层进行通信。芯片加上射频前端电路就构成了模组或模块（Module），模组主要完成无线信号

的收发处理。MCU 是物联网终端的核心控制部件，负责终端各个组成部分的管理和协调工作。传感器负责采集数据，定位单元负责提供终端位置信息。电池供电电路可以采用 LDO 低压差线性稳压器，以最大限度延长电池寿命，同时降低系统复杂度和成本。如果是电信运营商的网络，终端还需要插入 SIM/USIM 卡，以完成终端在网络中的身份识别和认证。

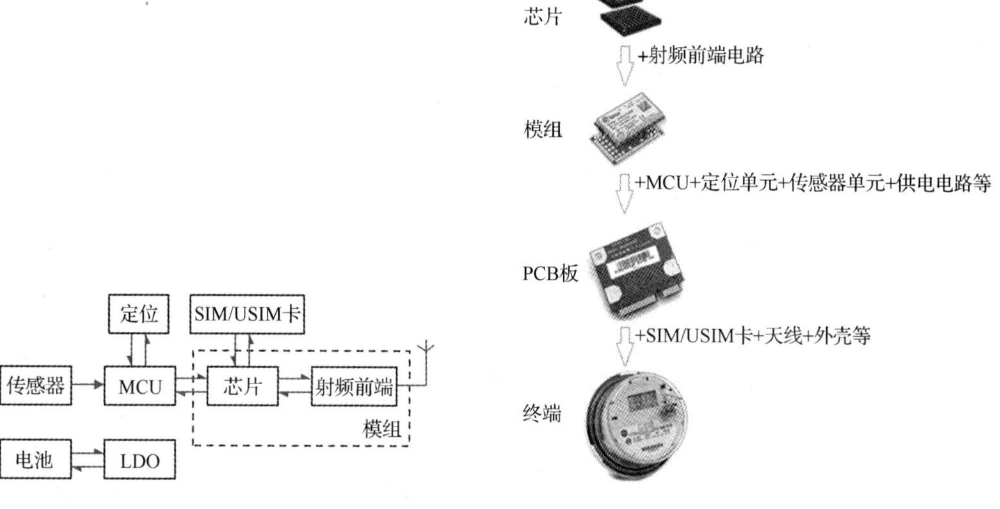

图 1-1-15　物联网终端的结构组成框图

图 1-1-16　物联网终端的实物组成

从分层协议角度来看，现在的物联网芯片/模组完成的是应用层以下各层的功能，如图 1-1-17 所示，应用层功能还要靠设备（主要是 MCU）来实现。未来，相信随着物联网的大规模普及和电子工艺技术的进一步提升，只靠物联网芯片/模组即可实现所有协议层功能。

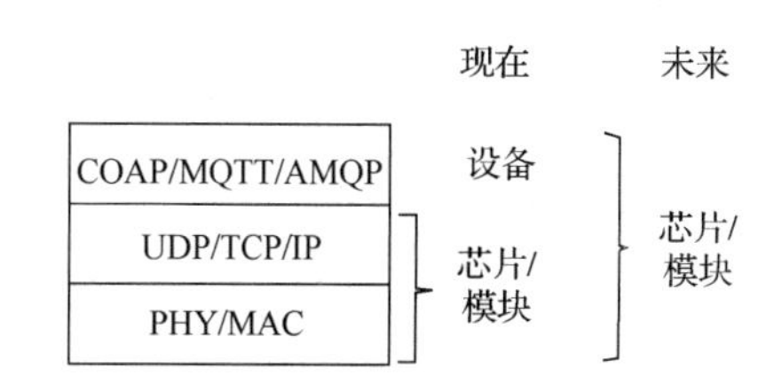

图 1-1-17　物联网终端的软件组成

物联网终端涉及的关键技术有操作系统、中间件、传感器、识别技术等，这里仅进行简单介绍，详情请参考其他相关教材。

1. 操作系统

终端智能化是物联网发展的基础和必然趋势。为了使物联网终端更智能，MCU 中可以采用带有操作系统的 X86/ARM/DSP/MIPS/FPGA 等芯片。这里的操作系统不能是普通嵌入式操作系统，而应该是符合 3GPP 规范的轻量级操作系统，即具有可伸缩的内核、μA 级功耗和 μs 级响应。采用轻量级操作系统，可使物联网终端在以下方面获得智能化。

（1）管理智能。

可以实现不同类型、不同接口传感器的接入（即插即用）和算法开发的统一管理；可以提高端/管/云协同的安全管理能力，降低终端被攻击的风险。

（2）连接智能。

可以实现近距离、远距离各种不同类型的通信协议的互联互通。

（3）组网智能。

可以帮助终端自组织网络（SON）快速组网、稳定组网，接入更多的组网设备。

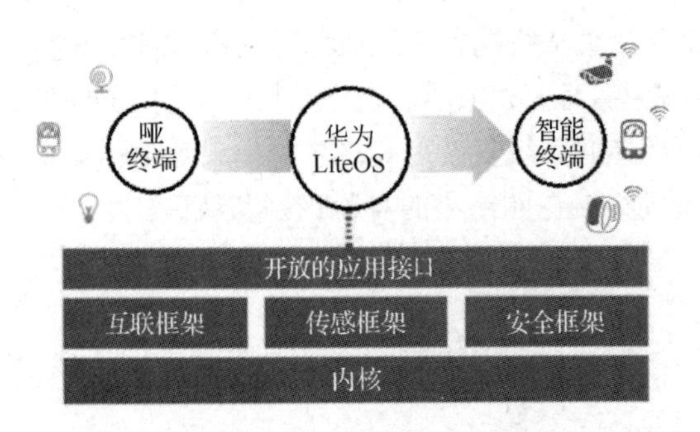

图 1-1-18　LiteOS 框架结构

这里以华为 LiteOS 操作系统为例，其框架结构如图 1-1-18 所示。有了 LiteOS 操作系统，物联网终端从哑终端变成了智能终端。

2. 中间件

对于不带操作系统的物联网终端，也可以利用中间件来实现一些功能。中间件是一种计算机软件，它有两种模式：一种是介于操作系统与应用软件之间的；另一种是介于硬件和应用软件之间的，发挥支撑和信息传递的作用。这里的中间件主要是指介于硬件和应用软件之间的。

由于物联网终端形态各异、传感器种类繁多、系统软硬件环境千差万别，物联网的应用开发难度很大，所以利用终端上的中间件来屏蔽底层软硬件差异，可以大大降低物联网应用开发的复杂度。同时，中间件也可以提供基础通信功能（因此也被称为基础通信套件或通信套件），对数据包进行封装，并调用底层接口实现网络连接。当物联网终端（芯片/模组）集成了这样的中间件后，对于这些芯片/模组的应用开发只需要通过中间件提供的接口进行简单操作（如 AT 指令）即可。

中间件实现 NB-IoT 网络连接如图 1-1-19 所示，为了说明中间件在 NB-IoT 系统中的位置和作用，可以将 NB-IoT 系统简单地分为终端侧和网络服务侧两个部分。而终端上的中间件就起到终端侧与网络服务侧连接和通信的作用。中间件提供了一套标准的 SDK（Software Development Kit，软件开发工具包），规范了终端设备管理接口的定义，并统一了终端侧的应用连接与通信协议，从而实现与网络服务侧的简易对接。

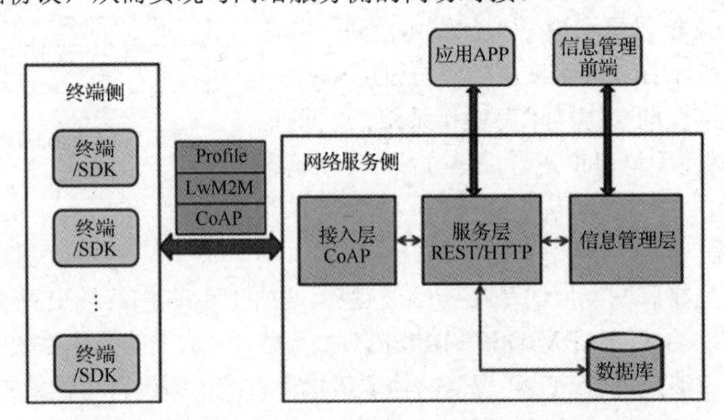

图 1-1-19　中间件实现 NB-IoT 网络连接

图 1-1-19 中的中间件采用物联网协议 CoAP 作为应用通信协议，以 LwM2M（Lightweight Machine-To-Machine，轻量级机器对机器）协议作为设备管理接口框架和资源管理模型基础（LwM2M 协议基于 CoAP 协议，而 CoAP 协议基于 UDP 协议）。网络服务侧采用相对成熟的互联网 Web 服务相关技术。接入层负责应用协议转换和 Web 服务协议之间的转换。之所以推荐 CoAP 作为通信协议，是因为它可以使接入层很方便地实现 CoAP 和 HTTP 之间的转换。服务层采用 REST/HTTP 架构。网络服务侧的后面需要提供信息管理数据库并进行信息管

理维护（信息管理层），以保证对终端设备中相关对象的识别，并与终端设备的认证信息一致。

3. 传感器

传感器是物联网终端进行感知和检测的重要部件，它可以检测周边环境的物理变化（温度、湿度、加速度、光学、图像、电磁场等），并将检测到的物理量以电子信号形式输出。在不同的物联网场景下，可能需要不同类型的传感器。传感器的常见分类如下。

（1）按元件特性分类。

传感器按元件特性分类，可分为电阻式传感器、电感式传感器、电容式传感器、压电式传感器、磁电式传感器、热电式传感器、光电式传感器、数字式传感器、光纤式传感器、超声波传感器、热敏传感器、模拟传感器等。

（2）按用途分类。

传感器按用途分类，可分为压力敏和力敏传感器、位置传感器、液位传感器、能耗传感器、速度传感器、加速度传感器、射线辐射传感器、热敏传感器。

（3）按原理分类。

传感器按原理分类，可分为振动传感器、湿敏传感器、磁敏传感器、气敏传感器、真空度传感器、生物传感器等。

（4）按输出信号分类。

传感器按输出信号分类，可分为模拟传感器、数字传感器、膺数字传感器、开关传感器。

4. 识别技术

物联网终端常用的识别技术有条形码、RFID、NFC、IrDA 等。

（1）条形码。

根据编码方法和信息存储容量不同，条形码包括一维码、二维码和三维码，如图 1-1-20 所示。但条形码的名称源于最早的一维码。一维码只在水平方向一个维度上由一组按一定规则排列的黑、白条组成，可以用来表示字符和数字。二维码包括堆叠式（也叫行排式）和矩阵式两种，堆叠式在形态上是由多行短截的一维条码堆叠而成的；矩阵式以矩阵的形式组成，在矩阵相应元素位置上用“点”表示二进制“1”，用“空”表示二进制“0”，由“点”和“空”的排列组成代码。二维码能够记录汉字和图片信息，同时信息的安全性得到提高。三维码在二维码基础上增加了视觉属性（24 层颜色），其编码方式是先将文本编译成一串二进制数字，然后通过特定的算法并结合图片整体的色彩内容，将该二进制数字串与图像信息编码为一组可以通过特定规则解读的阵列。三维码能够记录计算机中的所有信息。目前物联网中主要应用的是一维码和二维码。

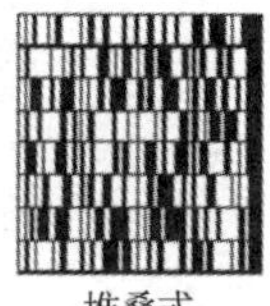

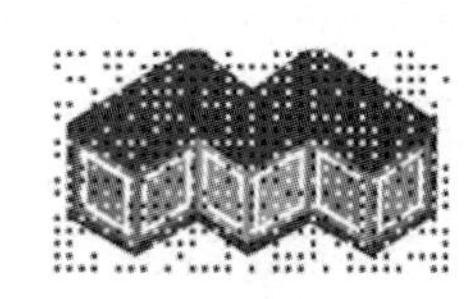

图 1-1-20 各种条形码

条形码技术涉及条码的编码技术、条码标识符号的设计、快速识别技术和计算机管理技术等，它是物联网感知层重要的物品信息识别手段。

条形码识别系统如图 1-1-21 所示。首先通过某种图像采集器采集条形码的图像信息，然后经过放大整形电路，最后通过译码器译码转变成二进制数据存储到计算机中或者通过网络传输到物联网中。

图 1-1-21　条形码识别系统

（2）RFID。

RFID（Radio Frequency Identification，无线射频识别）是 20 世纪 90 年代开始兴起的一种自动识别技术。它利用射频信号通过空间电磁耦合实现无接触信息传递，并通过所传递的信息实现物体识别。

典型的 RFID 系统主要由电子标签和读写器组成，如图 1-1-22 所示。电子标签中存储着规范且具有互用性的信息。电子标签和读写器中都集成了天线。当电子标签进入由读写器发出射频信号而产生的磁场后，凭借感应电流所获得的能量发送出存储在产品中的信息（无源标签或者叫被动标签），或者主动发送某一频率的信号信息（有源标签或者叫主动标签）；读写器读取信息并解码后，送至数据管理系统/计算机中进行有关数据处理。

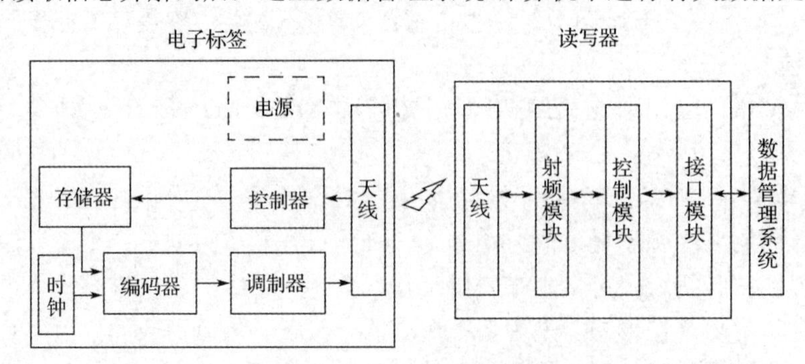

图 1-1-22　RFID 系统组成

RFID 的工作频段比较丰富，而且频段不同其读写距离也不同，因而应用场景也相同，如表 1-1-5 所示。

表 1-1-5　RFID 的工作频段、读写距离及应用场景

工作频段	读写距离	应用场景
低频 135kHz	1m 以下	动物识别与监控 货物、防盗管理
高频 13.5MHz	3m 以下	门禁系统 废弃物管理 智能卡系统
超高频 860～960MHz	10m 以下	全球供应链管理 集装箱追踪
微波 2.45GHz 或 5.8GHz	大于 10m	车辆识别 区域定位

RFID作为条形码的无线版本，具有条形码所不具备的防水、防磁、耐高温、使用寿命长、读取距离大、标签上数据可加密、存储数据容量大、存储信息更改自如等优点，是物联网感知层终端设备识别的重要手段。

（3）NFC。

NFC（Near-Field Communication，近场通信）是一种近距离高频无线通信技术。它的工作频率为13.56MHz（ISM频段），理论上最大传输距离为20cm（一般产品都采用功率抑制技术将其设置为10cm，以获得更高的安全性）。NFC信号带宽只有14kHz，因此传输速率也很低，可以支持106kbit/s、212kbit/s或者424kbit/s三种传输速率。

NFC与RFID同属于ISO/IEC标准序列，是在RFID的基础上发展而来的，可以向下兼容RFID，同时，具有自己的特点和优势。

① NFC工作距离短，具有更高的安全性。

② NFC成本低，功耗更低。

③ NFC在单一芯片上集成了感应式读卡器、感应式卡片和点对点通信的功能，而RFID不支持点对点通信，读卡器和卡是分离的实体。

④ NFC连接速度非常快，可以帮助蓝牙设备或Wi-Fi设备实现快速连接。

⑤ NFC有三种工作模式：读卡器（主动读取带有NFC芯片的对象中的信息）、仿真卡（就像一张卡，通过内置的射频器被动地读取卡内信息）和点对点通信（两个NFC设备都处于双向主动模式）。

在物联网中，NFC和RFID侧重于不同的应用场景。RFID更多地应用在生产、物流、跟踪和资产管理上，而NFC则在门禁、公交、手机支付等领域发挥着巨大的作用。

（4）IrDA。

IrDA是由与其同名的红外数据通信协会（Infrared Data Association）制定的，是一种串行、半双工、点对点红外线通信技术。红外线频率主要集中在300～400GHz，它的传输距离在1m以内，数据传输速率一般为4Mbit/s，最高可以达到16Mbit/s，传输角度为15°～30°。

IrDA数据传输的基本模型如图1-1-23所示。来自MCU或网络的二进制数据经过编码、调制等处理，再通过红外线发射器转变成红外线脉冲光信号发送出去；另外，红外线接收器将接收到的红外线信号转变成数字电信号，再经过解调、解码等处理恢复成二进制数据。这里的发射器和接收器通常使用红外收发对管。

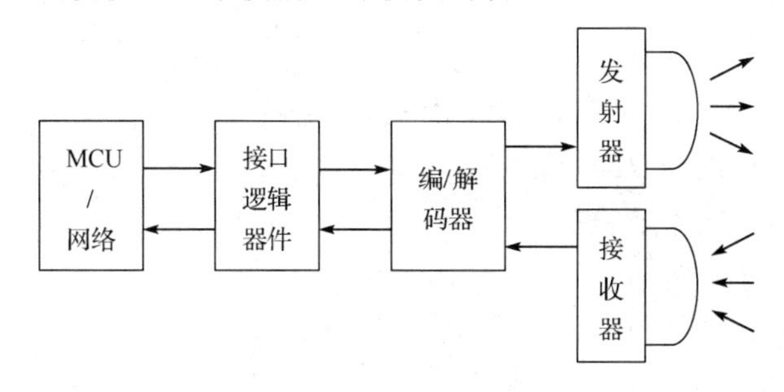

图1-1-23　IrDA数据传输的基本模型

IrDA通信具有成本低廉、简单易用、功耗低等优点。此外，其发射角度小的特点在一定程度上提高了通信的安全性。但 IrDA 是一种视距通信，传输空间不能被其他物体阻隔。而且，IrDA 通信只能用于两台设备之间，不能灵活组网。

IrDA 大都应用在家庭和办公环境下的个域网（PAN）场景中。目前，很多家电遥控器和小型移动设备都支持 IrDA 通信。IrDA 技术如何在物联网中得到广泛应用还有待研究。

1.5.4 物联网安全

安全问题是物联网运作的最大挑战，而且物联网的不同层次有不同的安全需求，因此需要建立不同的安全机制，下面分别加以说明。

1. 感知层

为了便于分析，这里将传感器网络也纳入感知层。物联网的感知层可能遇到的安全挑战如下。

（1）节点被非法控制。

① 网关节点被非法控制（节点密钥被窃取）。

② 普通节点被非法捕获（由于没有获得节点密钥而没被控制）。

（2）节点受来自网络的 DoS（Denial of Service，拒绝服务）攻击。

（3）接入物联网的超大量节点的识别、认证和控制问题。

针对上述挑战，感知层的安全需求包括以下几点。

（1）机密性：多数网络内部不需要认证和密钥管理，如统一部署的共享一个密钥的传感器网络。

（2）密钥协商：内部节点进行数据传输前要先协商会话密钥。

（3）节点认证：数据共享的网络需要节点认证，以限制非法节点的接入。

（4）信誉评估：一些重要网络需要对可能被非法控制的节点行为进行评估，以降低入侵危害（某种程度上相当于入侵检测）。

（5）安全路由：几乎所有网络内部都需要不同的安全路由技术。

针对上述安全需求，感知层应建立以下安全架构。

（1）在网络内部，需要有效的密钥管理机制，用于保障传感器网络内部通信的安全。

（2）网络类型的多样性导致安全服务需求不能统一，但网络内部的安全路由、连通性解决方案等都可以相对独立地使用，同时机密性和认证性都是必要的。

2. 网络层

物联网网络层将主要遇到以下安全挑战。

（1）DoS 攻击、DDoS（分布式拒绝服务）攻击。

（2）假冒攻击、中间人攻击等。

（3）跨网络架构的安全认证等。

网络层的安全需求可以概括为以下几点。

（1）数据机密性：保证数据在传输过程中不被泄露。

（2）数据完整性：保证数据在传输过程中不被非法篡改或被非法篡改的数据容易被检测出来。

（3）数据流量机密性：某些特殊场景需要对数据流量信息进行保密，因此需要数据流量机密性。

（4）DDoS 攻击检测与预防：既包括对整个网络 DDoS 攻击的检测与防护，还包括对脆弱节点的 DDoS 攻击的防护。

（5）移动网中认证与密钥协商（AKA）机制的一致性或兼容性、跨域认证和跨网络认证（基于 IMSI）。

网络层的安全机制可以分为端到端的机密性和节点到节点的机密性。

端到端的机密性需要建立以下安全机制。

（1）端到端的认证机制。

（2）端到端的密钥协商机制。

（3）密钥管理机制。

（4）机密性算法选取机制。

在这些安全机制中，根据需要可以增加数据的完整性保护服务。

节点到节点的机密性，需要节点间的 AKA 协议，这类协议要重点考虑效率因素。机密性算法的选取和数据完整性服务则可以根据需求选取或省略。考虑到跨网络架构的安全需求，需要建立不同网络环境的认证衔接机制。另外，针对单播通信、组播通信和广播通信等不同的网络传输模式也应该有相应的认证机制和机密性保护机制。

3. 平台层

平台层的安全挑战如下。

（1）来自超大量终端的海量数据的识别和处理。

（2）智能可能变为低能。

（3）自动控制变为失控。

（4）灾难控制和恢复。

（5）非法人为干预（内部攻击）。

（6）设备（特别是移动设备）的丢失。

相应地，平台层应包含以下安全机制。

（1）可靠的认证机制和密钥管理方案。

（2）高度的数据机密性和完整性服务。

（3）可靠的密钥管理机制，包括 PKI（公钥基础设施）和对称密钥的有机结合机制。

（4）可靠的高智能处理手段。

（5）入侵检测和病毒检测。

（6）恶意指令分析和预防，访问控制及灾难恢复机制。

（7）保密日志跟踪和行为分析，恶意行为模型的建立。

（8）密文查询、秘密数据挖掘、安全多方计算、安全云计算技术等。

（9）移动设备文件（包括秘密文件）的可备份和恢复。

（10）移动设备识别、定位和跟踪机制。

4. 应用层

应用层的安全挑战和安全需求主要来自以下几个问题。

（1）如何根据不同访问权限对同一个数据库内容进行筛选？

（2）如何在提供用户隐私信息保护的同时又能正确认证？

（3）如何解决信息泄露追踪问题？

（4）如何进行计算机取证？

（5）如何销毁计算机数据？

（6）如何保护电子产品和软件的知识产权？

针对以上问题，应用层应该设置如下安全机制。

（1）有效的数据库访问控制和内容筛选机制。

（2）不同场景的隐私信息保护技术。

（3）叛逆追踪和其他信息泄露追踪机制。

（4）有效的计算机取证技术。

（5）安全的计算机数据销毁技术。

（6）安全的电子产品和软件知识产权保护技术。

物联网的安全问题不仅仅是技术问题，还会涉及教育培训、信息安全管理、口令管理等非技术因素。

综上分析，物联网在不同层次应该采取不同的安全技术。物联网安全技术分类如图 1-1-24 所示，请参考其他相关教材进行学习。

应用环境安全技术 可信终端、身份认证、访问控制、安全审计等
网络环境安全技术 无线网安全、虚拟专用网、传输安全、安全路由、防火墙、安全域策略、安全审计等
信息安全防御关键技术 攻击监测、内容分析、病毒防治、访问控制、应急反应、战略预警等
信息安全基础核心技术 密码技术、高速密码芯片、PKI公钥基础设施、信息系统平台安全等

图 1-1-24　物联网安全技术分类

习题 1

1.1　试用自己的话概括出物联网的定义。

1.2　试到 3GPP 官网上任意下载一个 R16 版本的技术文档。

1.3　试说明 NB-IoT 与 5G 移动通信技术标准的关系。

1.4　试对本地区 NB-IoT 网络发展现状进行简单的调研。

1.5　绘制简单的物联网分层架构图，说明各层的功能并列举各层所涉及的关键技术。

1.6　试将物联网的四个分层同一张人体结构图建立起对应关系。

1.7　试从电信运营商的角度解释物联网平台层存在的必要性。

1.8　通过查询资料，进一步学习物联网七大通信应用协议，尤其是 CoAP 和 REST/HTTP 协议。

1.9　了解移动通信网中 IMEI 和 IMSI 的含义和作用。

1.10　通过查询资料，进一步学习云计算、大数据、数据挖掘、机器学习、人工智能等技术。

1.11　LPWA 网络有哪些特点？说出四种典型的 LPWA 物联网的技术名称，并说明哪几个采用的是授权频谱，哪几个采用的是非授权频谱。

1.12　与同学讨论自己熟知的各种高、中、低速物联网场景和技术。

1.13　与同学讨论在不同的应用场景下应该采用哪种近距离或中距离无线通信技术。

1.14　通过查询资料，进一步了解 NB-IoT 网络和 LoRa 网络在世界各地的商用情况。

1.15　详述 NB-IoT 网络的三种部署方式。

1.16　说明物联网终端有哪些组成部分和各部分的关系。

1.17　与同学讨论自己熟知的各种物联网终端识别技术的应用场景。

1.18　通过查询资料，了解密钥管理、安全路由、认证与访问控制、数据隐私保护、入侵检测与容错容侵、安全的决策与控制等物联网安全技术。

第 2 章 NB-IoT 网络架构

要想学习 NB-IoT 的技术原理首先应该了解其网络结构组成。本章主要介绍 NB-IoT 的网络整体架构、网元功能、接口协议栈和基本数据传输方式。

2.1 网络整体架构

NB-IoT 的网络整体架构和 LTE 的网络整体架构基本一致，同时做了一定的优化。NB-IoT 网络整体架构如图 1-2-1 所示，NB-IoT 网络主要包括 NB-IoT 终端（统一用 UE 表示）、无线接入网（E-UTRAN）和核心网（图中虚线框内的部分）三部分。

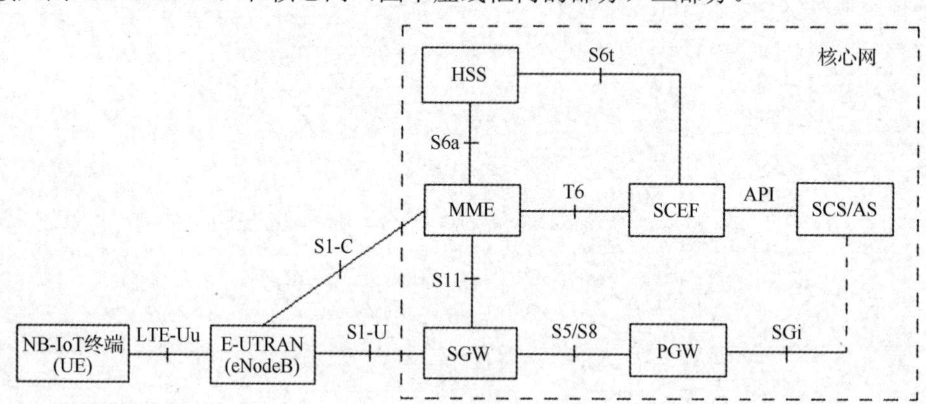

图 1-2-1　NB-IoT 网络整体架构

NB-IoT 终端大都是由各种行业的终端设备再加上 NB-IoT 模块构成的，通过 LTE-Uu 接口接入无线接入网中，再通过无线接入网连接到核心网。LTE-Uu 接口是整个网络中唯一的无线接口，也称为空中接口，简称空口。

NB-IoT 的无线接入网称为 E-UTRAN（Evolved Universal Terrestrial Radio Access Network，演进的通用陆地无线接入网），主要由基站（eNodeB，简称 eNB）设备组成，负责终端的空口接入处理和小区管理等功能。E-UTRAN 通过控制面接口 S1-C（也称为 S1-MME）与核心网的控制面设备 MME 相连，通过用户面接口 S1-U 与核心网的用户面设备 SGW 相连。

NB-IoT 核心网主要负责将来自终端的业务数据转发到 IoT 平台或直接转发给应用服务

器进行处理，相反地，将IoT平台或应用服务器下发的命令转达给终端。NB-IoT核心网主要包括归属用户服务器（Home Subscriber Server，HSS）、移动性管理实体（Mobile Management Entity，MME）、服务网关（Service GateWay，SGW）、公共数据网络网关（PDN GateWay，PGW）和业务能力开放功能（Service Capability Exposure Function，SCEF）单元等网络实体。其中，SCEF是NB-IoT在传统的4G网络基础上新增的网元，其目的在于支持控制面优化传输方案和非IP数据传输。相应地，也引入了新的接口：SCEF和MME之间的T6接口、SCEF和HSS之间的S6t接口。但SCEF在NB-IoT架构中并不是必需的。

IoT平台负责汇聚来自各种接入网的IoT数据（包括NB-IoT网络），经过处理或不经过处理，再根据数据类型的不同转发至相应的业务应用服务器。在最初的物联网网络架构中并没有IoT平台，它是随着物联网业务类型和数据量的增加而出现的，能够使应用服务器屏蔽各种各样的终端类型、各种协议和各种接入网络。图1-2-1中没有绘出IoT平台。

SCS（Service Capability Server，业务能力服务器）是3GPP组织提出的网络开放业务架构（Open Service Architecture，OSA）的重要组成部分。OSA用于将业务部署和承载网络分离，以便快速部署新业务。SCS用于向业务应用提供SCF（Service Capability Features，业务能力特征）。SCF是指一组承载网络的业务能力的抽象化表达，如用户定位SCF、呼叫控制SCF。SCS是逻辑的概念，可以在一个物理节点实现，也可以分布在不同的物理节点实现。SCS是网络实体及上层业务之间的桥梁。

AS（Application Server，应用服务器）是IoT数据的最终汇聚点，根据客户的需求进行数据处理等操作。

SCS和AS在NB-IoT架构中也不是必需的。

按照第1章介绍的物联网的分层架构，NB-IoT的终端属于感知层，IoT平台和应用服务器可以归到NB-IoT核心网之外，分别构成NB-IoT整体网络的另两个组成部分——平台层和应用层。

2.2　网元功能

2.2.1　NB-IoT基站

NB-IoT基站是蜂窝移动通信网络中组成蜂窝小区的基本单元，主要完成移动通信核心网和终端设备UE之间的通信和管理功能。基站一般由机房、信号处理设备、供电设备、室外的射频处理模块、收发信号的天线、GPS天线及各种传输线缆组成。

基站不是孤立存在的，为了保证用户终端设备在基站信号有效覆盖范围之内，基站必须合理分布于整个NB-IoT网络的各个地方。因此，基站设备是整个NB-IoT网络中数量最多的，其投资建设成本也是最高的。

此外，由于基站的分布性和核心网的集中部署，事实上基站和核心网之间还必须有传输网，以解决基站与核心网的远距离传输问题。但为了简化问题，相关教材和资料中往往把传输网部分省略掉，同时，把传输网技术列为单独的科目进行研究和学习。

2.2.2 MME

移动管理实体（MME）是终端接入核心网的关键控制节点，同时负责空闲模式下终端的跟踪与寻呼控制，控制终端的切换或小区重选等。MME 还通过与归属用户服务器（HSS）的信息交互，完成用户鉴权和验证功能。

MME 通过 S1-C 接口、基于 S1-AP 协议与 eNodeB 进行交互；通过 S6a 接口、基于 Diameter 协议与 HSS 进行交互；通过 S10 接口、基于 GTP-C 协议与其他 MME 进行交互；通过 S11 接口、基于 GTP-U 协议与 SGW 进行交互；通过 Gn 接口、基于 TCP/UDP 协议与 DNS（Domain Name Server，域名服务器）进行交互。

需要特别说明的是，出于信息安全和减小时延的考虑，有一些消息终端不希望通过基站处理，而是要与 MME 直接进行交互，终端会将这些消息以非接入层（Non-Access Stratum，NAS）协议的格式封装成 NAS-PDU 传递给 eNodeB。eNodeB 收到后不会也不能对 NAS-PDU 进行解封装，而是直接将该消息嵌入 S1-C 协议中透明地传输给 MME，由 MME 进行解封装，完成与终端的直接信息交互。

2.2.3 SGW

服务网关（SGW）一方面汇聚来自不同 eNodeB 的用户面数据，对这些数据包进行路由转发和会话管理，并产生话单；另一方面，对于空闲状态的 UE，SGW 是下行数据路径的终点，在下行数据到达时触发对 UE 的寻呼。因此，SGW 相当于一个数据中转站。

SGW 通过 S1-U 接口、基于 GTP-U 协议与 eNodeB 进行交互；通过 S5/S8 接口、基于 GTP-U 和 GTP-C 协议与 PGW 进行交互；通过 S11 接口、基于 GTP-C 协议与 MME 进行交互。

2.2.4 PGW

公共数据网络网关（PGW）主要负责 NB-IoT 网络与外部公共分组数据网 PDN（主要是 Internet）的连接，也就是说，PGW 是 NB-IoT 网络的最后一环，它为终端分配一条端到端通道，并对这条通道进行管理与 QoS 控制。终端做业务时的 IP 地址也是由 PGW 分配的。此外，PGW 汇聚来自不同 SGW 的用户面数据包，并对这些数据包进行解封装，再封装成适合在外部网络中传输的格式后进行转发，并产生话单。

PGW 通过 S5/S8 接口、基于 GTP-U 协议和 GTP-C 协议与 SGW 进行交互；通过 SGi 接口、基于 TCP/UDP/IP 协议与外部网络进行交互。

由于 PGW 与 SGW 功能相似，因此二者既可以分开部署，也可以在物理网元上合二为一，合并以后的设备统称为 SAE-GW。SAE-GW 本质上就是一台路由器，进行路由选择与数据包转发。运营商在这台特殊的路由器上叠加了承载管理、计费管理、DPI（深度包检测）及 QoS 管理等控制功能，形成了 SAE-GW 的完全体。

2.2.5 HSS

归属用户服务器（HSS）本质上是一个中央数据库，包含了用户个人相关信息和订阅业务的相关信息。其功能包括移动性管理、呼叫和会话建立的支持、用户认证和访问授权。HSS 可以说是用户数据百宝箱，存储用户的签约信息，用于鉴权确认可以使用网络的合法用户和

这些用户相关业务的QoS，生成加密使用的密钥，并对用户的位置进行管理与存储。

NB-IoT终端中的SIM卡在开卡时登记注册的信息就是要存储到网络的HSS中。

2.2.6 SCEF

业务能力开放功能（SCEF）单元是NB-IoT网络相比于4G网络新增的网元，支持对于新的PDN类型Non-IP的控制面数据传输。

SCEF可实现的主要功能为将核心网网元能力开放给各类业务应用，通过协议封装及转换实现与合作平台或自有平台的对接。SCEF通过各个平台协议的转换，使网络具备了多样化的运营服务能力，配合HSS实现不同的应用。

NB-IoT的核心网除了前述的MME、SGW、PGW、HSS和SCEF设备，还可能存在一些代理设备和DNS设备。

代理设备，如HTTP与CoAP协议转换代理，在本书第2部分NB-IoT应用开发篇项目5中有所介绍。再如DRA（Diameter Routing Agent，Diameter协议路由代理），它通过S6a接口、基于Diameter协议与MME、HSS进行交互，主要负责网络中Diameter信令目的地址的翻译与代理转发，从而实现MME与HSS之间的寻址及信令路由转发。

域名服务器（DNS），顾名思义主要负责实现NB-IoT网络内部域名与对应地址间的翻译。例如，将EPC网络中的TAC域名、APN域名解析为MME、SGW、PGW的对应地址。DNS基于TCP/UDP协议。

2.3 接口协议栈

NB-IoT网络整体接口协议栈如图1-2-2所示，从图中可以显而易见地看出，NB-IoT网络中的哪些设备实体之间定义了哪些接口及接口相应的协议栈分层结构。其中，最主要的接口有Uu接口、S1接口和X2接口。这里仅介绍S1接口和X2接口对应的协议栈结构及相关协议。对于NB-IoT网络中最重要的、全网唯一的无线接口——Uu接口，将在第1部分NB-IoT基础理论篇第3章进行详细介绍。

1. S1接口协议栈

S1接口协议栈如图1-2-3所示，分为控制面S1-C（或S1-MME）接口和用户面S1-U接口。S1-C接口用来连接基站（eNodeB）和核心网的MME，S1-U接口用来连接基站（eNodeB）和核心网的SGW。这两个接口协议栈的低两层都是物理层和数据链路层，其功能比较普及，这里不再赘述。两个接口的传输层都基于IP协议，S1-C接口基于IP的SCTP（Stream Control Transmission Protocol，流控制传输协议），S1-U接口基于IP的UDP（User Datagram Protocol，用户数据报协议）。控制面的应用层协议是S1-AP（与具体业务应用有关），用户面的应用层协议是GTP-U（GPRS Tunneling Protocol-User plane，GPRS隧道协议-用户面）。

在实际部署时，NB-IoT可以与LTE共用同一个S1接口，连接到同一个MME；也可以通过不同的S1接口，连接到不同的MME。

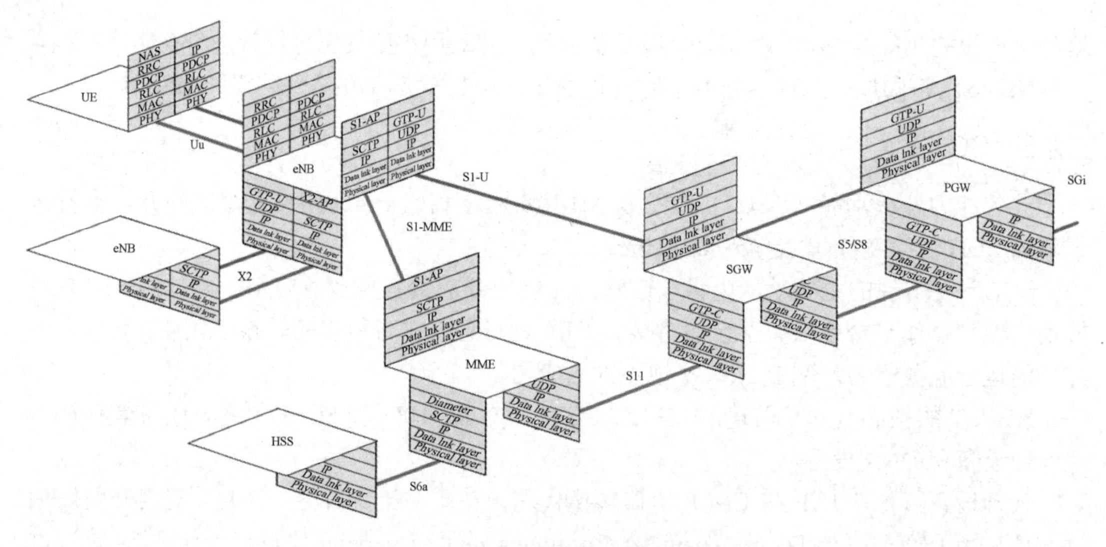

图 1-2-2　NB-IoT 网络整体接口协议栈

2. X2 接口协议栈

用于基站间连接的 X2 接口与 S1 接口非常相似，也可以分为控制面 X2-C 接口和用户面 X2-U 接口，X2 接口协议栈如图 1-2-4 所示。除了控制面应用层的协议是 X2-AP（与具体业务应用有关），与 S1 接口不同之外，其余完全相同。

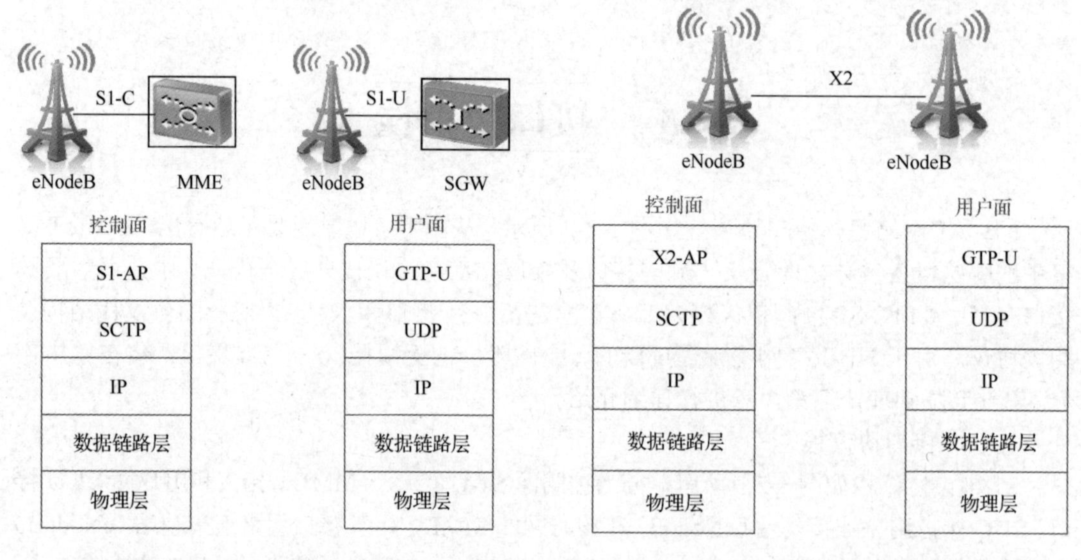

图 1-2-3　S1 接口协议栈　　　　图 1-2-4　X2 接口协议栈

在实际部署时，NB-IoT 和 LTE 可以共用 X2 接口。但与 LTE 不同的是，NB-IoT 不支持基于 X2 接口的切换，但是可以通过 X2 接口实现基站间的 RRC 连接恢复（RRC Connection Resume）流程。

2.4 基本数据传输方式

NB-IoT 的引入给 LTE/EPC 网络带来了很大的改进要求。传统的 LTE 网络的设计主要是为了适应宽带移动互联网的需求，即为用户提供高带宽、高响应速度的上网体验。但是，NB-IoT 却具有显著的区别：终端数量众多、终端节能要求高（现有 LTE 信令流程可能导致终端耗能高）、以小包收发为主（会导致网络信令开销远远大于数据载荷传输本身大小）、可能有非格式化的非 IP（Non-IP）数据（无法直接传输）等。下面简单介绍 NB-IoT 为了实现上述特性而采取的优化传输方案，以及对不同类型数据的传输方式。

2.4.1 控制面和用户面优化传输方案

为了适应终端的接入需求，NB-IoT 通过简化系统流程、加快传输速度等方式来降低终端功耗、提高续航能力，以满足物联网业务的长续航需求。同时，NB-IoT 在核心网 EPS 中定义了两种优化传输方案：控制面优化传输方案和用户面优化传输方案。EPS 优化是为了提升 NB-IoT 对小数据和短消息（SMS）的支持。EPS 的两种优化传输方案如图 1-2-5 所示，深色线对应 EPS 控制面优化传输方案，浅色线对应 EPS 用户面优化传输方案。

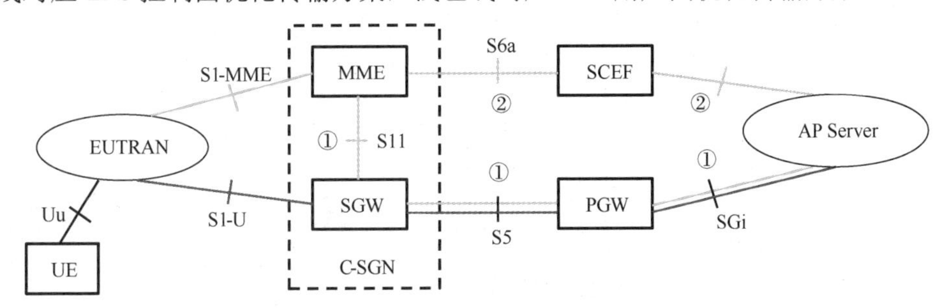

图 1-2-5　EPS 的两种优化传输方案

1. EPS 控制面优化传输方案

EPS 控制面优化传输方案简称 CP 方案，3GPP 已明确将其列为必选传输方案。CP 方案不需要建立空口数据无线承载（DRB）和 S1-U 连接，直接通过 NAS 消息传输数据，支持 IP 数据传输和非 IP 数据传输。核心网新增网元 SCEF，用来支撑非 IP 数据随信令的传输。CP 方案上行数据从 eNB（EUTRAN）传送至 MME，在这里传输路径分为两个分支数据传输方式：

① 通过 SGW 传送到 PGW，再传送到应用服务器（AP Server）。

② 通过 SCEF（Service Capability Exposure Function）连接到应用服务器（仅支持非 IP 数据传送）。

下行数据传输路径与上行数据传输路径一样，方向相反。

使用控制面优化传输方案可以不再建立 DRB，但是只适用于低频率且低速率的数据传输业务。

2. EPS 用户面优化传输方案

EPS 用户面优化传输方案简称 UP 方案，3GPP 已明确将其列为可选方案。物联网数据传输方式与传统数据流量一样，在无线承载上发送数据，由 SGW 传送到 PGW 再到应用服务器。因此，这种方案在建立连接时会产生额外开销。不过，它的优势是数据包序列传输更快。这一方案同时支持 IP 数据传输和非 IP 数据传输。

2.4.2 IP、非 IP 和短消息传输

从传输内容来看，NB-IoT 可以传输三种数据类型：IP 数据、非 IP 数据和短消息（SMS）数据。IP 传输方式与 LTE 传输方式的差异不大，SMS 传输方式相比传统方式有一定的改动。

非 IP 数据为 NB-IoT 新引入的数据类型，其路由有两种方式：一种是在与公共数据网络（PDN）建立连接的过程中，PGW 为终端分配 IP 地址，但该地址不传输给 UE，而是只保存在 PGW 内部，PGW 后的选址与原 LTE 相同。即在这种方式下，非 IP 数据的传输与传统的 IP 数据的传输路径完全相同；另一种是绑定的方式，采用上层应用的标识进行寻址，将 UE 传输的非 IP 数据与 SCEF 及应用服务器绑定。在这种方式下，核心网必须引入新的网元 SCEF。

本书第 1 部分 NB-IoT 基础理论篇 5.5 节将对上述两种优化传输方案和三种不同数据类型的传输方式加以详细介绍。

习题 2

2.1 NB-IoT 核心网由哪些网元组成？

2.2 NB-IoT 网络中的主要接口有哪些？分别用来连接什么网元设备？

2.3 NB-IoT 基站协议分层中为何要设置 NAS 层？

2.4 试简述 NB-IoT 网络中主要网元的功能。

2.5 NB-IoT 网络中的主要接口协议有哪些？

2.6 通过自学或其他途径了解 SCTP、GTP 和 UDP 的内容。

2.7 试简单描述 NB-IoT 的 IP 数据、非 IP 数据和短消息数据的传输方案。

2.8 NB-IoT 对原有 LTE 网络架构和流程进行了优化，提出了哪两种优化传输方案？

2.9 NB-IoT 的控制面优化传输方案中，可以在什么消息中携带 IP 数据或者非 IP 数据？

2.10 NB-IoT 的用户面优化传输方案中，对 LTE/EPC 协议栈有没有修改？

2.11 相比于 LTE 网络，NB-IoT 为了控制面优化传输方案和非 IP 数据传输而在核心网中引入了哪种网元？

2.12 试描述控制面优化传输方案中下行数据的两种传输路径。

第3章 NB-IoT空中接口

NB-IoT 空中接口（Uu 口）是 NB-IoT 整个网络架构中唯一的无线接口，是众多 NB-IoT 终端设备通过基站连接核心网实现 NB-IoT 业务的最重要的接口。NB-IoT 空中接口设计的好坏直接影响了整个网络的性能。本章将从协议分层、物理信道和信号，以及功率控制和 HARQ 的实现过程等方面介绍 NB-IoT 的空口（空中接口的简称）特性。

NB-IoT 下行（从基站到 NB-IoT 终端方向）和上行（从 NB-IoT 终端到基站方向）空口协议架构图分别如图 1-3-1 和 1-3-2 所示。这两张图基本概括了本章要讲述的内容及其逻辑关系，在本章的学习过程中可以随时进行查看和回顾。

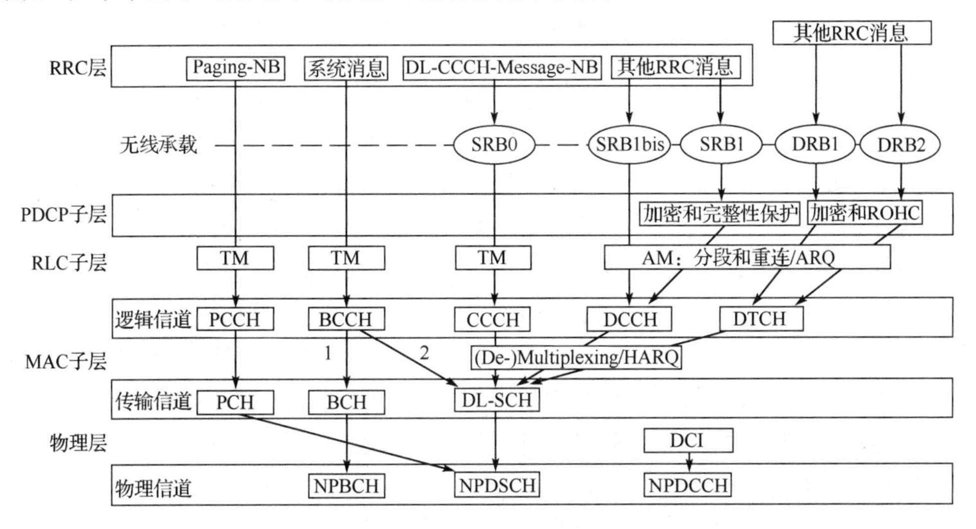

图 1-3-1　NB-IoT 下行空口协议架构图

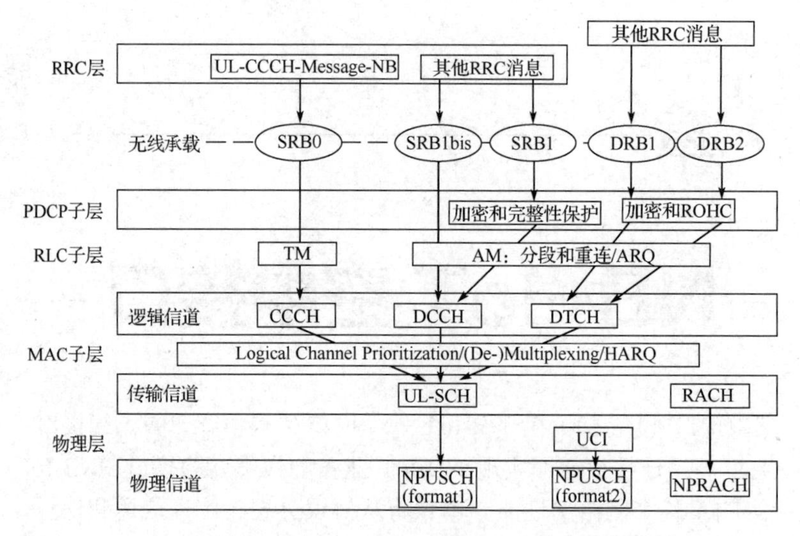

图 1-3-2　NB-IoT 上行空口协议架构图

3.1 NB-IoT 空口协议栈

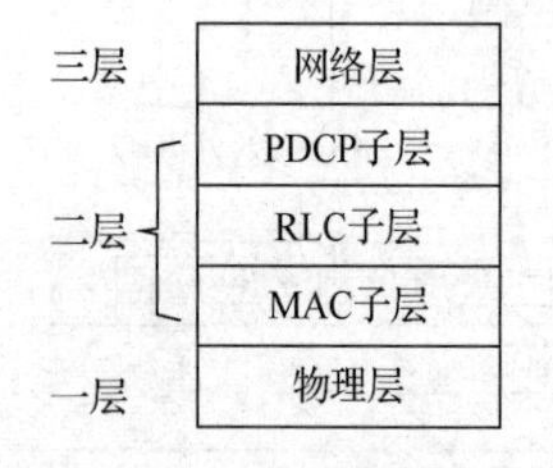

图 1-3-3　垂直角度的空口协议栈

总的来说，NB-IoT 空口协议栈与 LTE 空口协议栈很相似，只是根据物联网的需求，去掉了一些不必要的功能，同时减少了协议栈处理流程的信令开销。垂直角度的空口协议栈如图 1-3-3 所示，NB-IoT 空口协议栈主要分为三层，由下到上依次为物理层、数据链路层和网络层（高层）。数据链路层又分为 MAC、RLC 和 PDCP 三个子层。水平角度的空口协议栈如图 1-3-4 所示，NB-IoT 空口协议栈可以分为用户面和控制面两部分。用户面协议栈中的协议负责用户业务数据的处理；控制面协议栈中的协议负责信令等控制信息的处理。用户面的高层是由各种应用所定义的具体应用协议，不受 3GPP 规范限制，所以图中没有画出；控制面高层是 RRC 协议。控制面协议栈中的三层又可以统称为接入层（AS），与更高一层的非接入层（NAS）相对应。下面分别介绍空口的这些分层。

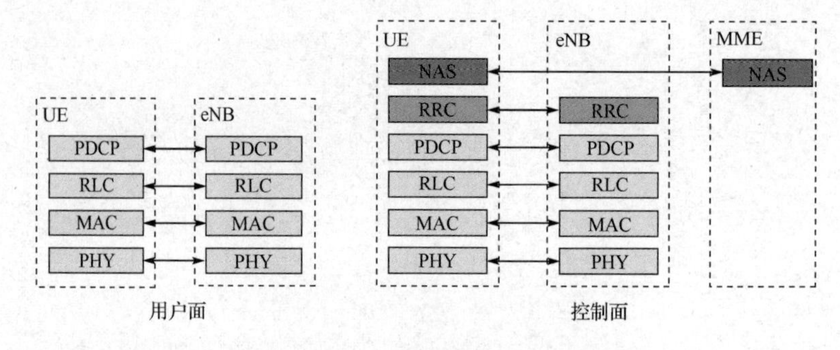

图 1-3-4　水平角度的空口协议栈

3.1.1 NAS

NAS（Non Access Stratum，非接入层）指的是UE和核心网MME之间直接进行控制面信息的传输，而不需要通过无线接入网（EUTRAN）的中间处理和信息转换。反之，接入层（AS）完成UE和核心网之间信息的传输必须通过EUTRAN/基站的中间处理和协议转换。接入层的信令是为了非接入层的信令交互铺路搭桥的。通过接入层的信令交互，在UE和MME之间建立起信令通路，从而便能进行非接入层信令流程了。

NB-IoT的NAS功能与LTE的基本相同。NAS主要完成UE的EPS移动性管理（EMM）和EPS连接管理（ECM）功能。EMM主要包括用户当前位置的跟踪，以及UE的切换、位置更新等。ECM主要包括UE和EPC之间的信令连接。

EMM分为两种状态：EMM-DeRegistered（EMM注销）和EMM-Registered（EMM注册）。

在EMM-DeRegistered状态下：

（1）MME没有UE的位置和路由信息。

（2）对于MME，UE不可达。

（3）部分UE的上下文仍可存储在UE和MME中，这样可以避免在每次附着流程都运行鉴权认证流程等。

在EMM-Registered状态下：

（1）UE在成功注册（Attach过程或者跟踪区更新过程）后，进入EMM-Registered状态。

（2）在该状态下，UE可使用需要EPS注册的业务，MME知道UE的位置信息。

（3）可执行跟踪区更新（TAU）、周期性TAU、寻呼、业务请求等。

EMM-DeRegistered状态和EMM-Registered状态之间转换的条件如图1-3-5所示。

图1-3-5 EMM-DeRegistered状态和EMM-Registered状态之间转换的条件

ECM包含UE与eNB之间的RRC连接和eNB与MME之间的S1信令链路的逻辑连接。当ECM建立和终止时，RRC和S1信令连接全部建立和终止，即一个建立的ECM连接，意味着UE与eNB之间具有RRC连接，同时MME与eNB之间具有S1信令连接。

ECM也分为两种状态：ECM-Idle（ECM空闲）状态和ECM-Connected（ECM连接）状态。

在ECM-Idle状态下：

（1）UE和EPC之间没有S1-MME和S1-U连接存在。

（2）EUTRAN没有用户的上下文信息。

（3）UE和网络间的状态可能不同步。

在 ECM-Connected 状态下：

（1）UE 和 MME 间存在信令连接，包括 RRC 连接和 S1-MME 连接。

（2）MME 精确知道 UE 所处 eNB ID 信息。

ECM-Idle 状态和 ECM-Connected 状态之间转换的条件如图 1-3-6 所示。

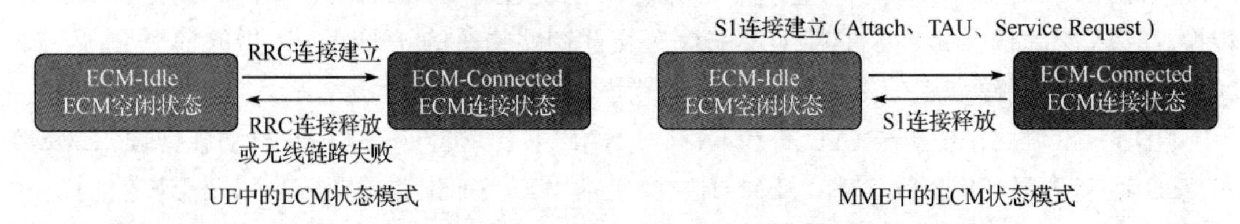

图 1-3-6　ECM-Idle 状态和 ECM-Connected 状态之间转换的条件

3.1.2　RRC

RRC 是 NB-IoT 空口高层控制面的无线资源控制（Radio Resource Control）协议，位于接入层（AS）中的最高层，负责无线资源的分配及相关信令的传输。UE 和 EUTRAN 之间控制信令的主要部分是 RRC 消息，RRC 消息承载了建立、修改和释放第二层和物理层协议实体所需的全部参数，同时携带了 NAS 的一些信令，如移动性管理（MM）、连接管理（CM）、会话管理（SM）等。

NB-IoT 系统与 LTE 一样，支持两种 RRC 状态：RRC 空闲态（RRC_Idle）和 RRC 连接态（RRC_Connected）。NB-IoT 的 RRC 和 NAS 状态间转换关系如图 1-3-7 所示。从 UE 的角度来看，ECM 和 RRC 始终具有相同的状态。图 1-3-7 中，将一个用户的 EMM 和 ECM / RRC 状态的组合标示为 A、B、C 和 D。各种状态组合下的用户操作示例如表 1-3-1 所示。

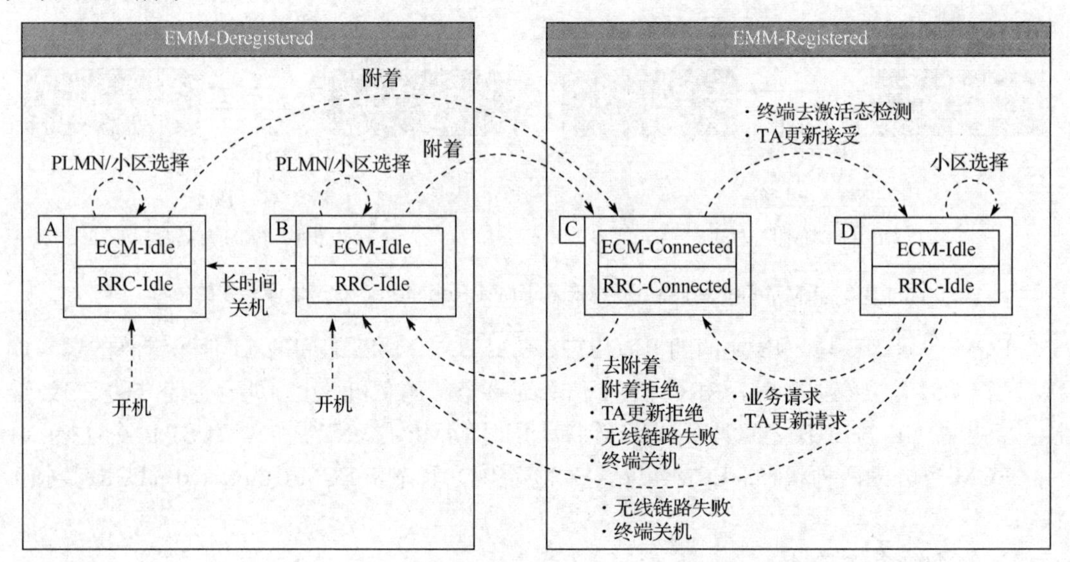

图 1-3-7　NB-IoT 的 RRC 和 NAS 状态间转换关系

表 1-3-1　各种状态组合下的用户操作示例

组合	状态	示例
A	EMM_DeRegistered ECM_Idle RRC_Idle	当 UE 在订阅之后第一次打开时； 当 UE 在长时间关闭后打开时； LTE 网络中没有 UE 上下文
B	EMM_DeRegistered ECM_Idle RRC_Idle	当 UE 在被关闭后的一定时间段内被打开时； 在通信过程中由于无线电链路故障而导致 ECM 连接中断时； 来自上一次连接的一些 UE 上下文仍然可以存储在网络中（如为了避免在每个连接过程期间运行 AKA）
C	EMM_Registered ECM_Connected RRC_Connected	当 UE 连接到网络（MME）并且正在使用服务时
D	EMM_Registered ECM_Idle RRC_Idle	当 UE 连接到网络（MME），但不使用任何服务时； UE 的移动性由小区重新选择过程来处理

除了上述 RRC_Idle 和 RRC_Connected，为了减少信令流程和为终端省电，NB-IoT 还支持独有的 RRC 挂起（RRC_Suspended）状态。RRC_Suspended 可以看成是 RRC_Idle 和 RRC_Connected 的中间态。三种状态的区别：在 RRC_Idle 时，UE 未建立和网络之间的上下文；在 RRC_Connected 时，UE 已建立了上下文，且网络为接入的 UE 分配了对应的资源；在 RRC_Suspended 时，UE 和网络之间保留了上下文，UE 还保存了 RRC 连接恢复 ID 等信息，尽管 UE 可以进入休眠状态以降低功耗，但是从 RRC_Suspended 恢复回 RRC_Connected 以进行数据传输的流程是相对快速的，且不需要产生额外的信令开销。RRC 三种状态之间的转换关系如图 1-3-8 所示，由图可见，除了 RRC_Idle 不能转换为 RRC_Suspended，其余两两状态之间都可以相互转换。本书第 1 部分 NB-IoT 基础理论篇 5.3.1 节将详细介绍 RRC 连接的挂起和恢复流程。

NB-IoT 与 LTE 的 RRC 功能对比如图 1-3-9 所示。

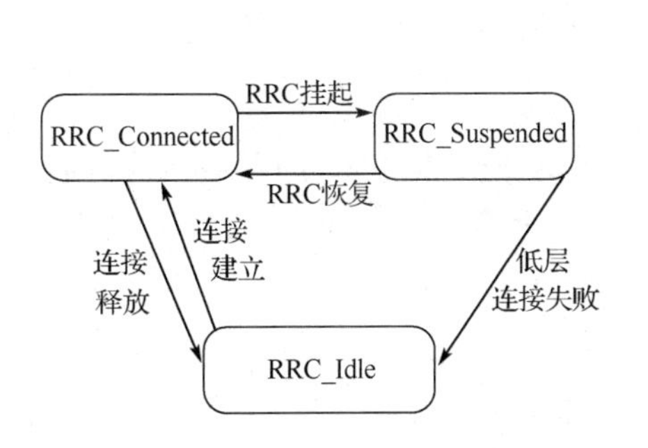

图 1-3-8　RRC 三种状态之间的转换关系

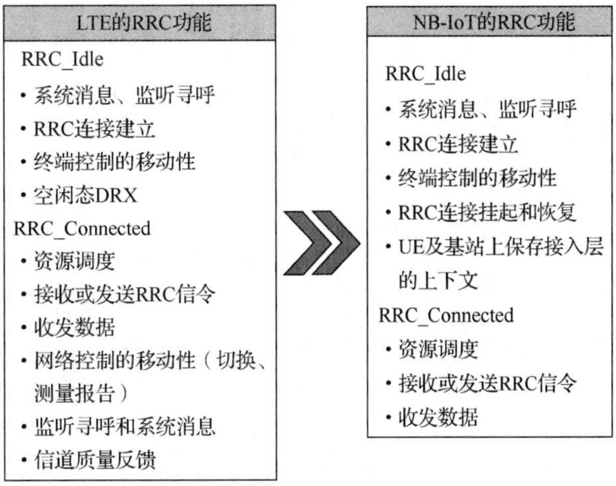

图 1-3-9　NB-IoT 与 LTE 的 RRC 功能对比

由图 1-3-9 可见，NB-IoT 系统中的 RRC_Idle 除了支持与 LTE 中相同的获取系统消息、监听寻呼、发起 RRC 连接建立和终端控制的移动性，还具有以下特征。

（1）可以发起 RRC 连接挂起及其恢复过程。

（2）在 UE 和基站上保存接入层的上下文（仅适用于 UP 优化传输方案）。

（3）不支持终端专门的空闲态 DRX。

由图 1-3-9 还能看出，NB-IoT 系统中的 RRC_Connected 对 LTE 的连接态功能进行了简化，除支持与 LTE 相同的执行资源调度操作、接收或发送 RRC 信令和在建立的数据承载/信令承载上收发数据外，还具有以下特征。

（1）不支持网络控制的移动性（切换、测量报告）。

（2）不监听寻呼和系统消息。

（3）不支持信道质量反馈。

此外，NB-IoT 的 RRC 层在无线承载管理方面（见图 1-3-2）：对于数据的承载，CP 模式下不支持 DRB（Data Radio Bearer，数据无线承载），UP 模式下最多支持 2 个 DRB。对于信令的承载，支持以下三个 SRB（Signaling Radio Bearer，信令无线承载）。

（1）SRB0：用于承载公共控制信道（CCCH）上的 RRC 消息，这些消息用于 RRC 连接建立、RRC 连接恢复或者 RRC 连接重建立。

（2）SRB1：支持 PDCP，用于在接入层安全激活之后承载在专用控制信道（DCCH）上的 RRC 消息和 NAS 消息。

（3）SRB1bis：不支持 PDCP，用于在接入层安全激活之前承载在 DCCH 上的 RRC 消息和 NAS 消息。

除 SRB0 外，LTE 网络还有 SRB1 和 SRB2 两种信令无线承载：SRB1 负责传送 RRC 信令，SRB2 负责传送 NAS 信令。为了功能简化，NB-IoT 系统不再支持 SRB2，但为了减少 PDCP 子层安全功能的封装开销，NB-IoT 系统新引入了 SRB1bis。对于 NB-IoT，在 RRC 连接建立过程中会同时建立 SRB1bis 和 SRB1，在 RRC 连接建立消息中只包含 SRBl 的配置，不包含 SRBlbis 的配置（SRB1bis 被隐式建立），这是因为 SRBlbis 和 SRBl 的主要差别在于是否支持 PDCP，所以 SRBlbis 可以使用与 SRB1 相同的配置，但需要使用不同的逻辑信道识别。在接入层安全激活之前使用 SRB1bis，在接入层安全激活之后使用 SRB1。

总的来说，对于仅支持 CP 优化传输方案的终端，NB-IoT 系统的信令无线承载使用 SRB0 和 SRB1bis，对于同时支持 CP 优化传输方案和 UP 优化传输方案的终端，在接入层安全激活前使用 SRB0 和 SRB1bis，在接入层安全激活之后使用 SRB0 和 SRB1。

3.1.3 PDCP 子层

PDCP 是 NB-IoT 空口第二层中的分组数据汇聚协议（Packet Data Convergence Protocol），位于 RRC 和 MAC 子层之间。

在 NB-IoT 网络的 CP 优化传输方案中，把整个 PDCP 子层去掉；在 UP 优化传输方案中，PDCP 子层的功能与 LTE 的 PDCP 子层的功能基本一致，其主要目的是发送和接收对等 PDCP 实体的分组数据。NB-IoT 与 LTE 的 PDCP 子层功能对比如图 1-3-10 所示。

LTE的PDCP子层功能

- PDCP SN大小为7bit~15bit
- 数据传输
- 头压缩及解压缩
- 加密和完整性保护
- PDU按序递交和SDU的去重
- 基于RLC AM模式的PDCP重建立
- 小区切换重传
- 重排序
- 丢弃定时器
- PDCP状态报告

NB-IoT的PDCP子层功能

- PDCP SN大小为7bit或更小
- 数据传输
- IP数据头压缩及解压缩（ROHC）
- 加密和完整性保护
- PDU按序递交和SDU的去重
- 基于RLC AM模式的PDCP重建立
- 丢弃定时器

图 1-3-10　NB-IoT 与 LTE 的 PDCP 子层功能对比

NB-IoT 的 PDCP 子层支持上下层间的数据传输、加密和完整性保护、PDU（分组数据单元）按序递交，以及 SDU（业务数据单元）的去重、基于 RLC 确认模式（AM）的 PDCP 重建立和上行基于定时器的 SDU 丢弃（说明：从上层传输来的数据单元称为本层的 SDU，SDU 经过封装后形成的数据单元称为本层的 PDU，即第 *N* 层的 SDU 与第 *N*+1 层的 PDU 一一对应）。

与 LTE 不同的是，NB-IoT 只支持最大 7bit 的 PDCP 序列号（SN），只支持最大 1600 字节的 PDCP SDU 和 PDCP 控制 PDU。支持 IP 数据头压缩和解压缩，但仅支持一种压缩算法——ROHC 算法。NB-IoT 不支持小区切换重传，不支持重排序，不支持 PDCP 状态报告。

3.1.4　RLC 子层

RLC 是 NB-IoT 空口第二层的无线链路控制协议（Radio Link Control）。RLC 子层位于 MAC 子层之上，为高层的业务数据和控制数据提供分段和重传功能。NB-IoT 与 LTE 的 RLC 子层功能对比如图 1-3-11 所示。

LTE的RLC子层功能

- PDU传输
- RLC SDU级联、分段、重组
- AM模式及UM模式数据传输
- RLC重分段
- RLC重建立
- 按序递交和重复检查
- 重排序

NB-IoT的RLC子层功能

- PDU传输
- RLC SDU级联、分段、重组
- AM模式传输（UM不支持）
- RLC重分段
- RLC重建立（仅用户面优化传输方案）
- 按序递交和重复检查

图 1-3-11　NB-IoT 与 LTE 的 RLC 子层功能对比

NB-IoT 的 RLC 子层支持 PDU 传输，支持 SDU 级联、分段、重组，支持 RLC 重分段，支持按序递交和重复检查。

考虑到接入层的安全问题，NB-IoT 的 RLC 子层仅支持用户面优化传输方案的 RLC 重建立；NB-IoT 保留了 RLC 的重排序功能，但进行了简化。

LTE 的 RLC 子层支持以下三种数据传输模式。

1．TM（Transparent Mode，透明模式）

RLC 实体在高层数据上不添加任何额外的控制协议开销，仅仅根据业务类型决定是否进行分段操作。RLC 实体接收到的 PDU 如果出现错误，则根据配置在标记错误后向上层递交，或者直接丢弃并向高层报告。TM 支持的典型业务是对实时性要求高的语音业务。

2．UM（Unacknowledged Mode，非确认模式）

RLC 实体在高层 PDU 上添加必要的控制协议开销，然后进行传输但并不保证传递到对等实体，且没有使用重传协议。RLC 实体对所接收到的有误数据标记为错误后向上层递交，或者直接丢弃并向高层报告。由于 RLC PDU 中包含顺序号信息，因此能够检测高层 PDU 的完整性。UM 支持的业务有小区广播和 IP 电话等。

3．AM（Acknowledged Mode，确认模式）

RLC 实体在高层数据上添加必要的控制协议开销后进行传输，并保证传递到对等实体。因为具有自动重传请求（ARQ）能力，如果对端 RLC 接收到有错误的 PDU，就通知发送方的 RLC 重传这个 PDU。由于 RLC PDU 中包含顺序号信息，因此支持数据向高层的顺序或乱序递交。AM 是分组数据传输的标准模式，支持万维网和电子邮件下载等业务。

NB-IoT 的 RLC 子层不支持 UM 数据传输，这样可以简化 RLC 的处理，并保证数据传输的可靠性。在 NB-IoT 中，DRB 使用 AM，SRB0 使用 TM，SRB1bis 和 SRB1 使用 AM。

3.1.5 MAC 子层

MAC 是 NB-IoT 空口第二层的媒体接入控制（Media Access Control）协议。MAC 子层位于 RLC 子层和物理层之间，为 RLC 子层提供数据传输及无线资源分配业务。

NB-IoT 与 LTE 的 MAC 子层功能对比如图 1-3-12 所示。

LTE的MAC子层功能

- 随机接入过程
- 逻辑信道与传输信道的映射
- 复用和解复用
- 调度
- 逻辑信道优先级处理
- 连接态非连续接收（DRX）
- 缓冲区状态上报（BSR）
- 下行HARQ（多进程）
- 上行HARQ （多进程）
- 多播（组播）业务（MBMS）
- 数据调度请求（DSR）
- 半静态调度（SPS）

NB-IoT的MAC子层功能

- 随机接入过程
- 逻辑信道与传输信道的映射
- 复用和解复用
- 调度
- 逻辑信道优先级处理
- 连接态非连续接收（DRX）
- 缓冲区状态上报（BSR）
- 下行HARQ（单进程）
- 上行HARQ（单进程）

图 1-3-12　NB-IoT 与 LTE 的 MAC 子层功能对比

NB-IoT 主要支持时延不敏感、无最低速率要求、传输间隔大和传输速率低的业务，因而在 LTE 标准的基础上，对 MAC 子层的各项功能和关键技术过程均进行了大幅度简化。

NB-IoT 的 MAC 子层支持随机接入过程、逻辑信道优先级处理、缓冲区状态报告（BSR）、连接态非连续接收（DRX）、单进程 HARQ 等。不支持多播（组播）业务（MBMS）、半静态调度（SPS）等。

3.2 NB-IoT 空口物理层

NB-IoT 的物理层下行与 LTE 的物理层下行很相似，只是更简化，覆盖增强只靠重复发送；上行除了重复发送，还引入更小的子载波间隔和单通道传输方式。NB-IoT 物理层特性如表 1-3-2 所示。

表 1-3-2 NB-IoT 物理层特性

特性	下行	上行
多址方式	OFDMA（仅常规 CP）	SC-FDMA（仅常规 CP）
子载波间隔	15kHz	15kHz/3.75kHz
发射功率	43dBm	23dBm
业务信道调制方式	QPSK	QPSK 和 BPSK
TTI 长度	1ms	1ms 或 8ms
通道数	多通道传输（15kHz）	单通道传输（3.75kHz/15kHz） 或多通道传输（15kHz）
天线端口	单端口/双端口（SFBC）	单端口
系统带宽	200kHz（其中前后各 10kHz 保护间隔）	
双工方式	FDD：终端半双工（TypeB），基站全双工	
覆盖增强	所有物理信道均支持重复发送，且重复发送次数可配置	

说明：

（1）OFDMA——正交频分多址接入，英文全称为 Orthogonal Frequency Division Multiple Access，是 NB-IoT、LTE 及 5G 所采用的最主要的多址接入技术。

（2）CP——循环前缀，英文全称为 Cyclic Prefix，是在无线传播中为了抗多址干扰、保证子载波之间的正交性而将每个 OFDMA 或 SC-FDMA 符号的尾部截取，并复制到其前部而形成的。

（3）SC-FDMA——单载波频分多址接入，英文全称为 Single Carrier Frequency Division Multiple Access，为了克服 OFDMA 峰均比过高的问题而在空口上行引入的多址接入技术。

（4）TTI——传输时间间隔，英文全称为 Transmission Time Interval，指在无线链路中的一个独立解码传输的时间长度，是无线资源管理（调度等）的基本时间单位。

（5）SFBC——空频块编码，英文全称为 Space Frequency Block Code，是一种 NB-IoT 及 LTE 空口多天线分集编码技术。

3.2.1 NB-IoT 空口帧结构

为了保证和 LTE 系统的相容性（尤其在 NB-IoT 的 LTE 带内部署方式下），NB-IoT 的空口帧结构与 LTE 的空口帧结构非常相似。

NB-IoT 的下行帧结构与 LTE 的类型 1（用于 FDD-LTE 系统）帧结构相同，如图 1-3-13 所示。

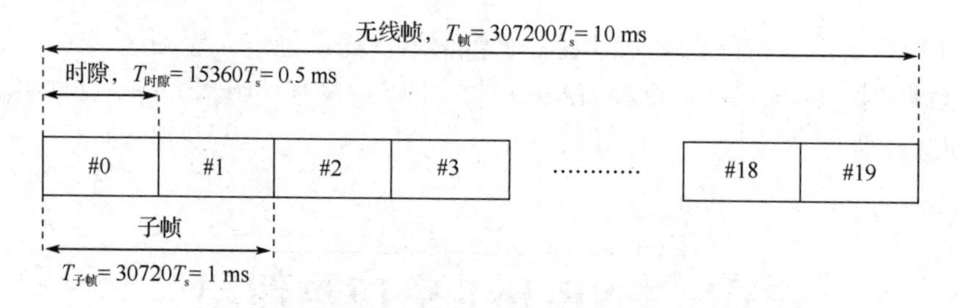

图 1-3-13　NB-IoT 下行帧结构

NB-IoT 的一个无线帧（10ms），包含 10 个子帧。每个子帧（1ms）包含两个时隙，每个时隙（0.5ms）包含 7 个 OFDMA 符号（常规 CP）。

需要说明的是，在 NB-IoT 系统中，由于业务不频繁的特性，为了支持更长的寻呼周期，为此在下行引入了超帧（hyper-frame）的概念。一个超帧等于 1024 个系统帧，一个系统帧包含 1024 个无线帧，因此一个超帧时长为 2.91h。

NB-IoT 的上行帧结构与频域子载波间隔有关：当子载波间隔为 15kHz 时，其帧结构与下行帧结构完全相同；当子载波间隔为 3.75kHz 时，每个时隙为 2ms。由于一个无线帧仍然是 10ms，因此一个无线帧包含 5 个时隙。在这种情况下，已经没有子帧的概念了。NB-IoT 上行 3.75kHz 子载波帧结构如图 1-3-14 所示。

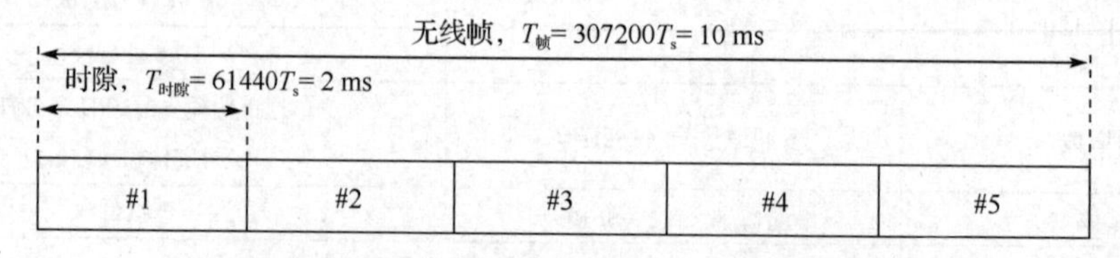

图 1-3-14　NB-IoT 上行 3.75kHz 子载波帧结构

NB-IoT 上行时隙结构与 LTE 的时隙结构对比如图 1-3-15 所示，图中，一个小格对应一个 SC-FDMA 符号，NB-IoT 和 LTE 都是每个时隙包含 7 个 SC-FDMA 符号。

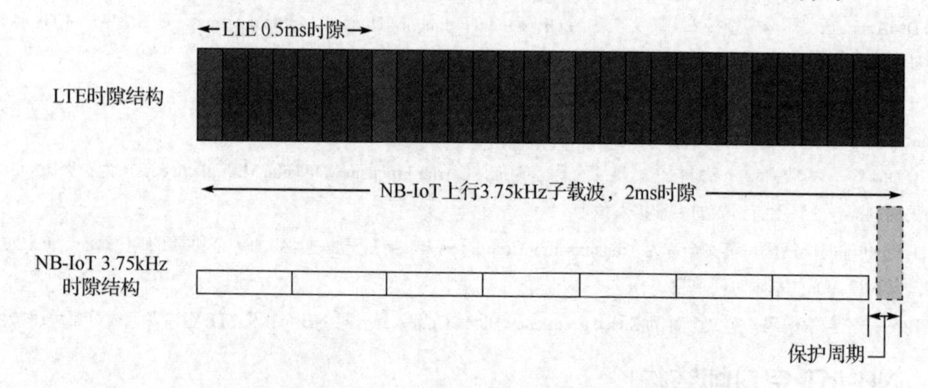

图 1-3-15　NB-IoT 上行时隙结构与 LTE 的时隙结构对比

3.2.2　NB-IoT 空口时频域资源

NB-IoT 空口时频域资源可以用资源栅格来表示。如图 1-3-16 左侧所示，在由横轴（时间）和纵轴（频率）构成的二维图形中，每个栅格代表一个 PRB（Physical Resource Block,

物理资源块）。PRB是NB-IoT空口物理层下行资源调度和分配的基本单位。在15kHz子载波间隔情况下，每个PRB时域上由一个0.5ms的时隙构成、频域上由12个子载波构成，即每个PRB带宽为180kHz。由于一个时隙固定由7个OFDMA或SC-FDMA符号构成，所以每个PRB可以展开成如图1-3-16所示右侧部分。其中一个小栅格代表一个RE（Resource Element，资源粒子），因此每个PRB包含84个RE。一个RE时域上由一个OFDMA或SC-FDMA符号构成、频域上由1个子载波构成，RE是NB-IoT空口物理层时频域资源组成的最小单位。

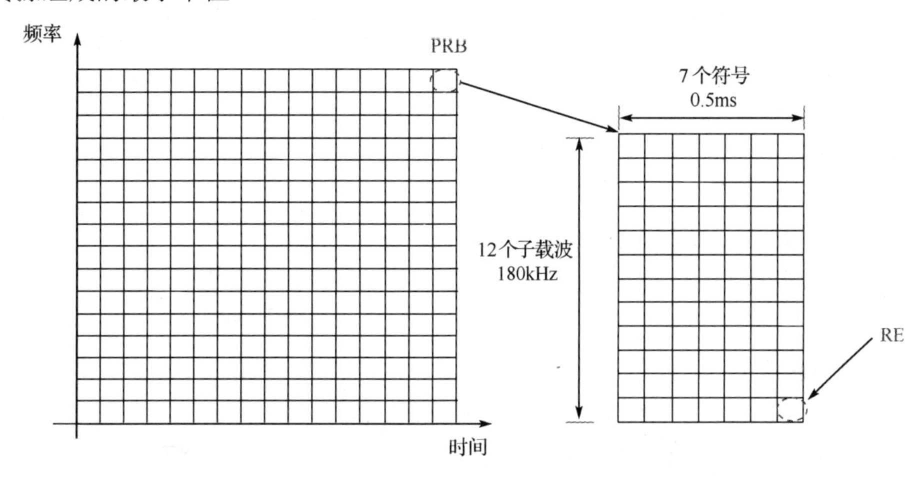

图1-3-16　NB-IoT空口时频域资源组成

如果是在3.75kHz子载波间隔情况下，每个PRB时域上由一个2ms的时隙构成、频域上由48个子载波构成，那么每个PRB带宽仍然为180kHz。两种子载波间隔下PRB的构成对比如图1-3-17所示。

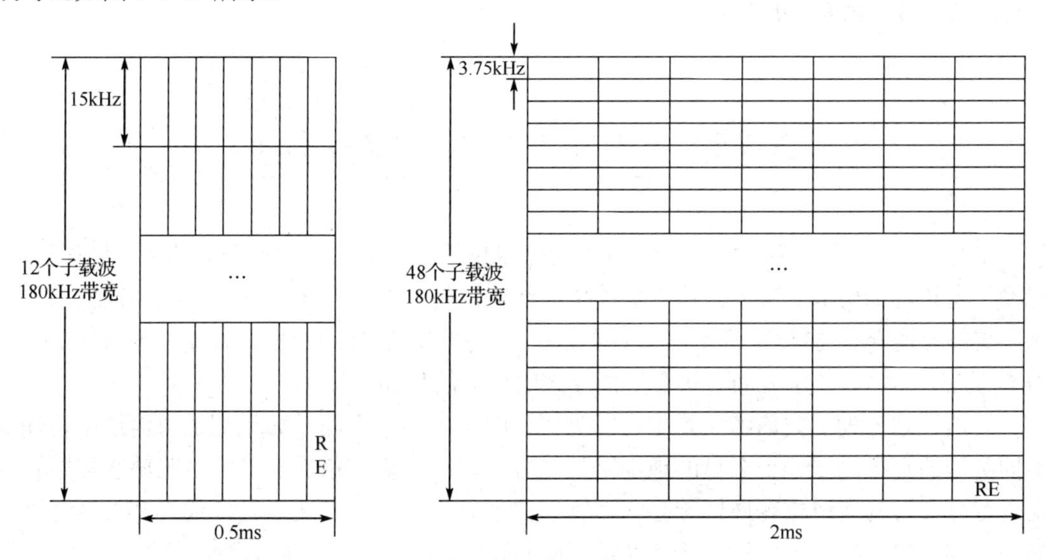

图1-3-17　两种子载波间隔下PRB的构成对比

为了适应NB-IoT系统中小数据量传输的特点，在其上行引入RU（Resource Unit，资源单元）的概念，上行数据的调度、分配和 HARQ-ACK 消息的发送都以 RU 为单位。不同场景下的 RU 的持续时长、包含的时隙数和子载波数各有所不同，将在第 1 部分 NB-IoT 基础理论篇 3.3 节中加以详细介绍。

NB-IoT 的上行采用 15kHz 和 3.75kHz 两种子载波间隔。其中，15kHz 子载波间隔与 NB-IoT 的下行和 LTE 系统的子载波间隔一致。3.75kHz 子载波间隔是 15kHz 的 1/4；而对应的时隙时长 2ms 是 0.5ms 的 4 倍，这样设置可以有效降低 NB-IoT 和 LTE 系统间的干扰，增强 NB-IoT 系统上/下行的相容性。同时，3.75kHz 相比于 15kHz 能获得更大的 PSD（Power Spectral Density，功率谱密度）增益，这将转化为更强的覆盖能力（详见本书第 1 部分 NB-IoT 基础理论篇 4.1 节）；而且，在仅有的 180kHz 的频谱资源里，将调度资源从原来的 12 个子载波扩展到 48 个子载波，能带来更灵活的调度。

此外，为了支持不同的物联网应用，NB-IoT 的上行支持终端的两种数据传输模式：单音和多音。

- 单音（Single Tone）：针对低速物联网应用，一个终端仅使用一个载波，这种模式对 15kHz 和 3.75kHz 两种子载波间隔都适用。
- 多音（Multi Tone）：针对高速物联网应用，一个终端可以使用多个载波，这种模式仅对 15kHz 子载波间隔适用。而且在这种情况下，终端必须具有支持多音的能力且必须向网络上报自己具有这种能力。

两种模式与两种子载波间隔的关系如图 1-3-18 所示，从图中还能看出 3.75kHz 子载波间隔对上行功率谱密度（PSD）的改善。

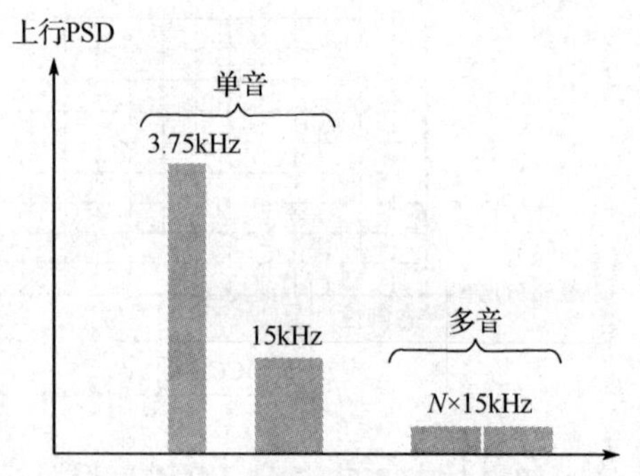

图 1-3-18　两种模式与两种子载波间隔的关系

3.3　NB-IoT 空口物理信道

如图 1-3-1 和图 1-3-2 所示，NB-IoT 的空口包括三类信道，由下向上依次为物理信道、传输信道和逻辑信道。其中，物理信道位于物理层的下方，负责与空口对端物理信道的连接；传输信道介于 MAC 子层与物理层之间，负责这两层之间数据的传输；逻辑信道介于 RLC 子层与 MAC 子层之间，负责这两层之间数据的传输。

之所以划分为三类信道，是因为每类信道的作用各有不同。如果把逻辑信道中传输的不同类型的数据比作一个个目的地不同的旅客，那么传输信道就负责将这些旅客按照目的地进行分类，为运送旅客做好准备，而物理信道就像是各种交通工具，最终把旅客送到目的地，同时它也捎带了自己的私货（物理层专属信息）。

本节首先介绍三类信道的分类及其映射和复用关系，然后重点介绍各种物理信道和信号。

3.3.1　空口信道

NB-IoT 空口信道及其映射关系如图 1-3-19 所示。

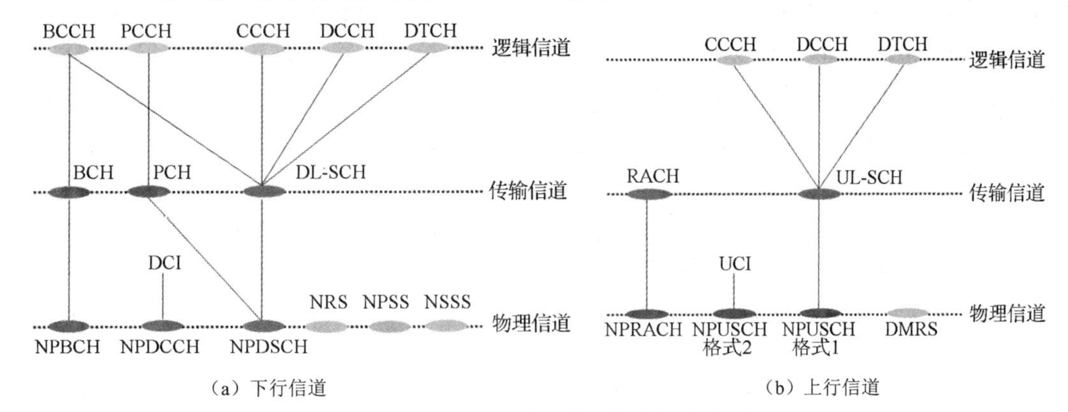

图 1-3-19　NB-IoT 空口信道及其映射关系

NB-IoT 空口信道简要说明如表 1-3-3 所示。

表 1-3-3　NB-IoT 空口信道简要说明

逻辑分层	数据的方向性	英文简称	英文全称	中文全称
逻辑信道	下行	BCCH	Broadcast Control Channel	广播控制信道
		PCCH	Paging Control Channel	寻呼控制信道
	双向	CCCH	Common Control Channel	公共控制信道
		DCCH	Dedicated Control Channel	专用控制信道
		DTCH	Dedicated Traffic Channel	专用业务信道
传输信道	下行	BCH	Broadcast Channel	广播信道
		PCH	Paging Channel	寻呼信道
		DL-SCH	Downlink Sharing Channel	下行共享信道
	上行	RACH	Random Access Channel	随机接入信道
		UL-SCH	Uplink Sharing Channel	上行共享信道
物理信道	下行	NPBCH	Narrowband Physical Broadcast Channel	窄带物理广播信道
		NPDCCH	Narrowband Physical Downlink Control Channel	窄带物理下行控制信道
		NPDSCH	Narrowband Physical Downlink Sharing Channel	窄带物理下行共享信道
	上行	NPRACH	Narrowband Physical Random Access Channel	窄带物理随机接入信道
		NPUSCH	Narrowband Physical Uplink Sharing Channel	窄带物理上行共享信道

从图 1-3-19 中不难看出，三类信道之间有的存在一对一的映射关系，如 PCCH 到 PCH 的映射；有的存在一对多的映射关系，如 BCCH 到 BCH 和 DL-SCH 的映射；还有的存在多对一的复用关系，如 BCCH、CCCH、DCCH、DTCH 到 DL-SCH 的映射；有的不存在任何映射和复用关系，如 NPDCCH 和 NPUSCH（格式 2），因为其中承载的是物理层专属信息。从图 1-3-19 中还可以看出，大部分信道是单向信道（上行或下行），只有 CCCH、DCCH 和 DTCH 属于双向信道。

从每类信道角度来看，逻辑信道是按照传输内容的不同进行信道划分的，可以分为控制信道（BCCH、PCCH、CCCH、DCCH）和业务信道（DTCH）两种；传输信道是按照传输格式的不同进行信道划分的，可以分为公共信道（BCH 和 PCH）和专用信道（RACH、UL-SCH 和 DL-SCH）两种；物理信道是按照空口的不同进行信道划分的，一般分为上行信道（NPRACH 和 NPUSCH）和下行信道（NPBCH、NPDCCH 和 NPDSCH）两种。

从空口下行方向来看，基站向终端主要发送如下三类信息。

1）广播信息

终端接入基站都要先读取基站的广播信息，以获知基站的相关配置并实现与基站的同步，因此基站要周期性地、频繁地向覆盖范围内的所有终端发出广播消息。根据广播消息内容的不同，三类信道的映射关系也不同：主信息块（Master Information Block，MIB）消息从逻辑信道 BCCH 映射到传输信道 BCH，继而映射到物理信道 NPBCH；而系统信息块（System Information Block，SIB）消息从 BCCH 映射到传输信道 DL-SCH，继而映射到物理信道 NPDSCH。

2）寻呼信息

当基站需要找到终端时就要向其发送寻呼消息，对应的映射关系为 PCCH→PCH→NPDSCH。

3）业务相关信息

如图 1-3-1 所示，CCCH 可以为基站下属所有终端所共用，主要用来传输做业务前的控制信息，如 SRB0；每个 DCCH 专门针对某个终端，主要用来传输做业务过程中的控制信息，如 SRB1 和 SRB1bis；每个 DTCH 也被某个终端独占，主要用来传输做业务过程中的业务数据，如 DRB1 和 DRB2。对应的映射关系：CCCH、DCCH 和 DTCH 复用映射到传输信道 DL-SCH，再到物理信道 NPDSCH。值得一提的是，对于采用控制面优化传输方案的终端则不需要 DTCH。

从空口上行方向来看，终端向基站主要发送以下两类信息。

1）随机接入信息

无论是做业务还是要传输控制信息，终端都要先接入到网络，完成从空闲态到连接态的转换。由于对于基站来说，终端何时发起接入是随机发生的未知事件，因此这个过程被称为随机接入过程。随机接入过程传输对应的映射关系：NPRACH→RACH。可见，随机接入过程到 MAC 子层终结，不涉及更高层。

2）业务相关信息

上行业务相关信息与下行业务相关信息的映射刚好是一个反过程。对应的映射关系：首先是物理信道 NPUSCH 映射到传输信道 UL-SCH，然后根据信息内容进行解复用，分别映射到逻辑信道 CCCH、DCCH 和 DTCH 中。

3.3.2 下行物理信道和信号

相比于 LTE，NB-IoT 在下行物理信道和信号上进行了精简，定义了三种物理信道（NPBCH、NPDCCH 和 NPDSCH）和三种物理信号（NRS、NPSS 和 NSSS）。各信道及信号间采用时分复用方式，NB-IoT 下行信道及信号的帧结构组成如表 1-3-4 所示。

表 1-3-4 NB-IoT 下行信道及信号的帧结构组成

	子帧 0	子帧 1	子帧 2	子帧 3	子帧 4
偶数帧	NPBCH	NPDCCH 或 NPDSCH	NPDCCH 或 NPDSCH	NPDCCH 或 NPDSCH	NPDCCH 或 NPDSCH
	子帧 5	子帧 6	子帧 7	子帧 8	子帧 9
	NPSS	NPDCCH 或 NPDSCH	NPDCCH 或 NPDSCH	NPDCCH 或 NPDSCH	NPDCCH 或 NPDSCH
	子帧 0	子帧 1	子帧 2	子帧 3	子帧 4
奇数帧	NPBCH	NPDCCH 或 NPDSCH	NPDCCH 或 NPDSCH	NPDCCH 或 NPDSCH	NPDCCH 或 NPDSCH
	子帧 5	子帧 6	子帧 7	子帧 8	子帧 9
	NPSS	NPDCCH 或 NPDSCH	NPDCCH 或 NPDSCH	NPDCCH 或 NPDSCH	NSSS

总的来看，NPBCH 主要负责传输 MIB 消息，其余信令消息和数据在 NPDSCH 上传输，而 NPDCCH 负责控制 UE 和 eNB 间的数据传输。NRS 用于下行链路信道估计，为 UE 端的相干解调和检测提供参考，因此分布于每个下行物理信道中。NPSS 和 NSSS 主要用于 UE 完成小区搜索过程。

NB-IoT 下行调制方式为 QPSK。NB-IoT 下行没有 REG（Resource Element Group，资源粒子组）的概念。NB-IoT 下行不支持 NPDSCH 与 NPDCCH 在同一个子帧上的时分复用。NB-IoT 下行只支持单天线端口（端口 0）或两个天线端口（端口 0 和端口 1）的 SFBC（Space Frequency Block Coding，空频块编码），所有下行物理信道使用相同的传输模式。与 LTE 一样，NB-IoT 也有 504 个物理小区标识（PCI），称为 NPCI。

下面分别介绍 NB-IoT 下行的这几种信道及信号。

1. NRS

NRS（Narrowband Reference Signal，窄带参考信号）被称为 NB-IoT 系统的导频信号，与 LTE 系统的 CRS（Cell-specific Reference Signal，小区专用参考信号）作用类似，主要用于下行链路的信道估计，为 UE 端的相干解调和检测提供参考。NB-IoT 的三种部署方式都支持 NRS。无论有无数据传送，在 NB-IoT 的每个下行子帧都要传输 NRS。

NRS 支持单天线端口或两天线端口，映射到每个时隙的最后两个 OFDM 符号（符号 5 或 6）。NRS 时频域资源映射如图 1-3-20 所示。NB-IoT 带内部署且当与 LTE 小区 PCI 相同时，NRS 使用天线端口 0 和 1（与 LTE CRS 一致）。除此情况外，NRS 都使用天线端口 2000 和 2001。图 1-3-20 中 R0 为使用天线端口 0 的 NRS，R1 为使用天线端口 1 的 NRS。

NB-IoT 带内部署 NRS 和 CRS 时频域资源映射如图 1-3-21 所示，NRS 资源映射的位置在时间上（横轴）与 LTE 的 CRS（符号 0、1 或 4）相错开，在频率上（纵轴）采用与之相同的频率偏移（6 个子载波）。这样在带内部署且当小区 PCI 相同时，若检测到 CRS，则可与 NRS 共同使用，来进行信道估计和 UE 端解调参考。

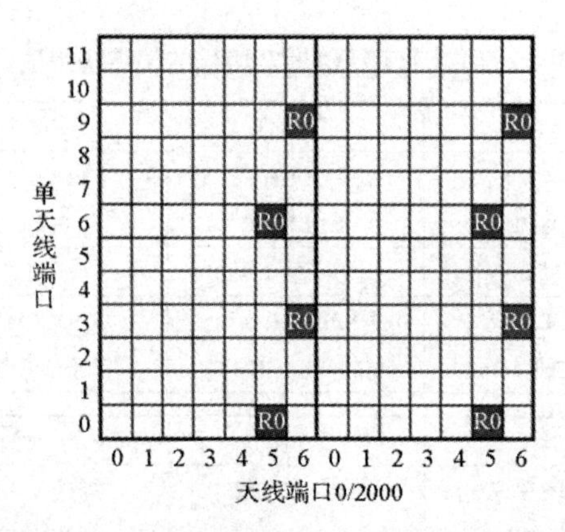

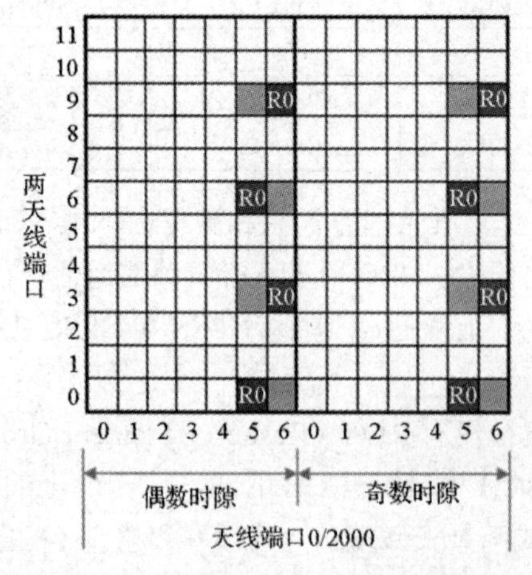

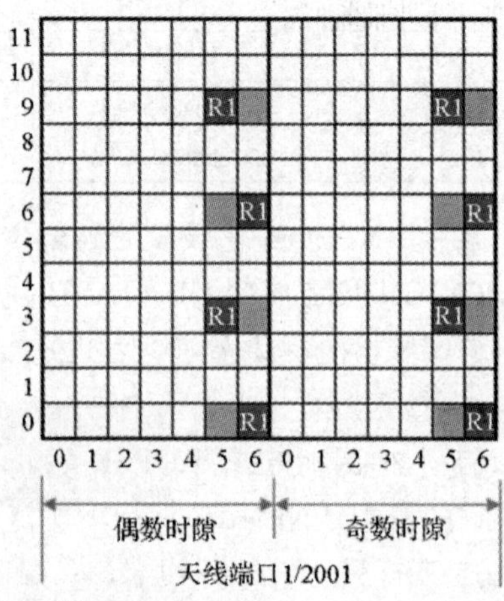

图 1-3-20　NRS 时频域资源映射

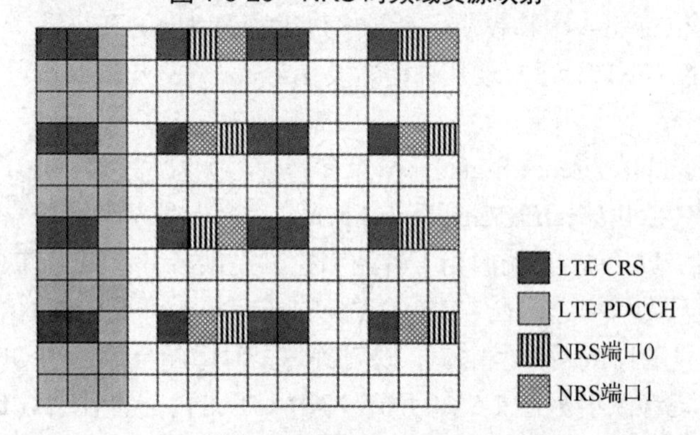

图 1-3-21　NB-IoT 带内部署 NRS 和 CRS 时频域资源映射

2. NPSS 和 NSSS

NPSS 是窄带主同步信号（Narrowband Primary Synchronization Signal），NSSS 是窄带辅同步信号（Narrowband Secondary Synchronization Signal）。它们的主要作用是帮助 UE 完成小区搜索。小区搜索就是 UE 通过对同步信号的检测，完成与小区在时间上和频率上的同步，以及获取小区 ID 的过程。NPSS 仅为 UE 与基站的时间和频率粗同步提供参考信号，不携带任何小区信息；NSSS 则携带有 504 个 NPCI 信息和 80ms 的帧定时信息。

由于 UE 在进行小区搜索时，会先检测 NPSS，因此 NPSS 被设计为长度为 11 的短 ZC（Zadoff-Chu）序列，这就降低了初步信号检测和同步的复杂性。而 NSSS 则使用长度为 131 的长 ZC 序列（经循环移位扩展为 132 位）和长度为 128 的扰码序列（经循环移位扩展为 132 位）。

NPSS 固定在每个无线帧的子帧 5 上发送，周期为 10ms，频域（纵轴）占用 11（0~10）个子载波，时域（横轴）占用后 11 个 OFDM 符号。NPSS 的时频域资源映射如图 1-3-22 所示。

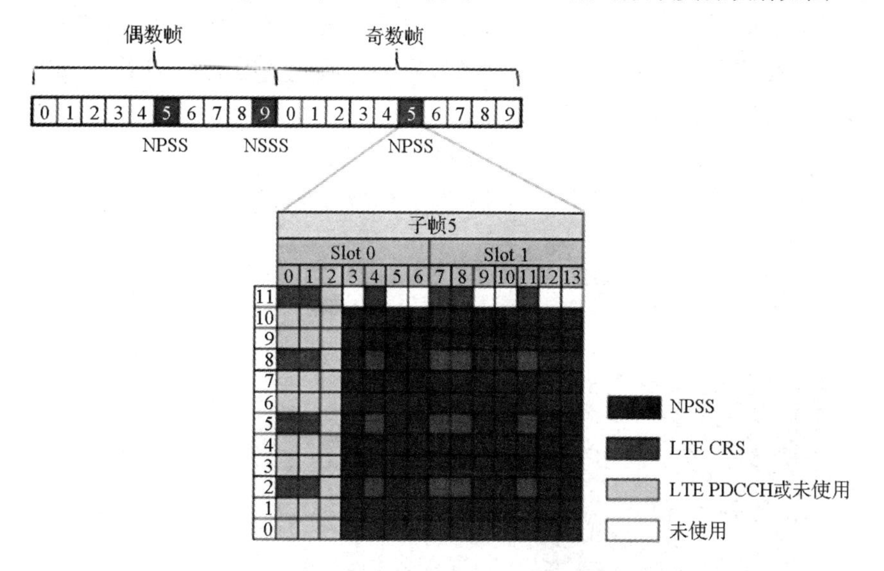

图 1-3-22　NPSS 的时频域资源映射

NSSS 固定在每个偶数无线帧的子帧 9 上发送，周期为 20ms，频域占用 12（0~11）个子载波，时域占用后 11 个 OFDM 符号。NSSS 的时频域资源映射如图 1-3-23 所示。

在 NB-IoT 带内部署方式下，NPSS 和 NSSS 要根据 LTE 天线端口数来避开 LTE CRS。图 1-3-22 和图 1-3-23 都是带内部署方式，在其他部署方式时，不需要避开 LTE CRS。

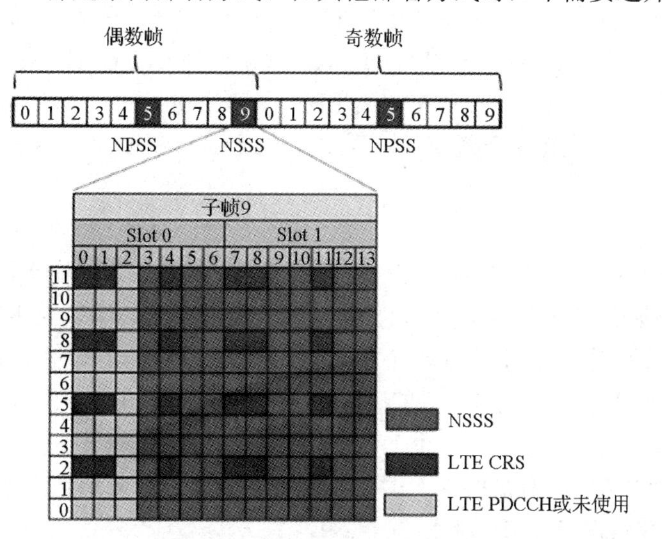

图 1-3-23　NSSS 的时频域资源映射

3. NPBCH

NPBCH 是 NB-IoT 的物理广播信道，主要用来承载主信息块 NB-MIB。而 MIB 中主要包括 SFN（System Frame Number，系统帧号）和系统信息块 NB-SIB1 的调度信息等。其余系统信息（如 NB-SIB1、NB-SIB2 等）承载于 NPDSCH 中。NB-SIB1 周期性出现，其余系统信息则按照 NB-SIB1 中所包含的排程信息依次出现。

为了通过时间分集增益保证接收性能，NB-MIB 的周期为 640ms，分为 8 个子块传输，每个子块时长为 80ms。而每个子块又包含 8 个连续的无线帧。NPBCH 占用每个无线帧的子帧 0，每个子帧可独立解码。因此，NPBCH 重复传输次数固定为 64 次，如图 1-3-24 上半部分所示。

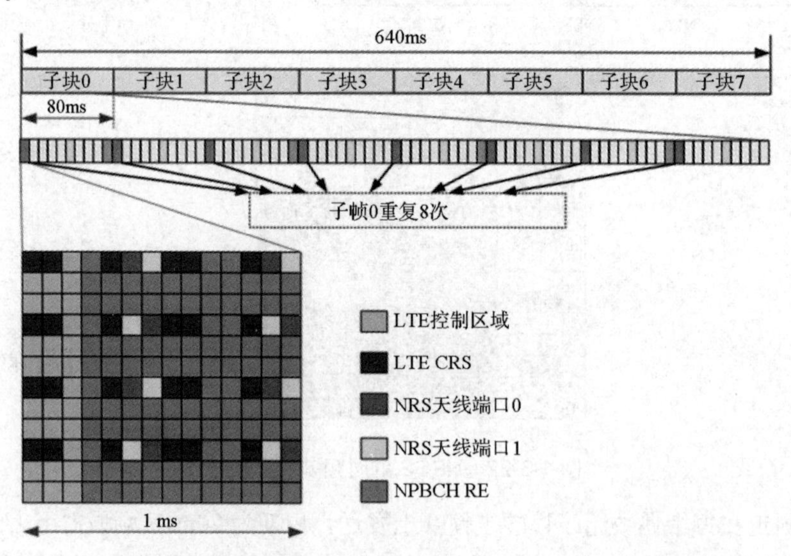

图 1-3-24　NB-MIB 的结构组成及 NPBCH 的时频域资源映射

NPBCH 的时频域资源映射如图 1-3-24 下半部分所示。在每个 1ms 的子帧 0 中，NPBCH 频域上占用 12 个子载波，时域上仅占用后 11 个 OFDM 符号，三种部署方式都是如此。在带内部署方式下，NPBCH 要根据 LTE 天线端口数来避开 LTE CRS。

NPBCH 采用 QPSK 调制和 TBCC（Tail Biting Convolutional Coding，咬尾卷积码）信道编码方法。NPBCH 支持单天线端口（端口 0）或者两天线端口（端口 0 和端口 1）的 SFBC。

4. NPDCCH

NPDCCH 是 NB-IoT 的物理下行控制信道，以 NCCE（Narrowband Control Channel Element，窄带控制信道粒子）为其资源分配单元。一个 NCCE 频域上占用 6 个连续的子载波。NPDCCH 有两种格式：格式 0 和格式 1，如图 1-3-25 所示。其中，格式 0 的聚合等级等于 1，一个 NPDCCH 只占用 1 个 NCCE（NCCE0：子载波 0～5 或 NCCE1：子载波 6～11)；格式 1 的聚合等级等于 2，一个 NPDCCH 占用 2 个位于相同子帧的 NCCE（NCCE0 和 NCCE1）。NPDCCH 只有在格式 1 时支持重复传输，其最大重传次数 Rmax 由 RRC 配置，用于改善覆盖情况，取值范围为 20～211。

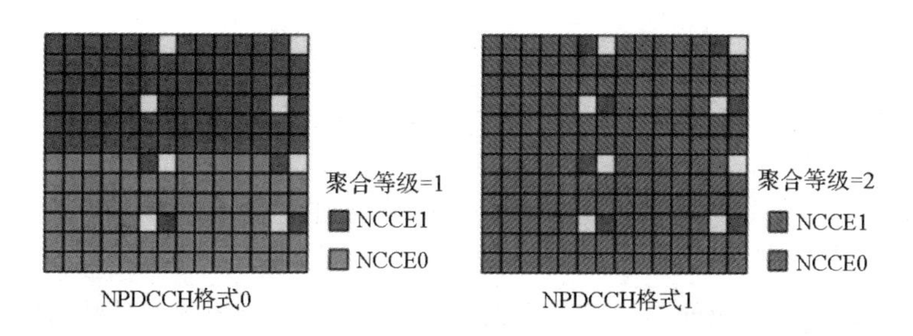

图 1-3-25　NPDCCH 的两种格式（非带内部署）

图 1-3-25 所示为独立部署或保护带部署模式下 NPDCCH 的两种格式，此时，NPDCCH 几乎占用时域上所有的 OFDM 符号（包含 NRS）。在带内部署模式下，如图 1-3-26 所示，NPDCCH 占用的起始 OFDM 符号由 NB-SIB1 确定，以防与 LTE 的控制信道冲突。且 LTE 的 CRS 和 NB-IoT 的 NRS 都存在，但未被使用（NCCE 必须映射在 NRS 或 CRS 周围）。

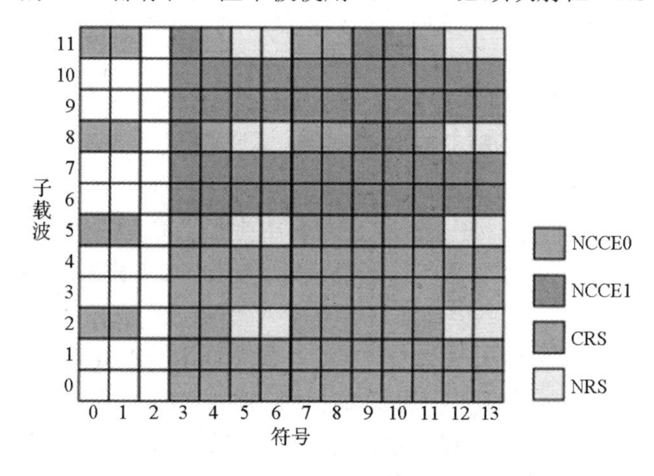

图 1-3-26　NPDCCH 时频域资源映射（带内部署）

NPDCCH 主要用于承载 DCI（Downlink Control Information，下行控制信息）。DCI 包括 NPDSCH 的上/下行调度信息、HARQ 响应信息确认/非确认（ACK/NACK）、随机接入响应调度信息、寻呼指示消息等，对应三种格式，如表 1-3-5 所示。

表 1-3-5　DCI 的三种格式

DCI 格式	大小	功能
格式 N0	23bit/s	上行 NPUSCH 调度
格式 N1	23bit/s	下行 NPDSCH 调度 NPDCCH 命令触发的随机接入
格式 N2	15bit/s	寻呼消息 系统消息更新指示

每个 NPDCCH 包含一个或多个 UE 上的资源分配和其他的控制信息。每个 UE 需要先解调 NPDCCH 中的 DCI，然后才能够在相应的资源位置上解调属于自己的 NPDSCH。

每个 UE 在空口都有若干个不同的 RNTI（Radio Network Temporary Identifier，无线网络临时标识符），如 RA-RNTI 用于随机接入，P-RNTI 用于寻呼，而 C-RNTI 作为一个小区下 UE 的特定标识符。这些标识符隐式存在于 NPDCCH 的 CRC 中，因此 UE 必须在其搜索空间中找到 RNTI，并对其进行解码。为了使得 UE 在可行的解码复杂度下获取控制信道信息，NPDCCH 配置了以下三种搜索空间。

（1）类型 1 公共搜索空间：UE 通过此空间获取寻呼消息，由 NB-SIB 携带的 Paging 消息对应搜索空间中的配置参数进行配置。

（2）类型 2 公共搜索空间：UE 通过此空间获取随机接入响应消息，由 NB-SIB 携带的随机接入响应（RAR）消息对应搜索空间中的配置参数进行配置。

（3）UE 专属搜索空间：UE 通过此空间获取专属控制信息，由 RRC Connection setup 消息中携带的 MSG4 进行配置。

一个 DCI 中会带有该 DCI 的重传次数，以及 DCI 传输结束后至其所排程的 NPDSCH 或 NPUSCH 所需的延迟时间，UE 即可使用此 DCI 所在的搜索空间的开始时间，来推算 DCI 的结束时间和排程的数据的开始时间，以进行数据的传输或接收。

5. NPDSCH

NPDSCH 是 NB-IoT 的物理下行共享信道，主要用于承载业务数据、寻呼消息、随机接入响应消息和系统消息（如 NB-SIB1、NB-SIB2 等），时域上占用除 NPSS/NSSS/NPBCH/NPDCCH 外的下行有效子帧。

NPDSCH 时频域资源映射如图 1-3-27 所示。在独立部署或保护带部署模式下，时域占用全部 14 个 OFDM 符号，频域占用 12 个子载波。在带内部署模式下，需要错开 LTE 的控制符号，因此频域占用 12 个子载波，时域分以下两种情况。

（1）非 NB-SIB1 使用的 NPDSCH，其起始符号位置由 NB-SIB1 中的参数确定。

（2）NB-SIB1 使用的 NPDSCH，其起始符号位置从 OFDM 符号 3 开始。

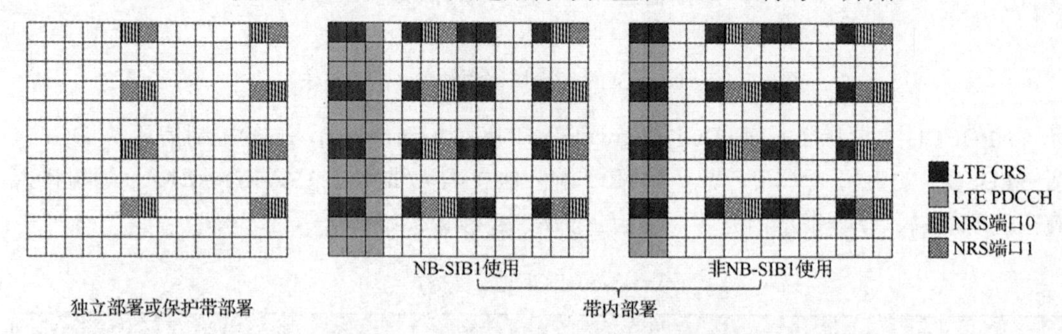

图 1-3-27 NPDSCH 时频域资源映射

与 LTE PDSCH 相比，NPDSCH 的设计主要考虑降低终端处理的复杂度，以及覆盖增强。

NPDSCH 支持跨子帧的 TB（Transport Block，传输块）映射，即一个 TB 依据所使用的调制编码策略（MCS），可能需要使用多于一个子帧来传输，因此在 NPDCCH 中会包含一个 TB 对应的子帧数目和重传次数指示。

NPDSCH 在频域资源分配时，不支持单子帧多用户传输。支持重复发送，最大重复次数为 2048 次。与 NPBCH 相同，NPDSCH 支持单天线端口或采用 SFBC 的两天线端口，也采用 TBCC 编码和 QPSK 调制。

3.3.3 上行物理信道和信号

相比于 LTE，NB-IoT 在上行物理信道和信号上也进行了精简，定义了两种物理信道（NPRACH 和 NPUSCH）和一种物理信号（NB-DMRS）。

总的来看，NPUSCH 用于传输上行数据和上行控制信息，NB-DMRS 用于对用户设备所占用的 NPUSCH 信道进行信道估计与相干解调。NPRACH 用于实现 UE 的随机接入。

NB-IoT 上行采用 Turbo 编码，支持单音 BPSK 或 QPSK 调制和多音 QPSK 调制。不支持 CSI（Channel Status Information，信道状态信息）上报，不支持 DSR（Data Schedule Request，数据调度请求）上报，不支持 BSR（Buffer Status Report，缓冲区状态报告）。

下面分别介绍 NB-IoT 上行的这几种信道及信号。

1. NPUSCH

NPUSCH 是 NB-IoT 的物理上行共享信道，目前只支持单天线端口。NPUSCH 中定义了资源单元（Resource Unit，RU）的概念。RU 指的是 NPUSCH 向上映射到传输信道传输块（TB）的最小资源单位。NPUSCH 支持跨 RU 的 TB 映射，即一个 NPUSCH 可以包含一个或多个 RU。RU 的大小由 NPUSCH 的格式、子载波间隔和时隙数目决定，下面结合 NPUSCH 的两种格式（格式 1 和格式 2）进行说明，如表 1-3-6 所示。

NPUSCH 的格式 1 用来承载上行共享传输信道 UL-SCH，传输上行业务数据，使用 1/3 Turbo 编码，其资源块不大于 1000 bit，包含单音和多音两种方式。

（1）单音方式：每个 RU 时隙数一样，子载波间隔包括 3.75kHz 和 15kHz 两种，对应的 RU 时长分别为 32ms 和 8ms，调制方式为 π/2-BPSK 或 π/4-QPSK。

（2）多音方式：每个 RU 包含 3、6 或 12 个子载波，对应时长分别为 4ms、2ms 和 1ms，调制方式为 QPSK。

表 1-3-6 NPUSCH 的两种格式

NPUSCH 格式	子载波传输方式	子载波间隔/kHz	每个 RU 子载波数/个	每个 RU 时隙数/个	每个 RU 时长/ms	调制方式	编码方式
格式 1	单音	3.75	1	16	32	π/2-BPSK 或 π/4-QPSK	Turbo 编码
		15	1	16	8	π/2-BPSK 或 π/4-QPSK	
	多音	15	3	8	4	QPSK	
			6	4	2		
			12	2	1		
格式 2	单音	3.75	1	4	8	π/2-BPSK 或 π/4-QPSK	重复编码
		15	1	4	2	π/2-BPSK 或 π/4-QPSK	

NPUSCH 的格式 2 用来承载 UCI（Uplink Control Information，上行控制信息），传送说明 NPDSCH 传输是否成功接收 HARQ ACK/NACK 的反馈信息。只支持单音方式，仅有

1bit 信息，采用重复编码，且采用全“1”或者全“0”编码，以降低复杂度。

NPUSCH 的两种格式是完全不同的物理信道，NB-IoT 不支持这两种物理信道的子帧内的时分复用传输。

2. NB-DMRS

NB-DMRS（Narrowband Demodulation Reference Signal，窄带解调参考信号）用于对用户设备所占 NPUSCH 信道进行信道估计与相干解调。每个 RU 内的每个时隙的每个子载波至少有一个 NB-DMRS，以保证每个子载波都能够被正确解调。对于 NPUSCH 的两种不同的格式，NB-DMRS 的时频域资源映射也不一样，如图 1-3-28 所示。

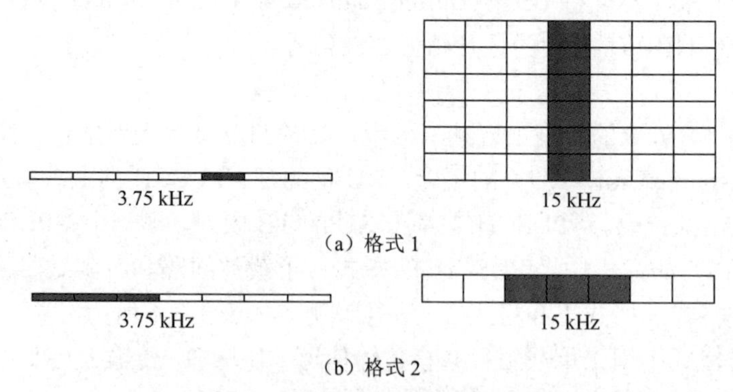

图 1-3-28　NB-DMRS 的时频域资源映射

由图 1-3-28 可见，对于 NPUSCH 的格式 1，每个传输时隙的每个子载波上包含一个 NB-DMRS（3.75kHz 子载波间隔时，位于每个时隙的第 5 个符号；15kHz 子载波间隔时，位于每个时隙的第 4 个符号）。对于 NPUSCH 的格式 2，每个传输时隙的每个子载波上包含三个 NB-DMRS（3.75kHz 子载波间隔时，位于每个时隙的前三个符号；15kHz 子载波间隔时，位于每个时隙的第 3、4 和 5 个符号）。

3. NPRACH

NPRACH 是 NB-IoT 的物理随机接入信道，主要用来承载随机接入前导码（Preamble 码），实现用户设备的随机接入过程。而随机接入过程是用户设备从空闲态获取专用信道资源转变为连接态的重要手段（获取终端与基站间的上行同步）。

NPRACH 子载波间隔固定为 3.75kHz，单音方式传输。NB-IoT 能够灵活地为用户设备进行 NPRACH 配置，支持不同 UE 的时频域复用，但不支持 NPRACH 前导码的码分复用。

一个 NPRACH 前导码由 4 个符号组（Symbol Group）构成，所有符号组中发送的信息都相同，都为“1”。一个符号组包括 1 个 CP 和 5 个 SC-FDMA 符号，如图 1-3-29 所示。

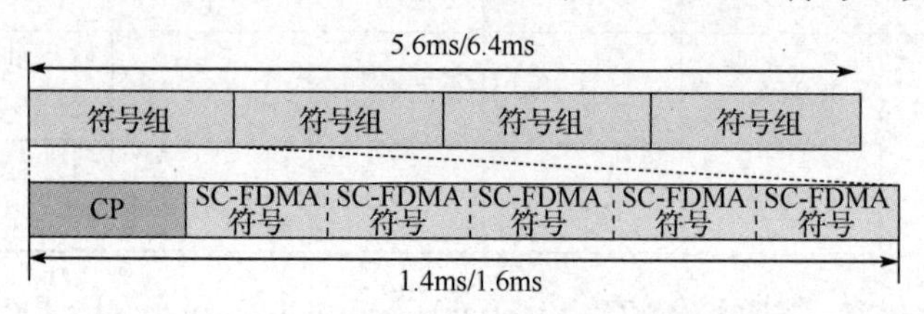

图 1-3-29　NPRACH 前导码的构成

根据 CP 长度的不同，NPRACH 设计了两种前导码格式。

（1）格式 0：CP 时长为 66.7μs，相应的符号组和前导码时长分别为 1.4ms 和 5.6ms，用于支持 10km 的覆盖距离。

（2）格式 1：CP 时长为 266.7μs，相应的符号组和前导码时长分别为 1.6ms 和 6.4ms，用于支持 35km 的覆盖距离。

两种格式的前导码最终占用时域为 8ms，多出的时间用来保护间隔。

此外，每个前导码中的 4 个符号组通过跳频发送，能获得频率分集增益。跳频发送限制在连续的 12 个子载波内，由此看出一个 NPRACH 的带宽为 3.75×12=45kHz，180kHz 下最多配置 4 个 NPRACH。同时，每个前导码通过重复发送能使覆盖增强，重发次数的可选范围为 {1,2,4,8,16,32,64,128}。NPRACH 符号组的跳频和重发如图 1-3-30 所示。

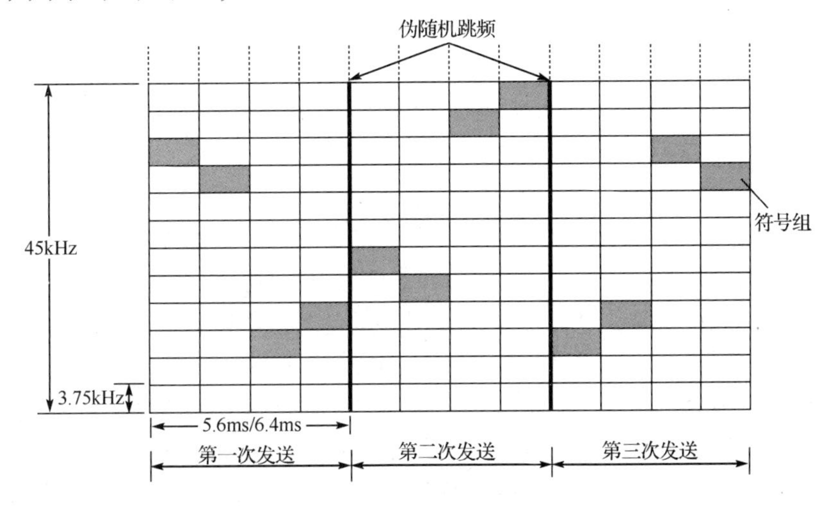

图 1-3-30 NPRACH 符号组的跳频和重发

由图 1-3-30 可见，符号组之间配置了两个等级的跳频间隔，第 1/第 2 符号组之间和第 3/第 4 符号组之间配置第一等级的跳频间隔（3.75kHz）；第 2/第 3 符号组之间配置第二等级的跳频间隔（22.5kHz）。

3.4 功率控制

功率控制简称功控。从控制方向上来看，一般将功率控制分为上行功控和下行功控两种。对于 NB-IoT 网络来说：

（1）上行功控用于控制上行物理信道和信号的功率，包括 NPRACH、NPUSCH 和 NB-DMRS。

（2）下行功控用于控制下行物理信道和信号的功率，包括 NPBCH、NPDSCH、NPDCCH、NRS、NPSS 和 NSSS。

实际上，NB-IoT 网络采用下行功率分配和上行功率控制。

下行功率分配指的是各个信道发射功率提前配置好。一旦配置好，其发射功率就会恒定不变，除非对配置值进行调整，即下行各种物理信道和信号的功率是相对静态不变的。下行功率可由 NRS 功率配置得到。NRS 功率的大小通过 EPRE（Energy Per Resource Element，每资源粒子能量）来表征。基站通过下行功率分配确定每个 RE 上的下行发射 EPRE。

上行功率控制指的是在配置了一定的规则后，终端的发射功率随着距离、干扰等因素不断进行实时调整，即上行各种物理信道和信号的功率是动态平衡的。功率控制技术对于物联网终端尤为重要。一般来说，终端进行上行功控主要有两大作用：一是降低终端功耗，延长电池的使用寿命；二是减小系统干扰。要求终端到达基站的功率在合理范围内，既要保证上行传输质量，满足解调要求，又要尽可能减少对邻基站的干扰。此外，通过上行功控也能克服远近效应，使得远处的终端功率不至于被近处的终端淹没。当实际执行时，基站将功控相关参数通过 SIB 系统消息下发给终端，终端根据协议规定的算法进行上行发射功率的计算并照此执行。

根据 3GPP 协议的规定，NB-IoT 上行采用内环（基站）+开环（终端）的功率控制方式。下面具体来看 NPRACH 和 NPUSCH 的功率控制。

1. NPRACH 的功率控制

NPRACH 的功率控制大致分为两种：一是当需要通过多次重复发送来增强覆盖时，终端通常采用最大发射功率，其实此时已不存在功率控制的问题；二是采用功率攀升（Power Ramping）的方法，如图 1-3-31 所示。功率攀升指的是若上次以某一功率发送不成功，则将发射功率增加一个固定的功率递增步长（Power Ramping Step），等待固定的时长后再次进行发送；若还是不成功，则继续增加步长，等待固定时长后又一次进行发送；直到发送成功或者终端到达最大发射功率为止。如此，以提高随机接入的成功率。

3GPP 协议规定，NPRACH 具体采用哪种功率控制方法与小区覆盖等级有关。

（1）当配置的小区覆盖等级数大于 1 时（NB-IoT 小区最多可配置 3 个不同的覆盖等级：等级 0、等级 1 和等级 2，详见本书第 1 部分 NB-IoT 基础理论篇 4.1 节），只有当小区处于覆盖等级 0 时，NPRACH 采用功率攀升方式发送；其他覆盖等级时都采用最大功率发送。

（2）当配置的小区覆盖等级数等于 1 时，NPRACH 采用功率攀升方式发送。

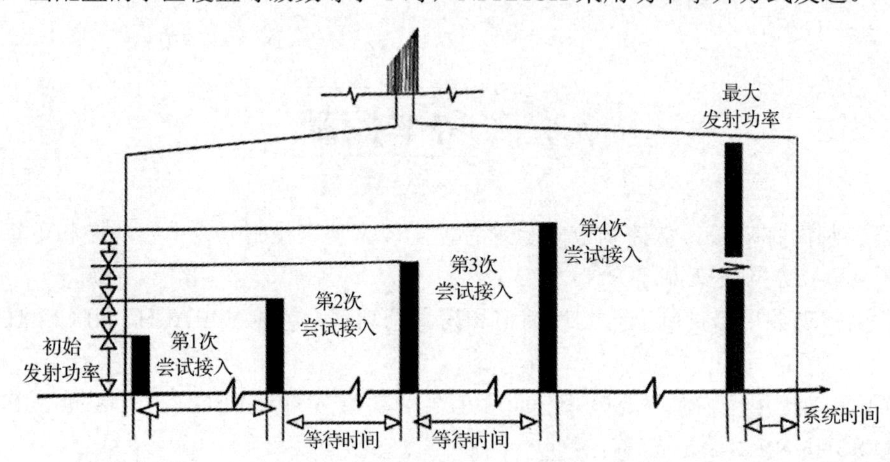

图 1-3-31　NPRACH 的功率攀升

2. NPUSCH（包括NB-DMRS）的功率控制

3GPP协议规定，当调度的重复次数大于2时，UE固定使用最大发射功率进行发射，不进行调整，即不进行功率控制；当调度的重复次数小于或等于2时，才进行功率控制。

3.5 HARQ过程

HARQ是混合自动重传请求的英文简称，是将FEC（Forward Error Correction，前向纠错）和ARQ（Automatic Repeat Request，自动重传请求）技术相结合而形成的一种差错控制技术。通过采用HARQ技术，可以高效地补偿由于采用链路适配所带来的误码，提高数据传输速率，降低数据传输时延。

HARQ的基本原理如下。

（1）发送端对待发送的数据进行FEC编码后将数据发送出去。

（2）若接收到的数据误码在FEC纠错能力范围内，则接收端对数据进行正确解码接收，一次数据收发完成，不再进行后续（3）~（6）的操作。

（3）若接收到的数据误码超出了纠错能力范围，则接收端将没有正确接收的数据缓存下来。

（4）接收端要求发送方重传数据。

（5）发送方重传全部或部分数据。

（6）接收端将收到的重传数据和先前缓存的数据进行合并后再解码，若能正确解码，则此次数据收发完成，不再进行后续操作；若仍不能正确解码，则再次要求发送方重传数据，直到正确解码接收为止。

NB-IoT的HARQ功能是由空口的MAC子层实现的。为了降低终端的复杂度，NB-IoT在上/下行链路中都只允许一个HARQ进程，并且允许终端对NPDCCH和NPDSCH具有相比于LTE系统更长的解码时间。同时，上/下行链路的HARQ都采用异步/自适应模式，以支持调度的灵活性。

NB-IoT的下行HARQ的进程如下。

（1）基站通过NPDCCH发送下行控制信息DCI进行调度（采用重传技术）。

（2）基站通过NPDSCH发送数据给终端（采用重传技术）。

（3）终端通过NPUSCH反馈HARQ应答的ACK/NACK。

需要强调的是，由于NB-IoT的NPDCCH和NPDSCH不允许子帧内的时分复用，因此步骤（1）和（2）是一种动态跨子帧调度。

NB-IoT的上行HARQ的进程如下。

（1）终端通过NPUSCH发送数据给基站（采用重传技术）。

（2）由于NB-IoT上行没有HARQ反馈，因此终端只能通过NPDCCH中的DCI N0（UL Grant）的新数据指示标识（NDI）是否翻转来判断此次上行数据是否正常接收。若NDI翻转，则标识为确认（ACK）；否则为非确认（NACK）。

习题 3

3.1　NB-IoT 的上/下行多址接入方式分别是什么？

3.2　对于上行链路的载波分配方式，NB-IoT 支持哪两种传输模式？

3.3　NB-IoT 的用户面优化传输方案中引入了 RRC 的哪种流程，使得 UE 进入休眠态后，基站仍然能够保存 UE 的上下文信息？

3.4　NB-IoT 中支持哪三种 SRB？

3.5　NB-IoT 终端同时最多支持多少个 DRB？

3.6　RLC 层的三种传输模式中，NB-IoT 系统取消了哪一种？

3.7　NB-IoT 系统支持的上/下行物理信道及信号都有哪些？

3.8　NB-IoT 中，NPSS 和 NSSS 的作用分别是什么？

3.9　NB-IoT 中的上/下行参考信号分别是什么？

3.10　试描述 NB-IoT 空口物理层的两种帧结构组成。

3.11　试用打比方的方式说明 NB-IoT 空口三类信道作用的不同。

3.12　试对 NB-IoT 空口信道的几种分类方法及其具体分类进行归纳总结。

第 4 章 NB-IoT 特性实现

NB-IoT 是低功耗广域网络（LPWAN）的典型代表之一，尤其侧重于低速率、低成本、广/深覆盖和有海量连接需求的物联网业务，如智能家居、智能抄表、共享单车、智慧农/林/牧/渔业等。为了满足这些业务需求，NB-IoT 在原有 LTE 网络的基础上，针对网络架构、物理层设计、信令流程等方面都进行了简化。同时，采用了一些专有的技术手段，以实现其覆盖增强、海量连接、低功耗和低成本等特性。NB-IoT 的具体特性如图 1-4-1 所示。本章将详细介绍实现这些特性的技术手段。

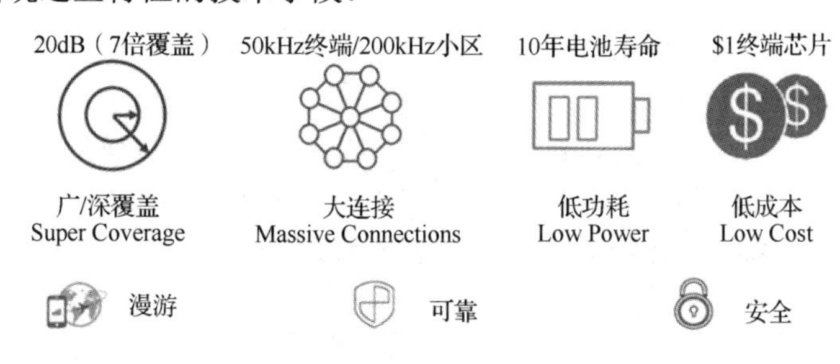

图 1-4-1　NB-IoT 的具体特性

4.1 覆盖增强

移动通信网络中用 MCL（Maximum Coupling Loss，最大耦合损耗）来表征覆盖性能。MCL 指的是为了实现接收端对发射端发出信号的正确解调接收，而允许整个传输链路上最大的路径损耗（单位：dB）。因此，移动网络空口上/下行 MCL 的计算公式分别为

上行 MCL=UE 最大发射功率−基站接收灵敏度

下行 MCL=基站最大发射功率−UE 接收灵敏度

式中，接收灵敏度指的是接收机能够正确接收有用信号所必需的最小接收功率。

系统实际的路径损耗只要小于 MCL 就能实现正确收发。例如，若基站下行参考信号（RS）的发射功率为 20dBm，UE 接收到的参考信号接收强度（RSRP）为−80dBm，则实际路径损耗为 20dBm−(−80dBm)=100 dB。由于 NB-IoT 系统的 MCL 为 164dB，因此，在此种情况下能够实现正确收发。

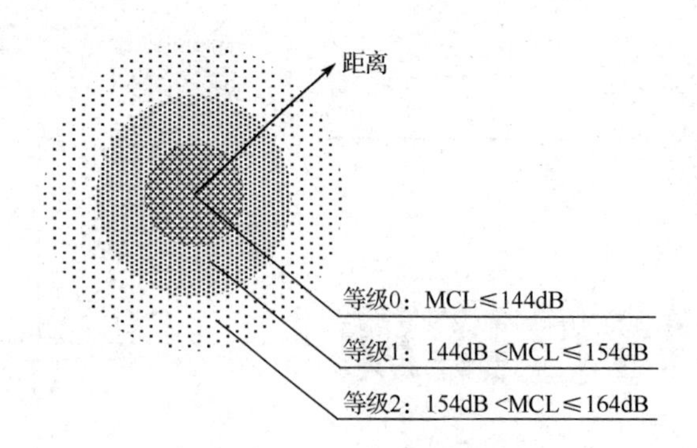

图 1-4-2　NB-IoT 的覆盖等级

在 NB-IoT 系统中，为了实现覆盖增强（Coverage Enhancement，CE），同时兼顾容量性能，根据 MCL 的不同，将小区划分为 3 个不同的覆盖等级：等级 0、等级 1 和等级 2，对应的 MCL 依次为 144dB、154dB 和 164dB，如图 1-4-2 所示。

UE 根据接收信号强度（如 RSRP）选择相应的覆盖等级来进行业务传输。低覆盖等级（如等级 0）信号好，优先保证传输速率，发射功率可以小些，重复次数可以少些；高覆盖等级（如等级 2）信号较弱，优先保证覆盖，数据传输速率降低，发射功率可以大些，重复次数可以多些。

例如，NPUSCH 的默认初始重复次数根据覆盖等级不同而配置如下。

（1）覆盖等级为 0 时，重复次数为 1。

（2）覆盖等级为 1 时，重复次数为 2。

（3）覆盖等级为 2 时，重复次数为 32。

再例如，对于不同的覆盖等级，系统消息中会广播与之对应的三套 NPRACH 配置参数，终端在系统消息广播的 NPRACH 资源配置中选择与自己当前覆盖等级匹配的资源，使用固定格式的随机接入前导序列发起随机接入。不同覆盖等级的 NPRACH 资源之间可以采用 TDM、FDM 或 TDM+FDM 的方式复用，如图 1-4-3 所示。

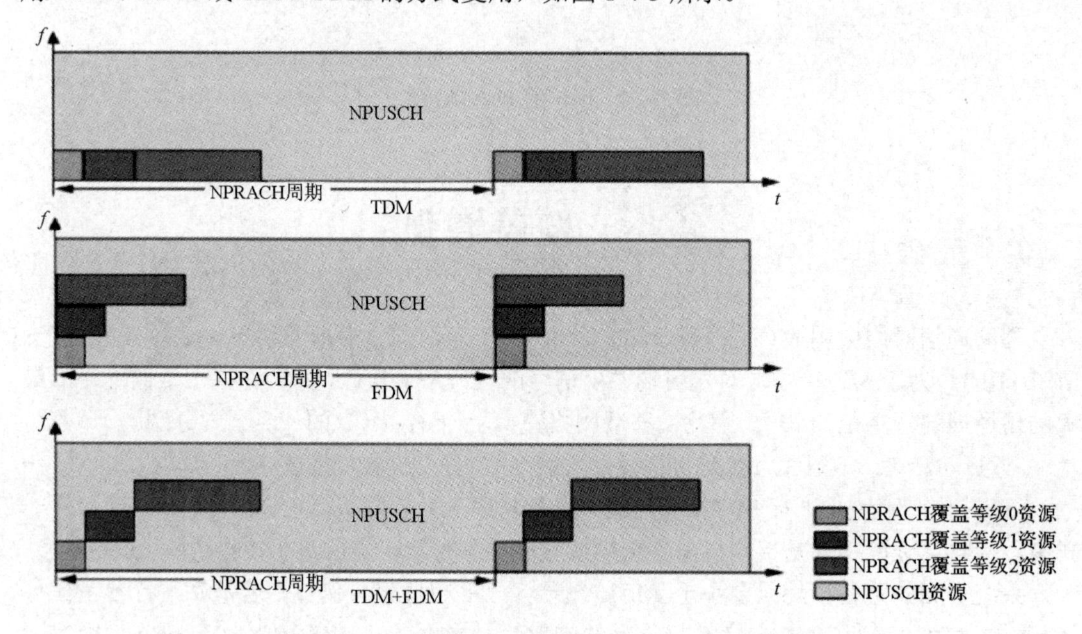

图 1-4-3　不同覆盖等级、不同复用方式下的 NPRACH

根据 3GPP 协议规定，不同网络制式对 MCL 有不同的要求，如表 1-4-1 所示。NB-IoT 的覆盖能力要比 GSM、LTE 网络增强约 20dB。为什么要这样呢？这是因为相比 GSM、LTE

等网络，NB-IoT 不仅要满足广覆盖场景（如农村、野外等）的需求，还要满足对深度覆盖有要求的场景（如厂区、地下车库、井盖等）的需求。以井盖下安装的水表所处环境场景为例（见图 1-4-4）：与站着的人手持的手机相比，高度差导致信号多衰减约 4dB，加上穿透井盖的损耗约 10dB，一共是 14dB，即使考虑一定的冗余，增强 20dB 也肯定能保证 NB-IoT 井盖下的覆盖能力了。

表 1-4-1　不同网络制式对 MCL 的不同要求

网络制式	上行	下行
GSM/GPRS	144dB	149dB
LTE	144dB	150dB
LTE-M（eMTC）	156dB	≤156dB
NB-IoT	164dB	≤164dB
LoRa	154dB	≤154dB

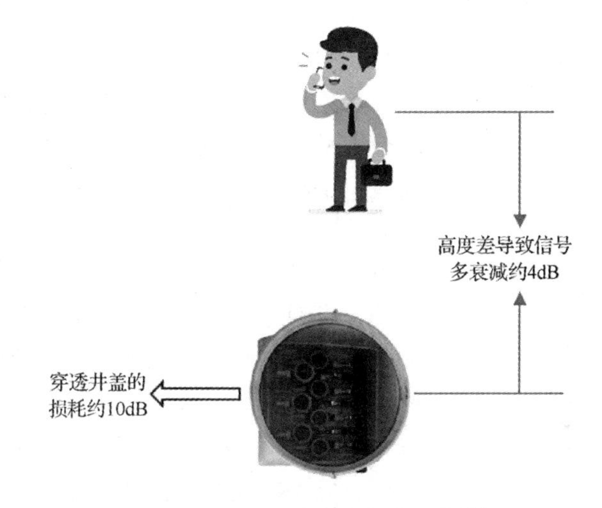

图 1-4-4　NB-IoT 深度覆盖场景举例

NB-IoT 的覆盖增强主要依靠的技术手段包括：窄带、重传、低频等。下面分别加以介绍。

1. 窄带

同样的发射功率，采用窄带传输能够获得更大的功率谱密度（PSD）。这是因为 PSD 为每单位宽度的频率波所携带的功率，单位为 W/Hz，即 PSD 可以通过发射功率除以传输带宽的计算而大致获得。功率谱密度越大，覆盖性能就越强。因此，NB-IoT 采用窄带所带来的覆盖增强通常用功率谱密度之比来衡量。

下面具体举例说明。

首先看一下几种不同制式的移动通信系统中终端的最大发射功率，如表 1-4-2 所示。dBm 形式的功率是由实际功率经过求对数运算得到的。例如，实际功率为 200mW，则 $10\log(200\text{mW} / 1\text{mW}) \approx 23\text{dBm}$。由于通过对数运算，能够很容易地将用作功率之间对比的除法运算转换为减法运算，因此实际工程中更多地采用这种形式。

表 1-4-2 不同制式的移动通信系统中终端的最大发射功率

不同制式	终端最大发射功率	
GSM	2W	33dBm
NB-IoT	200mW（R13）	23dBm（R13）
	25mW（R14）	14dBm（R14）
LTE	200mW	23dBm
5G	200mW	23dBm

为了简单起见，这里以大多数系统终端所采用的 200mW（23dBm）发射功率为例：GSM/LTE/5G 上行物理资源块（PRB）带宽为 200kHz（除去保护间隔，实际为 180kHz），NB-IoT 上行载波带宽为 3.75 kHz 或 15kHz，这里暂取 15kHz，则 NB-IoT 的覆盖增益为 $10\log[(200\text{mW}/15\text{kHz})\times(200\text{mW}/180\text{kHz})]\approx 10.8\text{dB}$。

这个例子说明，由于 NB-IoT 采用了窄带传输，因此其单位带宽所携带的能量比别的系统更高，同等情况下可以覆盖得更远或者更深。

如果进一步降低 NB-IoT 的带宽，如采用 3.75kHz，那么是否能进一步增强覆盖呢？答案是肯定的。但是，由于带宽的大小直接影响速率的高低，因此，为了保证进行比较时 NB-IoT 与其他系统具有相当的速率（尤其是边缘区域），前面的例子按 15kHz 来计算更合理一些。也可以理解为采用 3.75kHz 和 15kHz 带宽，在同等边缘速率条件下其覆盖能力是相当的。

2. 重传

重传即重复传输，也叫重复发送，是将待发送的同一数据在时域上连续多次重复传输。其原理与日常生活中对话的情景相似，说一遍听不清，就多说几遍，以提高听清的概率。因此，重传可以获得时间分集增益，其计算公式：$重传增益 = 10\log(重复次数)$。也就是说，理论上重传次数每翻一倍，就会带来 3dB 的增益。

相比传统方式，NB-IoT 支持更多次数的重传。NB-IoT 标准中定义上/下行最大重传次数分别为 128 次和 2048 次，但考虑到边缘场景下的速率和小区容量问题，上/下行重传次数最大一般设定为 16 次和 8 次，理论上分别可获得 12dB 和 9dB 的增益（实际比理论低了约 3dB）。NB-IoT 系统的数据重传示意图如图 1-4-5 所示。

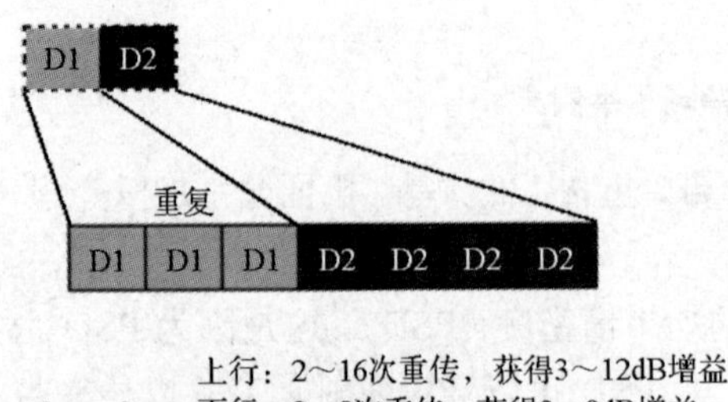

图 1-4-5 NB-IoT 系统的数据重传示意图

重传降低了单位时间内平均的有效信息量，因此，重传的本质是以小区容量、边缘速率（频谱效率）等性能的降低来换取可靠性（覆盖性能）提升的。重复次数越多，换取的性价比越低。重复增益随重复次数变化趋势的仿真结果如图 1-4-6 所示，随着重复次数的增加，获得重复增益的增长幅度越来越小：重复 60 次，实际上可获得 15dB 的增益；而若想获得 20dB 的增益，就需要重传 340 次。同时，随着重复次数的增加，频谱效率下降严重，且下降程度与重复次数呈反比。例如，要获得 12dB 的覆盖增益，需要重复发送 24 次，频谱效率则降为原来的 1/24。

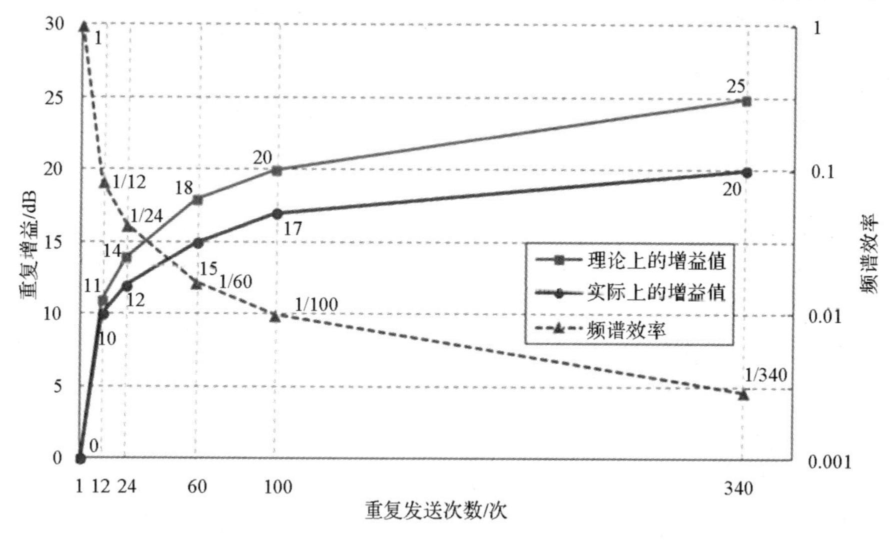

图 1-4-6　重复增益随重复次数变化趋势的仿真结果

3. 低频

NB-IoT 虽然可以部署于任何频段，但考虑覆盖需求，一般选择 1GHz 以下低频频段部署。相比于高频，低频具有路径损耗更低、绕射能力更强等优点，更加适合远距离或深度覆盖。

总之，NB-IoT 覆盖增强 20dB 主要靠功率谱密度提升获得 10.8dB 增益、重传获得 6～9dB 增益、编解码技术获得 3～4dB 增益、多天线技术获得 0～3dB 增益，再加上普遍部署于 1GHz 以下的低频频段，这些共同保证了 NB-IoT 具有更强的覆盖。

4.2　海量连接

相比现有的 2G/3G/4G 无线技术，NB-IoT 同一基站下增加了 50～100 倍的终端接入数，每个 200kHz 带宽的小区可以支持的连接数高达 50000，真正实现万物互联所必需的海量连接。NB-IoT 实现海量连接特性的主要技术方法包括：低占空比的话务模型，调度颗粒小、效率高和减少空口信令开销，下面分别加以介绍。

1. 低占空比的话务模型

现有 2G/3G/4G 基站是基于手机终端话务模型设计的，其基本思想是保障用户可以同时做业务并且保障时延足够小。基于这样的思想，用户的连接数只能控制在 1000 左右（单个小区典型用户数为 400 个）。NB-IoT 的基站是基于物联网话务模型设计的，其特点主要有以下三点。

（1）大量用户终端长期处于“休眠态”（关于 NB-IoT 终端的各种状态，详见本书第 1 部分 NB-IoT 基础理论篇 4.3 节）。

（2）核心网具有下行数据缓存功能，且核心网和基站都具有终端上下文信息存储功能，这就保证了终端一旦有数据要发送，就可以迅速进入“激活态”进行数据传输（见图 1-4-7）。

（3）每个用户发送的数据包都较小，且数据包对时延要求不敏感。

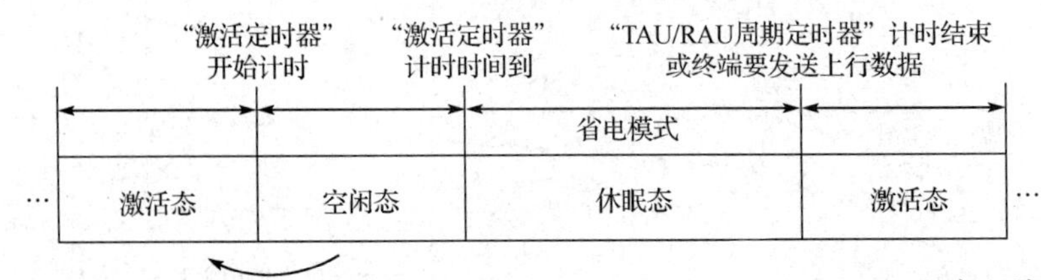

图 1-4-7　NB-IoT 终端的各种状态之间的转换

基于以上物联网话务模型的三个特点，NB-IoT 当然可以具有海量用户连接数了。这也可以理解为 NB-IoT 通过牺牲速率和时延等性能，来换取更极致的物联网连接承载能力。

2. 调度颗粒小、效率高

2G/3G/4G 等传统移动通信网络越发展演进，所需带宽越大。以 LTE 系统为例，其典型带宽值为 5MHz、10MHz、15MHz 和 20MHz 等，同时频域上资源粒度最小为 180kHz。实际应用时每个用户传输占用的资源通常在 720kHz 以上，承载小数据包时资源浪费较大。

NB-IoT 采用窄带传输，系统带宽为 200kHz（除去保护间隔，实际只有 180kHz），上行资源调度颗粒最小子载波是 3.75kHz，下行最小子载波是 15kHz，专门针对小数据包设计。调度颗粒越小，调度越灵活。在同样的资源情况下，资源利用率就越高，支持连接数就越多。这就好比两个一模一样的大桶，分别去装满大球（2G/3G/4G 系统的数据）和小球（NB-IoT 系统的数据），能够装载小球的数量肯定更多，空间浪费更小，空间利用率更高。

图 1-4-8　LTE 数据传输信令流程

3. 减少空口信令开销

传统的 2G/3G/4G 空口都基于交互确认模式进行数据传输，信令交互时延大，信令开销大，资源利用率低，直接影响了接入用户数。以 LTE 数据传输流程为例，如图 1-4-8 所示，每次数据传输都需要 10 条信令交互。

针对此问题，NB-IoT 具有控制面和用户面两种数据优化传输方案。控制面数据传输方案不需要建立用户面承载，直接使用控制面承载进行数据传输，可节省 5 条信令，如图 1-4-9（a）所示。尤其适用于长间隔的小数据包传输，效率较高；也支持通过上行直传消息分段传输大数据包。用户面数据传输方案在 LTE 基本过程的基础上，引入了 RRC 连接挂起和恢复过程。挂起时，终端、基站、核心网保存上下文；恢复时，根据各网元保存的上下文，快速

恢复控制面、用户面承载和空中接口安全。相比于 LTE 数据传输信令，用户面数据传输信令可节省 4 条信令，如图 1-4-9（b）所示。适用于大数据包传输或频繁发送数据包的业务。

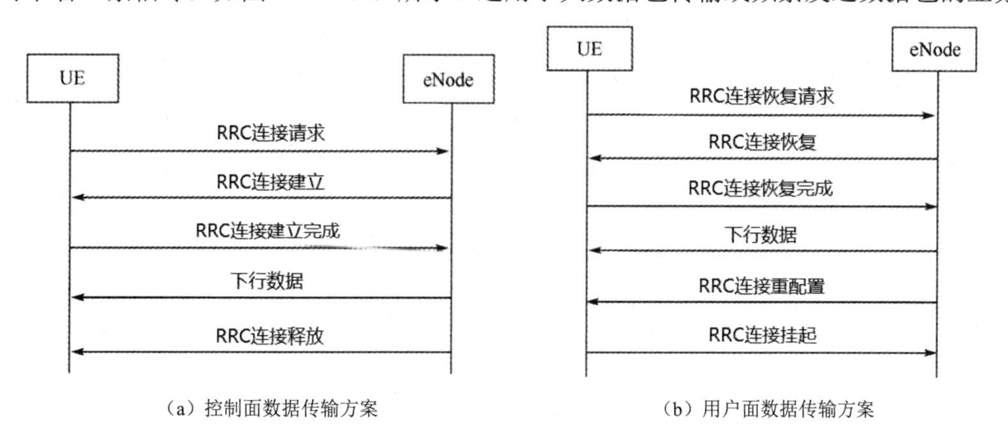

（a）控制面数据传输方案　　（b）用户面数据传输方案

图 1-4-9　NB-IoT 数据传输信令流程

除了以上实现海量连接的主要技术手段，NB-IoT 为了防止因大量终端同时上传数据而造成对网络的冲击，还采用了基站独立的准入拥塞控制手段，包括 MME 过载时触发的 Overload 和 Backofftime 控制；基站过载时触发的 RRC 接入和寻呼流量控制；基站持续过载时触发的 RACH 流量控制、EAB 接入控制和 SCTP 反压流量控制等。

4.3　低功耗

NB-IoT 的很多终端都采用电池供电，其电池的使用寿命可以长达 10 年之久，这要归功于 NB-IoT 的低功耗技术，下面具体进行介绍。

根据 3GPP 协议规定，NB-IoT 终端的耗电与所处小区的覆盖等级有关，具体如下。

（1）当 MCL=144dB 时，终端电池能达到 10 年的使用目标。

（2）当 MCL=154dB 时，以 200 字节/2 小时的低数据传输频率，电池寿命到不了 10 年。

（3）当 MCL=164dB 时，以最大 200 字节/天的超低数据传输频率，才能勉强达到 10 年的使用目标。

当小区覆盖等级一定时，数据调制方式、多址方式、传输频率和终端使用功率放大器的类型（集成一体化还是外置式）都会对电池使用寿命有一定的影响，如表 1-4-3 所示。数据传输频率对电池使用寿命的影响非常明显：频率越高，电池使用寿命越短。同时，电池类型 1 上行采用 FDMA 多址方式和 GMSK 调制方式；电池类型 2 上行采用 SC-FDMA 多址方式。电池类型 1 的终端电池使用寿命比电池类型 2 的要略高一些。而在多址方式和调制方式一样的前提下，采用外置式功放的终端电池使用寿命要略高于采用集成一体化功放的终端电池使用寿命。但是要注意，在选择物联网技术手段时，必须兼顾系统的各方面性能，同时要考虑终端的体积问题。

表 1-4-3　各种因素对电池使用寿命的影响

MCL=154dB	电池使用寿命/年		
	电池类型 1（R1-157468）		电池类型 2（R1-157637）
	2.5kHz UL（FDMA+GMSK） 15kHz DL		UL（SC-FDMA） 15kHz DL
数据包大小， 传输时间间隔	集成一体化功放	外置式功放	集成一体化功放
50 字节，2 小时	13.8	14.3	13.6
200 字节，2 小时	8.8	9.3	8.7
50 字节，1 天	33.2	33.4	33.1
200 字节，1 天	29.8	30.2	29.7

由以上分析可知，尽管终端电池的使用寿命的影响因素众多，但是起决定性因素的是终端传输数据的频率。严格来说，是终端连接网络进行通信的频率。终端和网络通信越频繁，电池功耗就越大，使用寿命就越短。因此，研究如何让 NB-IoT 终端在完成必要的数据传输业务的前提下，尽量减少和网络的通信是问题所在。本节主要介绍与此问题相关的终端的三种工作状态、状态转换涉及的三种定时器和终端的三种省电工作模式。

NB-IoT 终端在默认状态下，存在三种工作状态。这些状态之间可以根据不同的参数配置进行转换，同时在后续对 NB-IoT 的使用和相关程序的设计时，也需要根据开发的需求与产品特性对这三种工作状态进行合适的定制。三种工作状态如下。

1）激活态/连接态

终端模组注册入网后即处于激活态（Active）/连接态（Connected）。在这种状态下，终端可以正常接收和发送数据。当前状态下若无数据交互，超过一段时间后（时间可配置）终端会转入空闲态。

2）空闲态

空闲态（Idle）只能正常接收数据；终端在此状态超过一段时间后（时间可配置），会转入深度休眠态。

3）深度休眠态/省电模式

深度休眠态即 PSM（省电模式）。在这种状态下，终端关闭收发信号机，不监听无线侧的寻呼。虽然依旧注册在网络，但信令不可达，无法收到下行数据，功耗低至 15μW。在此状态下，当终端有上行数据需要传输时或者跟踪区更新（TAU/RAU）周期定时结束后会转入激活态。

NB-IoT 终端三种状态之间的转换关系如图 1-4-10 所示，也可以结合图 1-4-7 来看。终端注册入网后即处于激活态。终端在激活态时可以正常收/发数据，收/发完数据即启动“不活动定时器”。在“不活动定时器”超时前，还可正常进行数据收/发，并在收/发完后重新启动“不活动定时器”；若“不活动定时器”超时，终端则转入空闲态。在空闲态开始，即同时启动“激活定时器”T3324 和“TAU/RAU 周期定时器”T3412。在空闲态，终端可以正常接收下行数据。若终端有上行数据要发送，则会转入激活态，同时 T3324 和 T3412 计时停止；若终端无数据要发送且 T3324 超时，就进入深度休眠态。在深度休眠态时，终端既不能接收也不能发

送数据。终端若要发送上行数据或者 T3412 计时结束，才转入激活态。

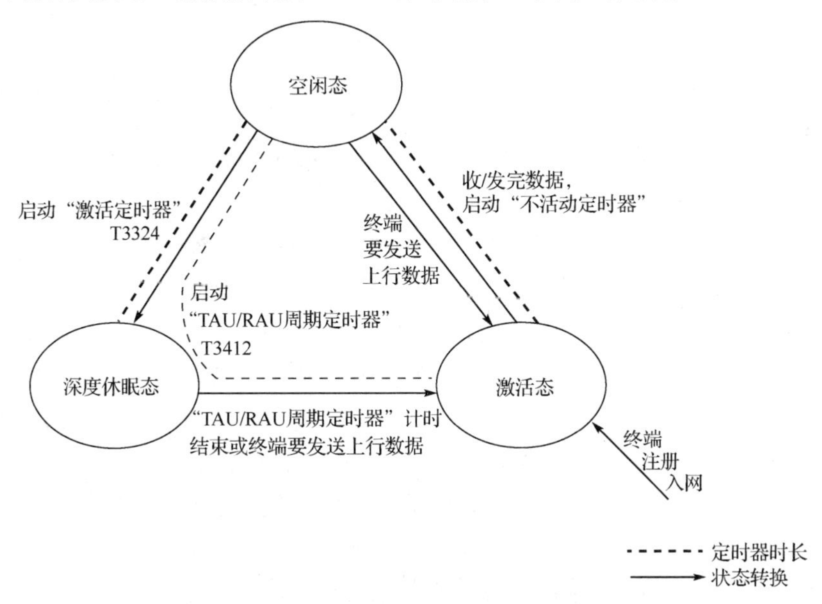

图 1-4-10　NB-IoT 终端三种状态之间的转换关系

关于三种定时器的说明如下。

（1）“不活动定时器”（Inactive Timer）可配置时间范围为 1～3600s，默认配置值为 20s，其计时时间是从终端在激活态时收/发完最后一组数据开始一直到激活态结束。

（2）“激活定时器”（Active Timer）T3324 可配置时间范围为 2s～186min，其计时时间是从终端进入空闲态时开始一直到空闲态结束。

（3）“TAU/RAU 周期定时器”T3412 可配置时间范围为 54min～310h，其计时时间是从空闲态开始一直到休眠态结束。

下面重点介绍 NB-IoT 终端三种省电的工作模式：DRX 模式、eDRX 模式和 PSM。

1. DRX 模式

DRX（Discontinuous Reception，非连续接收）模式是指终端仅在必要的时间段打开接收机监听信道，用以接收下行数据；而在剩余时间段关闭接收机进入休眠态，停止接收下行数据的一种降低终端功耗的工作模式。NB-IoT 的 DRX 模式分为两种：空闲态下的 DRX 模式与连接态下的 DRX 模式。两种 DRX 模式的周期都可以通过参数进行配置，其可取数值有 1.28s、2.56s、5.12s 或 10.24s，典型值为 2.56s。

1）空闲态下的 DRX 模式

NB-IoT 终端在空闲态下的 DRX 模式如图 1-4-11 所示。在一个 DRX 周期内终端包含空闲期和休眠期两个阶段。在空闲期时，终端打开接收机，监听寻呼信道 NPDCCH，判断是否有下行业务。若有则读取 NPDSCH 中的下行数据。在休眠期时，终端关闭接收机，以达到省电的目的。两个连续的空闲期或者两个连续的休眠期之间的时间间隔即一个 DRX 周期。

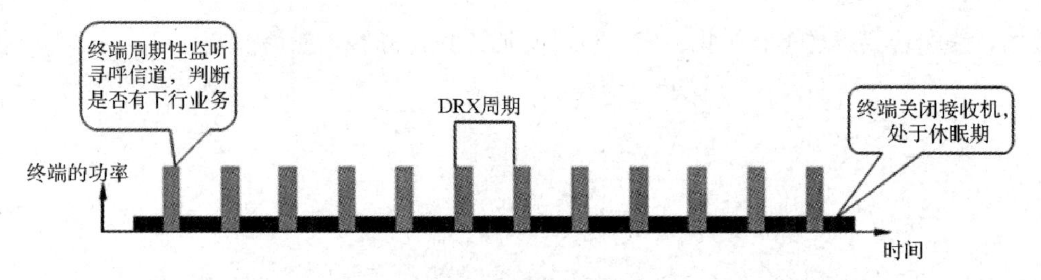

图 1-4-11　NB-IoT 终端在空闲态下的 DRX 模式

2）激活态下的 DRX（CDRX）模式

NB-IoT 终端在激活态下的 DRX 模式如图 1-4-12 所示。在一个 DRX 周期内终端包含激活期和休眠期两个阶段。在激活期时，终端打开接收机监听寻呼信道，同时可进行业务的收/发。若业务一直连续进行，即使激活期时间到，但只要“不活动定时器”未超时，终端就一直保持在此状态，即激活期的时长是可以延长的；在业务结束并且“不活动定时器”超时后终端才转入休眠期。在休眠期时，终端既不接收数据也不发送数据，以降低功耗。由于 DRX 周期是固定的，因此终端处于激活期的时间越长，功耗就越大，但同时业务传输时延也就越小；反之，休眠期越长，功耗越小，但业务时延就会增大。

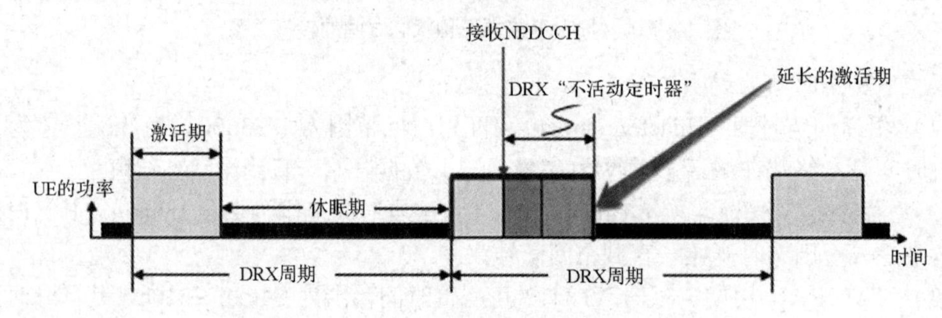

图 1-4-12　NB-IoT 终端在激活态下的 DRX 模式

2. eDRX 模式

为了进一步节省电能，3GPP 协议在 DRX 模式的基础上向 NB-IoT 引入了 eDRX（extended DRX，扩展非连续接收）的概念，如图 1-4-13 所示。eDRX 模式采用更长的寻呼周期，减少了终端周期性监听寻呼信道的次数，以降低耗电量。eDRX 模式的功耗是 DRX 模式的功耗的 1/16。为了简化问题，这里仅介绍空闲态下的 eDRX 模式，它是以空闲态下的 DRX 模式为基础进行扩展的。

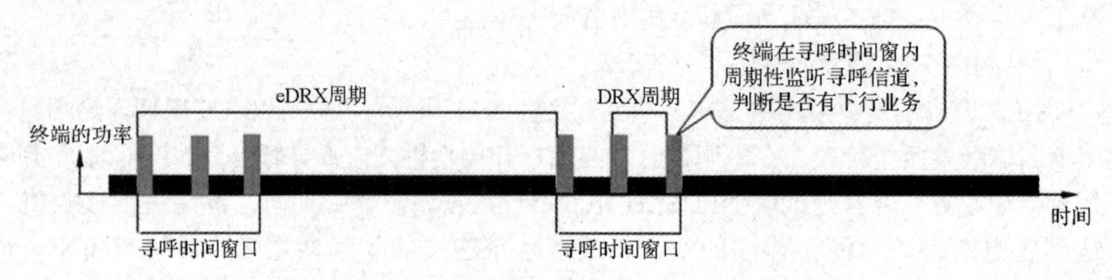

图 1-4-13　NB-IoT 终端空闲态下的 eDRX 模式

由图 1-4-13 可见，在 eDRX 模式下，终端也是包含空闲期和休眠期两种状态的，但是

休眠期很长。在每个 eDRX 周期内，定义了一个寻呼时间窗口（Paging Time Window，PTW）。终端只在 PTW 内按 DRX 模式监听寻呼信道，以便接收下行数据；在 PTW 以外的时间终端都处于休眠期，以进一步降低功耗。在一个完整的空闲态过程中，包含了若干个 eDRX 周期。eDRX 周期可以通过定时器配置，取值范围为 20.48s～2.92h。两个连续寻呼时间窗口之间的时间间隔即一个 eDRX 周期。每个 eDRX 周期中又包含了若干个 DRX 寻呼周期；而若干个 DRX 寻呼周期组成一个寻呼时间窗口。寻呼时间窗口可由定时器设置，取值范围为 2.56～40.96s，取值大小决定了窗口的大小和寻呼的次数。

3. PSM

PSM（Power Saving Mode，省电模式）是 NB-IoT 终端最省电的一种工作模式。若终端 99%时间都处在 PSM 状态，则其功耗只占总功耗的不到 1%。可见，在 PSM 下，终端处于深度休眠的状态，类似于关机。若终端处于此模式时有下行数据到达核心网，则 MME 会通知 SGW 先对此数据进行缓存并延迟触发寻呼，等到终端转入激活态后再进行数据下发。

NB-IoT 终端的 PSM 如图 1-4-14 所示，图中既给出了 PSM，还画出了终端处于激活态和 DRX 形式的空闲态时的功耗情况。需要说明的是，终端何时进入 PSM 要由核心网和终端协商确定。进入 PSM 后，虽然终端不再接收寻呼消息，看起来和网络已失联，但其实仍然注册在网络中，这样当终端从 PSM 唤醒后不需重新注册网络，就可以进行数据收发。PSM 本身不带周期配置，如果需要按照固定间隔接收下行数据，则可以通过与 TAU/RAU 相结合进行配置。

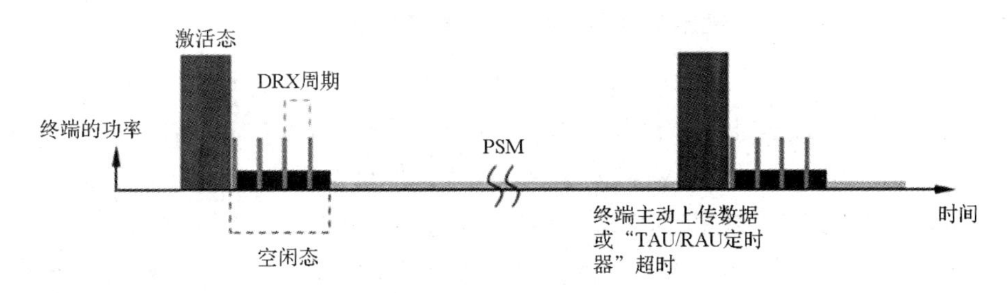

图 1-4-14 NB-IoT 终端的 PSM

eDRX 和 PSM 是两种不同的 NB-IoT 终端省电工作模式，各自适合不同的场景。PSM 适合偏重上报、对下行数据实时性要求不高、非业务期间允许终端深度休眠的场景，如远程抄表、烟感探测等；eDRX 模式适合上/下行都有数据传输且都对时延有一定要求的场景，如智能监护、下水道监测等。相对 eDRX 模式，PSM 的节电性能更佳。终端可以请求同时激活 PSM 和 eDRX 模式，然后由 MME 决定仅 PSM、仅 eDRX 模式或者两者都生效。NB-IoT 终端的 eDRX+PSM 模式如图 1-4-15 所示。

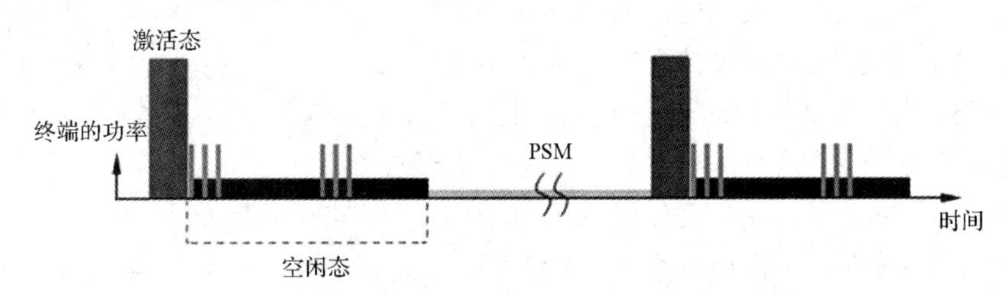

图 1-4-15 NB-IoT 终端的 eDRX+PSM 模式

除了前述几种省电工作模式，“扩展寻呼”也是降低 NB-IoT 终端功耗的有效手段。“扩展寻呼”指的是 MME 根据基站推荐的小区范围进行“精准寻呼”，以减少终端接收不必要的信息，进而降低功耗。NB-IoT 要使用“扩展寻呼”，就需要 MME 开启“精准寻呼”特性。NB-IoT“扩展寻呼”的流程如图 1-4-16 所示。

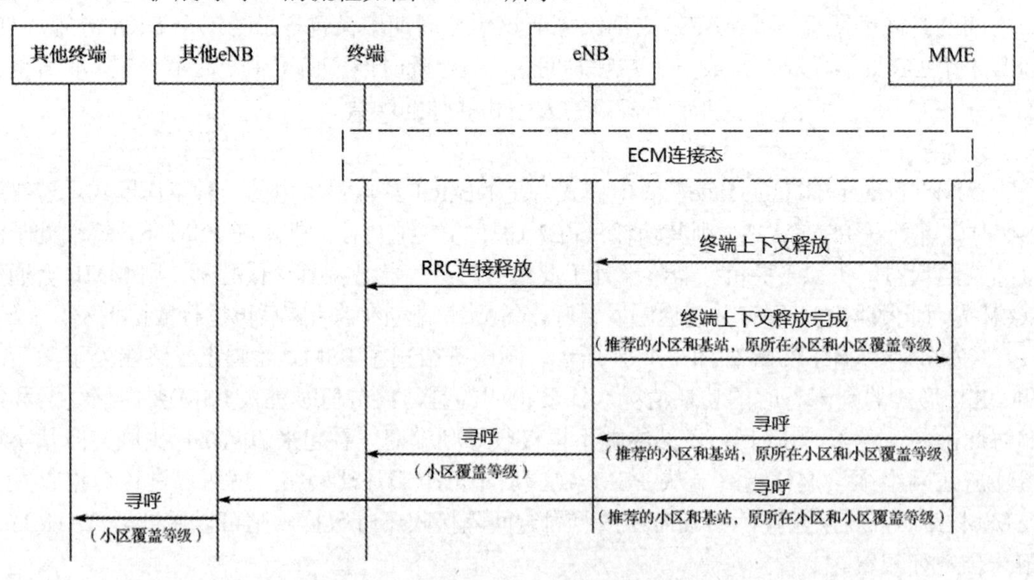

图 1-4-16　NB-IoT“扩展寻呼”的流程

由图 1-4-16 可见，“扩展寻呼”特性的实现主要由以下三部分构成。

（1）在终端释放连接时，基站在终端上下文释放完成（UE Context Release Complete）消息中，向 MME 上报寻呼辅助信息。这些寻呼辅助信息如下。

① 终端当前所在的小区和小区覆盖等级信息。

② 推荐的小区列表和基站列表。推荐的小区列表为当前小区的同频邻区，推荐的基站列表为小区列表中小区所属的基站。

（2）MME 保存基站提供的以上信息。在下次给基站下发寻呼命令时，携带上这些辅助信息。

（3）接收到寻呼信息的基站，根据信息中携带的当前寻呼次数、计划寻呼次数和小区覆盖等级等，确定寻呼策略。寻呼策略举例如下。

① 将终端上次接入的基站寻呼尝试次序（Attempt Count）设为 1。

② 将辅助信息中推荐的基站和小区寻呼尝试次序设为 2。

③ 将终端最近访问的跟踪区域的寻呼尝试次序设为 3。

④ 将终端的跟踪区域列表的寻呼尝试次序设为 4。

综上所述，为了降低终端功耗，NB-IoT 采用了若干省电工作模式。除了上述工作模式，NB-IoT 还采取了一些其他的省电方法。现都将其归纳如下。

① 降低芯片复杂度，减小工作电流。

② 简化空口信令，减小单次数据传输功耗。

③ 基于覆盖等级的控制和接入，减少单次数据传输的时间。

④ 允许终端长时间处于省电模式（PSM），此时终端功耗仅为15μW。

⑤ 采用eDRX模式，减少终端监听网络的频度。

⑥ 长周期的TAU/RAU，减少终端发起位置更新的次数。

⑦ 开启“扩展寻呼”功能，减少终端接收不必要的信息。

⑧ 只支持小区选择和重选的移动性管理，不支持切换，以减少空口测量的开销。

4.4 低成本

NB-IoT的低成本主要体现在两个方面：一是产业链及运营成本低；二是终端芯片设计制造成本低。下面具体说明。

1. 产业链及运营成本低

由于NB-IoT源于LTE，是LTE的简化和针对物联网功能的优化，因此NB-IoT的产业链几乎可以完全依附于LTE已经成熟的产业链。从在NB-IoT整个产业链中处于基础核心地位的终端芯片来看，现在几乎所有主流的芯片和模组厂商都已研发或者在售NB-IoT的芯片。目前，全球范围内已经形成了一个良好的NB-IoT生态产业链。

另外，从建网成本来说，不像LoRa和Sigfox必须重新建网，NB-IoT可以部署于2G、LTE，甚至5G网络之上，共用频谱资源，复用射频和天线。这就大大降低了运营商的建设和运营成本。

2. 终端芯片设计制造成本低

NB-IoT终端单模组批量售价不足5美元，芯片低至1美元，这么低的价格主要源于它超低的设计和制造成本，具体来看：

① 180kHz的低带宽，降低了基带处理系统的复杂度。

② 低数据采样率（如50B/2h），对缓存Flash/RAM要求小（28KB）。

③ 单天线（1T1R）、FDD半双工，射频成本低。

④ 信号峰均比低（上行采用SC-FDMA），功放效率高，23dBm的发射功率可支持单片SoC（System on Chip，片上系统）内置功放，进一步降低成本。

⑤ 协议栈简化（500KB），降低对片内存储器的要求。

习题4

4.1　为了实现覆盖增强，NB-IoT采用了窄带、重传、低频等技术手段，从而保证了系统的最大路径损耗MCL能够达到多少？

4.2　NB-IoT系统中的小区覆盖等级分为几级？分别是什么？

4.3　NB-IoT上/下行支持的最大重传次数分别是多少？

4.4 NB-IoT 中 eDRX 的周期是多少？PSM 状态最长可持续多久？

4.5 独立部署模式下，NB-IoT 覆盖能力最高是多少？

4.6 NB-IoT 采用哪些技术来增强覆盖能力？

4.7 NB-IoT 的优点有哪些？

4.8 为了降低终端功耗，延长电池的使用寿命，NB-IoT 引入了哪些技术？

4.9 NB-IoT 终端三种工作状态都有什么？三种工作状态有何区别？主要涉及哪几个定时器？

4.10 NB-IoT 使用“扩展寻呼”的前提条件是什么？

第 5 章 NB-IoT 关键信令流程

移动通信终端在网络中要不断接收系统消息，要周期性地或非周期性地同网络进行信令交互，以便完成相应的操作。

NB-IoT 终端开机后先要进行小区搜索，选择合适的小区和公共陆地移动网络（PLMN）进行驻留。后续终端还可能通过邻区测量和小区重选，变更驻留的小区。在这些过程中，终端都要接收并读取网络发送的系统消息，以便确定后续如何操作。

NB-IoT 终端在做业务前，必须先完成网络附着过程。而网络附着的前提是 RRC 连接建立和随机接入过程完成。这是因为 RRC 连接和随机接入是空口流程，完成的是终端同基站的连接，而附着是 EPS 流程，完成的是终端接入核心网并成功获取 IP 地址。在完成附着后，终端才可以通过核心网进行数据传输。数据传输和位置区更新（TAU）也属于 EPS 流程。为了节省电能，终端在完成业务传输后，要进行去附着，同时释放网络资源以便其他终端使用。

本章的目的就是要介绍 NB-IoT 的这些信令操作流程，以使大家对于 NB-IoT 网络的工作过程有一个更清晰的认识。

5.1 系统消息调度

基站给终端发送的系统消息包含了对终端的配置参数，终端的 RRC 收到并依据这些参数对终端空口的下两层（物理层和数据链路层）进行配置后，才能进行后续的准入和驻留流程。本节主要介绍系统消息的种类、其中包含的信息及其调度方法。

相比于 LTE，NB-IoT 的系统消息进行了简化，去掉了一些对物联网不必要的内容，只保留了 8 个系统消息：1 个 NB-MIB（NB-IoT Main Information Block，NB-IoT 主信息块）和 7 个 NB-SIB（NB-IoT System Information Block，NB-IoT 系统信息块）。NB-IoT 的系统消息如表 1-5-1 所示。

表 1-5-1 NB-IoT 的系统消息

序号	系统消息名称	功能	是否必须配置
1	NB-MIB	接入小区时需要的大部分最重要的物理层信息：系统帧号、NB-SIB1 的调度信息和调度模式、带内部署时 LTE 小区相关信息、接入激活等	是

续表

序号	系统消息名称	功能	是否必须配置
2	NB-SIB1	判断终端是否允许接入/选择小区时所需要的相关信息（PLMN 号；TAC 码、小区 ID、接入限制；小区选择信息），以及其他系统消息块的调度信息（类型、周期、窗口长度等）	是
3	NB-SIB2	公共逻辑信道和物理信道信息：无线资源公共配置、终端计时器和常数配置；与上行同步有关的 RACH 配置信息	是
4	NB-SIB3	同频、异频小区重选的公共信息。主要是服务小区的信息，还包含同频小区的重选信息	否
5	NB-SIB4	同频小区重选信息，主要是同频邻区列表	否
6	NB-SIB5	异频小区重选信息，包括异频相邻频点列表和每个频点的重选参数、异频相邻小区列表和每个邻区的重选参数等	否
7	NB-SIB14	用于接入控制的额外接入控制信息	否
8	NB-SIB15	GPS 时间和 UTC（统一协调时间）信息	否

与 LTE 采用 PDCCH 对系统消息进行动态指示的方式不同，NB-IoT 的系统消息调度采用静态配置方式：NB-MIB 中指示 NB-SIB1 的调度信息，NB-SIB1 中指示其他 NB-SIB 的调度信息。NB-IoT 系统消息的有效期、窗口长度和调度周期都是固定的或可配置的。为了减少空口传输的信息量、节省终端电能，NB-IoT 系统消息的有效期从 LTE 的 3 小时扩展到了 24 小时；窗口长度扩展为 160ms、320ms、640ms、960ms、1280ms 和 1600ms；调度周期扩展为 64、256、512、1024、2048、4096、8192 和 16384 个无线帧。同时，NB-IoT 支持的最大 NB-SIB 从 LTE 的 1736bit（DCI 1C）或 2216bit（DCI 1A）缩小到 680bit。

NB-MIB 采用固定方式发送：调度周期为 64 个无线帧（640ms），在物理信道 NPBCH 上发送。NPBCH 的传输格式是预定义的，终端不需要从网络侧获取信息就可以直接在 NPBCH 上接收 NB-MIB。NB-MIB 的调度形式如图 1-3-24 上半部分所示。

NB-SIB1 采用半固定方式发送，其传输块和重复次数由 NB-MIB 中的 4bit 来指示。NB-SIB1 的调度周期为 256 个无线帧（2560ms），在逻辑信道 DL-SCH 上发送。每个调度周期内的无线帧分为 16 组，每组 16 个无线帧。注意：并不一定每组的每个无线帧都包含 NB-SIB1 信息。NB-SIB1 的起始帧与其重复发送的次数和小区 PCI 值有关，如表 1-5-2 所示。如果重复次数为 4，且 PCI mod 4=1，则只有第 2 组（起始帧号=16）、第 6 组、第 10 组和第 14 组无线帧包含 NB-SIB1 信息。

表 1-5-2　NB-SIB1 的起始帧号

重复次数	PCI	起始帧号
4	PCI mod 4=0	SFN mod 256=0
	PCI mod 4=1	SFN mod 256=16
	PCI mod 4=2	SFN mod 256=32
	PCI mod 4=3	SFN mod 256=48
8	PCI mod 2=0	SFN mod 256=0
	PCI mod 2=1	SFN mod 256=16
16	PCI mod 2=0	SFN mod 256=0
	PCI mod 2=1	SFN mod 256=1

在包含 NB-SIB1 信息的每组无线帧内，NB-SIB1 从起始帧开始的连续 16 帧每隔 1 帧的第 4 个子帧（#4）上传输。NB-SIB1 重复 16 次的帧结构组成如图 1-5-1 所示：若 PCI mod 2=0，则 8 个偶数帧包含 NB-SIB1 信息；若 PCI mod 2=1，则 8 个奇数帧包含 NB-SIB1 信息。

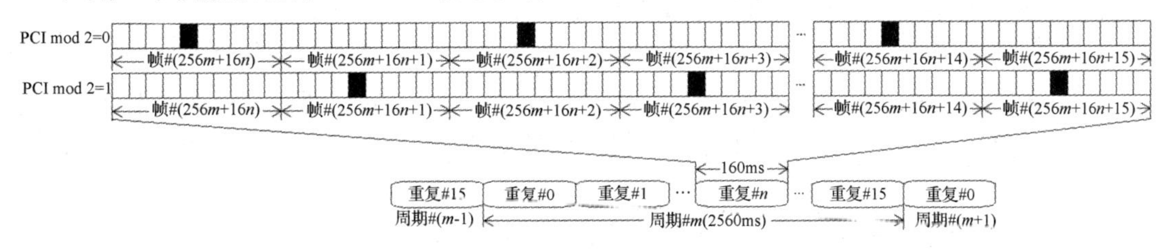

图 1-5-1　NB-SIB1 重复 16 次的帧结构组成

NB-SIB2～NB-SIB5、NB-SIB14、NB-SIB16 使用系统信息（SI）下发，调度周期可独立配置。调度周期相同的 NB-SIB 可以包含在同一个 SI 消息中发送。NB-SIB1 中携带所有 SI 的调度信息和 NB-SIB 到 SI 的映射关系。

NB-IoT 中所有系统消息调度的帧结构示例如图 1-5-2 所示。

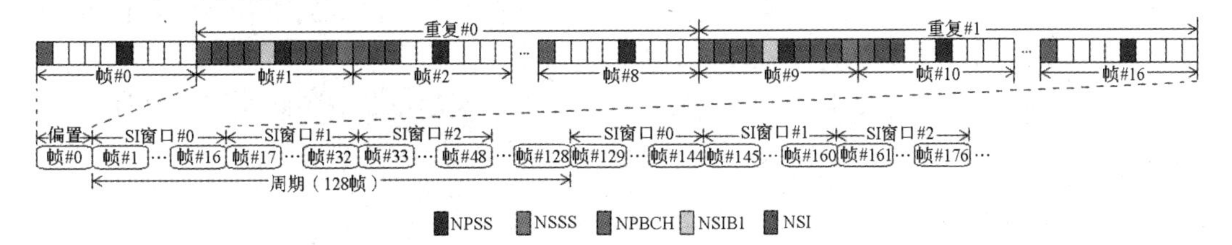

图 1-5-2　NB-IoT 中所有系统消息调度的帧结构示例

NB-IoT 中终端获取系统消息的时机包括：小区选择（如开机）、小区重选、丢失覆盖后恢复、收到系统消息更新通知、超过系统消息最大有效期。

如果消息内容有变化，那么终端还可以通过以下方式获知。

（1）NB-MIB 中包含的系统消息变化标志为 SystemInfoValueTag。

（2）当有用户寻呼时，NPDSCH 中有系统消息变更的寻呼通知；当无用户寻呼时，可以查看 NPDCCH 的 DCI 消息（N2 格式）中的 Flag 标志。

在系统消息变更时，为了减少终端接收所有 NB-SIB 消息的开销，在 NB-SIB1 中有 SystemInfoValueTag SI 指示，标明具体哪一个 SI 产生了变更。只有有修改的 SI 标志才会被设置。

5.2　小区选择和重选

3GPP R13 协议规定：NB-IoT 支持终端空闲态的同频或异频小区重选，支持基于 RRC 重定向的快速小区重选过程，但是不支持连接态的切换。如果终端在连接态想要改变服务小区，那么需要先进行 RRC 连接释放，进入 RRC_Idle 态后，再重选至其他小区。

同时，NB-IoT 不支持以下小区选择与重选的相关功能。

（1）不支持紧急呼叫（主要指语音业务）。

（2）不支持异系统的测量与重选。

（3）不支持基于优先级的小区重选策略。

（4）不支持基于小区偏置的小区重选策略。

（5）不支持基于 CSG（Closed Subscriber Group，封闭用户组）的小区选择和重选过程。

（6）不支持可接受小区，即终端重选在无法找到合适小区（能够提供正常服务的小区）的情况下，不会暂时驻留在可接受小区（仅能提供紧急服务的小区），而是持续搜寻，直到找到合适小区为止。

（7）不支持已驻留于某小区的小区重选，终端要么处于小区搜索状态，要么处于正常驻留状态。

关于小区选择和重选实际涉及 5 个过程：小区搜索、小区选择、PLMN 选择、邻区测量和小区重选。这 5 个过程存在一定先后关系，又存在相互嵌套调用关系，简单说明如下。

（1）小区搜索是 PLMN 选择和小区选择的基础，PLMN 选择和小区选择相互关联、相辅相成。

（2）小区选择是小区重选的必要条件：小区选择在前，小区重选在后。打个贴切的比方：终端的小区选择和重选就像人的就业和后期择业一样。

（3）邻区测量是小区重选的先决条件：如果没有邻区测量获取邻区的相关参数，就无法进行后续的小区重选。

5.2.1 小区搜索

小区搜索就是终端与小区取得时间和频率同步，得到物理小区标识 PCI，进而获得小区信号质量及小区其他信息的过程。小区搜索的基本步骤如下。

（1）终端在一个合适的频段上进行搜索，解码出 NPSS 和 NSSS，完成帧同步，并通过 NPSS 和 NSSS 计算出物理小区标识。

（2）终端检测 NRS，完成下行同步，并获取小区信号质量。

（3）终端读取 NPBCH 中的 NB-MIB 消息，获得小区的其他信息（NB-IoT 的部署模式、NB-SIB1 消息的大小、重复次数和起始位置等）。

以上需要说明的是，帧同步只是时间上的粗略同步，而下行同步是包括时域和频域的精准同步。

终端在实际进行小区搜索时，可能用到快搜和慢搜两种方法。快搜指的是终端只根据以前检测到并保存的载波频点（存储、先验所有频点）进行搜索。如果通过这种方法搜到可驻留小区，则小区搜索结束；如果找不到合适的小区进行驻留，那么终端才启用慢搜。慢搜指的是终端扫描自身能力所支持的带宽范围内的所有载波频点。如果采用慢搜仍然搜不到合适的小区，则更换 PLMN 后进行新一轮搜索。显然，快搜是终端进行小区搜索和小区选择的首选方法。

5.2.2 PLMN 选择

PLMN 选择是终端刚开机或者从无覆盖区域进入覆盖区域后的 PLMN 搜索（可选）、

小区搜索和 PLMN 注册的过程。由于 PLMN 选择必然会触发小区选择过程，二者紧密相关，相辅相成，因此这里将两个过程一同进行描述，PLMN 选择和小区选择流程图如图 1-5-3 所示。终端刚开机或者从无覆盖区域进入覆盖区域后，必然要选择接入一个 PLMN。在 NB-IoT 系统中，为了节省信令开销、加快入网速度，终端首先选择其内存 PLMN 列表中最近一次已注册过的 PLMN（RPLMN）或者等效的 PLMN（EPLMN）。如果在该 PLMN 中有合适的小区就尝试通过该小区进行 PLMN 注册。如果注册成功，就驻留到该小区，开始接受运营商的服务，并将 PLMN 信息显示出来。如果终端最近一次注册过的 RPLMN 或 EPLMN 中没有合适的小区，或者本次选择的 PLMN 注册不成功，那么终端会根据 USIM 卡中关于 PLMN 的优先级信息，通过自动或者手动方式尝试选择其他 PLMN。如果所有 PLMN 选择都不成功，那么终端将无法获得任何服务。

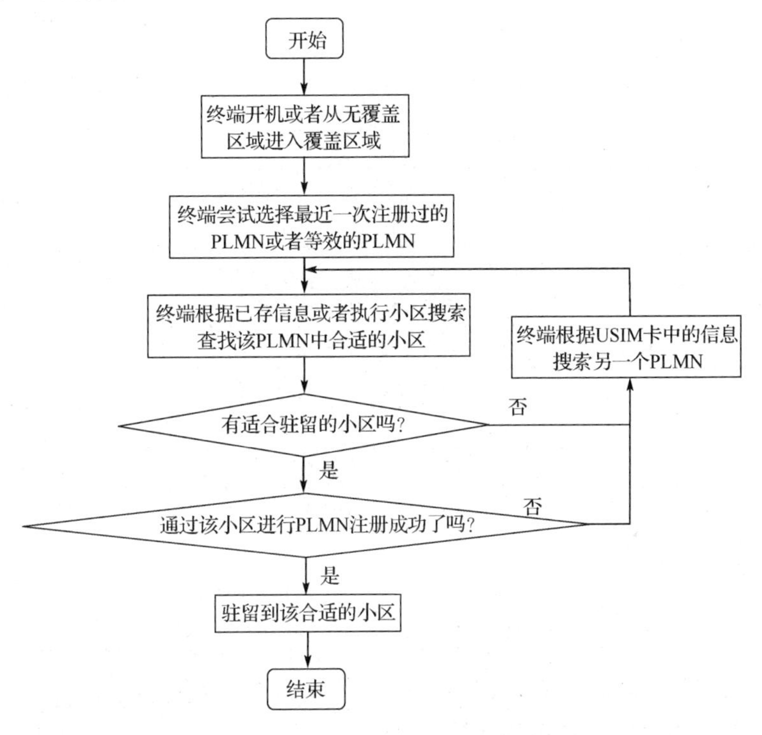

图 1-5-3　PLMN 选择和小区选择流程图

5.2.3　小区选择

小区选择是终端根据已知的小区信息和相应的判断准则选择合适的小区并驻留的过程。小区选择的触发有以下两种情况。

（1）终端尝试进行 PLMN 选择时（见第 1 部分 NB-IoT 基础理论篇 5.2.2 节）。

（2）终端从连接态转移到空闲态时（终端首选在连接态中的最后连接的那个小区进行驻留，除非该小区不满足小区选择准则，才进行其他的小区选择）。

与小区搜索的两种方法相对应，小区选择也包含以下两种方法。

方法 1：据已存信息的小区选择。

终端采用快搜的方法，搜索已存/先验频点信息和小区参数等信息进行小区选择。

方法 2：初始小区选择。

终端进行慢搜，在每个载波频点上，终端只会搜索信号最强的小区，若搜索到的小区满足判断准则，终端就会选择驻留在该小区。

同理，方法 1 是终端进行小区选择的首选方法。

小区选择要遵循一定的判断准则，只有满足这一准则条件的小区才是合适的小区，终端才会进行驻留。终端采用这一准则进行判断的前提是已经获知了必要的系统消息（主要是 NB-SIB1 中的小区接入相关的参数）。小区选择的判断准则称为 S 准则（取自“选择”这个词汇的英文单词 Selection 的首字母），其具体内容：只有当小区同时满足以下两个公式条件时，终端才会选择驻留。

$$S_{\text{rxlev}} = Q_{\text{rxlevmeas}} - \left(Q_{\text{rxlevmin}} + Q_{\text{rxlevminoffset}}\right) - P_{\text{compensation}} > 0$$

$$S_{\text{qual}} = Q_{\text{qualmeas}} - Q_{\text{qualmin}} - Q_{\text{offsettemp}} > 0$$

S 准则的相关参数含义如表 1-5-3 所示。

表 1-5-3　S 准则的相关参数含义

参数名	单位	含义
S_{rxlev}	dB	候选小区选择用接收信号电平值/强度
S_{qual}	dB	候选小区选择用接收信号质量
$Q_{\text{rxlevmeas}}$	dBm	通过测量得到的小区接收信号电平值，即 RSRP
Q_{qualmeas}	dB	通过测量得到的小区接收信号质量，即 RSRQ
Q_{rxlevmin}	dBm	在 NB-SIB1 中广播的小区最低接收电平值，默认为-140dBm
Q_{qualmin}	dB	在 NB-SIB1 中广播的小区最低接收信号质量，默认为-34dB
$Q_{\text{rxlevminoffset}}$	dB	在 NB-SIB2 中广播的小区选择所需的最小接收电平偏移量，极少数情况下使用，默认为 0
$Q_{\text{offsettemp}}$	dB	在 NB-SIB2 中广播的小区选择所需的最小接收质量偏移量，极少数情况下使用，默认为 0
$P_{\text{compensation}}$	dB	$\max\left(P_{\max} - \text{终端最大输出功率}, 0\right)$ 其中，$P_{\max}$ 是 NB-SIB1 中广播的小区允许终端上行发射信号的最大功率； 终端最大输出功率指终端本身具有的最大射频输出功率

对 S 准则的简单理解：只有当通过测量得到的终端接收小区的实际信号电平/质量超过最低接收电平/质量时，才允许该终端接入小区中。

对在公式中增加补偿功率 $P_{\text{compensation}}$ 的解释：因为终端最大输出功率不一定都满足基站覆盖边缘要求的终端在上行的最大发射功率，所以在 S 准则中加入该功率补偿。如果终端最大输出功率小于设定的标准，则返回一个功率补偿值，提高该终端通过 S 准则的门槛（否则，补偿功率为 0）。这样可以保证接入网络的终端最大发射功率满足上/下行平衡的要求，避免允许一些最大发射功率不足的终端在小区边缘接入网络而出现上行功率受限的情况。

5.2.4　邻区测量

邻区测量是终端在成功驻留到某小区后，对服务小区和系统消息广播的邻区进行持续测量，以支持终端空闲态下的移动性，为小区重选做准备的过程。

根据频率关系的不同，NB-IoT 系统中的邻区分为两种：同频邻区和异频邻区。频率完

全相同的两个相邻小区互为同频邻区；带内部署模式下，相差 180kHz 载波的两个相邻小区互为异频邻区。

终端以接收到的服务小区的信号电平值 S_{rxlev} 与同频邻区测量门限 $S_{intrasearch}$ 或异频邻区测量门限 $S_{nonintrasearch}$ 的比较结果作为是否启动邻区测量的判决条件，具体如下。

对于同频邻区：

（1）当 $S_{rxlev} > S_{intrasearch}$ 时，即服务小区信号够强时，终端不启动同频邻区测量。

（2）当 $S_{rxlev} \leqslant S_{intrasearch}$ 或系统消息中的 $S_{intrasearch}$ 为空时，终端必须进行同频邻区测量。

对于异频邻区：

（1）当 $S_{rxlev} > S_{nonintrasearch}$ 时，即服务小区信号够强时，终端不启动异频邻区测量。

（2）当 $S_{rxlev} \leqslant S_{nonintrasearch}$ 或系统消息中的 $S_{nonintrasearch}$ 为空时，终端必须进行异频邻区测量。

邻区测量的相关参数如表 1-5-4 所示。

表 1-5-4　邻区测量的相关参数

参数名	单位	含义
S_{rxlev}	dB	服务小区做小区选择时用的接收信号电平值
$S_{intrasearch}$	dB	服务小区 NB-SIB3 中广播的小区重选的同频邻区测量启动门限（值越大，启动越快）
$S_{nonintrasearch}$	dB	服务小区 NB-SIB3 中广播的小区重选的异频邻区测量启动门限（值越大，启动越快）

一般来说，同频邻区测量和异频邻区测量之间的逻辑关系如图 1-5-4 所示。当 $S_{rxlev} > S_{intrasearch}$ 时，即服务小区信号够强，终端不进行邻区测量；当 $S_{nonintrasearch} < S_{rxlev} \leqslant S_{intrasearch}$ 时，进行同频邻区测量；当 $S_{rxlev} \leqslant S_{nonintrasearch}$ 时，即服务小区信号太弱，同频邻区测量和异频邻区测量都会启动。

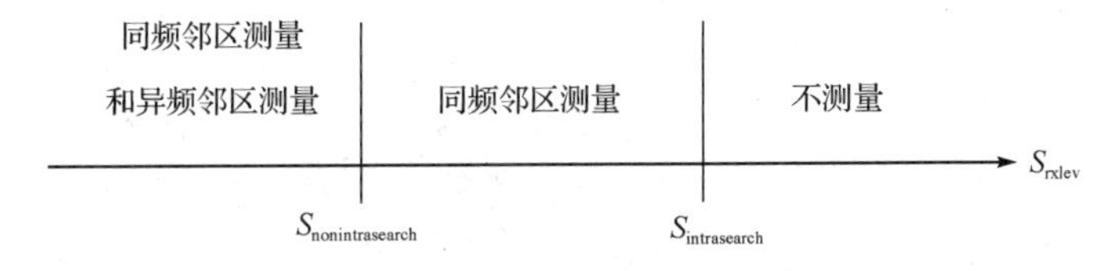

图 1-5-4　同频邻区测量和异频邻区测量之间的逻辑关系

5.2.5　小区重选

小区重选是当终端在某小区驻留后，通过监听系统消息，根据邻区测量规则和小区重选规则，对服务小区及其邻区进行测量和排序，选择一个信号质量更好的小区进行重新驻留的过程。

当同时满足以下两个条件时，终端会进行小区重选。

（1）邻区的信号强度等级 $R_{\_n}$ 高于当前服务小区的信号强度等级 $R_{\_s}$，且持续足够长的时间（重选定时器时长 $T_{reselection}$：同频邻区在 NB-SIB3 中广播；异频邻区在 NB-SIB5 中广播）。

（2）终端已在当前服务小区驻留 1s 以上的时间。

以上小区重选的判断准则称为 R 准则（取自“重选”这个词汇的英文单词 Reselection 的首字母）。对准则中的 $R_{\_s}$ 和 $R_{\_n}$ 的计算方法说明如下：

$$R_{\_s}=Q_{\text{meas,s}}+Q_{\text{hyst}}-Q_{\text{offsettemp}}$$

$$R_{\_n}=Q_{\text{meas,n}}-Q_{\text{offset}}-Q_{\text{offsettemp}}$$

小区重选的相关参数含义如表 1-5-5 所示。

表 1-5-5　小区重选的相关参数含义

参数名	单位	含义
$R_{\_s}$	dB	服务小区的信号电平等级
$R_{\_n}$	dB	被测邻区的信号电平等级
$Q_{\text{meas,s}}$	dBm	终端测量到的服务小区的 RSRP 值
Q_{hyst}	dB	在 NB-SIB3 中广播的服务小区重选迟滞值，常用值为 2 （可使服务小区的信号强度被高估，延迟小区重选）
$Q_{\text{meas,n}}$	dBm	终端测量到的邻区的 RSRP 值
Q_{offset}	dB	被测邻区的偏移量（可使邻区信号强度被低估，延迟小区重选） 对同频小区，为 NB-SIB4 中广播的 q-OffsetCell，如果未广播，则取 0 值； 对异频小区，为 NB-SIB5 中广播的 q-OffsetFreq，如果未广播，则取 0 值
$Q_{\text{offsettemp}}$	dBm	在空口下发（R13 版本不支持），默认为 0

小区重选判决示意图如图 1-5-5 所示。

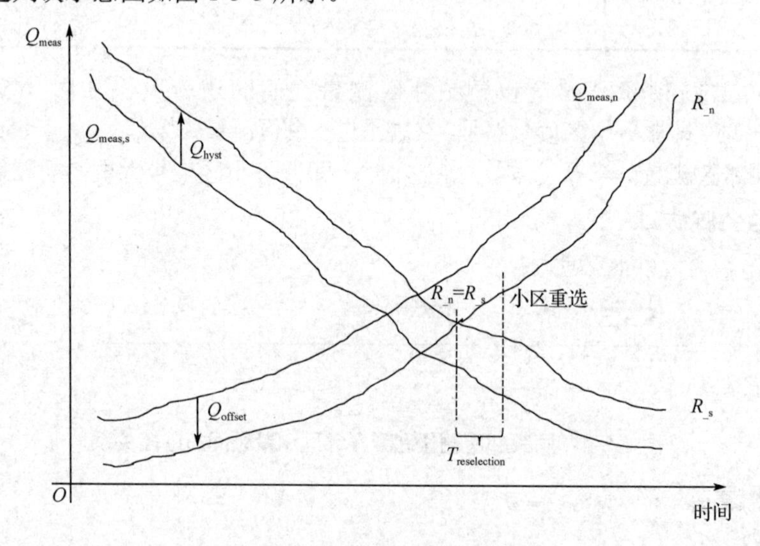

图 1-5-5　小区重选判决示意图

小区重选流程图如图 1-5-6 所示。终端在驻留到某服务小区后，首先读取系统消息广播，然后启动邻区测量。根据测量结果判断邻区是否满足 S 准则，满足条件的所有邻区作为候选小区，依据 R 准则排序；然后判断候选小区电平满足条件的时间是否超过重选定时时间，并等待原小区驻留时间超过 1s 后触发重选；最后接收目标小区的系统消息，若合适性检查也能通过，则重选到该小区进行驻留。若有多个邻区同时满足小区重选条件，则终端会选择 $R_{\_n}$ 最强的邻区进行驻留。

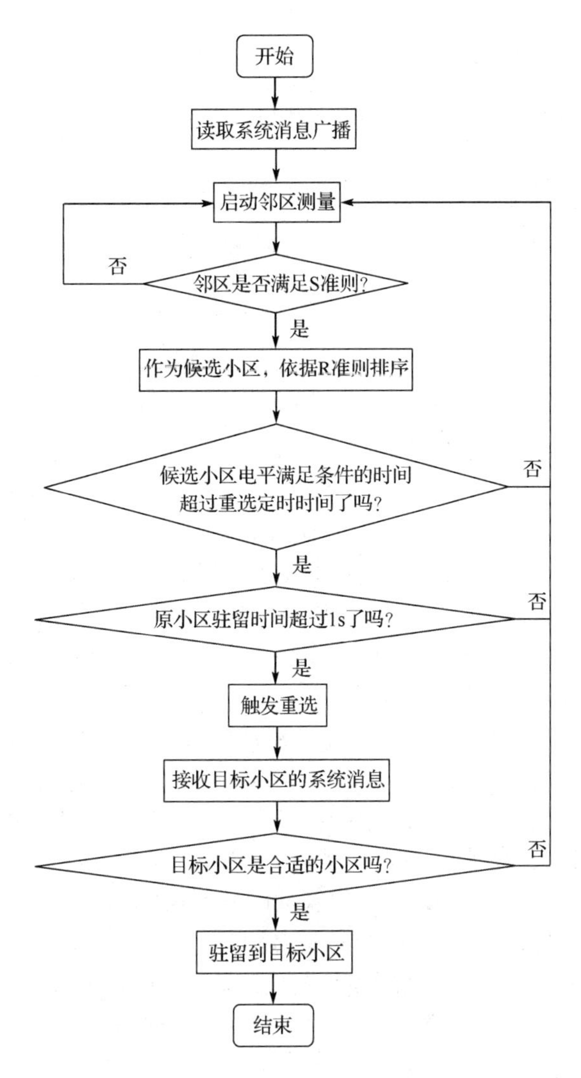

图 1-5-6　小区重选流程图

5.3 附着与去附着

附着过程是以 RRC 连接建立和随机接入过程完成为前提基础的，因此这里先学习 RRC 连接建立过程和随机接入过程。

5.3.1　RRC 连接建立过程

在 NB-IoT 中，引起 RRC 连接建立的原因有四种：移动（呼叫）发起（MO）信令、MO 数据、呼叫接收（MT）接入和异常报告。与 LTE 不同的是，NB-IoT 的 RRC 连接建立原因没有延迟容忍接入，这是因为 NB-IoT 的所有业务都是被预先设定为延迟容忍的。

RRC 连接建立流程（见图 1-5-7）如下。

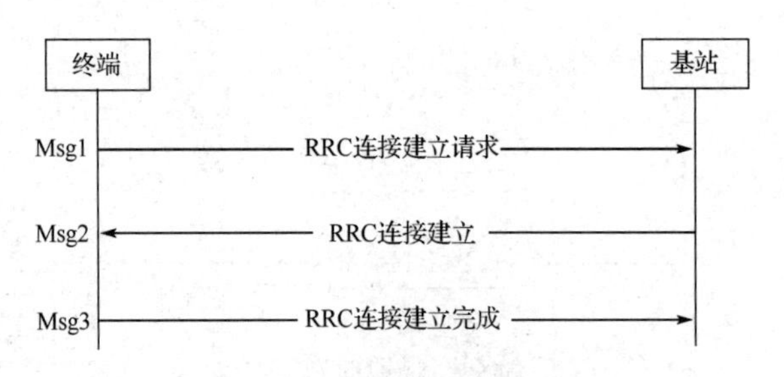

图 1-5-7　RRC 连接建立流程

Msg1：终端发送携带着连接建立请求的 RRC 给基站。

在连接建立请求中，还携带有终端自身的单频/多频能力信息。

Msg2：基站向终端回复 RRC 连接建立消息，同时提供 SRB1bis 资源配置的详细信息。

在此步骤中，基站也可能向终端回复 RRC 连接拒绝消息。发生这种情况的原因可能是由于 SRB1bis 资源准入和分配失败，也可能是由于系统过载而发生了流量控制。如果是这种情况，那么终端不会进行后续步骤，且此次 RRC 连接建立失败。

Msg3：终端根据收到的 SRB1bis 资源配置信息进行无线资源配置，再向基站回复 RRC 连接建立完成消息，其中携带有初始 NAS 专用信息。至此，RRC 连接建立流程结束，终端由 RRC 空闲态转到 RRC 连接态。

当基站进行 RRC 连接释放时或者由于无线链路失败，终端又会由 RRC_Connected 状态转回到 RRC_Idle 状态。

另外，如本书第 1 部分 NB-IoT 基础理论篇 3.1.2 节所述，为了降低 RRC 连接建立过程中空口的信令开销，进而降低终端的功耗，NB-IoT 在用户面优化传输方案下增加了 RRC_Suspended 状态，即当进行 RRC 连接释放时并不直接释放，而是由基站向终端下发携带有恢复 ID 的释放（挂起）命令，同时向 MME 发起挂起请求。而后，网络侧和终端侧都保存此次 RRC 连接的上下文（包括所使用的无线资源分配和相关安全性配置信息）。终端还保存恢复 ID，并转入 RRC 空闲态，但并不是真正的空闲态。用户面优化传输方案下的 RRC 连接挂起流程如图 1-5-8 所示。

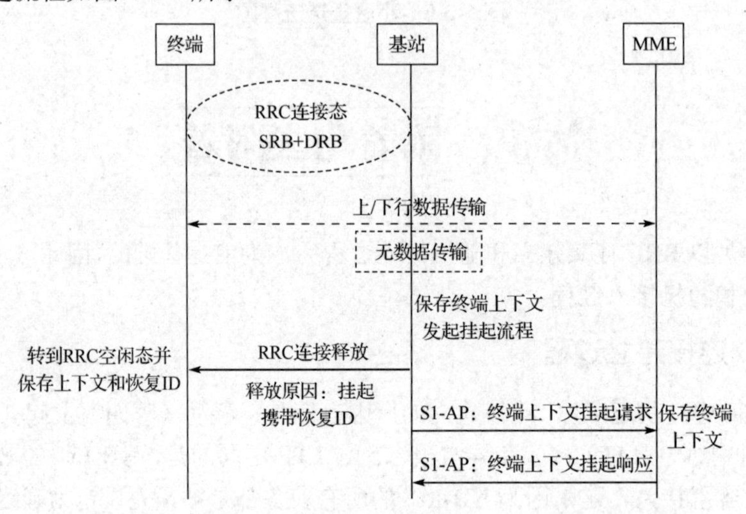

图 1-5-8　用户面优化传输方案下的 RRC 连接挂起流程

当终端重新接入基站时，终端和基站能够快速恢复上下文，不用再经过安全激活和 RRC 重配置的流程，减少了空口信令的交互。用户面优化传输方案下的 RRC 连接恢复流程如图 1-5-9 所示。终端在 Msg3 向基站发送 RRC 连接恢复请求，消息中携带有恢复 ID 和短 MAC-I。基站根据收到的这些信息验证终端的接入层安全模式是否已经激活。验证通过，基站通知终端 RRC 连接恢复的同时向 MME 发起终端上下文恢复请求。RRC 连接恢复流程完成，终端进入 RRC 连接态和 ECM 连接态，MME 也进入 ECM 连接态，然后就可以进行后续的数据传输了。

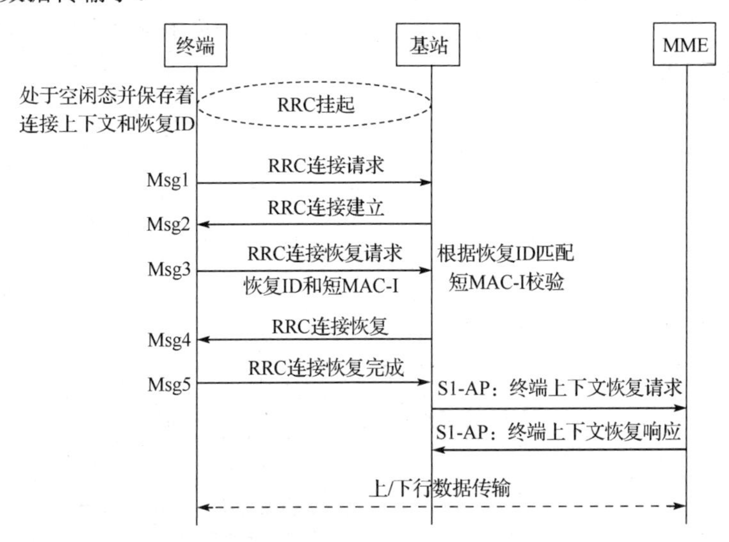

图 1-5-9　用户面优化传输方案下的 RRC 连接恢复流程

5.3.2　随机接入过程

随机接入过程是终端与网络通信前，由终端向基站请求接入，收到基站的响应并由基站分配随机接入信道资源的过程。

NB-IoT 系统中可能的随机接入触发原因有多种。触发源主要是终端，也可能是基站。而且控制面优化传输方案下，对有些随机接入并不支持。NB-IoT 系统中的各种随机接入触发场景如表 1-5-6 所示。

表 1-5-6　NB-IoT 系统中的各种随机接入触发场景

触发原因	是否支持		触发源
	控制面优化传输方案	用户面优化传输方案	
在 RRC_Idle 状态下的初始接入	是	是	终端 RRC
RRC 重建立	否	是	终端 RRC
RRC 恢复	否	是	终端 RRC
在 RRC_Connected 状态下的上行数据到达（上行失步或者发送数据调度请求）	是	是	终端 MAC
在 RRC_Connected 状态下的下行数据到达（上行失步）	是	是	基站下发的 PDCCH 命令

综上所述，可以总结出随机接入的目的主要有以下两个。

（1）建立和网络的上行同步关系（下行同步在小区搜索时就已完成）。

（2）请求网络给终端分配专用资源，以进行正常的业务传输。

随机接入的基本流程图如图 1-5-10 所示。在随机接入开始之前，终端通过服务小区 NB-SIB2 获取 NPRACH 相关配置信息，根据 RSRP 测量结果和 NB-SIB2 中携带的 RSRP 测量门限对比选择相应的覆盖等级。然后终端在覆盖等级对应的 NPRACH 资源上尝试进行随机接入，一旦接入失败，终端就会提升发射功率或者升级覆盖等级，而后重新尝试接入，直到随机接入成功为止。如果尝试完所有覆盖等级对应的所有 NPRACH 资源都不能接入成功，则此次随机接入失败。

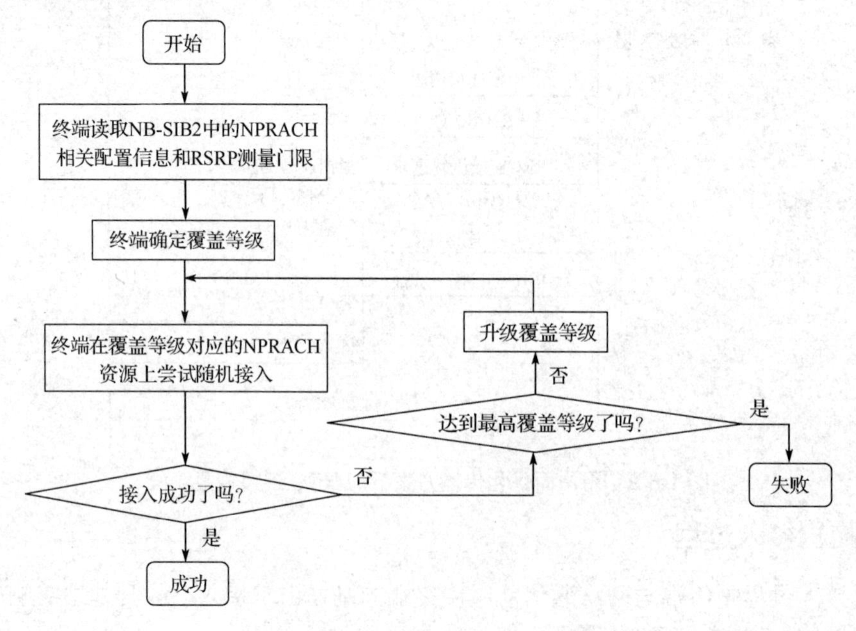

图 1-5-10　随机接入的基本流程图

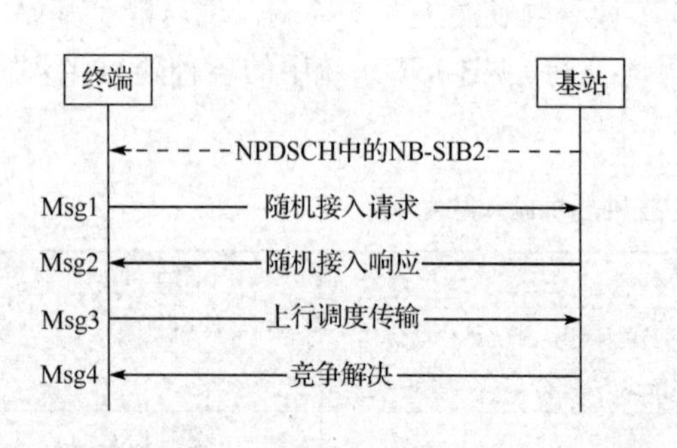

图 1-5-11　NB-IoT 基于竞争的随机接入信令流程

移动通信系统中的随机接入有基于竞争的随机接入和基于非竞争的随机接入两种。NB-IoT 的 R13 版本只支持基于竞争的随机接入。NB-IoT 基于竞争的随机接入信令流程如图 1-5-11 所示。对流程中各步骤的说明如下。

Msg1：终端发送随机接入请求。

终端通过在 NPDSCH 中读取的 NB-SIB2 消息和测量得到的 RSRP 值确定覆盖等级，并在覆盖等级对应的 NPRACH 时频资源上，通过向基站发送前导码（Preamble 码）来发起随机接入请求。

Msg2：基站发送随机接入响应。

基站收到终端的前导码后，向网络申请给终端分配临时标识 C-RNTI，并进行上/下行

调度资源申请，然后在 NPDCCH 上发送随机接入响应。随机接入响应中携带的信息有随机接入前导码标识（临时 C-RNTI）、Msg3 的上行授权、时间提前调整命令等。

终端发送前导码之后不断监听 NPDCCH 信道，尝试用 RA-RNTI 对随机接入响应进行解码，直到获取所需的随机接入响应为止。

如果随机接入响应中包含一个与终端在 Msg1 发送的随机接入前导码一致的标识，则终端认为响应成功。

如果终端始终没有收到响应信息或接收到的响应信息验证失败，则认为此次接收响应失败。终端会在此覆盖等级上再次发起随机接入，若随机接入尝试次数已经达到最大尝试次数（在 NB-SIB2 中获取），则升高覆盖等级后再发起随机接入，直到收到响应为止。若一直不能收到基站的随机接入响应，则不会再进行后续步骤。

Msg3：终端进行上行调度传输。

终端使用 Msg2 中分配的上行授权资源在 NPUSCH 上进行上行调度传输，同时启动冲突检测定时器。

在不同的随机接入场景下，上行调度传输的信令信息有所不同，如在 RRC_Idle 状态下的初始接入，终端会通过 CCCH 传输 RRC 连接请求，其中携带有 RRC 连接建立原因等，用于申请上行数据发送资源。大多数上行调度传输中都包含终端的临时 C-RNTI。

Msg4：竞争解决。

终端在发送 Msg3 之后即启动竞争解决定时器。竞争解决定时器的大小为{1, 2, 3, 4, 8, 16, 32, 64}×PDCCH 搜索空间周期，具体取值由 NB-SIB2 指示，但最大不能超过 10.24s。

在竞争解决定时器超时前，终端一直监视 NPDCCH 信道，若同时存在以下两种情况，则终端认为竞争解决成功，并通知上层，断开竞争解决定时器。

（1）在 NPDCCH 监听到 C-RNTI。

（2）上行消息中含有 CCCH 上的传输消息且在 NPDCCH 上监听到临时 C-RNTI，并且 MAC PDU 解码成功。

如果竞争解决成功，那么终端的临时 C-RNTI 即成为其 C-RNTI。竞争解决成功即表示基于竞争的随机接入成功且流程结束。

如果竞争解决定时器超时或者终端收到的 Msg4 中的竞争解决 ID（在 Msg3 中 CCCH SDU 的前 48 位向基站发送）不是自己的，则终端将认为此次竞争解决失败。失败后，如果终端的随机接入尝试次数小于最大尝试次数，则重新进行随机接入尝试，否则此次随机接入失败。

Msg4 中包含有 CCCH 信令和代表竞争解决的 MAC CE（Control Element）。Msg4 包含的 CCCH 信令根据场景不同而不同，具体如下。

（1）初始接入时包含 RRC Connection 信令。

（2）RRC 连接重建立时包含 RRC Connection Reestablishment 信令。

（3）RRC 连接恢复时包含 RRC Connection Resume 信令。

5.3.3　附着

附着是终端进行业务前在网络中的注册过程，主要完成接入鉴权和加密、资源清理和注册更新、默认承载建立等过程。附着过程完成后，网络侧记录终端的位置信息，相关节点为终端建立上下文。同时，网络建立为终端提供“永远在线”连接的默认承载，并为终端分配 IP 地址、终端驻留的跟踪区列表、临时标志 GUTI 等必需的参数。

在附着过程中，终端应与 MME 协商是否支持以下特性。

（1）是否支持 CP（控制面优化传输）模式。

（2）是否支持 UP（用户面优化传输）模式。

（3）优选 CP 模式还是 UP 模式。

（4）是否支持 S1-U 数据传输（传统 EPS 过程）。

（5）是否要求采用联合附着来传输 SMS。

（6）是否支持不携带 PDN 连接的附着过程。

（7）是否支持 CP 模式的报头压缩。

按照业务类型不同，附着可以分为以下三种。

1. 只使用短消息 SMS

如果 NB-IoT 终端（统一用 UE 表示）仅使用 SMS 传输业务，则不需要建立 PDN 连接，附着时使用不带 PDN 的附着请求。UE 用附着请求中的附加更新类型 IE 来指示只使用短消息，并且在附加更新类型的偏好的 CIoT 网络行为中指示控制面 CIoT EPS 优化，在 ESM 消息容器中包含 ESM 假消息。

如果 MME 接受附着请求，在附着接受消息中的 ESM 消息容器中包含 ESM 假消息。MME 会在附加更新结果 IE 中指示只使用短消息，并把 EPS 附着结果 IE 设置成只使用 EPS。

2. 基于 SCEF 的 PDN 连接

如果 UE 使用基于 SCEF 的 PDN 连接进行业务，那么只能通过 CP 模式进行传输，附着时可以建立 PDN 连接。UE 在附着请求中的附加更新类型 IE 不指示只使用短消息，并且在附加更新类型的偏好的 CIoT 网络行为中指示控制面 CIoT EPS 优化，在 ESM 消息容器中包含 PDN 连接请求。

如果 MME 接受附着请求，在附着接受消息中的 ESM 消息容器中包含激活默认的 EPS 承载上下文请求。MME 会在附加更新结果 IE 中指示接受控制面 CIoT EPS 优化。

3. 基于 GW 的 IP 或非 IP 数据的 PDN 连接

如果 UE 使用基于 GW（包括 SGW 和 PGW）的 IP 或非 IP 数据的 PDN 连接进行业务，那么可以通过 CP 或 UP 模式进行传输。采用 UP 模式时，附着时需要建立 PDN 连接。UE 在附着请求的附加更新类型 IE 中不指示只使用短消息，并且在附加更新类型的偏好的 CIoT 网络行为中指示控制面 CIoT EPS 优化或用户面 CIoT EPS 优化，在 ESM 消息容器中包含 PDN 连接请求。

如果 MME 接受附着请求，在附着接受消息中的 ESM 消息容器中包含激活默认的 EPS 承载上下文请求。

UE 初始附着到 EUTRAN 网络的完整过程如图 1-5-12 所示，对图中各步骤的具体说明如下。

步骤 1：支持蜂窝物联网优化的 EUTRAN 小区应在系统广播消息中包含其支持能力。对于 NB-IoT 接入，EUTRAN 小区应广播是否能连接到不支持且不建立 PDN 连接的 EPS 附着、是否能够支持 Non-IP 数据传输并建立 PDN 连接、是否能够连接到支持 UP 模式的

MME、是否能够连接到支持 CP 模式的 MME。

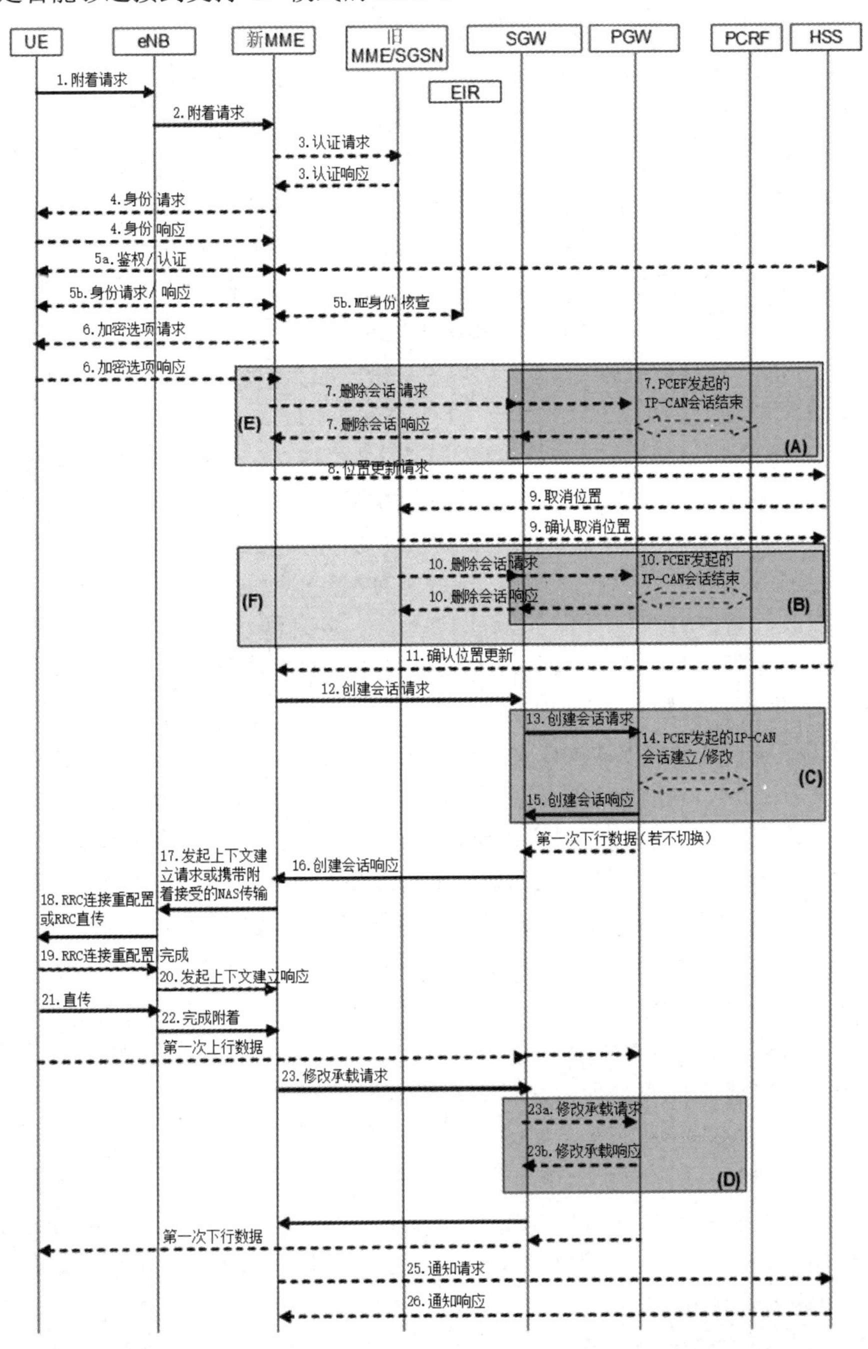

图 1-5-12　UE 初始附着到 EUTRAN 网络的完整过程

如果公共陆地移动网络（PLMN）不支持且不建立 PDN 连接的 EPS 附着，并且 UE 只支持不建立 PDN 连接的 EPS 附着，则 UE 不能在该 PLMN 的小区内发起附着过程。

如果 UE 能够进行附着过程，则 UE 发起附着请求消息和网络选择指示给 eNB，附着请求消息包含国际移动用户识别码（IMSI）、旧的 GUTI、有效的上次访问 TAI、UE 核心网络能力、UE 指定的 eDRX 参数、ESM 消息、协议配置选项 PCO、加密选项传输标记、附着类型、安全加密相关的参数及偏好网络行为。

如果 UE 支持 Non-IP 数据传输并请求建立 PDN 连接，则 PDN 类型可设置为“Non-IP”。

如果 UE 支持蜂窝物联网优化，则 UE 可以在附着请求消息中不携带核心网会话管理（ESM）消息。此时，MME 不为该 UE 建立 PDN 连接，不需要执行以下步骤 6、步骤 12～步骤 16 和步骤 23～步骤 26。此外，如果 UE 在附着时采用 CP 模式，则步骤 17～步骤 22 仅使用 S1-AP NAS 传递和 RRC 透传消息来传输 NAS 附着接受和 NAS 附着完成消息。

如果 UE 支持 CP 模式和报头压缩，并且 UE 在附着请求消息中携带 ESM 消息，以及 PDN 类型为 IPv4 或 IPv6 或 IPv4/IPv6，那么 UE 应在 ESM 消息中包括报头压缩配置。报头压缩配置包括建立 ROHC 信道所必需的信息，还可能包括报头压缩上下文建立参数，如目标服务器的 IP 地址。

步骤 2：eNB 根据 RRC 参数中旧的 GUMMEI（全球唯一 MME 标识）、选择网络指示和 RAT 类型（NB-IoT 或 LTE-EUTRAN）来获取 MME 地址。如果该 MME 与 eNB 没有建立关联或没有旧的 GUMMEI，则 eNB 选择新 MME，并将附着消息和 UE 所在小区的 E-UTRAN 小区全球标识符（ECGI）一起转发给新的 MME。

如果 UE 在附着请求消息中携带偏好网络行为，并且偏好网络行为中指示的蜂窝物联网优化方案与网络支持的不一致，则 MME 应拒绝 UE 的附着请求。

步骤 3：如果 UE 通过 GUTI 标识自己，并且 UE 在去附着之后 MME 已经发生变化，新 MME 通过 UE 的 GUTI 获取旧 MME 或 SGSN 地址，并发送身份标志请求消息到旧 MME，请求获取 UE 的 IMSI，由旧 MME 返回 IMSI 和未使用的 EPS 认证向量参数。如果是向旧 SGSN 发送身份标志请求消息，则旧 SGSN 返回 IMSI 及未使用认证五元组参数。如果旧 ME/SGSN 不能识别 UE 或附着请求消息的完整性检查失败，则返回相应的错误原因。

步骤 4：如果在新 MME 及旧 MME/SGSN 中都不认识 UE，则新 MME 发送请求标识给 UE 以请求 IMSI。UE 使用包含 IMSI 的响应标识消息通知网络。

步骤 5a：如果网络中没有 UE 上下文存在，且第一步的附着请求消息没有完整性保护或加密，或者如果完整性检查失败，则 UE 和 MME 之间必须进行认证和 NAS 安全建立过程。如果 NAS 安全算法改变，则该步骤只执行 NAS 安全建立过程。在该步骤之后，所有 NAS 消息将受到 MME 指示的 NAS 安全功能保护。

步骤 5b：MME 从 UE 中获取移动设备（ME）标识（IMEISV）。ME 标识必须以加密方式传输。为了最小化信令的时延，ME 标识获取也可以合并在步骤 5a 的 NAS 安全建立过程中。MME 发送 ME 标识检测请求给设备标识寄存器（EIR），EIR 将检测的结果通过 ME 标志检测应答消息进行响应。

步骤 6：如果 UE 在附着请求消息中设置了加密选项传输标记，则可以从 UE 中获取协议配置选项（PCO）或接入点名称（APN）等加密选项。PCO 中可能包含用户的身份信息，如用户名和密码等。

步骤 7：如果在新 MME 中存在激活的承载上下文（如果没有事先去附着，就在同一个 MME 再次附着），则删除在相关的 SGW 中的旧的承载上下文。

步骤 8：如果从上一次去附着之后 MME 发生改变，或第一次附着，或 ME 标识改变，

或UE提供的IMSI或GUTI在MME中没有相应的上下文信息，则MME发送位置更新消息给归属用户服务器（HSS）。MME能力指示了该MME支持的接入限制功能状况；更新类型指示了这是一个附着过程。

步骤9：HSS发送取消位置消息给旧MME，旧MME删除移动性管理和承载上下文。如果更新类型为附着，HSS中包含有SGSN注册信息，则HSS发送取消位置消息给旧的SGSN。

步骤10：如果旧MME/SGSN有激活的承载上下文存在，则旧MME/SGSN发送删除承载请求消息给所涉及的网关以删除承载资源。网关返回删除承载响应消息给旧的MME/SGSN。

步骤11：HSS发送更新位置应答消息给新MME以应答更新，该更新位置应答中包含有IMSI及签约数据，签约数据包含一个或多个PDN签约上下文信息。

步骤12：如果附着请求不包括ESM消息，则不需要执行步骤12～步骤16。如果签约上下文没有指示该APN是到SCEF的连接，则MME按照网关选择机制进行SGW和PGW的选择，并发送创建会话请求消息给SGW。对于"Non-IP"PDN类型，当UE使用了CP模式时，如果签约上下文指示该APN是到SCEF的连接，则MME根据签约数据中的SCEF地址建立到SCEF的连接，并且分配EPS承载标志。

步骤13：SGW在其EPS承载列表中创建一个条目，并给PGW发送创建会话请求消息。

步骤14：如果网络中部署了动态的策略与计费规则功能（PCRF）单元，并且不存在切换指示，则PGW执行IP-CAN会话建立过程，获取UE的默认策略与计费控制（PCC）准则。这可能会导致多个专用承载的同时建立。如果部署了动态PCC并且切换指示存在，则PGW执行IP-CAN会话修改过程以获取所需要的PCC规则。如果没有部署动态PCC，则PGW采用本地QoS策略。

步骤15：PGW在EPS承载上下文列表中创建一个新的条目，并生成一个计费标识符Charging ID。PGW给SGW返回创建会话响应消息。PGW在分配PDN地址时需要考虑UE提供的PDN类型、双地址承载标记及运营商策略。对于"Non-IP"PDN类型，创建会话响应消息不包括PDN地址。

步骤16：SGW给新MME返回创建会话响应消息。

步骤17：新MME发送附着接受消息给eNB。S1控制消息也包括UE的接入层安全上下文等参数。如果新MME确定使用CP模式，或UE发送的附着请求消息不包括ESM消息，则附着接受通过S1-AP下行NAS传输消息发送至eNB。

如果新MME分配一个新GUTI，则GUTI也包含在消息中。MME在支持网络行为中指示网络能够接受的蜂窝物联网优化传输方案，包括是否支持CP模式、是否支持UP模式、是否支持S1-U数据传输、是否请求非联合注册的SMS短信业务、是否支持不建立PDN连接的附着、是否支持CP模式报头压缩。如果UE在附着请求指示的PDN类型为"Non-IP"，则MME和PGW不应改变PDN类型。如果PDN类型设置为"Non-IP"，则MME将该信息包括在S1-AP初始上下文建立请求消息中，以指示eNB不执行报头压缩。

如果一个IP PDN连接采用了CP模式，UE在附着请求消息中包括报头压缩配置，并且MME支持报头压缩参数，那么MME应在ESM消息中包括报头压缩配置。MME绑定上行和下行 ROHC 信道以便传输反馈信息。如果 UE 在报头压缩配置中包括了报头压缩上下文建立参数，MME 应向 UE 确认这些参数。如果 ROHC 上下文在附着过程中没有建立，UE 和 MME 应在附着完成之后根据报头压缩配置建立 ROHC 上下文。

如果 MME 根据本地策略决定该 PDN 连接仅能使用 CP 模式，那么 MME 应在 ESM 消息中包括仅控制面指示信息。对于到 SCEF 的 PDN 连接，MME 应总是包括仅控制面指示信息。如果 UE 接收到仅控制面指示信息，则该 PDN 连接只能使用 CP 模式。

如果附着请求不包括 ESM 消息，则附着接受消息中不应包括 PDN 相关的参数，并且 S1-AP 下行 NAS 传递消息中不应携带接入层上下文相关的信息。

步骤 18：如果 eNB 接收到 S1-AP 初始上下文建立请求消息，则 eNB 发送 RRC 连接重配置消息给 UE，其包含 EPS 无线承载 ID 和附着接受消息。如果 eNB 接收到 S1-AP 下行 NAS 传递消息，则 eNB 发送 RRC 透传消息给 UE。

步骤 19：UE 发送 RRC 连接重配置完成消息给 eNB。

步骤 20：eNB 发送初始上下文响应消息给新 MME。该初始上下文响应消息中包含 eNB 的隧道端点标识符（TEID）及地址，用于 UE 下行数据转发。

步骤 21：UE 发送一条透传消息给 eNB，包含附着完成信息。

步骤 22：eNB 使用上行 NAS 传输消息转发附着完成消息给新 MME。如果 UE 在步骤 1 中包含 ESM 信息，则在收到附着接受消息及 UE 已经得到一个 PDN 地址 NAS 传输消息后，UE 就可以发送上行数据包给 eNB，eNB 通过隧道将数据传给 SGW 和 PGW。

步骤 23：收到步骤 21 的初始上下文响应消息和步骤 22 的附着完成消息后，新 MME 发送一条升级承载请求消息给 SGW。

步骤 23a：如果切换指示包含在步骤 23 中，则 SGW 发送一条升级承载请求消息给 PGW，提示 PGW 把从非 3GPP 接入系统的数据包通过隧道转发，在默认承载或专用的分组交换承载建立之后立即开始给 SGW 传送数据包。

步骤 23b：PGW 发送升级承载响应确认消息给 SGW。

步骤 24：SGW 发送升级承载响应给新 MME 确认。SGW 就可以发送缓存的下行数据包。

步骤 25：在新 MME 接收升级承载响应消息后，如果附着类型没有指示切换并且建立一个 EPS 承载，且签约数据指示用户允许切换到非 3GPP 网络，而如果 MME 选择一个不同于 HSS 指示的 PGW 标志的 PGW，那么 MME 发送一条包含 APN 和 PGW 标识的通知请求消息给 HSS，用于非 3GPP 接入移动性。

步骤 26：HSS 存储 APN 和 PGW 标识对，并发送通知响应消息给新 MME。

为了简化说明问题，下面仅从无线侧看附着过程，如图 1-5-13 所示。如果终端接受基站提供的所有配置，终端发送 RRC 连接建立消息消息，包括所选的 PLMN 和 MME，并且可以搭载包括附着请求和 PDN 连接请求在内的 NAS 消息。然后进行身份验证和 NAS 级别的安全程序。安全程序成功后，如果没有收到 MME 的信息，基站可能会进行终端能力查询，终端会回复终端能力信息，说明终端类别、支持的 NB-IoT 频段列表、终端不同层参数支持，如 PDCP 支持的 ROHC 配置文件、物理层的多音支持等。当终端接收到表示核心网接受终端并创建默认承载上下文的附着接受和激活默认承载上下文请求时，终端以接受完成消息进行应答。

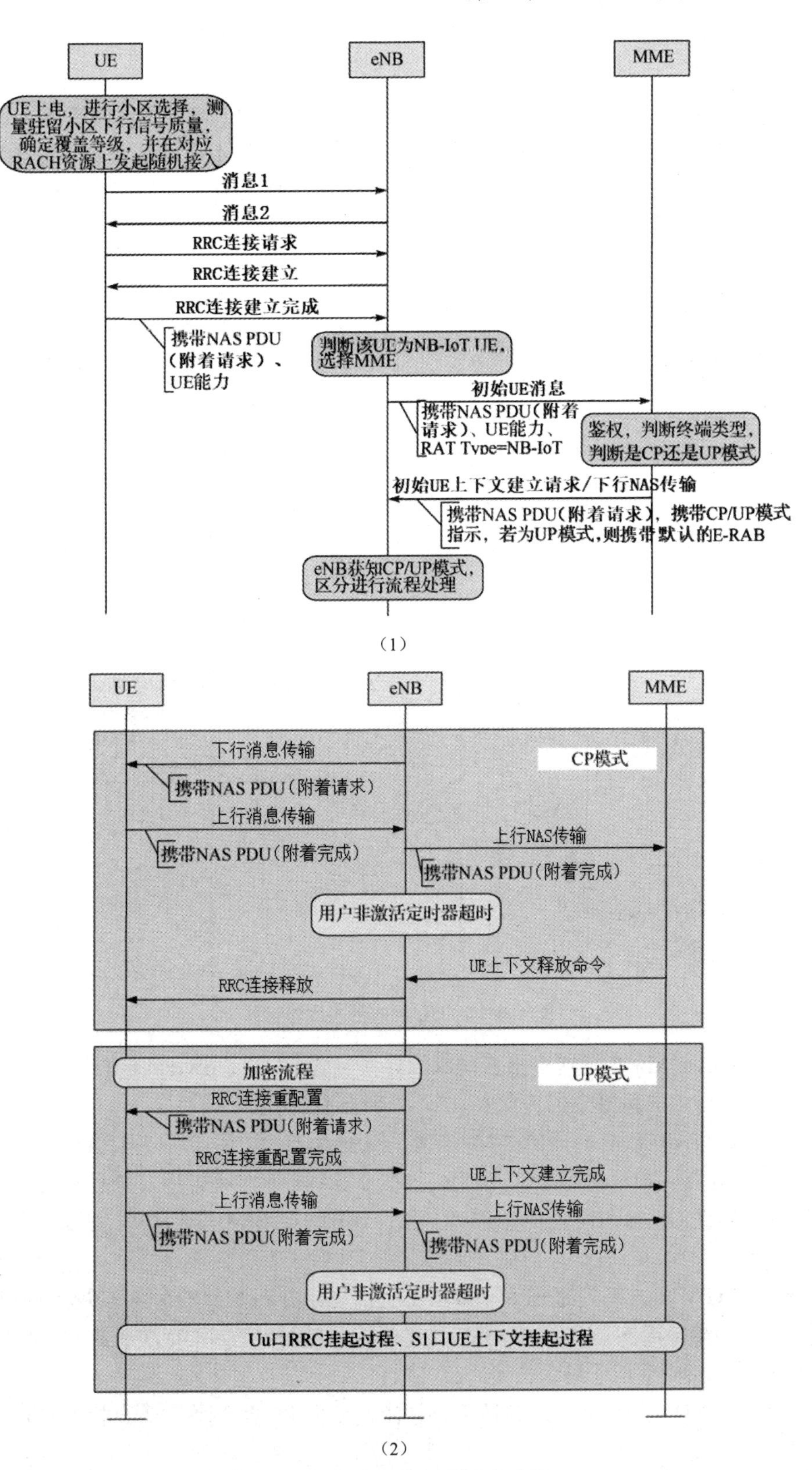

图 1-5-13　从无线侧看附着过程

5.3.4 去附着

去附着可以是显式去附着，也可以是隐式去附着。显式去附着指由网络或 UE 通过明确的信令方式去附着 UE，隐式去附着指网络侧注销 UE，但不通过信令方式告知 UE。

去附着过程包括 UE 发起的去附着过程和网络侧（MME/HSS）发起的去附着过程两种，下面具体加以介绍。

1. UE 发起的去附着过程

UE 发起的去附着过程如图 1-5-14 所示。

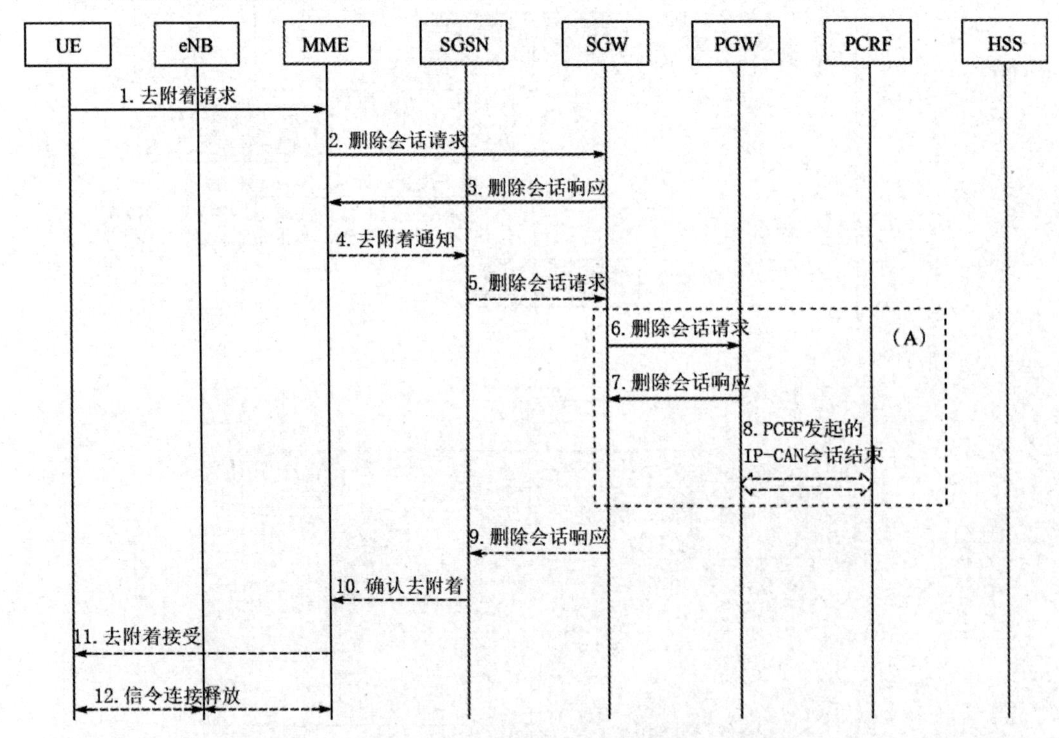

图 1-5-14 UE 发起的去附着过程

步骤 1：UE 向 MME 发送去附着请求消息（包含 GUTI、Switch Off 等）。参数 Switch Off 用于指示是否由关机导致的去附着。

步骤 2：如果 UE 没有激活的 PDN 连接，则步骤 2～步骤 10 不需要执行。对于任何到 SCEF 的 PDN 连接，MME 应向 SCEF 指示 UE 的 PDN 连接不可用，并且不需要执行步骤 2～步骤 10。如果 UE 存在连接到 PGW 的 PDN 连接，则 MME 向 SGW 发送删除会话请求消息。

步骤 3：SGW 释放相关的 EPS 承载上下文信息，并向 MME 返回删除会话响应消息。

步骤 4：如果空闲态信令缩减（ISR）被激活，则 MME 向 UE 注册的 SGSN 发送去附着指示消息。Cause 值用于指示去附着已完成。

步骤 5：SGSN 向 SGW 发送删除会话请求，以便 SGW 删除与 UE 相关的分组数据协议（PDP）上下文。

步骤 6：如果 ISR 被激活，则 SGW 把 ISR 去激活。当 ISR 去激活之后，SGW 向 PGW

发送删除会话请求消息。如果ISR未被激活，则步骤2触发SGW向PGW发送删除会话请求消息。

步骤7：PGW向SGW回复删除会话响应消息。

步骤8：如果网络部署了策略与计费执行功能（PCEF），则PGW发起PCEF初始IP-CAN信令终止过程，告知PCRF已释放UE的EPS承载。

步骤9：SGW向SGSN回复删除会话响应消息。

步骤10：SGSN向MME回复去附着的应答消息。

步骤11：如果Switch Off指示去附着过程不是关机导致的，则MME向UE发送去附着接受消息。

步骤12：MME向eNB发送S1释放命令以释放该UE的S1-MME信令连接。

2．MME发起的去附着过程

MME发起的去附着过程如图1-5-15所示。

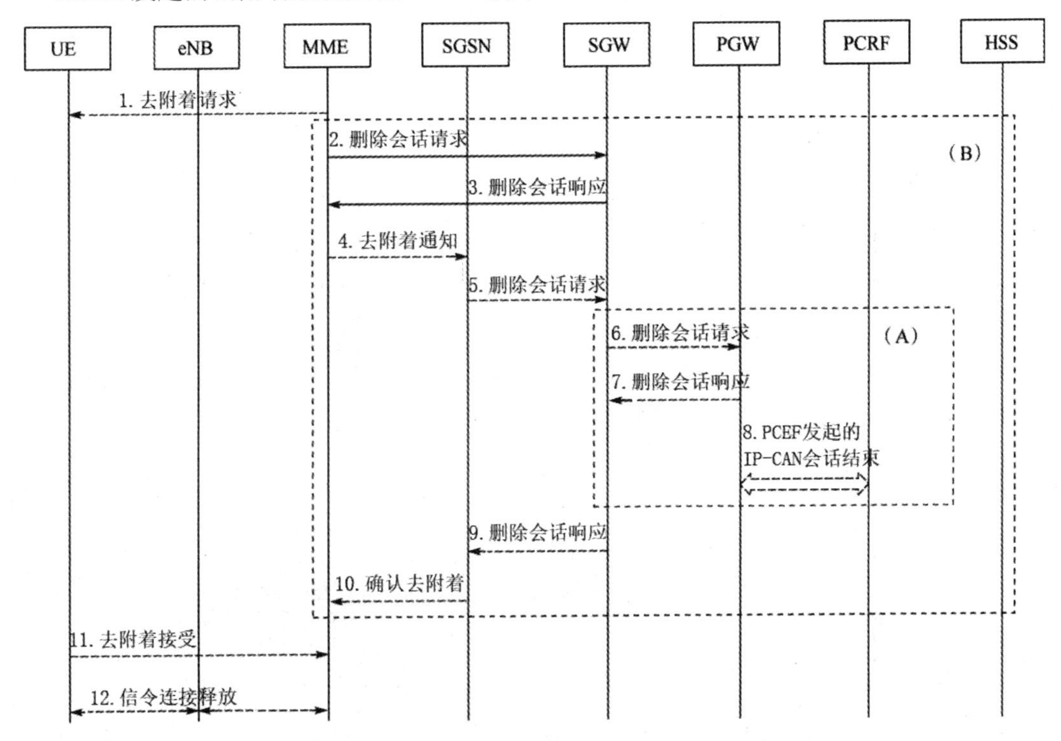

图1-5-15 MME发起的去附着过程

步骤1：MME发起显式或隐式去附着的过程。对于隐式去附着，MME不向UE发送去附着请求消息。如果UE处于连接状态，则MME可显式地向UE发起去附着请求消息。如果UE处于空闲状态，则MME可先寻呼UE。

步骤2：如果UE没有激活的PDN连接，则步骤2～步骤10不需要执行。对于任何到SCEF的PDN连接，MME应该向SCEF指示UE的PDN的连接不可用，并且不需要执行步骤2～步骤10。对于PGW的PDN连接，MME向SGW发送删除会话请求。

步骤3：SGW释放相关的EPS承载上下文信息，并向MME返回删除会话请求响应消息。

步骤 4：如果 ISR 被激活，则 MME 向 UE 注册的 SGSN 发送去附着指示消息。Cause 值用于指示去附着已完成。

步骤 5：SGSN 向 SGW 发送删除会话请求，以便 SGW 删除 UE 相关的 PDP 上下文。

步骤 6：如果 ISR 被激活，则 SGW 去激活 ISR。当 ISR 去激活之后，SGW 向 PGW 发送删除会话请求消息。如果 ISR 未被激活，则步骤 2 触发 SGW 向 PGW 发送删除会话请求消息。

步骤 7：PGW 向 SGW 回复删除会话响应消息。

步骤 8：如果网络部署了 PCEF，则 PGW 告知 PCRF 已释放 UE 的 EPS 承载。

步骤 9：SGW 向 SGSN 回复删除会话响应消息。

步骤 10：SGSN 向 MME 回复去附着响应消息。

步骤 11：如果 UE 接收到 MME 在步骤 1 发送的去附着请求消息，则 UE 向 MME 发送去附着接受消息。

步骤 12：MME 向 eNB 发送 S1 释放命令以释放该 UE 的 S1-MME 信令连接。

3．HSS 发起的去附着过程

HSS 发起的去附着过程如图 1-5-16 所示。

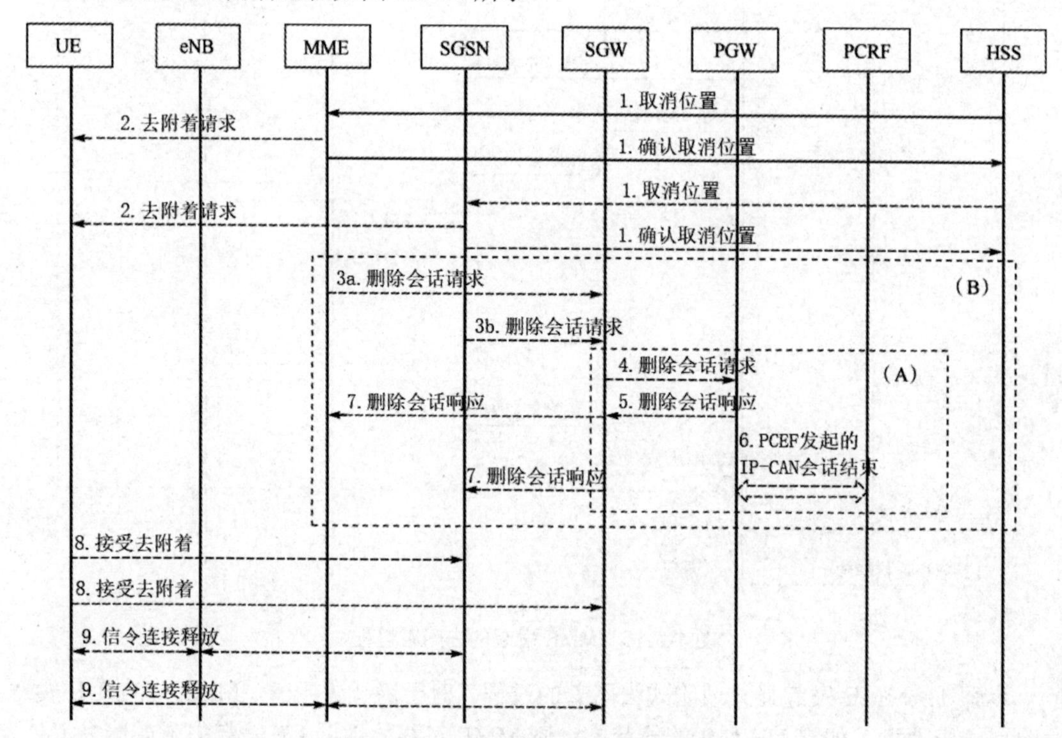

图 1-5-16　HSS 发起的去附着过程

步骤 1：如果 HSS 希望立即删除用户的上下文和 EPS 承载，那么 HSS 向 UE 注册的 MME 及 SGSN 发送取消位置消息（IMSI、取消类型），并将取消类型设置为“撤销订阅”。

步骤 2：如果取消类型为“撤销订阅”，并且 UE 处于连接状态，则 MME/SGSN 向 UE 发送去附着请求消息。如果取消位置消息中还携带了指示 UE 重新附着的标志，则

MME/SGSN应将去附着类型设置为需要重新附着。如果UE处于空闲状态，那么MME可先寻呼UE。

步骤3a：如果UE没有激活的PDN连接，则步骤3～步骤7不需要执行。如果MME有激活的UE上下文，那么对于任何到SCEF的PDN连接，MME应向SCEF指示UE的PDN连接不可用，并且不需要执行步骤3～步骤7。对于到PGW的PDN连接，MME向SGW发送删除会话请求以指示SGW释放EPS承载上下文信息。

步骤3b：如果SGSN有激活的UE上下文，那么SGSN向SGW发送删除会话请求以指示SGW释放EPS承载上下文信息。

步骤4：SGW释放相关的EPS承载上下文信息，并向PGW发送删除会话请求消息。

步骤5：PGW向SGW回复删除会话响应消息。

步骤6：如果网络部署了PCEF，PGW发起PCEF初始IP-CAN信令终止过程，则告知PCRF已释放UE的EPS承载。

步骤7：SGW向MME/SGSN回复删除会话响应消息。

步骤8：如果UE接收到MME在步骤2发送的去附着请求消息，则UE向MME发送去附着接受消息。

步骤9a：当收到去附着接受消息后，MME向eNB发送S1释放命令以释放该UE的S1-MME信令连接。

步骤9b：当收到去附着接受消息后，并且去附着类型指示不需要UE发起新的附着，SGSN释放分组交换信令连接。

5.4 跟踪区更新

UE应该支持跟踪区更新（TAU）过程。

在传统的EUTRAN网络中，当UE进入新的跟踪区、周期性TAU定时器超时或者RRC连接中断后恢复等都会触发TAU过程。在此基础上，NB-IoT中TAU的触发条件还包括UE中优先网络行为信息的变化可能导致与服务MME提供的支持网络行为不相容。

在TAU中，与初始附着类似，UE与MME协商是否支持以下特性。

（1）是否支持CP模式。

（2）是否支持UP模式。

（3）优选CP模式还是UP模式。

（4）是否支持S1-U数据传输（传统的EPS过程）。

（5）是否要求采用联合附着来传输SMS。

（6）是否支持不携带PDN连接的附着过程。

（7）是否支持CP模式的报头压缩。

由于NB-IoT UE一般并不移动，且暂不支持在2G/3G网络中接入，因此下面仅以SGW不变的TAU过程为例，说明NB-IoT UE发起的TAU过程，如图1-5-17所示。

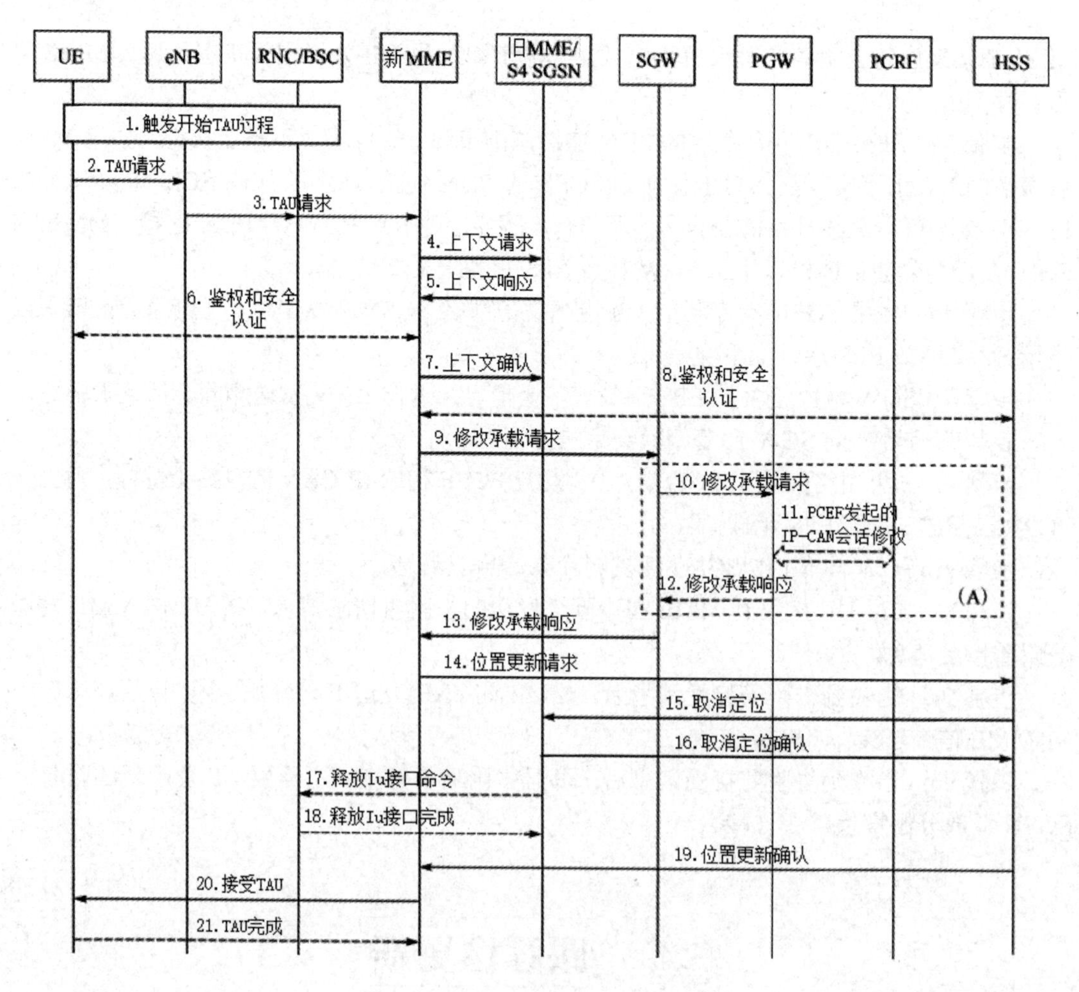

图 1-5-17 SGW 不变的 TAU 过程

步骤 1：当满足 TAU 触发条件时，UE 开始发起 TAU 过程。

步骤 2：UE 向 eNB 发送跟踪区更新 TAU 请求消息，包含优选网络行为，一直是 UE 期望使用的 NB-IoT 技术方案。

对于没有激活任何 PDN 连接的 NB-IoT UE，消息中不携带激活标记或 EPS 承载状态字段，而对于持有 Non-IP 的 PDN 连接的 UE，UE 需要在消息中携带 EPS 承载状态字段。需要启用 eDRX 的 UE，需要在消息中包括 eDRX 参数信息，即使 eDRX 参数已经在之前协商过。

步骤 3：eNB 依据旧的 GUMMEI、已选网络指示和 RAT 类型得到 MME 地址，并将 TAU 请求消息转发给选定的 MME。转发消息中还需要携带小区的 RAT 类型，以区分 NB-IoT 和宽带 EUTRAN 类型。

步骤 4：在跨 MME 的 TAU 过程中，新 MME 根据收到的 GUTI 获取旧 MME 的地址，并向其发送上下文请求消息来提取用户信息。如果新 MME 支持蜂窝物联网优化功能，那么该消息中还携带蜂窝物联网优化功能支持指示以明示所支持的多种蜂窝物联网优化功能（如支持 CP 模式中的报头压缩功能等）。

步骤5：在跨MME的TAU过程中，旧MME向新MME返回上下文响应消息，其中包含UE特有的eDRX参数。如果新MME支持蜂窝物联网优化功能且该UE与旧MME协商过报头压缩，则在该消息中还需要携带报头压缩配置以包含ROHC通道信息（但并不是ROHC上下文本身）。

对于没有激活任何PDN连接的NB-IoT UE，上下文响应消息中不包含EPS承载上下文信息。

基于蜂窝物联网优化功能支持指示，旧MME仅传送新MME支持的EPS承载上下文。如果新MME不支持蜂窝物联网优化功能，则旧MME将不会将Non-IP的PDN连接信息传送给新MME。如果一个PDN连接的所有EPS承载上下文没有被全部转移，则旧MME应将该PDN连接的所有承载视为失败，并触发MME请求的PDN断开程序来释放PDN连接。旧MME在收到上下文确认消息后丢弃缓存数据。

步骤6：UE和MME之间传输鉴权和安全认证参数。

步骤7：对于没有激活任何PDN连接的NB-IoT UE，步骤9～步骤13可省略。

步骤8：UE通过MME和HSS完成鉴权和安全认证过程。

步骤9：新MME针对每一个PDN连接向SGW发送修改承载请求消息。如果新MME收到的与SCEF相关的EPS承载上下文，则新MME将更新到SCEF的连接。

在CP模式中，如果在SGW中缓存了下行数据，并且这是一个MME内部TAU，且MME移动性管理上下文中下行数据缓存定时器尚未过期，或者在跨MME的TAU场景下旧MME在步骤5中的上下文响应中有缓存下行数据等待指示，则MME应在修改承载请求消息中携带传送NAS用户数据的S11-U隧道指示，包括自己的IP地址和MME DL TEID，用于SGW转发下行数据。MME也可以在没有SGW缓冲下行数据时这样做。

步骤10：SGW将修改承载请求消息发送给PGW。

步骤11：PGW要求PCRF的策略和计费执行功能进行IP-CAN会话修改。

步骤12：PGW向SGW回复修改承载响应。

步骤13：SGW更新它的承载上下文并向新MME返回一条修改承载请求消息。

在CP模式中，如果在步骤9的消息中包含MME地址及MME DL TEID字段，则SGW在修改承载请求消息中包含SGW地址和SGW UL TEID信息，且将下行数据发给MME。

步骤14：新MME向HSS发出位置更新请求。

步骤15：HSS通知旧MME取消对UE的定位。

步骤16：旧MME回复HSS定位取消确认消息。

步骤17：旧MME向基站控制器发出释放Iu接口的命令。

步骤18：基站控制器向旧MME上报释放Iu接口完成。

步骤19：HSS通知新MME位置更新确认完成。

步骤20：新MME向UE回应TAU接受消息。该消息中包含支持的网络行为字段携带MME支持及偏好的蜂窝物联网优化功能。对于没有任何激活PDN连接的NB-IoT UE，TAU接受消息中不携带EPS承载状态信息。

如果在步骤5中新MME成功获得报头压缩配置参数，则新MME通过每个EPS承载的报头压缩上下文状态指示UE继续使用先前协商的配置。当报头压缩上下文状态指示以前协商的配置可以不再被一些 EPS 承载使用，UE 将停止在这些蜂窝物联网优化的 EPS 承载上收发数据时执行报头压缩和解压缩。

如果 UE 包括 eDRX 参数信元且新 MME 决定启用 eDRX，则新 MME 应在 TAU 接受消息中包括 eDRX 参数信元。

步骤 21：如果 GUTI 已经改变，则 UE 通过返回一条跟踪区升级完成（Tracking Area Update Complete）消息给 MME 来确认新的 GUTI。

如果在 TAU 请求消息中“Active Flag”未置位且这个 TAU 过程不是在 ECM Connected 连接状态发起的，则 MME 释放与 UE 的信令连接。对于支持蜂窝物联网优化功能的终端，当“CP Active Flag”置位时，MME 在 TAU 过程完成后不应立即释放与 UE 的 NAS 信令连接。

5.5 数据传输流程

本书第 1 部分 NB-IoT 基础理论篇 2.4 节介绍了 NB-IoT 网络中各种不同类型数据的基本传输方案，本节将详细介绍各种类型的数据传输流程。

5.5.1 基于 CP 的数据传输

由于 CIoT 终端大部分时间都是小数据包传输的，并且发包间隔较长，为了节省开销，提出了控制面数据传输方案。控制面数据传输方案针对小数据包传输进行优化，支持将 IP 数据包、非 IP 数据包或 SMS 封装到 NAS 分组数据单元（PDU）中传输，不需要建立数据无线承载（DRB）和基站与 SGW 之间的 S1-U 承载，节省了终端和系统的开销，简化了终端和网络的实现，节省了端到端各网元的成本。

控制面数据传输是通过 RRC、S1-AP 协议进行 NAS 传输的，并通过 MME 与 SGW 之间，以及 SGW 与 PGW 之间的 GTP-U 隧道来实现。对于非 IP 数据，也可以通过 MME 与 SCEF 之间的连接来实现。

当采用控制面优化时，MME 应支持封装在 NAS PDU 中的小数据包传输，并通过与 SGW 之间建立 S1-U 连接，完成小数据包在 MME 与 SGW 之间的传输。

对于 IP 数据，UE 和 MME 可基于 RFC 4995 定义的 ROHC 框架执行 IP 头压缩。对于上行数据，UE 执行 ROHC 压缩器的功能，MME 执行 ROHC 解压缩器的功能。对于下行数据，MME 执行 ROHC 压缩器的功能，UE 执行 ROHC 解压缩器的功能。通过 IP 头压缩功能，可以有效节省 IP 头的开销，提高数据传输效率。

控制面传输主要通过在信令消息中进行数据传输，直接将数据包含在 NAS 信令消息中进行传输，不需要进行用户面建立，基于 CP 的数据传输流程如图 1-5-18 所示。对各步骤的说明如下。

步骤 1～步骤 2：PGW 发送下行数据给 SGW，并通知 MME。

步骤 3～步骤 4：MME 发起对 UE 的寻呼过程。

步骤 5～步骤 6：UE 进行 RRC 连接过程，将 UE 从空闲态变为连接态，同时建立 S1 连接。

步骤 7～步骤 10：MME 完成与 SGW 的用户面建立过程，SGW 完成与 PGW 的用户面建立过程。

步骤 11～步骤 14：SGW 将数据通过用户面发送到 MME，MME 通过 NAS 消息将数据发送到 UE。

步骤 15～步骤 18：UE 将上行数据通过 NAS 消息发送到 MME，MME 通过用户面将数据发送到 PGW。

步骤 19～步骤 20：进行 RRC 连接及 S1 连接的释放。

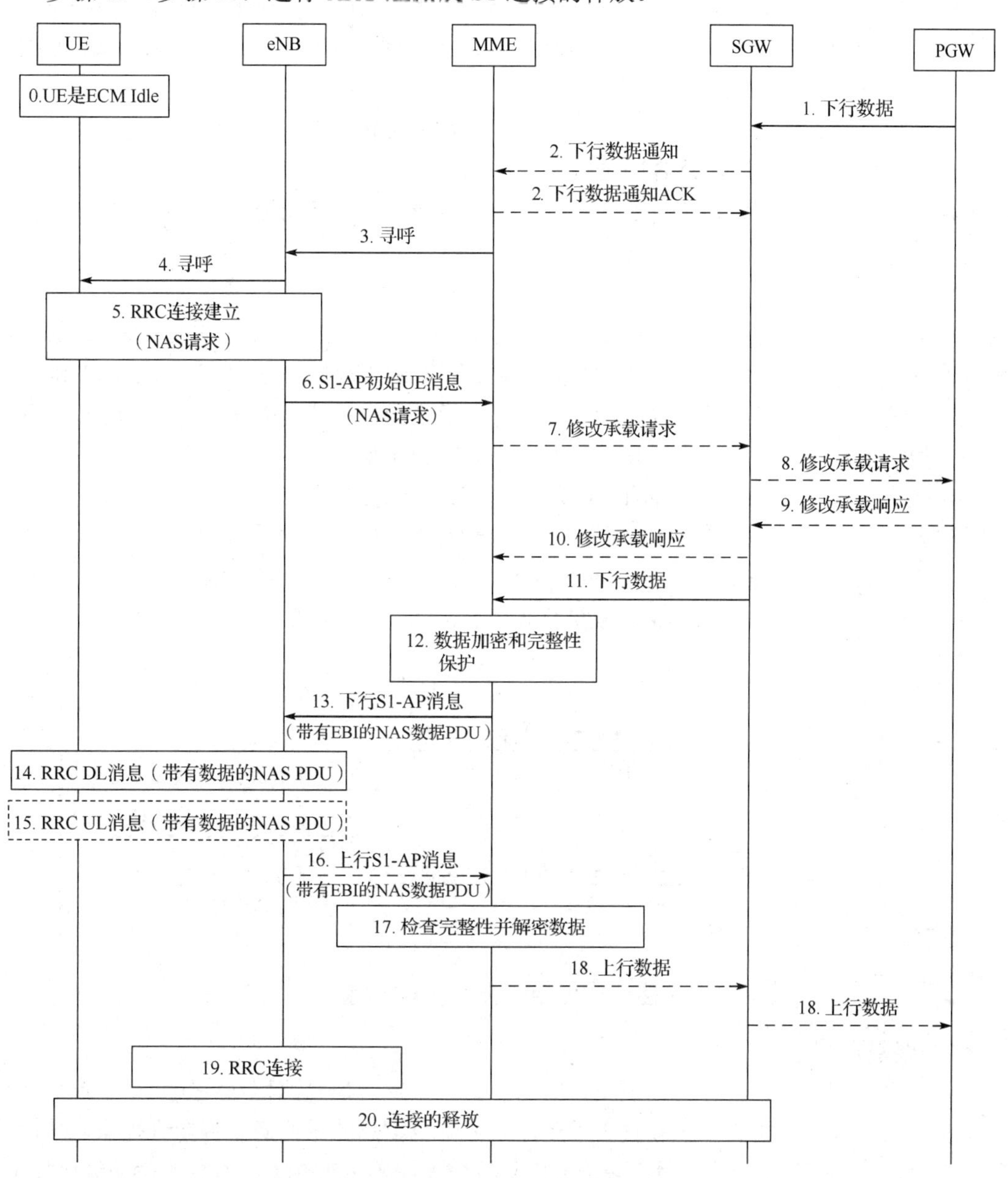

图 1-5-18　基于 CP 的数据传输流程

5.5.2 基于 UP 的数据传输

为了使空闲态用户快速恢复到连接态，并减少终端和网络交互的信令，提出了用户面数据优化传输方案。

终端从连接态进入空闲态时，eNB 通过连接挂起（Connection Suspend）流程挂起 RRC 连接，eNB 存储该终端的接入层信息、SlAP 关联信息和承载上下文，终端存储接入层信息，MME 存储该终端的 S1AP 关联信息和承载上下文。

当终端处于空闲态时，如果终端有上行数据需要发送，或者收到网络的寻呼信令，那么终端将发起连接恢复（Connection Resume）流程，快速地恢复 UE 和 eNB 之间的 RRC 连接，以及 eNB 和 MME 之间的 S1 连接，而不需要使用业务请求（Service Request）流程来建立 eNB 与 UE 之间的接入层上下文。

为维护 UE 在不同 eNB 间移动时用户面优化数据传输方案，在 eNB 上挂起的接入层上下文信息应通过 X2 接口在 eNB 间传输。

由上可见，当用户面传输过程通过优化现有传输方式，终端进行数据传输时，需要分为两个过程：一个是挂起流程，另一个是恢复流程。

1．挂起流程

终端与网络建立好接入层信息后，基站发起挂起流程，UE 存储相关的 AS 层信息，如承载信息及安全信息，基站存储相关的接入层信息及 S1AP 的关联信息。UE 进入空闲态相关存储的信息不删除，进行恢复时不需要重新进行这些相关信息的建立，直接进行恢复。用户面传输挂起流程如图 1-5-19 所示。对各步骤的说明如下。

步骤 1：eNB 向 MME 发送 S1 UE 去激活上下文请求。

步骤 2～步骤 3：MME 与 SGW 之间进行释放接入承载，释放 S1-U 承载信息。

步骤 4：MME 向 eNB 回复 S1 UE 去激活上下文确认响应。

步骤 5：eNB 向 UE 发送 RRC 连接挂起消息，UE 进入空闲态。

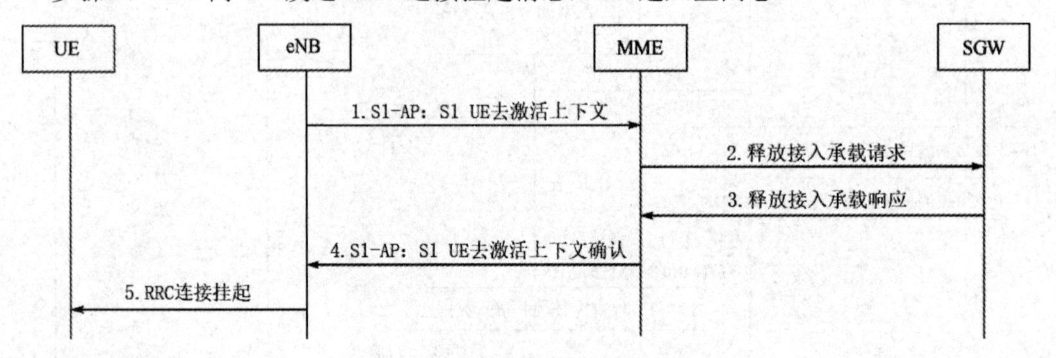

图 1-5-19 用户面传输挂起流程

2．恢复流程

当终端与网络挂起，终端需要发送数据时，直接发起恢复流程，终端和基站直接进行相关信息的恢复，不再需要重新进行承载建立及安全信息的重协商。直接进行恢复加快了恢复速度，同时节省了信令。用户面传输恢复流程如图 1-5-20 所示。对各步骤的说明如下。

步骤 1～步骤 2：UE 进行随机接入，发起 RRC 连接恢复。

步骤3～步骤4：eNB与MME之间进行S1-AP UE上下文激活。

步骤5：RRC连接重配置。

步骤6：上行数据发送。

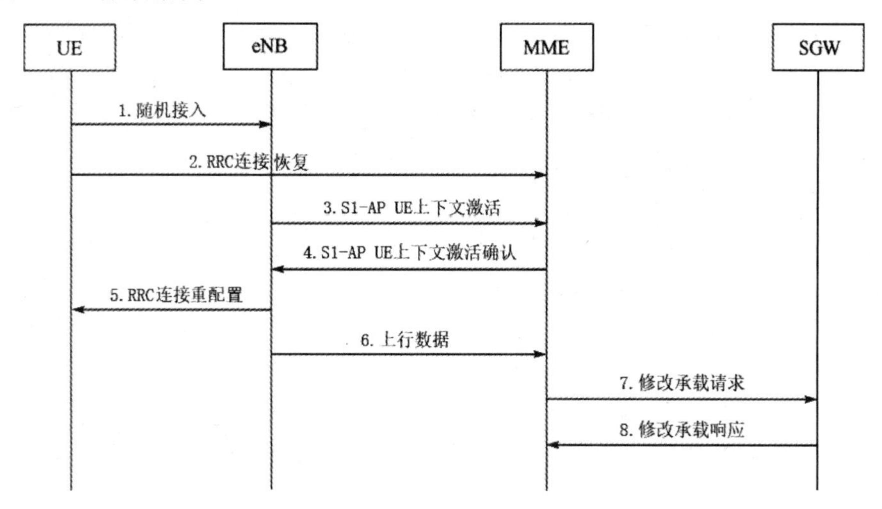

图1-5-20　用户面传输恢复流程

5.5.3　CP和UP传输并存

控制面方案适合传输小数据包，而用户面方案适合传输大数据包。当用户采用控制面方案传输数据时，如果有大数据包传输需求，则可由终端或者网络发起由控制面方案到用户面方案的转换，此处的用户面方案既包括普通用户面方案，也包括优化的用户面方案。

空闲态用户通过Service Request流程发起控制面到用户面方案的转换，MME收到终端的业务请求后，需要删除与控制面方案相关的S11-U信息和IP头压缩信息，并为用户建立用户面通道。

连接态用户的控制面到用户面方案的转换既可以由终端通过控制业务请求流程发起，也可以通过MME直接发起。MME收到终端控制业务请求消息，或者检测到下行数据包较大时，删除与控制面方案相关的S11-U信息和IP头压缩信息，并为用户建立用户面通道。

5.5.4　Non-IP数据传输流程

为了支持更多的物联网应用，适配更多的数据传输格式，CIoT引入了对Non-IP数据传输的支持。Non-IP数据是非IP结构化的数据，数据包的格式可以由终端和应用服务器之间自定义，网络为其提供传输的通道和路由。如第1部分NB-IoT基础理论篇2.4.1节所述，在核心网侧，目前存在经过SCEF的Non-IP数据传输和经过PGW的Non-IP数据传输两大方案。

经过SCEF实现Non-IP数据传输方案，基于在MME和SCEF之间建立的指向SCEF的PDN连接，该连接实现于T6a接口，在UE附着时，UE请求创建PDN连接时被触发建立。UE并不感知用于传输Non-IP数据的PDN连接是指向SCEF的还是指向PGW的，网络仅向UE通知某Non-IP的PDN连接使用控制面优化方案。

在 T6a 接口上，使用 IMSI 来标识一个 T6a 连接/SCEF 连接所归属的用户，使用 EPS 承载 ID 来标识 SCEF 承载。在 SCEF 和 SCS/AS 之间，使用 UE 的外部识别码（External Identifier）或 MSISDN 来标识用户。

经过 PGW 的 Non-IP 数据传输，目前存在两类传输方案：一种是基于 UDP/IP 的点对点（PtP）隧道方案，另一种是其他类型的 PtP 隧道方案。无论是用户面优化的数据传输还是控制面优化的数据传输，都可以使用 SGi 接口的 Non-IP 数据传输方式。在 PDN 连接建立时，PGW 根据预配置的信息决定使用什么传输方案。

1．基于 UDP/IP 的 PtP 隧道方案

（1）在 PGW 上，预先配置应用服务器 AS 的 IP 地址，如以 APN 为粒度进行配置。

（2）UE 发起附着并建立 PDN 连接后，PGW 为 UE 分配 IP 地址（该 IP 地址不返回给 UE），并建立（GTP 隧道 ID，UEIP）映射表。PGW 不会同时分配 IPv4 地址和 IPv6 地址，而只会分配一个地址。

（3）对于上行数据，PGW 收到 UE 侧的 Non-IP 数据后，将其从 GTP 隧道中剥离，并加上 IP 头（源 IP 是 PGW 为 UE 分配的 IP，目的 IP 为应用服务器的 IP），然后经由 IP 网络发往应用服务器。

（4）对于下行数据，应用服务器收到 Non-IP 本地数据后，使用 PGW 为终端分配的 IP 和 3GPP 定义的为 Non-IP 传输定义的 UDP 端口对其进行 UDP/IP 封装。PGW 解封装（删除 UDP/IP 头）之后在 3GPP 的 GTP 隧道中传输。

2．基于其他类型的 PtP 隧道方案

SGi 的 PtP 隧道还支持如 PMIPv6/GRE、L2TP、GTP-C/U 等。基本的实现机制如下。

（1）在 PGW 和应用服务器之间建立点到点的隧道，根据 PtP 隧道类型的不同，可能建立的时间也不同：可以在附着的时候建立，或者等到第一次发起主叫（MO）数据的时候建立。PGW 根据本地配置选择合适的应用服务器，可以基于 APN 粒度，或者基于应用服务器支持的 PtP 隧道类型。PGW 不需要为 UE 分配地址。

（2）对于上行 Non-IP 数据，PGW 在 PtP 隧道上将 Non-IP 数据发送给应用服务器。

（3）对于下行 Non-IP 数据，应用服务器需要根据一个索引来定位对应的 SGi PtP 隧道（可以是 UE 的标识），并将下行数据发送给 PGW，PGW 收到后在 3GPP 的 GTP 隧道中传输。

5.5.5 短消息传输流程

核心网为 NB-IoT 终端提供短消息业务存在以下两种技术方案：基于 SGs 接口的短消息方案或基于 SGd 接口的短消息方案，而核心网提供短消息业务的技术方案对 UE 来说是不可见的。不管采用哪种方案，NB-IoT 终端在请求短消息业务时可以仅使用 EPS 域附着或 TAU 流程，而不需要使用传统电路交换回退（CSFB）方案中的联合 EPS/IMSI 附着或 TAU 流程。

1．基于 SGs 接口的短消息方案

采用传统 CSFB 网络架构，MME 通过与 MSC 间的 SGs 接口，将短消息业务交由 MSC 进行控制，而 MSC 到 HSS/HLR 和短消息服务中心（SMS-SC）的接口及信令流程与传统 CSFB 短消息业务处理机制相同。

2．基于 SGd 接口的短消息方案

MME 直接执行短消息业务的控制和处理，通过 MME 与 HSS 间的 S6a 接口，MME 接收到用户短消息签约信息：通过 MME 与 SMS-SC 间的 SGd 接口，MME 直接与 SMS-SC 进行短消息的收发操作；通过 HSS 与 SMS-SC 间的 S6c 接口，SMS-SC 获取用来处理被叫短消息业务所需的路由信息。

相比于 LTE，NB-IoT 对于短消息传输有一定的修改，主要包括以下两部分。

（1）在 LTE 下终端如果需要注册短消息功能，则需要在附着过程中发起联合附着过程（Combined EPS/IMSI Attach）；而在 NB-IoT 下只需要进行 EPS 附着过程，这样就降低了终端实现的复杂度。

（2）增加 MME 与 SMS-SC 之间的直接接口 SGd，MME 与 SMS-SC 之间直接传输短信，而不需要经过 MSC 中转。

习题 5

5.1　NB-IoT 中的系统消息都有哪些？相比于 LTE 有何变化？

5.2　试比较小区选择的 S 准则和小区重选的 R 准则的不同点。

5.3　试述小区搜索、小区选择、PLMN 选择、邻区测量和小区重选之间的相互关系。

5.4　小区选择有哪两种方法？

5.5　同频邻区测量和异频邻区测量的启动条件分别是什么？

5.6　RRC 连接建立、连接挂起和恢复流程分别都有哪些步骤？

5.7　基于 CP 模式的数据传输和基于 UP 模式的数据传输各自的优缺点和适用的数据类型是什么？

5.8　相比于 LTE，NB-IoT 中的 TAU 过程有何特点？

5.9　试简述基于 PGW 的 Non-IP 数据传输的两类传输方案。

5.10　相比于 LTE，NB-IoT 中的短消息传输有何变化？

第 6 章 NB-IoT 应用开发概述

NB-IoT 的学习最终要落实到 NB-IoT 的具体应用和开发上。本章首先介绍 NB-IoT 开发所需的几种资源及其获取方法，然后介绍两种基本的应用开发方法，最后以华为 NB-IoT 全栈式实验箱为例，介绍 NB-IoT 的应用开发工具。本章的学习是为本书的第二部分——NB-IoT 应用开发篇进行准备的。

6.1 获取开发资源

NB-IoT 的应用开发主要包括终端侧开发、应用侧开发和产品开发三种，这三种开发都涉及云平台。本书主要介绍与终端侧开发和产品开发相关的最基础技术，一般需要通用模组、中间件、云平台等开发资源，下面具体加以介绍。

6.1.1 通用模组

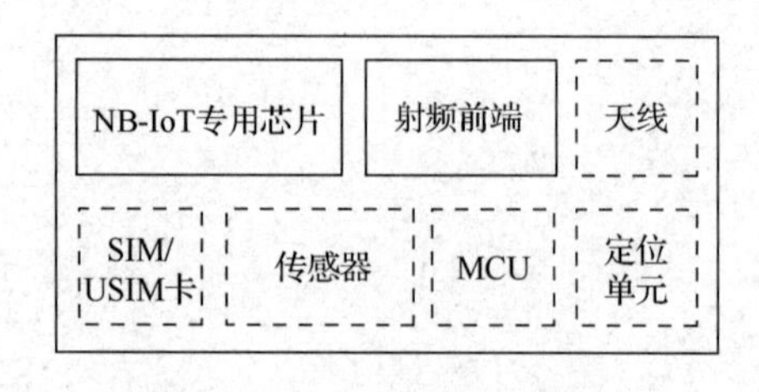

图 1-6-1 NB-IoT 模组的组成

NB-IoT 模组也称为 NB-IoT 模块，是物联网开发应用中终端部分的核心组成，具有较强通用性。NB-IoT 模组的组成既可以如图 1-1-15 所示，仅包含负责 NB-IoT 通信的 NB-IoT 专用芯片和负责射频信号处理的射频前端，也可以如图 1-6-1 所示，将负责无线信号收发的天线、主控芯片 MCU、SIM/USIM 卡、传感器及定位单元等集成在内。

最初，国内外各大模组厂商纷纷推出了自己的 NB-IoT 模组产品，但是尺寸、封装和接口规格各异，垂直行业变更模组的代价较大。2017 年 12 月，包含中国信息通信研究院、各大运营商，以及国内外芯片、模组、智能硬件和垂直行业等领域的二十余家合作伙伴在内的中国通信标准化协会（CCSA）制定完成了移动物联网通用模组技术要求行业标准。目前，国内主要采用四种尺寸的通用模组：小尺寸（16mm×18mm、16mm×20mm）、中尺寸（20mm×24mm）和大尺寸（24mm×26mm）。除了 NB-IoT 单模模组，还有 NB-IoT/GSM 双模模组、NB-IoT/eMTC/GPRS 三模模组等。主流模组厂商包括中国的中移物联网有限公司、深圳市海思半导体有限公司、上海移远通信技术股份有限公司等，美国的 Qualcomm，挪威的 Nordic，法国的 Sequens 等。

6.1.2　中间件

NB-IoT 的中间件在第 1 部分 NB-IoT 基础理论篇 1.5.3 节中已经有所介绍，这里以中国移动开发的中间件为例进行详细说明。中间件系统架构图如图 1-6-2 所示。从应用开发角度来讲，可以把物联网终端分为三部分：最高层（物联网应用层）、网络连接底层（网络连接适配层、芯片和模组硬件）和系统底层（系统适配层和设备硬件）。物联网应用层主要包括在具体设备应用场景下相关的部分程序，通常由设备厂商定制开发；网络连接底层通常由芯片、模组厂商提供；系统底层指与设备相关的硬件架构（可能还包括操作系统），由设备厂商提供。中间件（基础通信套件）在应用层与底层之间，向上为应用层提供 API 接口，向下为底层提供相应的标准抽象接口。

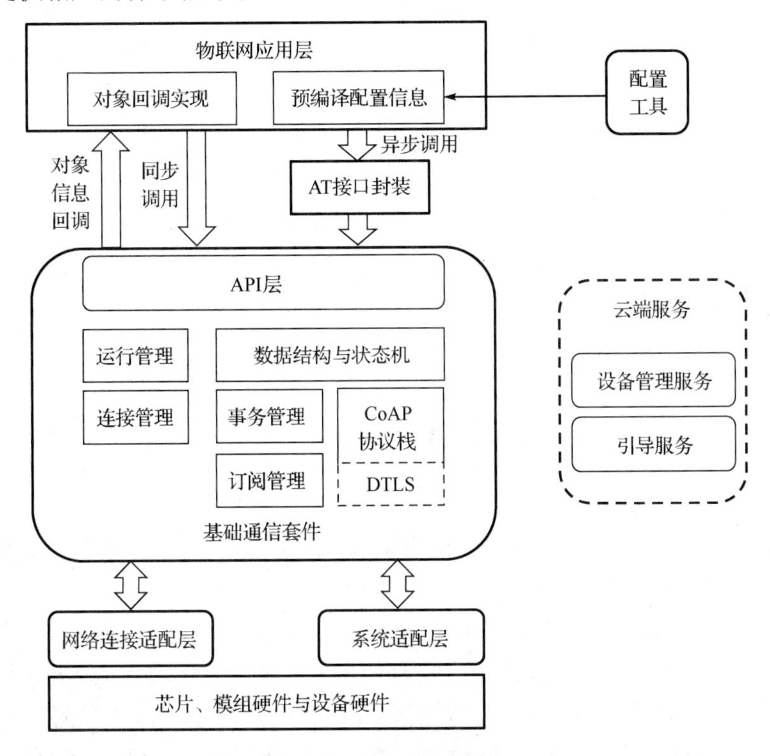

图 1-6-2　中间件系统架构图

中间件与物联网网络侧进行通信可以基于 LwM2M 规范中定义的一个以资源（Resource）为基本单位的模型。每个资源可以携带数值，可以指向地址，以表示物联网终端中每一项可用的信息。资源都存在于对象实例中（Object Instance），即对象（Object）的实例化。在这样的数据模型中，资源、对象实例和对象都是用数字对应的 ID 来表示的，以实现最大限度压缩，因此任何资源都可以用最多 3 级的简洁方式表示，如“1102/2/1200”可以传递一种测温计终端产品的信息，其含义是一种温度传感器标号为 1102 的传感器对象（Object），当前第 2 个实例（Instance），其中标号为 1200 的资源（Resource）。一般而言，对于固定的对象，所包含的资源集合是一定的，如温度传感器包含了温度值、温度上下限和温度测量精度等资源。在注册阶段，终端把携带了资源信息的对象实例传递给服务器，就可以通知服务器自身设备所具备的能力了。只需要保证入网设备是经过平台认证的设备，即可以确保设备信息和能力定义的一致性。

6.1.3 云平台

第 1 部分 NB-IoT 基础理论篇 1.5.1 节已对物联网云平台的功能组成和关键技术进行了介绍。可见，物联网云平台是具有物联网设备接入、共享管理、在线开发等功能以实现设备智能化的应用使能开发平台，一方面它能适配设备入网所需的网络环境和协议类型，另一方面它能提供丰富的 API 和应用模板，支持各行业应用和智能硬件的开发，以满足物联网领域设备连接、协议适配、数据存储、数据安全、大数据分析等平台级服务需求。

根据提供服务的方式和运维模式的不同，云平台主要分为公有云和私有云两大类。私有云是仅供企业内部员工及分支机构所使用的云。公有云是由第三方云服务提供商提供的，可以通过 Internet 以免费或较低价格进行访问。如果是专为某个企业进行的 NB-IoT 物联网的应用开发，则在资金和物力条件允许的前提下，可以考虑搭建私有云；如果仅是一般的应用开发或者资金条件有限，则建议采用购买公有云服务。

国内提供公有云服务的著名公司有阿里巴巴、腾讯、华为、金山、微软、IBM，以及电信业三大运营商中国联通、中国电信和中国移动。这些公有云在国际上也有一定的影响力。提供公有云服务的其他著名国际公司有亚马逊、谷歌、Rackspace、富士通等。

6.2 基本的应用开发方法

NB-IoT 应用开发的前提是要实现 NB-IoT 模组入网，本书第 2 部分 NB-IoT 应用开发篇的项目 1 和项目 2 将介绍 NB-IoT 模组入网的方法。

NB-IoT 应用开发的第一步是要实现终端设备的注册，因为所有设备必须先在平台进行注册，才允许连接到平台。设备注册的方法有两种：一是设备通过北向 API 接口进行注册，二是通过平台的操作界面进行注册。前者需要开发者熟知 AT 指令，后者通过平台上的人机交互页面操作相对简单。通过注册设备，平台会为每个设备分配一个唯一的设备标识 deviceId 和 PSK（Pre-Shared Key，预共享密钥）。后续利用 App 操作这个设备时都通过 deviceId 来指定设备。如果北向 API 接口注册中携带了 PSK 参数，那么平台就使用北向接口中的 PSK，不再自动分配。

完成设备注册后，还要实现设备与平台的对接，即实现终端设备在平台上创建、连接和数据交互。本书第 2 部分 NB-IoT 应用开发篇的项目 3 实现的就是设备在平台的注册及设备与平台的对接。

终端与 IoT 平台对接（包括注册）开发流程如图 1-6-3 所示。现对此开发流程解释如下。

步骤 1：开户。

获取 IoT 平台登录相关的信息，如用户名、密码、IP 地址等。

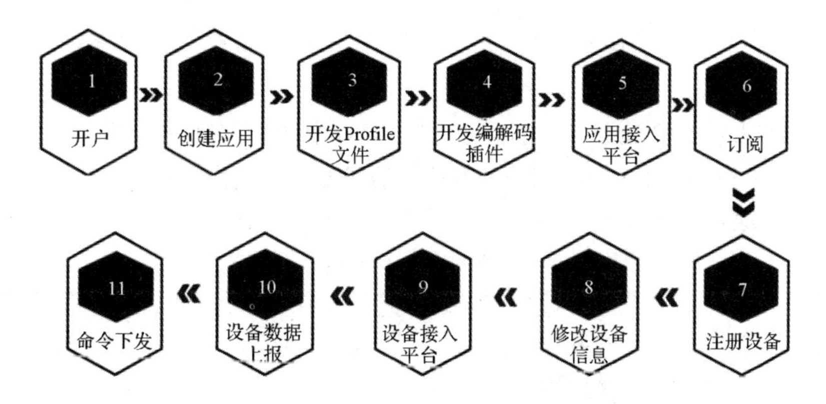

图 1-6-3　终端与 IoT 平台对接（包括注册）开发流程

步骤 2：创建应用。

通过创建应用，开发者可以根据自身应用的特征，选择不同的平台服务套件，降低应用开发难度。如果 IoT 平台还未创建任何应用，则当开发者登录平台时，首先需要创建应用（注意：创建应用的时候模型必须选择规则引擎，否则后面数据上报会出问题）。

步骤 3：开发 Profile 文件。

Profile 文件用来描述一款设备的能力特性，IoT 平台通过解析 Profile 文件，获取该款设备支持的服务、属性、命令等信息。

步骤 4：开发编解码插件。

在 NB-IoT 设备接入场景下，IoT 平台需要通过编解码插件，对 NB-IoT 设备上报的数据和下发给 NB-IoT 设备的命令进行格式转换。

步骤 5：应用接入平台。

应用服务器需要调用 IoT 平台的鉴权接口，完成应用服务器和 IoT 平台的对接。

步骤 6：订阅。

应用服务器通过调用 IoT 平台订阅接口，告知 IoT 平台将消息推送到哪里，以及希望推送的消息类型，如设备业务数据、设备告警等。在订阅场景下，IoT 平台是客户端，应用服务器是服务端，IoT 平台调用应用服务器的接口，并向应用服务器推送消息。

步骤 7：注册设备。

应用服务器调用 IoT 平台的注册接口，在 IoT 平台添加设备。只有注册设备后，对应的设备才可以接入 IoT 平台。

步骤 8：修改设备信息。

应用服务器需要调用 IoT 平台的修改设备信息接口，根据 Profile 文件对已注册的设备信息进行修改，以实现注册设备和 Profile 文件的关联。

步骤 9：设备接入平台。

获取 IoT 的登录相关信息，将设备接入平台。

步骤 10：设备数据上报。

设备在收到平台下发命令或者资源订阅后，会上报命令响应或资源订阅消息，由 IoT 平台将设备上报的消息推送到应用服务器或订阅的地址。如果上报数据的设备是 NB-IoT 设备，那么 IoT 平台在将消息推送到应用服务器或订阅的地址之前，会先调用编解码插件对消息进行解析。

步骤 11：命令下发。

应用服务器需要调用 IoT 平台的命令下发接口，对设备下发控制指令。如果接收命令的设备是 NB-IoT 设备，那么 IoT 平台收到应用服务器下发的命令后，会先调用编解码插件进行转换，再发送给设备。

事实上，上述开发流程可以拆分成以下三种模式。

- 产品开发：开发者在进行设备接入前，基于控制台进行相应的开发工作，包括创建产品、创建设备、在线开发产品模型、在线开发插件、在线调试、自助测试和发布产品。这种模式下，物联网平台主要提供界面查询与操作。
- 应用侧开发：通过 API 的形式对外开放物联网平台丰富的设备管理能力，应用开发人员基于 API 接口开发所需的行业应用，如智慧城市、智慧园区、智慧工业、车联网等行业应用，满足不同行业的需求。这种模式下，物联网平台主要为业务应用与物联网平台的集成对接开发提供服务。
- 设备侧开发：设备侧可以通过集成 SDK、模组或者原生协议接入物联网平台。这种模式下，物联网平台主要为设备与物联网平台的集成对接开发提供服务。

6.3 华为 NB-IoT 全栈式实验箱

本书的 NB-IoT 应用开发篇全部基于华为 NB-IoT 全栈式实验箱，因此，本节主要介绍该实验箱的基本组成。

6.3.1 实验器件组成及位置编号

华为 NB-IoT 全栈式实验箱由 NB-IoT 主板、若干外部扩展模块、各种线缆、工具组成。实验器件位置及编号如图 1-6-4 所示，实验器件组成及编号如表 1-6-1 所示（注意：随着华为 NB-IoT 全栈式实验箱的升级或改进，这些信息可能会有所变化）。

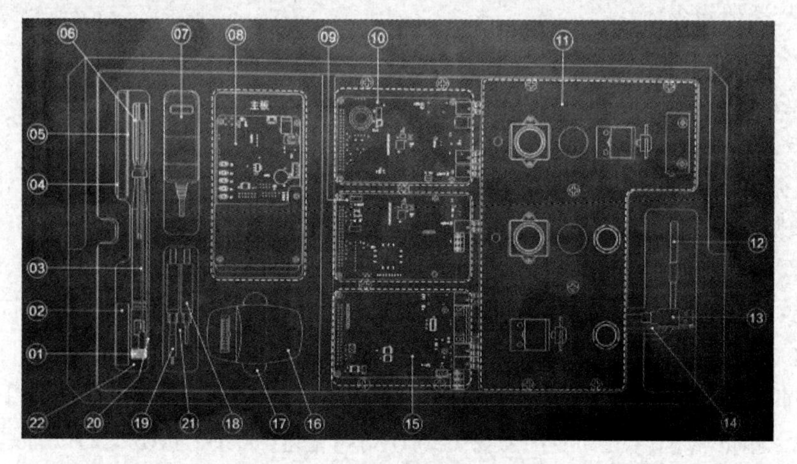

图 1-6-4　实验器件位置及编号

表 1-6-1　实验器件组成及编号

编号	器件名称	编号	器件名称	编号	器件名称
01	天线	10	智慧家居电路板	19	USB 转 mini 线
02	门磁	11	外设传感器区	20	烧写器排线
03	杜邦线	12	温度传感器	21	USB 转 TTL 多芯线
04	遥控器	13	USB 转 232 线	22	九轴传感器
05	螺丝刀	14	两芯线		
06	高频 RFID 卡	15	智慧工业电路板		
07	5V 适配器	16	ST-Link 烧写器		
08	主板	17	烧写器转接板		
09	智慧交通电路板	18	USB 转 TTL 线（micro 口）		

6.3.2　NB-IoT 主板

为了与后续 NB-IoT 应用开发篇区分，本篇仅使用 NB-IoT 主板和一些线缆，不涉及其他扩展模块。

NB-IoT 主板整体框架如图 1-6-5 所示。NB-IoT 主板实际上是由电路板和薄膜晶体管（TFT）显示屏构成的。主板以 STM32L431VCT6 作为微控制器（MCU），它是带 FPU（浮点运算单元）的超低功耗微控制器，供电方式有三种：①DC-5V 适配器供电；②电池升压供电；③USB-5V 供电。主板通过 NB-IoT 模组联网，而 NB-IoT 模组采用 BC35G 模组，支持全网通。程序下载使用 ST-Link 烧写器，接口方式为串行调试 SW 接口。另外，主板搭配串口、按键电路和外扩接口，具备功能可扩展性。

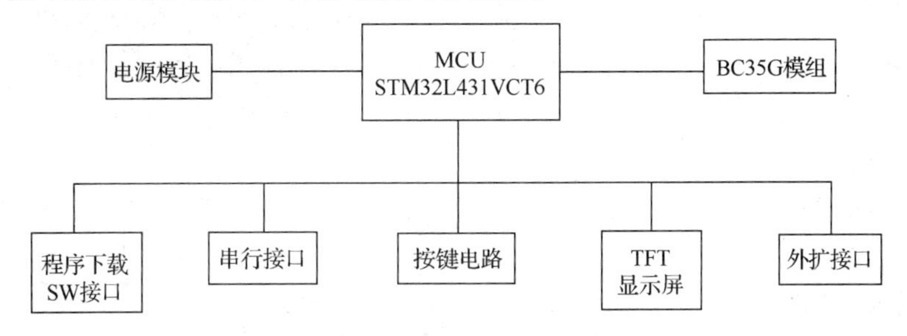

图 1-6-5　NB-IoT 主板整体框架

NB-IoT 主板整体实物图如图 1-6-6 所示。其中，被 TFT 显示屏遮挡的下方区域居中位置是 MCU，左上角是 MS920SE 可充电纽扣电池。

下面分别介绍主板上的微控制器（MCU）、BC35G 模组、串行接口和按键电路。

1. MCU

MCU 型号为 STM32L431VCT6，采用 LQFP100（14×14），最高时钟为 48MHz，存储能力为 256KB Flash+64KB SRAM，主要性能如下。

（1）1×12 位 ADC 5MSPS，高达 16 位，200μA/MSPS。

（2）2×12 位 DAC，低功耗采样和保持。

（3）1×SAI（串行音频接口）。

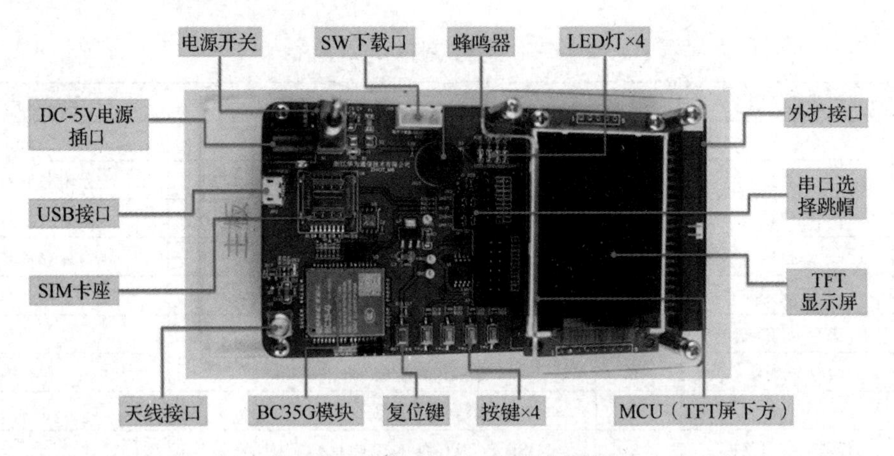

图 1-6-6　NB-IoT 主板整体实物图

（4）3×I^2C FM+（1Mbit/s），SMBus/PMBus。

（5）4×USART（ISO 7816，LIN，IrDA，调制解调器）。

（6）3×SPI（一个 Quad SPI）。

（7）CAN（2.0B 有源）和 SDMMC 接口。

（8）单线协议主接口模块 I/F。

（9）红外定时器接口。

（10）14 路 DMA 控制器。

2．BC35G 模组

BC35G 模组是上海移远通信技术股份有限公司生产的一款高性能、低功耗的多频段 NB-IoT 无线通信模组，支持 B1/B3/B8/B5/B20/B28 频段。其尺寸仅为 23.6mm×19.9mm×2.2mm，能最大限度地满足终端设备对小尺寸模块产品的需求，同时能有效地帮助客户减小产品尺寸，并优化产品成本。它支持的接口如下。

（1）1 个 USIM 接口。

（2）2 个 UART 串口。

（3）1 个 ADC 接口。

（4）1 个 RESET 接口。

（5）1 个天线接口。

BC35G 模组支持的 AT 指令如下。

（1）3GPP TS 27.007。

（2）通用 AT 指令。

（3）华为 IoT 平台（OceanConnect）命令。

BC35G 模组支持的数据传输方式如下。

（1）单音（Single Tone）。

① 下行：25.2kbit/s。

② 上行：15.625kbit/s。

（2）多音（Multi Tone）。

① 下行：25.2kbit/s。

② 上行：54kbit/s。

BC35G 模组电气特性如下。

（1）最大输出功率：23dBm±2dB。

（2）灵敏度：-129dBm±1dB。

BC35G 模组部分的电路原理图如图 1-6-7 所示。除了 BC35G 芯片，主要还包括以下部分。

（1）天线底座：SMB 插座，天线使用匹配电阻 50Ω 的天线。

（2）普通 SIM 卡槽：对应使用标准的 SIM 卡类型。

（3）模组 Debug 接口：串行接口，TTL 电平，使用 UEMonitor 软件工具可以查看 NB-IoT 联网过程中的 Log 日志。

（4）电源控制电路：通过控制 I/O（高电平或低电平）和三极管 AO3415A 实现对模组的上电控制，通过 LED 电源指示灯进行显示。

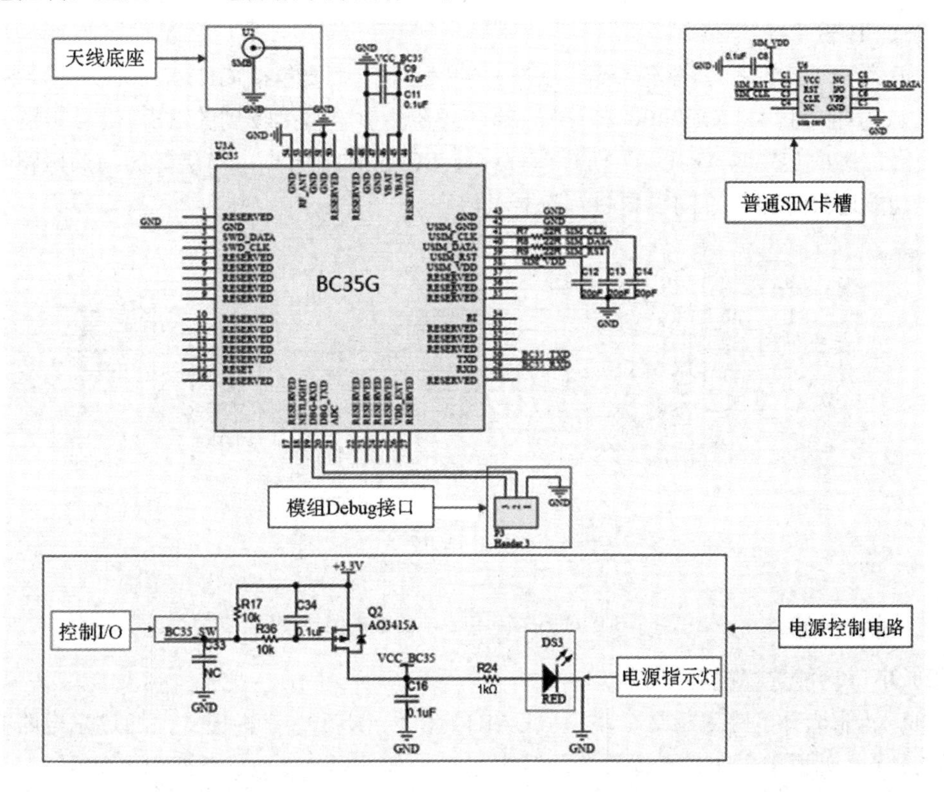

图 1-6-7　BC35G 模组部分的电路原理图

3．串行接口

主板的通信接口采用的都是串行接口，主板上的 MCU、BC35G 和计算机的串口连接方式有两种，如图 1-6-8 所示。在方式 1 中，计算机通过 USB 至 TTL 的转换电路和串口 3（UART3）与 BC35G 直接进行通信。在方式 2 中，计算机首先通过 USB 至 TTL 的转换电路和串口 3（UART3）与 MCU 进行通信，然后通过串口 2（UART2）与 BC35G 间接进行通信。

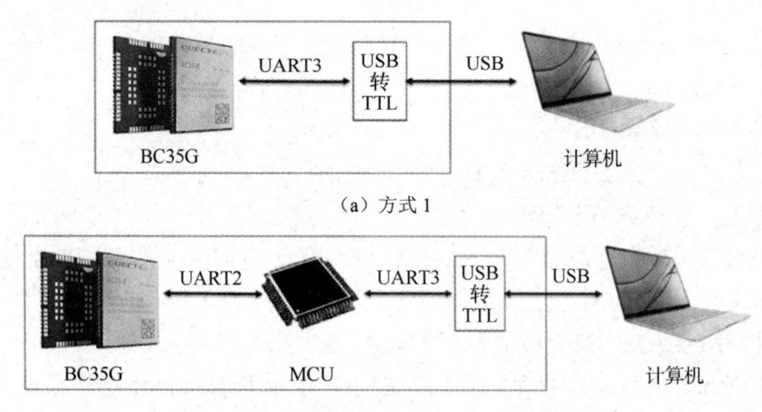

（a）方式 1

（b）方式 2

图 1-6-8　主板和计算机的串口通信方式

主板的串行通信在电路设计上包括 USB 转 TTL 电路和串口功能选择电路两部分。

1）USB 转 TTL 电路

USB 转 TTL 电路的电路原理图如图 1-6-9 所示，主要包括 CH340C 芯片电路和 Mini USB 接口电路。其中，CH340C 芯片将 Mini USB 接口电路接收到的 USB 信号转换为 TTL 串口信号，进而实现与 MCU 的 TTL 串口或者 BC35G 的 TTL 串口进行通信的电路（利用对串口功能选择电路的不同设置进行选择）。

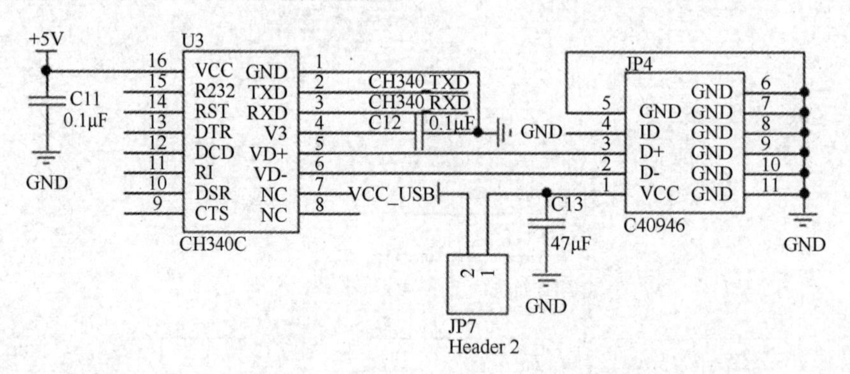

图 1-6-9　USB 转 TTL 电路的电路原理图

2）串口功能选择电路

串口功能选择电路包括 2 个串口（UART2 和 UART3）、3 种模式，通过主电路板上的 JP3 跳线区（见图 1-6-10）进行设置。其中包含的 3 种模式（见图 1-6-11）如下。

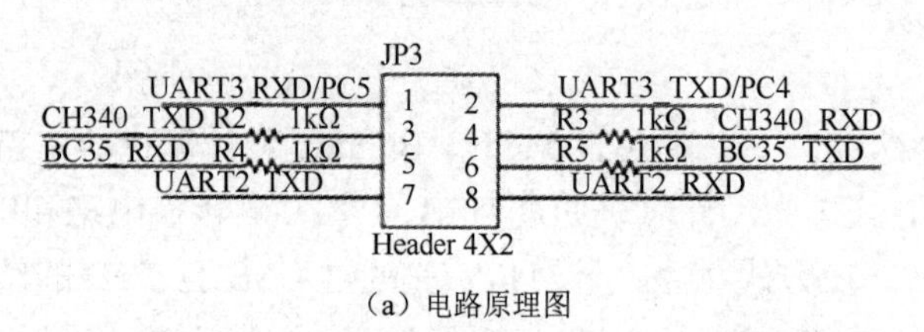

（a）电路原理图

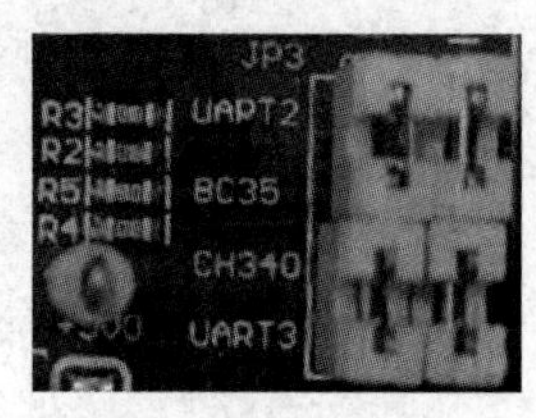

（b）实物图

图 1-6-10　JP3 跳线区

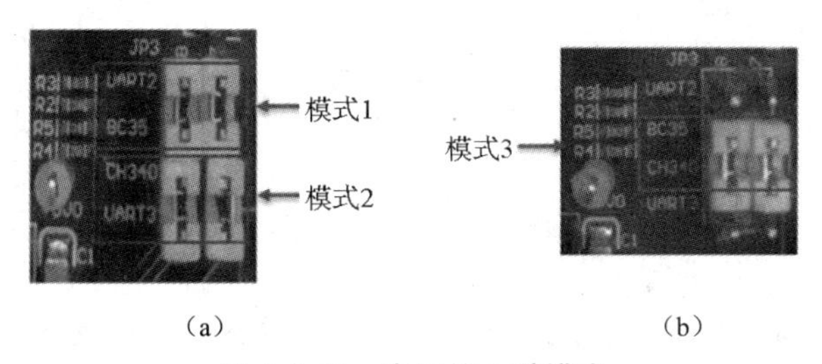

图 1-6-11 串口的 3 种模式

模式 1：MCU 通过 UART2 与 BC35G 模组相连（可以通过 MCU 给 BC35G 模组发送 AT 指令）。

模式 2：MCU 通过 UART3 与 CH340 相连（通过计算机串口调试工具可查看 MCU 运行的打印信息）。

模式 3：BC35G 模组通过 UART3 直接与 CH340 相连（通过计算机串口调试工具可以直接给 BC35G 发送 AT 指令）。

包含的 2 个串口参数设置如下。

（1）UART3：波特率=115200、数据位=8、停止位=1。

（2）UART2：波特率=9600、数据位=8、停止位=1。

4．按键电路

NB-IoT 主板提供了 4 个按键。由于按键在实际使用时会产生抖动，波形产生前沿抖动和后沿抖动（见图 1-6-12），因此需要对其进行按键消抖，常见的消抖方法有硬件消抖和软件消抖两种。

- 硬件消抖：常用方法为增加 RC 滤波电路，可以使波形趋于平稳化。
- 软件消抖：常用方法为在检测到电平变化后延时 10ms（抖动区），再读取按键的稳定值。

本实验箱按键采用硬件消抖方法，其电路原理图如图 1-6-13 所示。此外，由于主板按键电路中没有增加上拉电阻，所以需要给按键对应的 GPIO 口初始化配置为上拉模式，默认输入为高电平，当对应按键按下时，GPIO 口电平变为低电平，产生电平变化，MCU 才能识别按键按下。

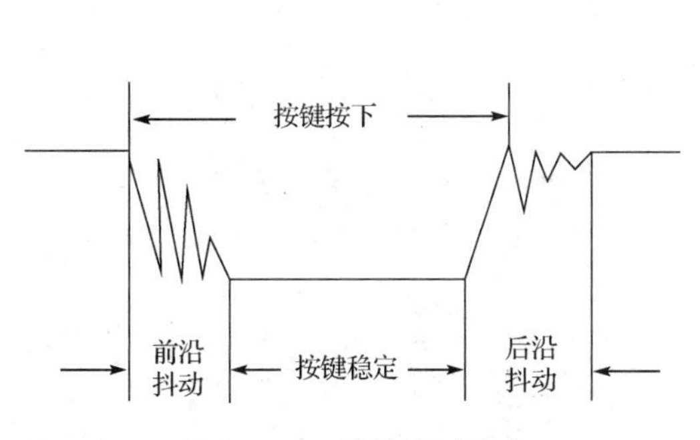

图 1-6-12 按键波形抖动

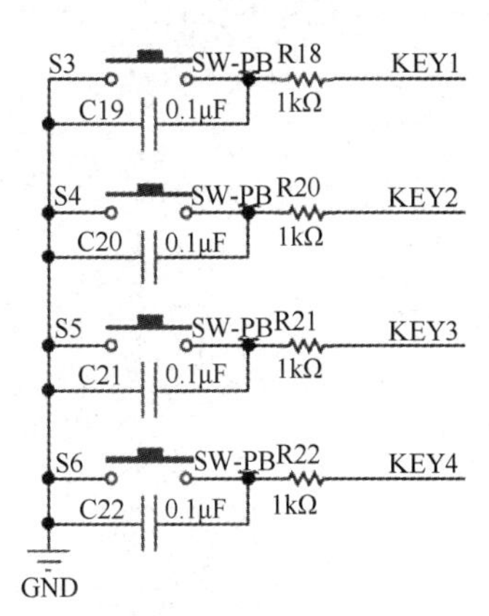

图 1-6-13 按键消抖电路原理图

习题 6

6.1　简述 NB-IoT 终端与 IoT 平台端对端对接开发的流程。

6.2　华为 NB-IoT 全栈式实验箱主板都有哪些组成部分？

6.3　试述华为 NB-IoT 全栈式实验箱主板中的串口的两种通信方式和三种串口功能选择模式。

6.4　BC35G 模组的接口都有哪些？

6.5　简述 LwM2M 规范中资源、对象实例和对象的关系。

6.6　简述 NB-IoT 芯片、模组和终端的关系。

6.7　简述 NB-IoT 设备在平台上注册的两种方法。

6.8　简述中国移动开发的 NB-IoT 中间件的三层体系架构。

第2部分

NB-IoT 应用开发篇

项目 1 NB-IoT 模组常用 AT 指令

1.1 必备知识

1.1.1 AT 指令的功能和分类

AT 是英文单词 Attention 的缩写，对应中文意思是“注意”，意在引起关注和警示。AT 指令用来控制终端设备（TE）（如计算机）和移动终端（MT）（如 NB-IoT 模组）之间交互的规则。AT 指令的功能如图 2-1-1 所示，用户可以通过终端设备向移动终端发送 AT 指令，控制移动终端联网，也可以接收来自移动终端的指令响应信息，从而获得移动终端的状况及其联网情况。

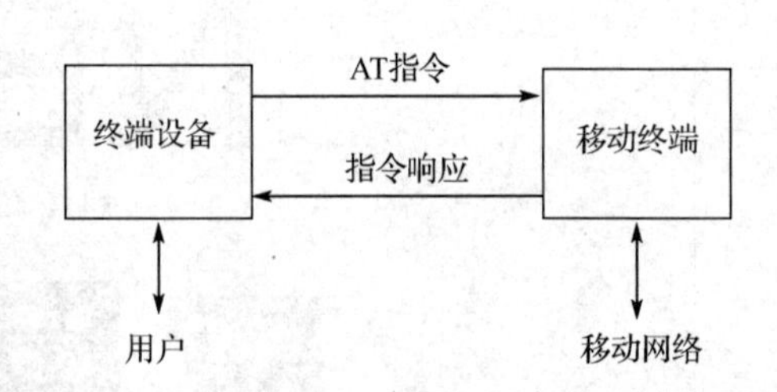

图 2-1-1 AT 指令的功能

AT 指令中有 4 种具体指令类型：测试指令、查询指令、执行指令（不带参数）和设置指令（带参数）。每种 AT 指令的格式、功能描述和举例如表 2-1-1 所示。其中，执行指令不带参数，而设置指令可以看成是带参数的执行指令。每条 AT 指令可能有一种或多种指令形式。

表 2-1-1 AT 指令的分类

指令类型	指令格式	功能描述	举例
测试指令	AT+<x>=?	用来显示 AT 指令设置的合法参数值有哪些	AT+CMEE=?
查询指令	AT+<x>?	用来查询当前 AT 指令设置的属性值	AT+CMEE?
执行指令（不带参数）	AT+<x>	用来执行具体功能的 AT 指令	AT+CGSN
设置指令（带参数）	AT+<x>=<…>	用来设置 AT 指令中的属性	AT+CMEE=0

1.1.2 AT 指令集

常用 AT 指令集如表 2-1-2 所示。需要注意的是，这里的 AT 指令没有给出具体的指令格式。要查询 AT 指令的具体格式和使用方法可以参考华为技术文档 *Quectel_BC35-*

G&BC28&BC95 R2.0_AT_Commands_Manual。

表2-1-2　常用AT指令集

序号	AT指令	功能
1	AT+CGMI	返回制造商的识别码（制造商的名字）
2	AT+CGMM	返回制造商的型号编码
3	AT+CGMR	返回模组内部固件的各种版本号
4	AT+CGSN=1	返回模组的IMEI
5	AT+CEREG	用来设置模组和网络注册状态、休眠时间等
6	AT+CSCON	用来设置或描述模组与基站网络之间射频信号连接状态
7	AT+CGDCONT	设置核心网APN。APN与设备的休眠、保活等模式有关，需要与运营商确认（如AT+CGDCONT=1,"IP","CTNB"，其中CTNB即APN名称）
8	AT+CLAC	列出所有可用的AT指令
9	AT+CSQ	用来测试信号强度（信号强度取决于基站、位置、NB-IoT模组天线）
10	AT+CGPADDR	用来获取核心网分配给NB-IoT模组的本次通信的临时IP地址
11	AT+COPS	用来设置运营商
12	AT+CGATT	用来设置或检测模组有无连接上基站和核心网
13	AT+CIMI	用来获取IMSI（国际移动用户识别码）
14	AT+CFUN	用来设置NB-IoT模组内部的射频单元，与自动联网/手动联网有关
15	AT+CCLK	用来返回当前时间
16	AT+CPSMS	用来设置与PSM模式相关的参数
17	AT+CEDRXS	用来设置与eDRX模式相关的参数
18	AT+CEDRXRDP	eDRX模式相关的动态参数设置
19	AT+CTZR	用来设置或获取时区信息
20	AT+NPING	相当于PING指令，用来测试当前模组和远端网络地址是否接通
21	AT+NBAND	用于设置当前模组的BAND，如BC95-B5应该被设置为5
22	AT+NLOGLEVEL	用于设置Debug LOG信息的输出LEVEL
23	AT+NATSPEED	用来设置UART的波特率
24	AT+NCCID	用于获取NB卡的唯一编码（ICCID）
25	AT+NFWUPD	用于通过UART来升级模组内部固件
26	AT+NCDP	用于设置CDP，CDP就是物联网云平台的IP地址
27	AT+NMGS	用于向物联网云平台发送信息
28	AT+NMGR	用于接收信息
29	AT+NNMI	模组收到物联网云平台下行的数据后会自动接收提示
30	AT+NSMI	当有上行消息发往物联网云平台时，用于指示发送状态
31	AT+NQMGR	向模组查询有无收到物联网云平台下行的数据
32	AT+NQMGS	向模组查询有无发送成功
33	AT+NMSTATUS	查询模组在消息发送接收方面的状态
34	AT+NRB	将模组复位
35	AT+NUESTATS	用来返回UE（NB-IoT模组）的状态信息
36	AT+NEARFCN	用来设置搜索频率

1.1.3 NB-IoT 模组接入云平台用的 AT 指令

通过串口调试工具软件依次执行相应的 AT 指令可以实现 NB-IoT 模组与平台的对接互联。NB-IoT 模组接入云平台用的 AT 指令如表 2-1-3 所示。

表 2-1-3 NB-IoT 模组接入云平台用的 AT 指令

序号	AT 指令	功能	备注
1	AT+CMEE=1	设置报错查询方式	3GPP 标准 AT 指令
2	AT+CGDCONT=1,"IP","CTNB"	配置核心网 APN。APN 与设备的休眠、保护等模式有关，需要与运营商确认	3GPP 标准 AT 指令
3	AT+CGSN=1	查询 IMEI。IMEI 为设备标识，应用服务器调用 API 接口注册设备时，nodeId/verifyCode 都需要设置为 IMEI	3GPP 标准 AT 指令
4	AT+NCDP=IP,port	设置设备对接的 IoT 平台的 IP 地址和端口号	海思芯片私有 AT 指令，在 Flash 中保存 IP 地址和端口号。应用服务器在向平台进行设备注册时，使用此参数，其他芯片或模组厂商可参考实现
5	AT+CFUN=1	开启射频	3GPP 标准 AT 指令
6	AT+CGATT=1	入网注册	3GPP 标准 AT 指令
7	AT+CGATT?	查询 UE 是否成功入网	3GPP 标准 AT 指令
8	AT+NUESTATS	返回 UE 的状态信息	通用 AT 指令
9	AT+CGPADDR	获取 UE 的 IP 地址	3GPP 标准 AT 指令
10	AT+CSCON?	查询 UE 与网络之间射频信号的连接状态	3GPP 标准 AT 指令
11	AT+CGSN=1	返回模组的 IMEI	3GPP 标准 AT 指令
12	AT+CIMI	获取 SIM 卡的 IMSI（国际移动用户识别码）	3GPP 标准 AT 指令
13	AT+CGMR	返回模组内部固件的各种版本号	3GPP 标准 AT 指令
14	AT+CCLK?	返回当前系统时间	3GPP 标准 AT 指令
15	AT+NRB	复位模组	通用 AT 指令

1.2 实验准备

1．实验目的

本实验的实验目的如下。

（1）了解 NB-IoT 模组 AT 指令的类型。

（2）掌握 NB-IoT 模组常见 AT 指令的功能。

（3）掌握 NB-IoT 模组常见 AT 指令的操作。

2．实验要求

本实验通过串口工具熟悉 NB-IoT 模组常见 AT 指令，并能利用 AT 指令初步排查模

组、网络故障。

3. 理论支撑

本实验涉及 NB-IoT 通信基础知识和 NB-IoT 模组基础知识。

4. 软硬件支撑

本实验所需使用的硬件名称、在实验箱中的编号和所需数量，如表 2-1-4 所示。

表 2-1-4　项目 1 所需硬件

序号	项目		
	硬件名称	在实验箱中的编号	所需数量
1	天线	01	1
2	主板	08	1
3	SIM 卡	—	1
4	USB 转 TTL 线（micro 口）	18	1

本实验所需使用的软件名称及其说明，如表 2-1-5 所示。

表 2-1-5　项目 1 所需软件

序号	软件名称	说明
1	Windows7/8/10	操作系统
2	sscom51.exe	串口调试工具
3	CH341SER.exe	USB 转 TTL 线驱动程序（因操作系统的位数而不同）

5. 实验准备工作

1）硬件连线

步骤 1：从实验箱中取出如表 2-1-4 所列出的硬件。

步骤 2：将天线和 SIM 卡与主板相连接。

步骤 3：将 USB 转 TTL 线（micro 口）连接计算机和主板，完成的硬件连接如图 2-1-2 所示。

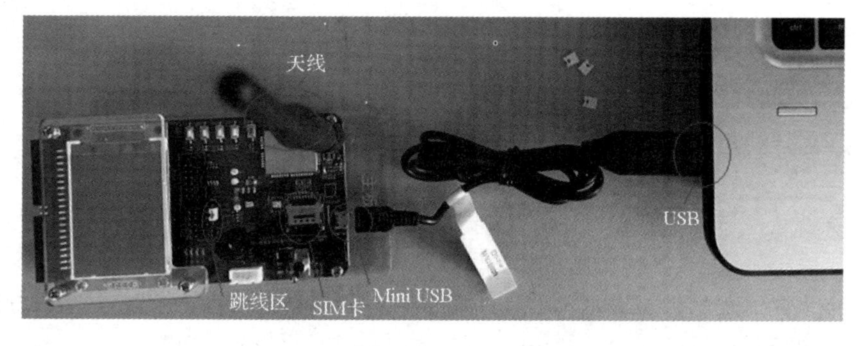

图 2-1-2　项目 1 硬件连接图

步骤 4：在主板上的 JP3 处使用跳线帽进行串口选择设置，选择模式 3，如图 1-6-11（b）所示，完成如图 1-6-8（a）所示的串口连接关系。

步骤 5：拨通主板上的电源开关，给主板上电。

2）串口驱动安装

步骤 1：在确保主板与计算机正确连接且主板已上电后，在计算机中的“控制面板”→“设备管理器”→“端口”中，没有显示“串口 CH340”端口，如图 2-1-3 所示。

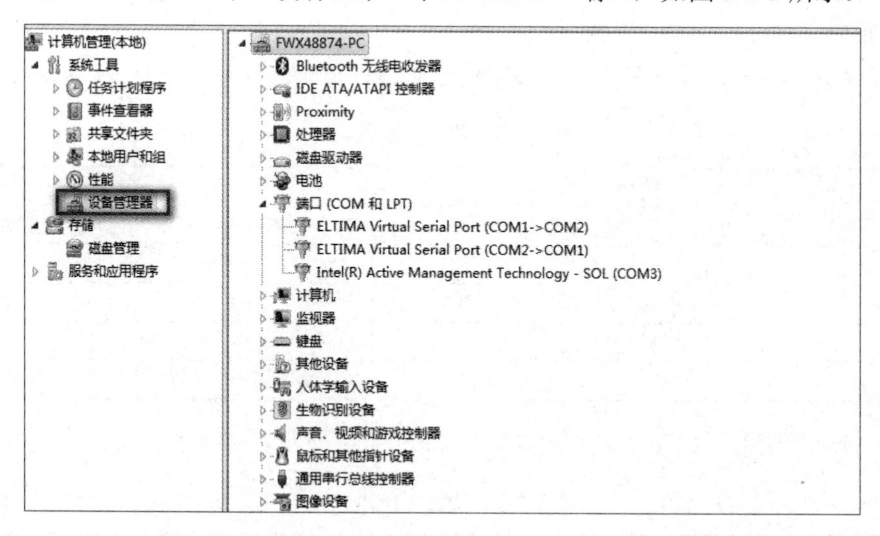

图 2-1-3　USB 转 TTL 线驱动程序未安装前的设备管理器

步骤 2：从华为物联网综合实训平台上下载“串口 CH340 驱动.rar”，并解压缩到本地，双击运行“CH341SER.EXE”进行安装。安装界面及安装完成后的提示信息如图 2-1-4 所示。

USB 转 TTL 线驱动程序安装完成后的设备管理器如图 2-1-5 所示，驱动安装成功后，在计算机的“端口”下能够看到相应的 CH340 串口端口“USB-SERIAL CH340（COM15）”，这个端口号在后面的串口工具使用时需要用到（注意：不同的计算机，驱动安装完成后对应的端口号可能不相同）。

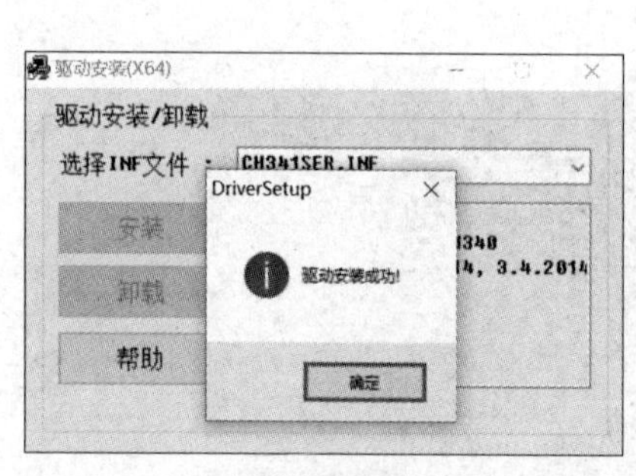

图 2-1-4　安装界面及安装完成后的提示信息

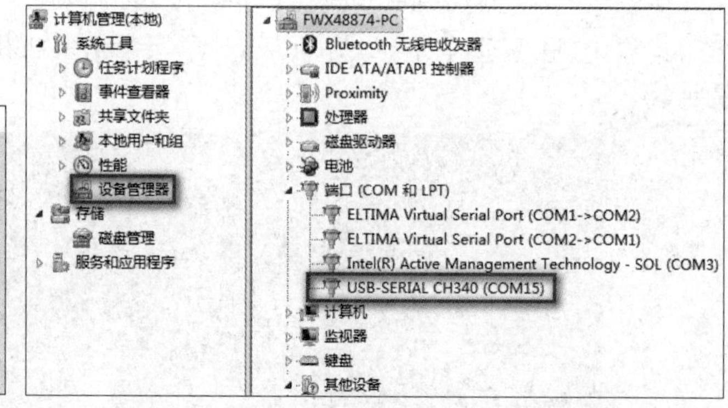

图 2-1-5　USB 转 TTL 线驱动程序安装完成后的设备管理器

3）串口工具基本使用

步骤 1：从华为物联网综合实训平台上下载串口调试工具软件“串口工具 sscom.rar”，解压缩之后直接双击打开文件“sscom”即可使用，如图 2-1-6 所示。

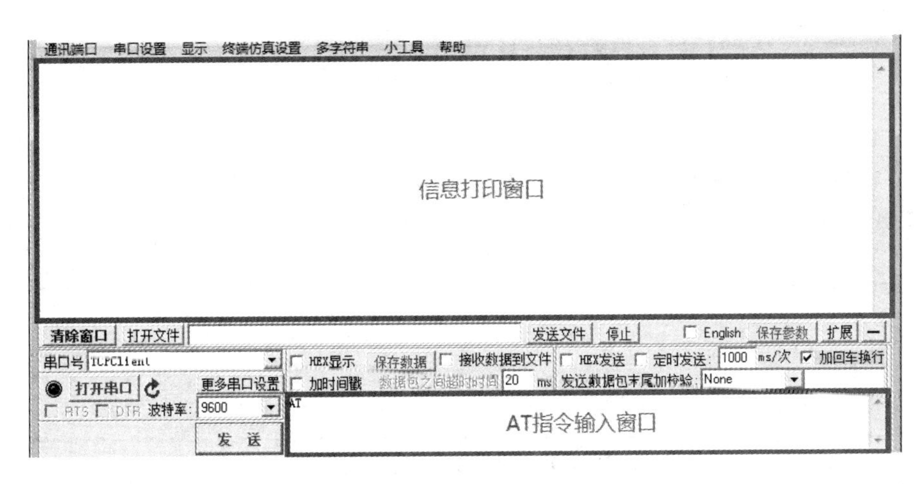

图 2-1-6　串口调试工具基本操作界面

在图 2-1-6 中的软件基本操作界面中，单击左下方“串口号”对应的下拉按钮，选择前面看到的 CH340 串口端口号；下方的“波特率:”选择“9600”；勾选窗口右下方的“加回车换行”复选框。如果在右下角文本框形式的“AT 指令输入窗口”中输入“AT”，则上方“信息打印窗口”应该显示“OK”。

步骤 2：单击界面右下方的“扩展”按钮，在信息打印窗口右侧展开了一个工具框，如图 2-1-7 所示。这是一个很便捷的功能，单击某行的文本框，可以直接输入并保存某条 AT 指令；双击该文本框，可以给这个 AT 指令添加注释，并自动显示在文本框右侧的按钮上。把常用的 AT 指令都添加到这里，以后每次用时不需要在 AT 指令输入窗口手动输入，直接单击指令后的按钮即可发送该指令。

图 2-1-7　带“扩展”功能的串口调试工具

1.3 实验任务

任务 1：设置报错查询方式→AT+CMEE=1

打开串口调试工具，在 AT 指令输入窗口中输入“AT+CMEE=1”，观察打印信息，并在下面记录。

任务 2：配置 APN→AT+CGDCONT=1,"IP","CTNB"

这条 AT 指令是要配置 NB-IoT 模组连接的移动网接入点（APN）的 IP 类型（IPv4 或 IPv6）和名称。这两个参数与具体的运营商网络设置有关（注意：这条指令在 NB-IoT 芯片初次连接时必须配置，之后可以不配置）。

假设某运营商 APN 的 IP 类型为 IPv4，名称为“CTNB”，在 AT 指令输入窗口中输入 AT+CGDCONT=1,"IP","CTNB"，观察打印信息，并在下面记录。

任务 3：查询 UE 的 IMEI→AT+CGSN=1

在 AT 指令输入窗口中输入 AT+CGSN=1，观察打印信息，并在下面记录。

任务 4：设置 IoT 平台的 IP 地址和端口号→AT+NCDP=XX.XX.XX.XX,5683

这里假设物联网平台南向对接地址为 49.4.85.232，端口号为 5683。在 AT 指令输入窗口中输入 AT+NCDP=49.4.85.232,5683，观察打印信息，并在下面记录。

任务 5：开启射频→AT+CFUN=1

在 AT 指令输入窗口中输入 AT+CFUN=1，观察打印信息，分析其格式组成，并在下面记录。

任务 6：入网注册→AT+CGATT=1

在 AT 指令输入窗口中输入 AT+CGATT=1，观察打印信息，并在下面记录。

任务 7：查询 UE 是否成功入网→AT+CGATT?

在 AT 指令输入窗口中输入 AT+CGATT？，观察打印信息，并在下面记录。

任务 8：查询 UE 的状态信息→AT+NUESTATS

在 AT 指令输入窗口中输入 AT+NUESTATS，观察打印信息，分析每个字段的含义，并在下面记录。

任务 9：查询 UE 的 IP 地址→AT+CGPADDR

在 AT 指令输入窗口中输入 AT+CGPADDR，观察打印信息，并在下面记录。

任务 10：查询 UE 与网络之间射频信号的连接状态→AT+CSCON?

在 AT 指令输入窗口中输入 AT+CSCON?，观察打印信息，并在下面记录。

任务 11：返回模组的 IMEI→AT+CGSN=1

在 AT 指令输入窗口中输入 AT+CGSN=1，观察打印信息，并在下面记录。

任务 12：获取 SIM 卡的 IMSI→AT+CIMI

在 AT 指令输入窗口中输入 AT+ CIMI，观察打印信息，并在下面记录；如果获取不到

IMSI，则请说明可能的原因并进行排查。

任务 13：返回模组内部固件的各种版本号→AT+CGMR

在 AT 指令输入窗口中输入 AT+CGMR，观察打印信息，并在下面记录。

任务 14：返回当前系统时间→AT+CCLK?

在 AT 指令输入窗口中输入 AT+CCLK?，观察打印信息，分析其格式组成，并在下面记录。

注意：在调试时，如果过快查询也会返回错误。

任务 15：复位模组→AT+NRB

在 AT 指令输入窗口中输入 AT+NRB，观察打印信息，分析其格式组成，并在下面记录。

1.4 任务执行结果解析

1．设置报错查询方式指令 AT+CMEE=1

当设置 AT+CMEE=0 时，若后续 AT 指令存在错误，则执行结果的响应信息只显示“ERROR”；当设置 AT+CMEE=1 时，若 AT 指令存在错误，则执行结果的响应信息将包含一个错误代码。通过查询华为技术文档 *Quectel_BC35-G&BC28&BC95 R2.0_AT_Commands_Manual_*，可以找到该错误代码对应的具体错误是指什么。

2．配置 IP 地址类型和 APN 指令 AT+CGDCONT=1,"IP","CTNB"

AT+CGDCONT=1,"IP","CTNB"指令用来设置连接 NB-IoT 模块的 IP 地址的类型（是 IPv4 还是 IPv6），以及移动网络接入点的名称 APN。中国移动的 NB-IoT 网络 APN 通常为 CTNB。具体网络的 APN 请咨询网络运营商或者通过执行指令 AT+CGDCONT？来查询。

有时该指令执行不成功，其原因可能是模组刚上电或者刚复位，射频功能还未打开，这种情况下可以先发送 AT+CFUN=1 指令，开启射频功能，然后去执行该指令。

3．查询 UE 的 IMEI 指令 AT+CGSN=1

IMEI 是国际移动设备识别码的英文缩写，是用户 UE 设备的全球唯一标识。在本实验箱 NB-IoT 芯片的片身上也能看到。AT+CGSN=1 指令执行结果如图 2-1-8 所示。

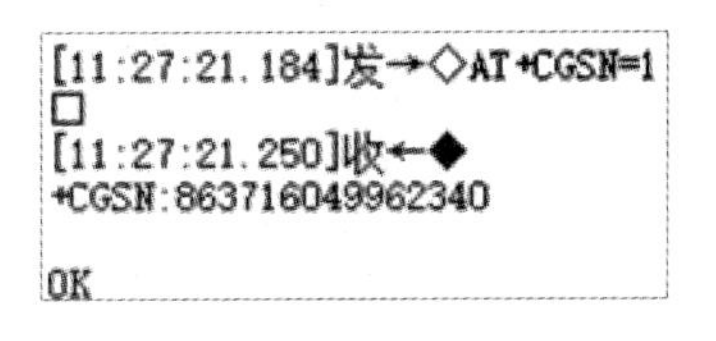

图 2-1-8　AT+CGSN=1 指令执行结果

如果执行指令返回“ERROR”，则说明模组没有设置 IMEI，需要通过 AT+NTSETID=1, XXXXX 进行设置（注意：这里的 XXXXX 为具体的 IMEI，此指令仅在无 IMEI 时才可用，而且只能设置一次，再次设置无效）。

4．设置 IoT 平台的 IP 地址和端口号指令 AT+NCDP=139.159.140.34,5683

AT+NCDP=139.159.140.34,5683 指令用于设置和查询与本 NB-IoT 模组对接的华为或海思云数据平台（CDP）服务器的 IP 地址和端口号。IP 地址可以在云平台上查询到。一般 5683 为非加密端口，5684 为数据报传输层安全性（DTLS）加密端口。

5．开启射频指令 AT+CFUN=1

AT+CFUN=1 指令用于开启模组的射频功能。若设置 AT+CFUN=0，则为关闭射频。

6．入网注册指令 AT+CGATT=1

如果 UE 能够成功附着于网络，则返回结果为“OK”。

7．查询 UE 是否成功入网指令 AT+CGATT?

指令执行返回结果如果为 1，则表示 UE 正常入网；如果为 0，则表示未入网，此时应该判断并排除模组或网络的故障。

8．查询 UE 的状态信息指令 AT+NUESTATS

AT+NUESTATS 指令执行结果如图 2-1-9 所示。图 2-1-9（a）所示为 UE 状态正常的指令执行结果，图 2-1-9（b）所示为 UE 状态异常的指令执行结果。

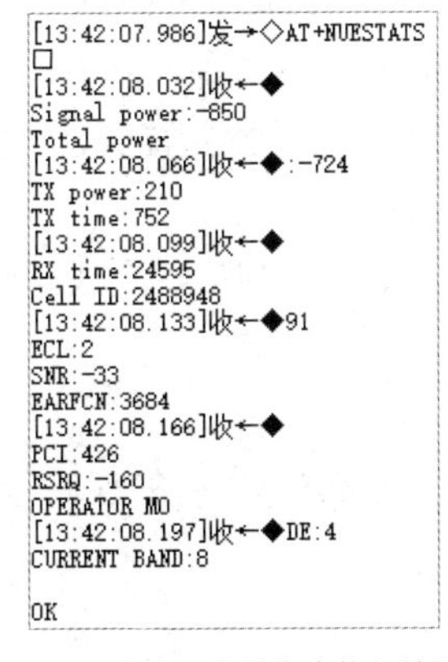

（a）UE 状态正常的指令执行结果

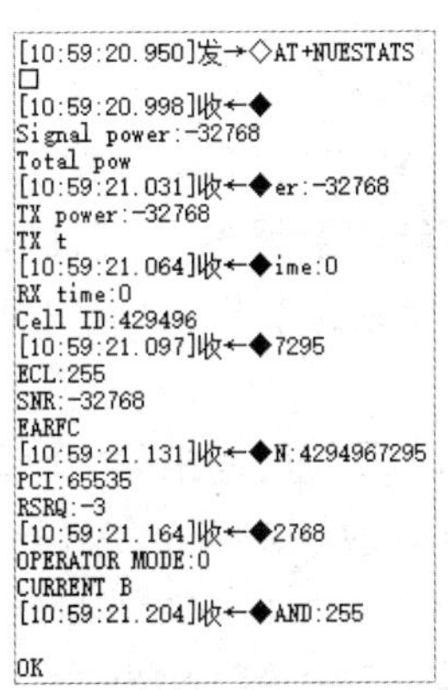

（b）UE 状态异常的指令执行结果

图 2-1-9　AT+NUESTATS 指令执行结果

AT+NUESTATS 指令执行结果返回信息中每个字段的含义如表 2-1-6 所示。对比图 2-1-9（a）和图 2-1-9（b）可以看出，其实仅查看“Signal power”字段就能判断出 UE 状态是否正常。

表 2-1-6 AT+NUESTATS 指令执行结果返回信息中每个字段的含义

行号	字段	含义
1	Signal power	信号功率
2	Total power	总功率
3	TX power	发射功率
4	TX time	总发射时间/ms
5	RX time	总接收时间/ms
6	Cell ID	小区 ID
7	ECL	增强覆盖等级（0、1 或者 2）
8	SNR	信噪比
9	EARFCN	E-UTRA 绝对无线频率信道号
10	PCI	物理小区标识
11	RSRQ	参考信号接收质量

9．查询 UE 的 IP 地址指令 AT+CGPADDR

UE 的 IP 地址由其接入的 PGW 分配，因此，同一个 UE 在不同接入时可能获得不同的 IP 地址。AT+CGPADDR 指令执行结果如图 2-1-10 所示。

```
+CGPADDR:0,100.72.90.142
+CGPADDR:1
OK
```

图 2-1-10 AT+CGPADDR 指令执行结果

10．查询 UE 与网络之间射频信号的连接状态指令 AT+CSCON?

AT+CSCON?指令执行后，输出打印信息格式：+CSCON:<n>,<mode>。其中，n 的可取值有两个：n=0，不自动回复；n=1，自动回复“+CSCON:<mode>”。mode 的取值有三种：mode=0，空闲；mode=1，连接；mode=2~255，预留给未来使用。

11．返回模组的 IMEI 指令 AT+CGSN=1

在 UE 入网成功后再次查询 IMEI，对比确认与之前查询到的 IMEI 是否一致。

12．获取 SIM 卡的 IMSI 指令 AT+CIMI

IMSI 由 MCC+MNC+MSIN 三部分组成，其中 MCC 是移动国家（地区）代码，我国是 460；MNC 是移动网络代码，中国移动有 00、02、04 等，中国联通有 01、06 等，中国电信有 03、05 等；MSIN 是移动用户识别码，用于同一个移动网络内部区分不同用户。

13．返回模组内部固件的各种版本号指令 AT+CGMR

AT+CGMR 指令的输出打印信息都是固件版本号。AT+CGMR 指令执行结果如图 2-1-11 所示。

14．返回当前系统时间指令 AT+CCLK?

打印信息格式为+CCLK:[<yy/MM/dd,hh:mm:ss>[<±zz>]]，由左到右依次为两位数的年、月、日、小时、分钟、秒和时区。

15．复位模组指令 AT+NRB

AT+NRB 指令用于必要时用软件方式重启 NB-IoT 终端模组，其执行结果如图 2-1-12 所示。

```
[13:57:23.466]发→◇AT+CGMR
□
[13:57:23.509]收←◆
SSB,V150R100C10B200SP1

SECU
[13:57:23.542]收←◆RITY_A,V150R100C20B300SP7

PRO
[13:57:23.575]收←◆TOCOL_A,V150R100C20B300SP7

AP
[13:57:23.609]收←◆PLICATION_A,V150R100C20B300SP7

[13:57:23.642]收←◆
SECURITY_B,V150R100C20B300SP7
[13:57:23.672]收←◆

RADIO,Hi2115_RF7

OK
```

图 2-1-11　AT+CGMR 指令执行结果

```
[10:24:08.301]发→◇AT+NRB
□
[10:24:08.346]收←◆
REBOOTING

[10:24:08.853]收←◆ ?
[10:24:09.180]收←◆  6\0
[10:24:09.312]收←◆
Boot: Unsigned
Security B..
[10:24:09.485]收←◆Verified
Protocol A..
[10:24:12.332]收←◆Verified
Apps A......
[10:24:13.214]收←◆Verified

[10:24:13.809]收←◆
REBOOT_CAUSE_APPLICATION_AT
N
[10:24:13.843]收←◆eul
OK
```

图 2-1-12　AT+NRB 指令执行结果

思考题 1

通过串口调试工具执行指令 AT+CGSN=1 后，如果显示为空，则可能的原因是什么？应该如何处理？

项目2 NB-IoT 模组指令入网设计

2.1 必备知识

2.1.1 设计思路

由本书第 2 部分 NB-IoT 基础理论篇 6.3.2 节可知，使用 NB-IoT 主板控制模组联网，即发送 AT 指令控制 BC35G 执行联网操作，有以下两种方式。

方式 1：通过将 JP3 跳线区的串口模式设置为模式 3（UART3），通过计算机串口调试工具输入 AT 指令直接对 BC35G 进行控制（发送 AT 指令需要遵循一定的顺序）。

方式 2：通过将串口模式设置为模式 1，将 MCU 串口 2（UART2）和 BC35G 模组相连，通过程序发送 AT 指令，并通过将串口模式设置为模式 2，将 MCU 获取到的 BC35G 数据通过串口 3（UART3）打印到计算机串口调试工具中。MCU 给 BC35G 发送的 AT 指令可以是通过按键触发程序中预设的 AT 指令，也可以是通过计算机串口调试工具逐条发送给 MCU 的 AT 指令。

项目 1 采用的就是这里的方式 1，而本项目将采用方式 2。

项目 2 的软件程序设计流程图如图 2-2-1 所示。

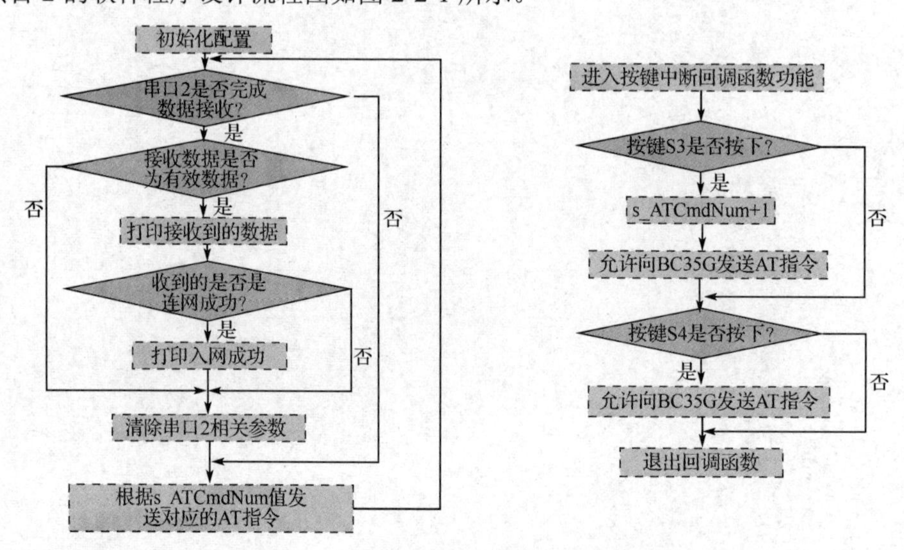

图 2-2-1　项目 2 的软件程序设计流程图

2.1.2　工具软件

1．STM32CubeMX

STM32CubeMX 是 ST 公司发布的一款 STM32 微控制器芯片配置工具，几乎覆盖了 STM32 全系列芯片。它通过亲和的图形界面逐步配置并生成初始化 C 代码，可以大大减轻开发工作、缩减时间、降低费用。可以根据不同的集成开发环境（IDE）工具生成对应的初始化配置工程。STM32CubeMX 软件的主界面如图 2-2-2 所示。

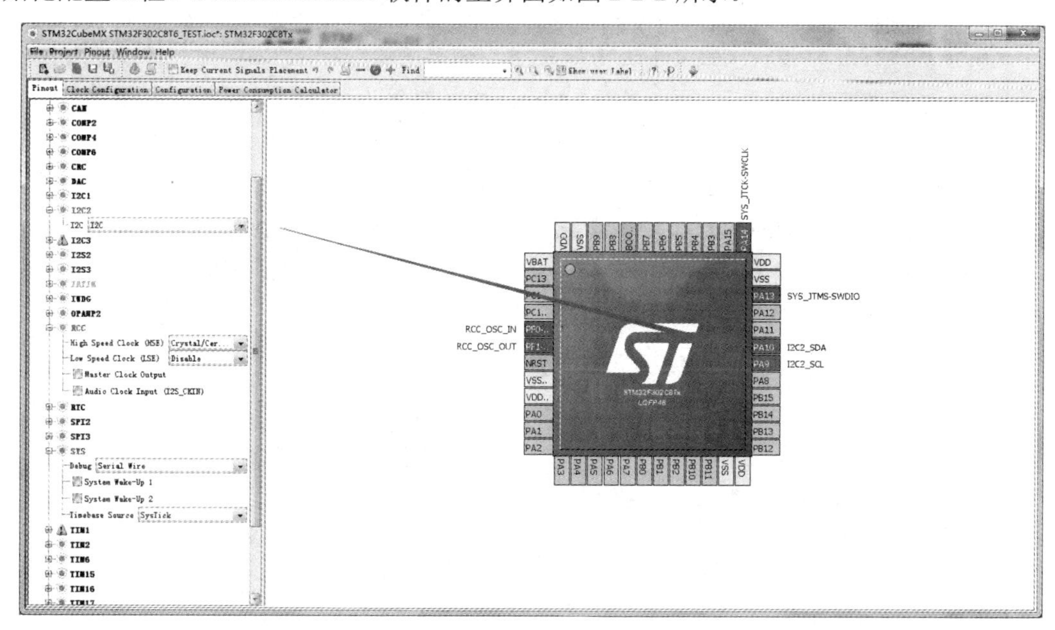

图 2-2-2　STM32CubeMX 软件的主界面

2．Keil MDK

Keil MDK 基本架构如图 2-2-3 所示，它是 Keil 公司开发的一个集成开发环境（IDE），可以完美运行于多种操作系统，目前最新的版本是 μVision5。它提供了工程管理、源代码编辑、编译 μVision 设置、下载调试和模拟仿真等功能，具有以下功能特点。

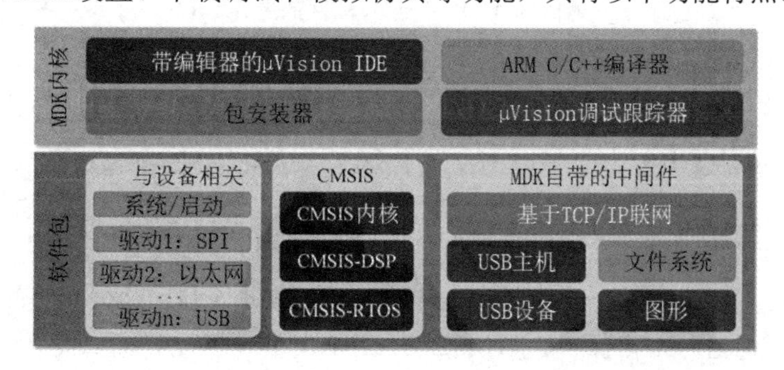

图 2-2-3　Keil MDK 基本架构

（1）完美支持 Cortex-M、Cortex-R4、ARM7 和 ARM9 系列器件。

（2）行业领先的 ARM C/C++编译器。

（3）确定的 Keil 小封装实时操作系统（带源码）。

（4）μVision IDE 集成开发环境、调试器和仿真环境。

（5）TCP/IP 网络套件提供多种协议和各种应用。

（6）提供带标准驱动类的 USB 设备和 USB 主机栈。

（7）为带图形用户接口（GUI）的嵌入式系统提供了完善的 GUI 库支持。

（8）ULINKpro 可实时分析运行中的应用程序，且能记录 Cortex-M 指令的每一次执行。

（9）关于程序运行的完整代码覆盖率信息。

（10）执行分析工具和性能分析器可使程序得到最优化。

（11）大量的项目例程帮助快速熟悉 MDK-ARM 强大的内置特征。

（12）符合 Cortex 微控制器软件接口标准。

Keil MDK 软件的主界面如图 2-2-4 所示。

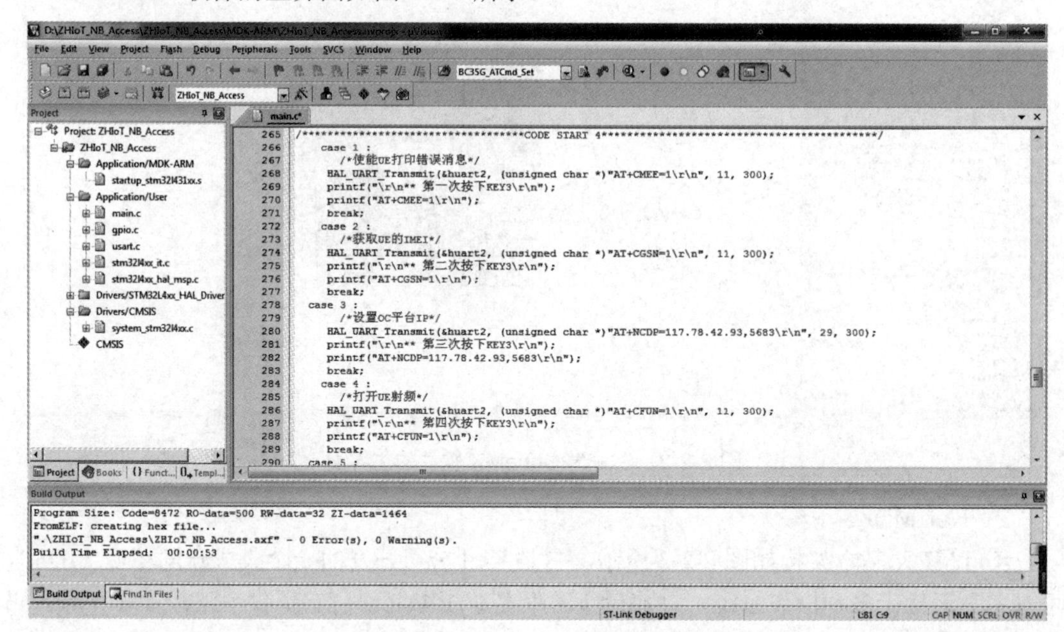

图 2-2-4 Keil MDK 软件的主界面

3. STM32 ST-LINK Utility

STM32 ST-LINK Utility 是一个与 ST-LINK 烧录器配套使用的工具软件。它的功能与 J-LINK 烧录器对应的工具软件类似，主要用于向 STM32 芯片中烧写代码。该软件本身包含 ST-LINK 驱动。利用 STM32 ST-LINK Utility 软件可以快速读取 FLASH 数据（前提是没有添加保护），还可以快速读取 STM32 芯片型号、ID、版本等信息。

当开发完成的 STM32 产品需要量产时，可以很方便地利用这个软件直接下载 hex 代码，并可以对代码进行加密保护。STM32 ST-LINK Utility 的主界面如图 2-2-5 所示。

4. 串口调试工具

串口调试工具在项目 1 中已经介绍并使用，这里不再赘述。

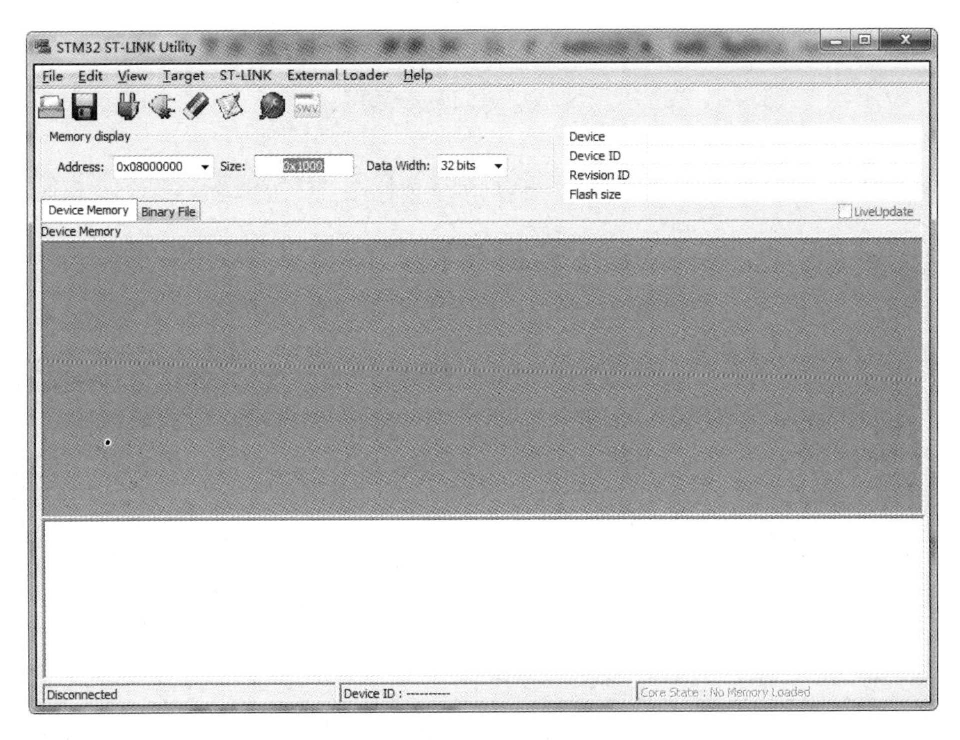

图 2-2-5　STM32 ST-LINK Utility 的主界面

2.1.3　开发步骤

本实验的软件开发步骤如下。

步骤 1：使用 STM32CubeMX 软件基于 STM32L431VCT6 芯片进行图形化配置，包括 RCC 时钟配置、程序下载配置、串口 3 配置、串口 2 配置、按键 GPIO 配置，其中按键使用中断方式（注意：若所有配置均采用默认值，则此步骤可省略）。

步骤 2：将生成的代码使用 Keil MDK 打开，并在里面进行代码的添加修改，按照软件设计流程图进行程序设计。

步骤 3：将程序代码通过 ST-LINK 烧录到主板上。

步骤 4：在计算机串口调试工具上观察程序运行情况，并查看 BC35G 执行 AT 指令后的返回状态。

2.2　实验准备

1．实验目的

本实验的实验目的如下。

（1）了解 NB-IoT 主板整体框架。

（2）掌握 NB-IoT 主板各部分的功能。

（3）掌握 NB-IoT 入网程序设计。

（4）掌握 NB-IoT 相关开发环境搭建。

（5）了解与 STM32L4 系列串口通信相关的基本操作。

2．实验要求

本实验通过 NB-IoT 模组入网程序设计控制终端接入 NB-IoT 网络。实验需要实现以下功能。

通过程序发送 AT 指令控制 NB-IoT 模组，并通过 UART2 连接模式，将 MCU 获取的 BC35G 数据，通过 UART3 打印到计算机串口调试工具。MCU 给 BC35G 发送的 AT 指令，可以是通过按键触发预设的 AT 指令，也可以是通过计算机串口调试工具发送给 MCU 的 AT 指令。

3．理论支撑

本实验涉及 NB-IoT 全栈式实验箱主板硬件电路知识、嵌入式软件开发知识和 NB-IoT 模组 AT 指令知识。

4．软硬件支撑

本实验所需使用的硬件名称、在实验箱中的编号和所需数量，如表 2-2-1 所示。

表 2-2-1　项目 2 所需硬件

序号	项目		
	硬件名称	在实验箱中的编号	所需数量
1	天线	01	1
2	主板	08	1
3	SIM 卡	—	1
4	ST-LINK 烧写器	16	1
5	烧写器转接板	17	1
6	USB 转 TTL 线（micro 口）	18	1
7	USB 转 Mini 线	19	1
8	烧写器排线	20	1

本实验所需使用的软件名称及其说明如表 2-2-2 所示。

表 2-2-2　项目 2 所需软件

序号	软件名称	说明
1	Win7/8/10	操作系统
2	sscom51.exe	串口调试工具
3	CH341SER.exe	USB 转 TTL 线驱动程序（因操作系统的位数而不同）
4	STM32 ST-LINK Utility V4.5.0.exe	针对 STM32 系列的 ST-LINK 烧录程序（包含 ST-LINK 驱动）
5	mdk526.exe	程序源代码开发工具——Keil MDK（μVision）
6	Keil.STM32L4xx_DFP.2.0.0.pack	STM32L4 固件库
7	ZHIoT_NB_Access.μvprojx	程序例程

2.3 实验任务

2.3.1 硬件连接

硬件连接步骤如下。

步骤 1：从实验箱中取出如表 2-2-1 所列出的硬件。

步骤 2：将天线和 SIM 卡与主板相连。

步骤 3：在主板上的 JP3 处使用跳线帽进行串口选择设置，选择模式 1 和模式 2，如图 1-6-11（a）所示，完成如图 1-6-8（b）所示的串口连接关系。

步骤 4：将 USB 转 TTL 线（micro 口）连接计算机和主板。

步骤 5：

（1）将 ST-LINK 烧写器和烧写器转接板相连。

（2）将烧写器排线的任一端同烧写器转接板相连，另一端同主板相连。

（3）将 USB 转 Mini 线的 Mini 端同烧写器相连，将 USB 端同计算机相连。

步骤 6：拨通主板上的电源开关，给主板上电。

ST-LINK 数据线连接图如图 2-2-6 所示。

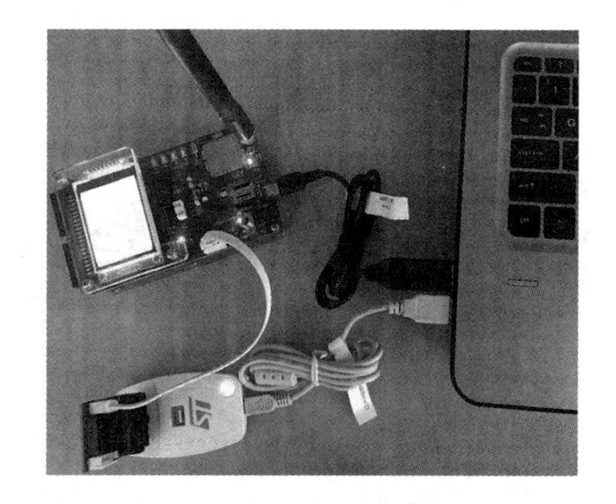

图 2-2-6　ST-LINK 数据线连接图

2.3.2 软件配置

1．工程代码获取

从华为物联网综合实训平台上下载例程代码压缩包“ZHIoT_NB_Access.rar”，并在适当的位置进行解压缩后得到工程代码文件夹“ZHIoT_NB_Access”。

2．安装 Keil MDK（如果计算机已完成安装，则此步骤可省略）

3．安装 ST-LINK 烧录软件（包含烧录器驱动程序。如果计算机已完成安装，则此步骤可省略）

从华为物联网综合实训平台上下载并解压缩“STM32 ST-LINK Utility.rar”，得到安装文件“STM32 ST-LINK Utility V4.5.0.exe”。直接双击运行，按照操作提示即可完成安装。

4．模块入网程序代码编写

步骤 1：打开代码工程文件。

按照之前工程代码解压缩的位置，找到目录“..\ZHIoT_NB_Access\MDK-ARM”，如图 2-2-7 所示。双击打开“ZHIoT_NB_Access.μvprojx”工程文件。在 Keil MDK 中的左侧项目栏中，展开后的代码文件结构如图 2-2-8 所示。

图 2-2-7　工程文件

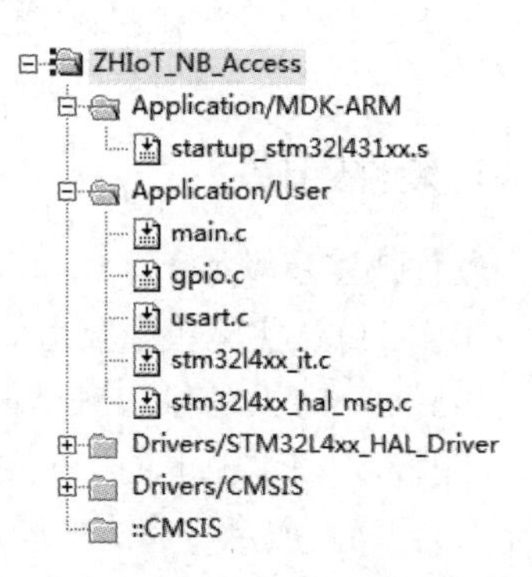

图 2-2-8　代码文件结构

对图 2-2-8 中代码文件结构的说明，如表 2-2-3 所示。

表 2-2-3　代码文件结构说明

文件名称	说明
Application/MDK-ARM	程序启动文件
Application/User	用户文件
Drivers/STM32L4xx_HAL_Driver	STM32 库文件
Drivers/CMSIS	系统驱动文件

步骤 2：编写代码。

（1）定义变量。

双击打开主函数文件“main.c”。如图 2-2-9 所示，在其中定义以下两个 AT 指令相关变量。

① 变量 AT_Cmd_Num：静态 8 位无符号整数，初始值为 0，用来控制 AT 指令的发送。

② 变量 AT_Cmd_Send_Flag：静态 8 位无符号整数，初始值为 0，用来控制 AT 指令的重发。

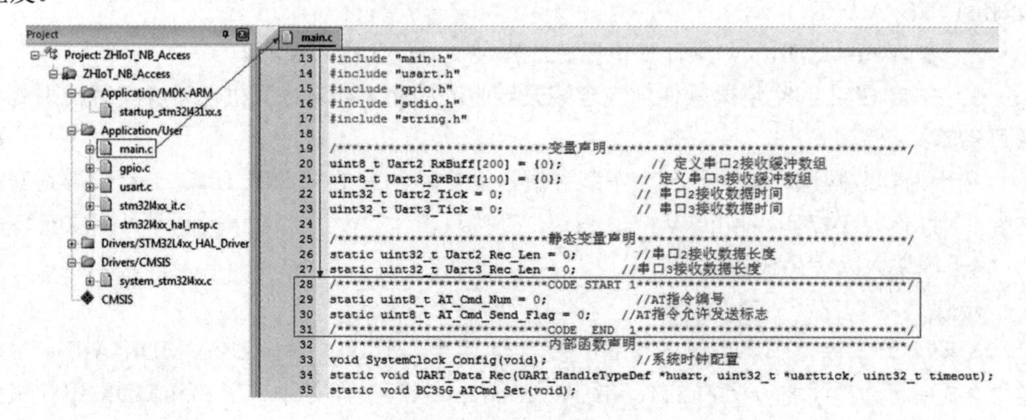

图 2-2-9　定义变量的代码

相应的代码：

```
static uint8_t AT_Cmd_Num = 0;              //AT 指令编号
static uint8_t AT_Cmd_Send_Flag = 0;        //AT 指令允许发送标志
```

（2）串口 2 数据处理。

如果 MCU 通过串口 2 接收到 BC35G 的返回数据，则通过串口 3 从计算机的串口调试软件窗口打印出来。串口 2 数据处理的代码如图 2-2-10 所示。

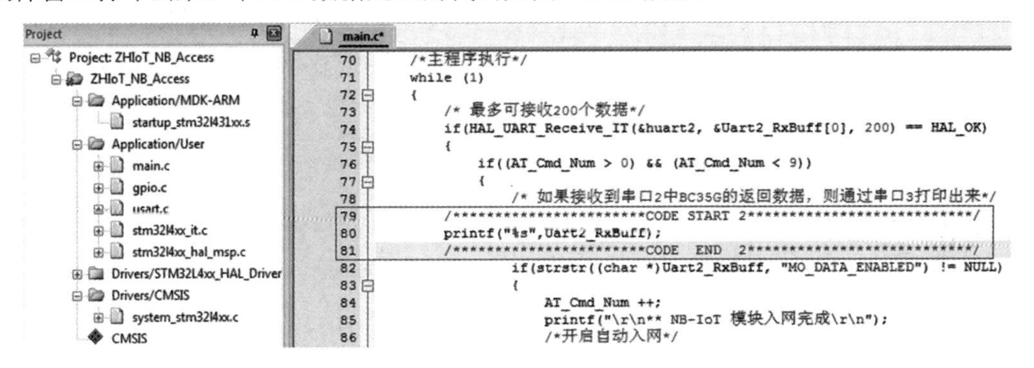

图 2-2-10　串口 2 数据处理的代码

相应的代码：

```
printf("%s",Uart2_RxBuff);
```

（3）按键中断回调函数处理。

当按下主板按键时进行中断处理，判断哪个按键按下：如果是 Key3 被按下，则发送下一条 AT 指令；如果是 Key4 被按下，则发送当前 AT 指令。按键中断回调函数处理代码如图 2-2-11 所示。

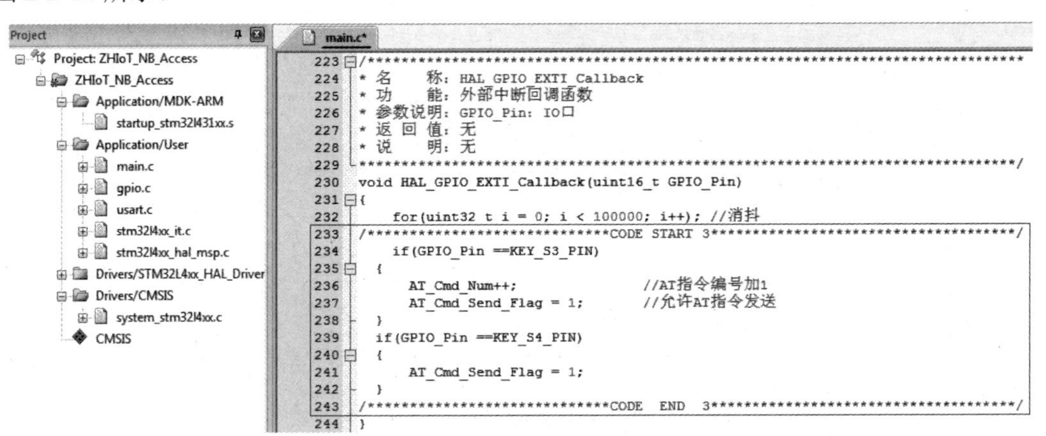

图 2-2-11　按键中断回调函数处理代码

相应的代码：

```
if(GPIO_Pin ==KEY_S3_PIN)
    {
        AT_Cmd_Num++;                    //AT 指令编号加 1
        AT_Cmd_Send_Flag = 1;            //允许 AT 指令发送
    }
if(GPIO_Pin ==KEY_S4_PIN)
    {
```

```
        AT_Cmd_Send_Flag = 1;
    }
```

（4）按键默认 AT 指令发送函数处理。

根据顺序发送 AT 指令，对 BC35G 进行配置。如果想发送其他的 AT 指令，则可以通过计算机串口调试工具进行发送。按键默认 AT 指令发送函数处理代码如图 2-2-12 所示。

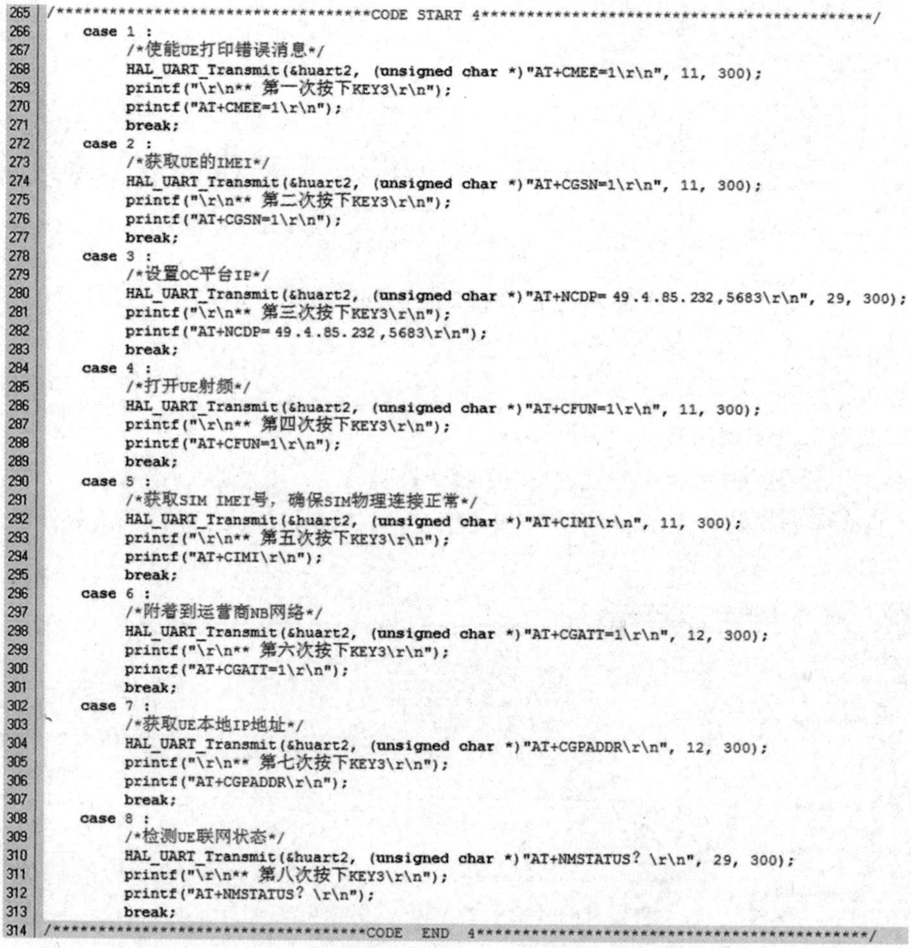

```
265 /************************************CODE START 4*********************************************/
266     case 1 :
267         /*使能UE打印错误消息*/
268         HAL_UART_Transmit(&huart2, (unsigned char *)"AT+CMEE=1\r\n", 11, 300);
269         printf("\r\n** 第一次按下KEY3\r\n");
270         printf("AT+CMEE=1\r\n");
271         break;
272     case 2 :
273         /*获取UE的IMEI*/
274         HAL_UART_Transmit(&huart2, (unsigned char *)"AT+CGSN=1\r\n", 11, 300);
275         printf("\r\n** 第二次按下KEY3\r\n");
276         printf("AT+CGSN=1\r\n");
277         break;
278     case 3 :
279         /*设置OC平台IP*/
280         HAL_UART_Transmit(&huart2, (unsigned char *)"AT+NCDP= 49.4.85.232,5683\r\n", 29, 300);
281         printf("\r\n** 第三次按下KEY3\r\n");
282         printf("AT+NCDP= 49.4.85.232,5683\r\n");
283         break;
284     case 4 :
285         /*打开UE射频*/
286         HAL_UART_Transmit(&huart2, (unsigned char *)"AT+CFUN=1\r\n", 11, 300);
287         printf("\r\n** 第四次按下KEY3\r\n");
288         printf("AT+CFUN=1\r\n");
289         break;
290     case 5 :
291         /*获取SIM IMEI号，确保SIM物理连接正常*/
292         HAL_UART_Transmit(&huart2, (unsigned char *)"AT+CIMI\r\n", 11, 300);
293         printf("\r\n** 第五次按下KEY3\r\n");
294         printf("AT+CIMI\r\n");
295         break;
296     case 6 :
297         /*附着到运营商NB网络*/
298         HAL_UART_Transmit(&huart2, (unsigned char *)"AT+CGATT=1\r\n", 12, 300);
299         printf("\r\n** 第六次按下KEY3\r\n");
300         printf("AT+CGATT=1\r\n");
301         break;
302     case 7 :
303         /*获取UE本地IP地址*/
304         HAL_UART_Transmit(&huart2, (unsigned char *)"AT+CGPADDR\r\n", 12, 300);
305         printf("\r\n** 第七次按下KEY3\r\n");
306         printf("AT+CGPADDR\r\n");
307         break;
308     case 8 :
309         /*检测UE联网状态*/
310         HAL_UART_Transmit(&huart2, (unsigned char *)"AT+NMSTATUS? \r\n", 29, 300);
311         printf("\r\n** 第八次按下KEY3\r\n");
312         printf("AT+NMSTATUS? \r\n");
313         break;
314 /************************************CODE  END  4*********************************************/
```

图 2-2-12　按键默认 AT 指令发送函数处理代码

相应的代码如下。

```
case 1 :
     /*使能 UE 打印错误消息*/
    HAL_UART_Transmit(&huart2, (unsigned char *)"AT+CMEE=1\r\n", 11, 300);
    printf("\r\n** 第一次按下 KEY3\r\n");
    printf("AT+CMEE=1\r\n");
    break;
case 2 :
     /*获取 UE 的 IMEI*/
    HAL_UART_Transmit(&huart2, (unsigned char *)"AT+CGSN=1\r\n", 11, 300);
```

```
        printf("\r\n** 第二次按下 KEY3\r\n");
        printf("AT+CGSN=1\r\n");
        break;
    case 3 :
        /*设置 OC 平台 IP*/
        HAL_UART_Transmit(&huart2,  (unsigned  char  *)"AT+NCDP=49.4.85.232,5683\r\n",
29, 300);
        printf("\r\n** 第三次按下 KEY3\r\n");
        printf("AT+NCDP=49.4.85.232,5683\r\n");
        break;
    case 4 :
        /*打开 UE 射频*/
        HAL_UART_Transmit(&huart2, (unsigned char *)"AT+CFUN=1\r\n", 11, 300);
        printf("\r\n** 第四次按下 KEY3\r\n");
        printf("AT+CFUN=1\r\n");
        break;
    case 5 :
        /*获取 SIM IMEI 号，确保 SIM 物理连接正常*/
        HAL_UART_Transmit(&huart2, (unsigned char *)"AT+CIMI\r\n", 11, 300);
        printf("\r\n** 第五次按下 KEY3\r\n");
        printf("AT+CIMI\r\n");
        break;
    case 6 :
        /*附着到运营商 NB 网络*/
        HAL_UART_Transmit(&huart2, (unsigned char *)"AT+CGATT=1\r\n", 12, 300);
        printf("\r\n** 第六次按下 KEY3\r\n");
        printf("AT+CGATT=1\r\n");
        break;
    case 7 :
        /*获取 UE 本地 IP 地址*/
        HAL_UART_Transmit(&huart2, (unsigned char *)"AT+CGPADDR\r\n", 12, 300);
        printf("\r\n** 第七次按下 KEY3\r\n");
        printf("AT+CGPADDR\r\n");
        break;
    case 8 :
        /*检测 UE 联网状态*/
        HAL_UART_Transmit(&huart2, (unsigned char *)"AT+NMSTATUS? \r\n", 29, 300);
        printf("\r\n** 第八次按下 KEY3\r\n");
        printf("AT+NMSTATUS? \r\n");
        break;
```

步骤 3：保存并编译。

（1）代码编写完成后，需要保存并单击上方快捷工具栏中的按钮，对程序代码进行重新编译。

（2）编译完成后，软件底部状态栏出现图 2-2-13 中的字样，即编译成功。

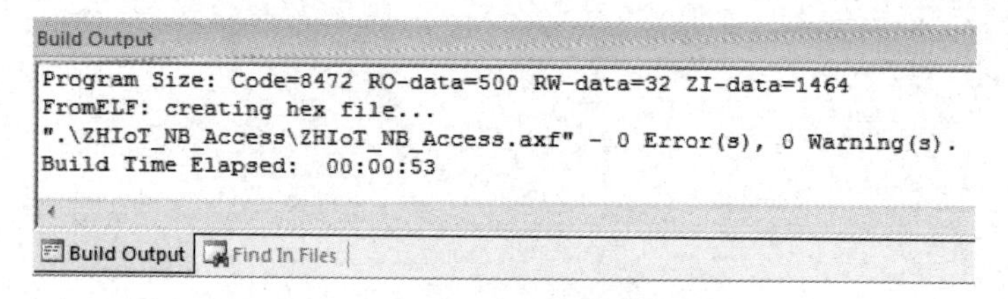

图 2-2-13　项目 2 编译成功的输出显示

步骤 4：代码烧录。

（1）代码编译完成后，需要利用“STM32 ST-LINK Utility”软件烧录到主板中。双击启动该软件（安装完成后计算机桌面上即存在该软件的快捷方式）。

（2）单击菜单“Target”→“Connect”按钮或者直接单击工具栏中的连接按钮，读取 STM32 芯片 Flash 中的信息如图 2-2-14 所示。单击连接按钮之前可以在如图 2-2-14 所示区域中先设置读取 Flash 的起始地址（Address）、读取长度（Size）和数据显示的宽度（Data Width）。

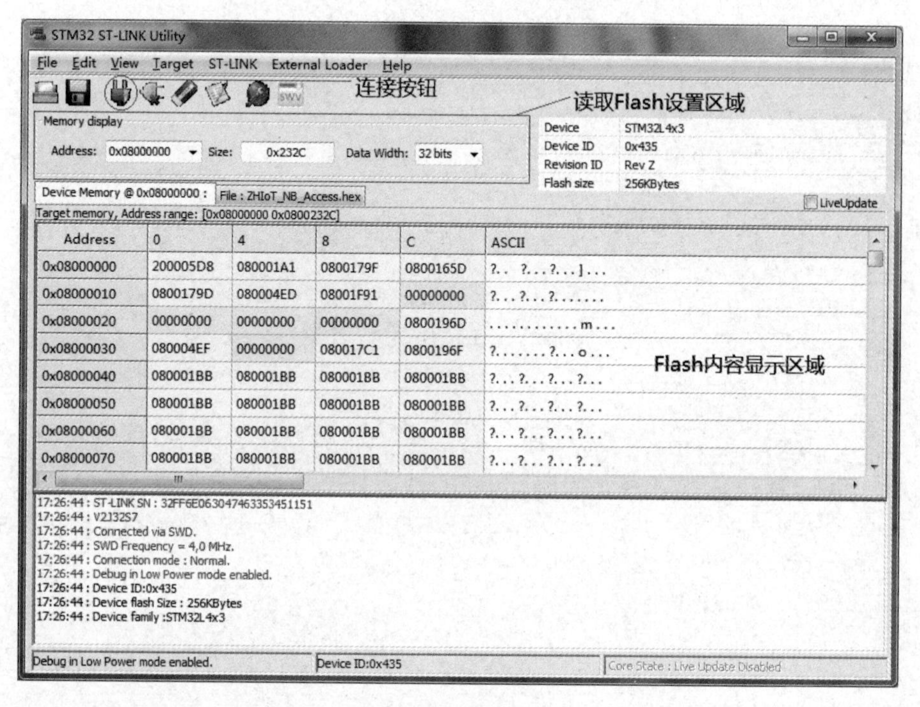

图 2-2-14　读取 STM32 芯片 Flash 中的信息

（3）在 STM32 ST-LINK Utility 中打开需要下载的程序文件 ZHIoT_NB_Access.hex。其操作方法是可以单击菜单“File”→“Open File”按钮，也可以直接将 hex 文件拖动到 Flash 内容显示区域。

烧录完成，软件底部状态栏出现图 2-2-15 中的字样，即烧录成功。

（4）单击菜单“Target”→“Program”按钮或者直接单击工具栏中的下载按钮，弹

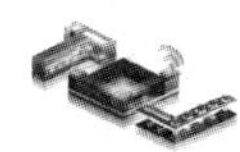

出下载设置对话框，包括 hex 文件路径、验证方式等。设置完成后单击“Start”按钮，开始下载程序，如图 2-2-16 所示。

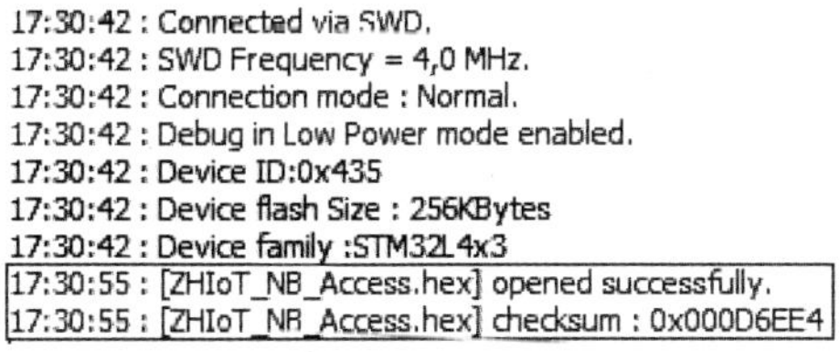

17:30:42 : Connected via SWD.
17:30:42 : SWD Frequency = 4,0 MHz.
17:30:42 : Connection mode : Normal.
17:30:42 : Debug in Low Power mode enabled.
17:30:42 : Device ID:0x435
17:30:42 : Device flash Size : 256KBytes
17:30:42 : Device family :STM32L4x3
17:30:55 : [ZHIoT_NB_Access.hex] opened successfully.
17:30:55 : [ZHIoT_NB_Access.hex] checksum : 0x000D6EE4

图 2-2-15　程序烧录成功提示信息

Download [ZHIoT_NB_Access.hex]
Start address
0x08000000
File path
D:\ZHIoT_NB_Access\ZHIoT_NB_Access\MDK-ARM\Z
Browse
Extra options
Skip Flash Erase
Skip Flash Protection verification
Verification
Verify while programming
Verify after programming
Click "Start" to program target.
After programming
Reset after programming
Full Flash memory Checksum
Start
Cancel

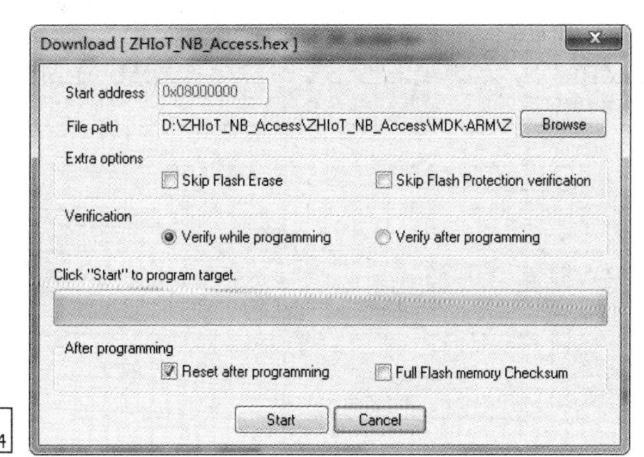

图 2-2-16　下载设置对话框

（5）下载过程的时间长短与程序大小有关，一般都很快。当软件下方出现图 2-2-17 中的提示信息时，说明下载烧录成功。

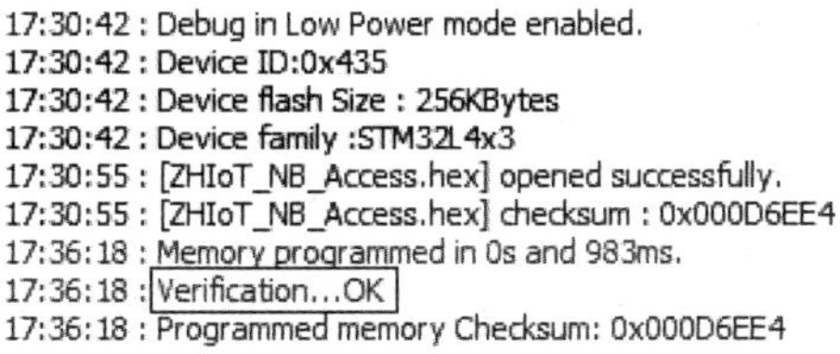

17:30:42 : Debug in Low Power mode enabled.
17:30:42 : Device ID:0x435
17:30:42 : Device flash Size : 256KBytes
17:30:42 : Device family :STM32L4x3
17:30:55 : [ZHIoT_NB_Access.hex] opened successfully.
17:30:55 : [ZHIoT_NB_Access.hex] checksum : 0x000D6EE4
17:36:18 : Memory programmed in 0s and 983ms.
17:36:18 : Verification...OK
17:36:18 : Programmed memory Checksum: 0x000D6EE4

图 2-2-17　下载烧录成功提示信息

（6）烧录完成后，移除烧写器和主板的连接，对主板重新上电。

2.4　任务执行结果解析

1．打开计算机串口调试工具

选择对应的串口号____________________，合适的波特率_________，单击“打开串口”按钮，查看打印信息，并将其记录在下面。

2．逐次按下 Key3，在表 2-2-4 中记录并注释打印结果。

表 2-2-4　项目 2 执行结果

次数	对应 AT 指令	执行结果	指令解析
第 1 次			
第 2 次			
第 3 次			
第 4 次			
第 5 次			
第 6 次			
第 7 次			
第 8 次			
第 9 次			

注意：如果实验中出现异常的返回结果，则可通过串口调试工具直接输入 AT 指令查询模组状态。例如，发送模组查询指令 AT+NUESTATS，查看返回结果并进行分析。

思考题 2

2.1　如果在实验中按下的是 Key4，那么返回打印结果会是怎样的？

2.2　控制 BC35G 模组联网应该发送哪些 AT 指令？如果返回错误了，那么应该怎么处理呢？

项目3 NB-IoT 终端和云平台对接

3.1 必备知识

3.1.1 NB-IoT 终端和云平台组网

NB-IoT 终端和云平台组网情况如图 2-3-1 所示，由图可见，目前要访问 App Server（应用服务器）都应采用 JSON（Java Script Object Notation，Java Script 对象简谱）语言格式，但考虑到数据量问题，这种语言并不适合于物联网空口的传输。同时，由于 NB-IoT 设备一般对耗电要求较高，所以设备的应用层数据一般不采用流行的 JSON 语言格式，而是采用二进制格式。为此，NB-IoT 设备和云平台之间应用层的下一层（传输层）采用 CoAP 协议进行通信，以承载应用层的二进制数据。到了云平台，再调用编解码插件来完成 CoAP 协议数据到 JSON 语言格式数据的转换，以适配地传送给应用服务器。NB-IoT 设备应用层数据的格式由设备自行定义；在设备侧，CoAP 协议栈一般由 NB-IoT 芯片模组来实现。

图 2-3-1 中具体实例的传输过程：NB-IoT 终端采用单核 MCU，发送 3 个字节的二进制消息流“AA11BB”（为方便起见，这里用十六进制表示）。经过 NB-IoT Modem 将该数据流进行 CoAP 封装。经过 NB-IoT 无线网络的传输，到达物联网管理平台（图 2-3-1 中为 IOM）。而后，经过译码转变成 HTTP 协议形式（JSON 语言格式）。最后交给 App Server（应用服务器）。

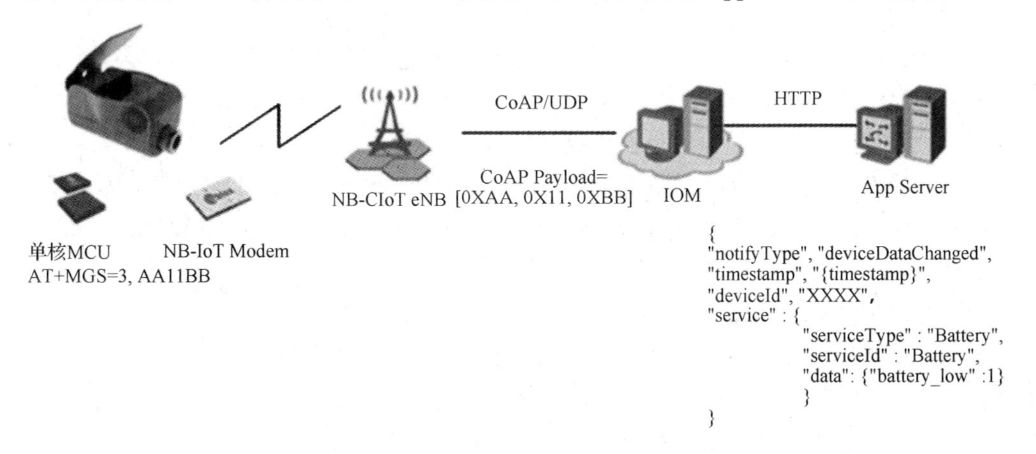

图 2-3-1　NB-IoT 终端和云平台组网情况

3.1.2 Profile 文件和编解码插件

上述平台与应用服务器对接采用的 JSON 语言格式在本实训平台具体体现为 Profile 文件，即 Profile 文件描述的是设备上报和下发命令的上层应用的格式，也是平台跟应用服务器对接时使用的格式。

1. Profile 文件

每款设备都需要一个 Profile 文件，设备的 Profile 文件为 JSON 语言格式。设备的 Profile 文件用来描述设备的能力：一款设备是什么、能做什么和如何控制该设备。一个完整的 Profile 文件的结构组成如图 2-3-2 所示。

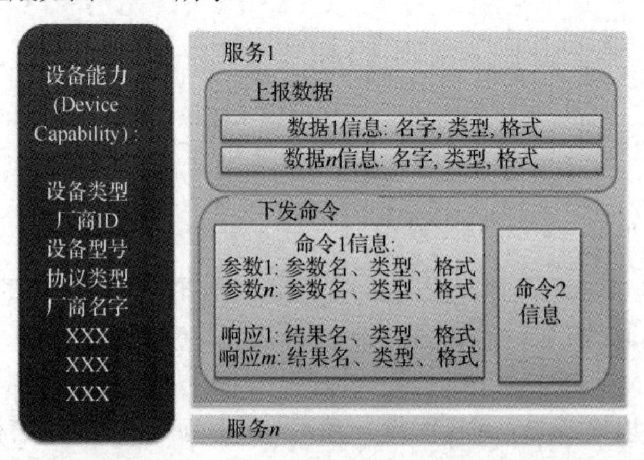

图 2-3-2 一个完整的 Profile 文件的结构组成

由图 2-3-2 可见，一个 Profile 文件主要包括两部分：设备能力（Device Capability）和设备服务（Service）。下面分别加以说明。

1）设备能力

设备能力用来描述一款设备的能力特征，即设备的基础属性信息，包括 manufacturer ID（厂商 ID）、manufacturer Name（厂商名字）、device Type（设备类型）、device model（设备型号）、protocol Type（协议类型）等。

2）设备服务

设备具有的某项服务（也可以理解为物理设备的功能模块或者虚拟设备提供的服务，如一个系统提供的天气预报服务），即设备的业务数据（包括设备上报的上行数据和厂商服务器下发给设备的下行数据），包括命令和属性两部分。

为了说明 Profile 文件的这两个部分，下面以彩灯设备为例。彩灯的设备能力包括：制造厂商为 aeotec、厂商 ID 为 0086、设备型号为 0203-0062、协议类型为 DMX512；彩灯的服务包括开关（Switch）、亮度（Brightness）和颜色（Color）。其中亮度为主服务（Master）、开关为必选服务（Required）、颜色为可选服务（Optional）。

再举一个水感（检测是否漏水的传感器）设备的例子，以列表形式说明其 Profile 文件编写的方法。该水感设备具有描述检测是否漏水功能（Water）、电池服务（Battery）和测量温度功能（Temperature）。该水感设备 Profile 文件的设备能力属性如表 2-3-1 所示，设备服务信息如表 2-3-2 所示。

表 2-3-1 设备能力属性

属性	Profile 中英文标识	属性值
设备类型	deviceType	Water
厂商 ID	manufacturer ID	010F
厂商名字	manufacturer Name	Fibargroup
设备型号	device model	0B00-3003
协议类型	protocol Type	NB-IoT

表 2-3-2 设备服务信息

服务描述	服务标识 (serviceId)	服务类型 (serviceType)	选项
检测是否漏水功能	Water	Water	Master
电池服务	Battery	Battery	Mandatory
测量温度功能	Temperature	Temperature	Optional

2. 编解码插件

编解码插件主要包含编码和解码两个功能，下面分别加以介绍。

1）解码过程

编解码插件的解码过程属于数据上报过程中的一步。如图 2-3-3 所示，数据上报过程具体包括如下步骤。

① 设备的 UE App 给 Neul 芯片传输二进制消息，通信模组负责把二进制消息用 CoAP 打包，并通过网络发送给平台。

② IoT 平台接收到 UE 的 CoAP 报文之后，提取出其承载的内容，传递给编解码插件。

③ 编解码插件处理之后输出相应的业务数据给 IoT 平台。

④ IoT 平台储存解析后的数据。

⑤ IoT 平台以 JSON 语言格式向 App 服务器推送终端数据。

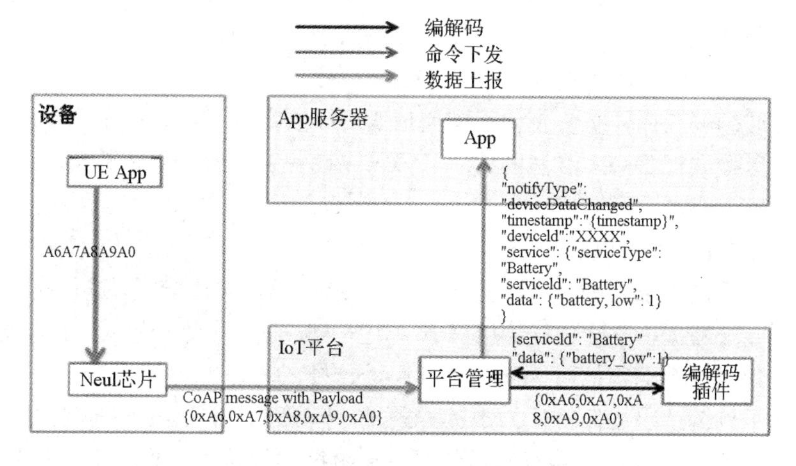

图 2-3-3 编解码插件的解码过程

2）编码过程

编解码插件的编码过程属于命令下发过程中的一步。如图 2-3-4 所示，命令下发过程具体包括如下步骤。

（1）App 服务器通过 API 接口向 IoT 平台发送 HTTP 消息。

（2）IoT 平台接收到 HTTP 消息之后存入数据库。

（3）平台根据厂商 ID 和设备模型调用编解码插件，输入应用下发的指令。

（4）编解码插件再对指令进行编码，输出二进制码流。

（5）IoT 平台封装成 CoAP 报文下发给 Neul 芯片。

（6）Neul 芯片收到 CoAP 报文，解析报文数据成二进制格式，给到 UE App。

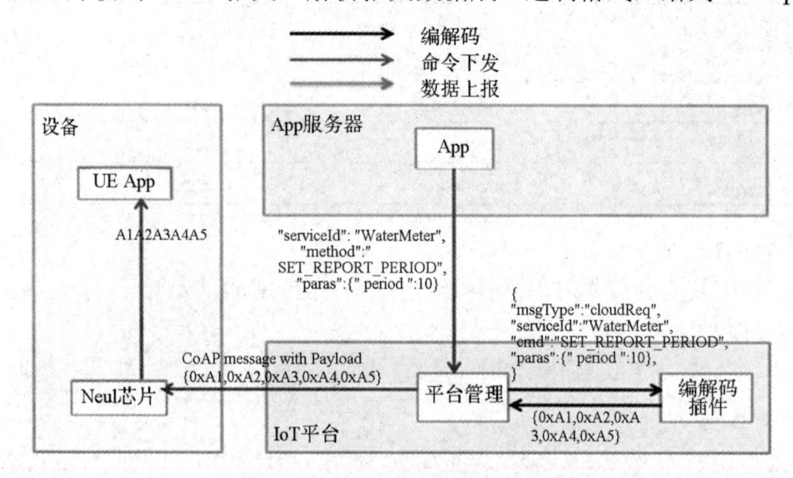

图 2-3-4　编解码插件的编码过程

3．编解码插件和 Profile 实现不同厂商设备接入

以不同的水表设备为例，依靠编解码插件和 Profile 实现不同厂商设备接入示意图如图 2-3-5 所示。具体说明如下。

（1）南向接口消息传输层使用 CoAP/UDP 协议，应用层的格式由设备自定义。

（2）编解码插件由设备厂商提供，厂商 ID+设备型号唯一标识一个插件，应用服务器需要在北向接口配置设备的制造商 ID 和设备型号。

（3）上行时编解码插件负责把消息解码成 JSON 语言格式，字段由 Profile 定义。

（4）下行时插件把 JSON 语言格式消息编码成设备识别的二进制数据。

（5）Profile 一般由厂商定义。

4．透传模式和非透传模式

根据客户的不同需求，IoT 平台提供透传和非透传两种传输模式。透传模式是指 IoT 平台不负责解码终端数据，直接透传给第三方应用平台。在一些政府机关、保密单位等部门，要求平台不能保存终端的数据，因此必须使用透传模式。在透传模式下，不需要上传编解码插件，即找不到编解码插件就认为是透传模式，但需要在 Profile 中定义透传能力。非透传模式就是 IoT 平台需要调用编解码插件对终端数据进行转换。当前主要推荐使用非透传模式，前面所述内容也都讲的是这种模式。

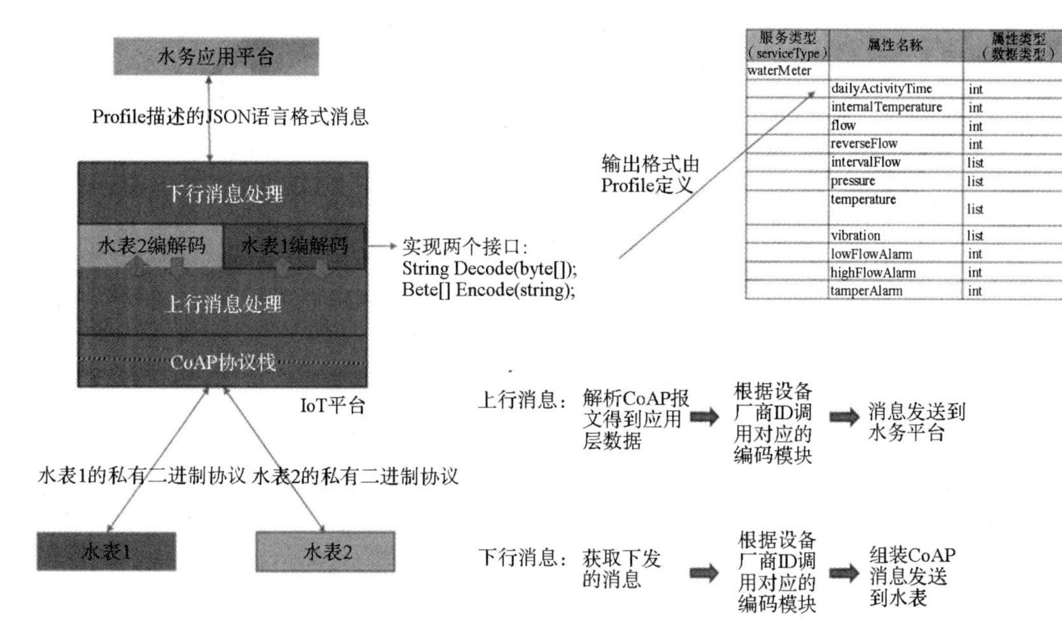

图 2-3-5　依靠编解码插件和 Profile 实现不同厂商设备接入示意图

3.1.3　主要业务流程

NB-IoT 业务主要包括的流程有设备注册流程、订阅资源流程、数据上报流程、命令下发流程、固件升级流程和复位模组流程。下面仅详细介绍前 4 项流程。

1. 设备注册流程

应用在 IoT 平台创建设备，设置设备信息。设备上电后，会向 IoT 平台注册上线。注册成功后，应用可以管理设备。设备注册流程（见图 2-3-6）具体描述如下。

① 应用向 IoT 平台创建设备，携带设备的 PSK（预共享密钥）和 IMEI。

② IoT 平台返回“200 OK”响应消息，表示平台收到创建设备命令。

③ 设置设备的厂商 ID 和型号等信息。

④ 平台返回“204 No Content”响应，表示设置设备信息成功。

⑤ 设备上电。

⑥ 设备和 IoT 平台进行 DTLS（数据报传输层安全性）协议握手，即 DTLS 传输加密（说明：设备连接前，IoT 平台向设备提供需要配置的 IP 地址和端口号，若接入端口号为 5683，则不需要执行该步骤；若接入端口号为 5684，则需要执行该步骤）。

⑦ 设备发送注册消息到 IoT 平台，携带 IMEI。

⑧ IoT 平台检查设备携带的 IMEI 和应用创建设备携带的 IMEI 是否一致，若一致，则允许设备接入平台，设备注册成功；若不一致，则拒绝设备接入到 IoT 平台。

⑨ 注册成功后，IoT 平台向设备发送“201 Created”响应消息，表示设备在 IoT 平台上注册成功。

2. 订阅资源流程

应用通过 API 接口向 IoT 平台进行订阅，告知 IoT 平台希望收到的通知类型，如设备业务数据、设备告警等。设备在 IoT 平台注册成功后，IoT 平台会生成唯一的令牌。当

IoT 平台向设备下发订阅消息时，携带唯一的令牌，用于识别设备及资源对应关系。订阅成功后，当这些订阅资源有更新时，IoT 平台会通知应用侧。订阅资源流程（见图 2-3-7）具体描述如下。

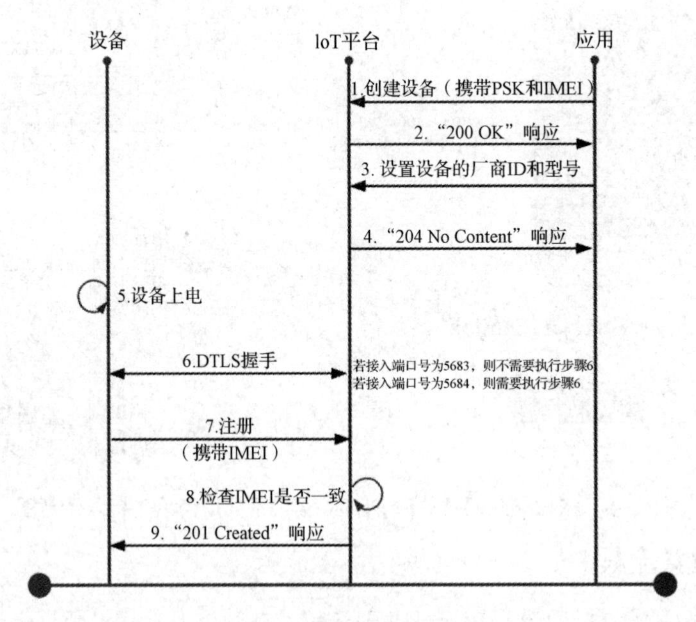

图 2-3-6　设备注册流程

① 应用通过 API 接口向 IoT 平台订阅资源，且设备在 IoT 平台注册。
② IoT 平台生成全局唯一的 token。
③ IoT 平台使用 token 向设备进行资源订阅。
④ 设备向 IoT 平台返回订阅结果。
⑤ IoT 平台保存订阅的 token 和资源对应关系。
⑥ IoT 平台向应用通知更新的订阅资源。

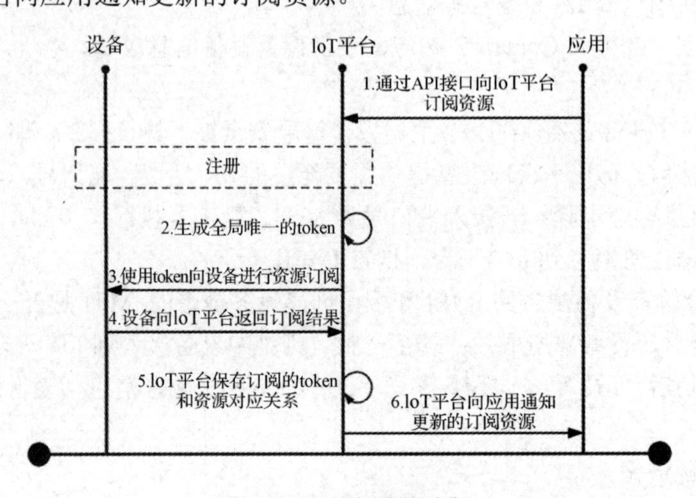

图 2-3-7　订阅资源流程

3. 数据上报流程

NB-IoT 设备在收到 IoT 平台下发命令或者资源订阅后，会上报命令响应或资源订阅消息，IoT 平台会调用编解码插件处理消息，并将消息推送到应用。数据上报流程（见图 2-3-8）具体描述如下。

① 设备以通知的形式上报二进制数据到 IoT 平台。

② IoT 平台调用编解码库解码二进制数据，组装解码后的消息为应用识别的 JSON 语言格式。

③ IoT 平台推送组装后的消息到应用。

④ IoT 平台调用编解码库对应答消息编码成设备识别的二进制数据。

⑤ IoT 平台向设备返回应答消息。

⑥ 设备返回 ACK 响应，表示已经收到应答消息。

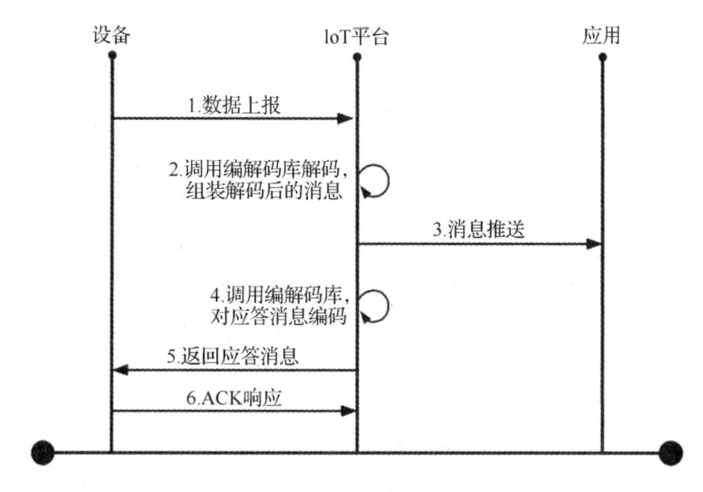

图 2-3-8 数据上报流程

4. 命令下发流程

IoT 平台支持命令立即下发和命令缓存下发。当应用要求 IoT 平台立即下发命令时，IoT 平台会在接收到命令后，立即下发命令到设备。当应用允许命令缓存下发时，根据缓存机制，进行命令下发。应用向 IoT 平台下发命令后，IoT 平台会根据命令携带 expireTime 参数，判断是立即下发命令还是缓存下发命令。若 expireTime=0，则立即下发命令；若 expireTime>0 或 expireTime 为 null，则缓存下发命令。

1）立即下发命令

立即下发命令流程（见图 2-3-9）具体描述如下。

① 应用向 IoT 平台下发命令，携带参数 expireTime=0。

② IoT 平台调用编解码库，对命令请求进行编码。

③ IoT 平台将编码后的命令下发到设备。

④ IoT 平台向应用返回“200 OK”响应，更新命令状态为 SENT，表示命令已经下发。

⑤ 设备上报 ACK 响应。

⑥ IoT 平台更新状态 DELIVERED 到应用。

⑦ 命令执行完成后，设备上报“205 Content”响应。

⑧ IoT 平台调用编解码库，对命令响应进行解码。

⑨ IoT 平台更新状态到应用并上报命令执行结果。若命令上报成功，则更新状态为 SUCCESSFUL；若命令上报失败，则更新状态为 FAIL。

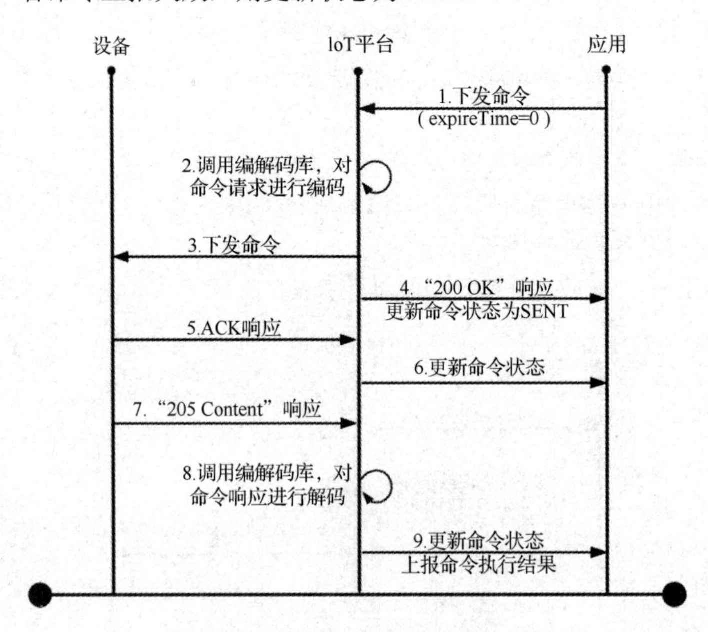

图 2-3-9 立即下发命令流程

2）缓存下发命令

缓存下发命令流程（见图 2-3-10）具体描述如下。

① 应用向 IoT 平台下发缓存命令，携带参数 expireTime>0 或 expireTime 为 null。

② IoT 平台判断是缓存命令还是下发命令，如果存在下列情况，则 IoT 平台会缓存命令：设备不在线、命令队列存在未完成命令、PSM。

③ IoT 平台调用编解码库，对要下发的命令进行编码。

④ IoT 平台将编码后的命令下发到设备。

⑤ IoT 平台向应用返回“200 OK”响应，更新命令状态为 SENT。

⑥ 设备上报 ACK 响应。

⑦ IoT 平台更新命令状态 DELIVERED 到应用。

⑧ 命令执行完成后，设备上报“205 Content”响应。

⑨ IoT 平台调用编解码库，对命令响应进行解码。

⑩ IoT 平台更新命令状态到应用并上报命令执行结果：若命令上报成功，则更新状态为 SUCCESSFUL；若命令上报失败，则更新状态为 FAIL。

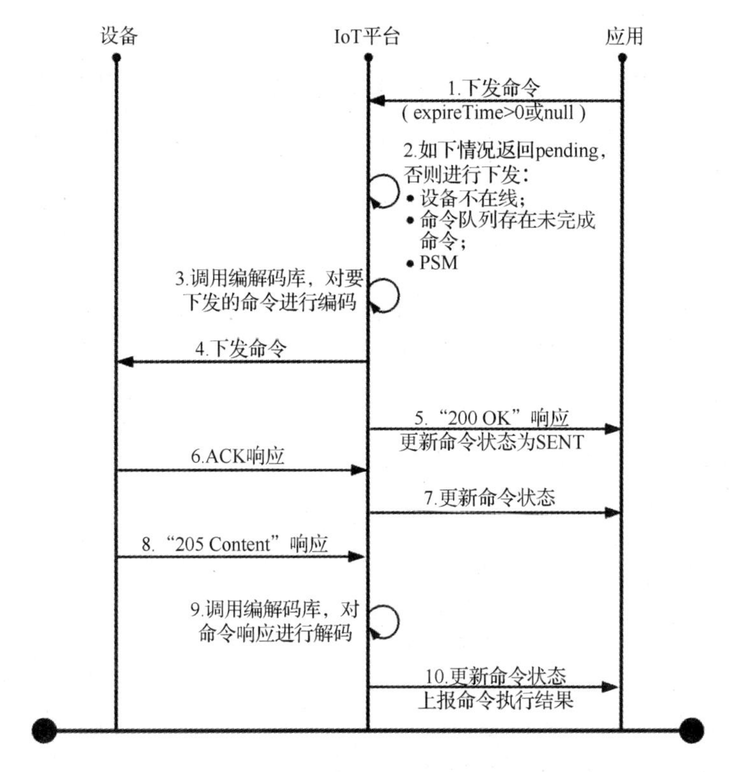

图 2-3-10　缓存下发命令流程

3.2　实验准备

1．实验目的

本实验的实验目的如下。

（1）了解华为物联网平台的功能。

（2）掌握编解码插件和 Profile 文件的开发方法。

（3）掌握 NB-IoT 终端接入物联网平台的基本操作。

2．实验要求

本实验要求在物联网平台上完成 Profile 和编解码插件的开发后，分别利用 UE 模拟器和真实设备实现同物联网平台的对接。

3．理论支撑

本实验涉及华为 OceanConnect 开发中心基本功能，主要是开发者 Portal 的使用、NB-IoT 终端设备在 OceanConnect 开发中心的注册流程、数据上报和命令下发流程、CoAP 协议框架。

4．软硬件支撑

本实验所需使用的硬件名称、在实验箱中的编号和所需数量，如表 2-3-3 所示。

表 2-3-3　项目 3 所需硬件

序号	项目		
	硬件名称	在实验箱中的编号	所需数量
1	天线	01	1
2	主板	08	1
3	SIM 卡	—	1
4	USB 转 TTL 线（micro 口）	18	1

本实验所需使用的软件名称及其说明如表 2-3-4 所示。

表 2-3-4　项目 3 所需软件

序号	软件名称	说明
1	Win7/8/10	操作系统
2	sscom51.exe	串口调试工具
3	CH341SER.exe	USB 转 TTL 线驱动程序（因操作系统的位数而不同）
4	OceanConnect 平台	包括 Profile 文件、编解码插件、UE 模拟器等

5．实验准备

1）硬件连线

步骤 1：从实验箱中取出如表 2-3-3 所列出的硬件。

步骤 2：将天线和 SIM 卡与主板相连。

步骤 3：将 USB 转 TTL 线（micro 口）连接计算机和主板。

步骤 4：在主板上的 JP3 处使用跳线帽进行串口选择设置，选择模式 3，如图 1-6-11（b）所示，完成如图 1-6-8（a）所示的串口连接关系。

步骤 5：拨通主板上的电源开关，给主板上电。

2）获取账号

本实验的实验准备除了硬件连线，还包括获取开发环境账号，具体包括以下对接信息。

① 设备对接的平台 IP 地址（49.4.85.232）和端口号（5683）（基于 CoAP 协议）。

② OceanConnect 开发中心的用户名和密码。

3.3 实验任务

3.3.1 基本实验任务

任务 1：登录华为 OceanConnect 开发中心

登录华为 OceanConnect 开发中心，如图 2-3-11 所示，输入正确的用户名、密码和验证码。

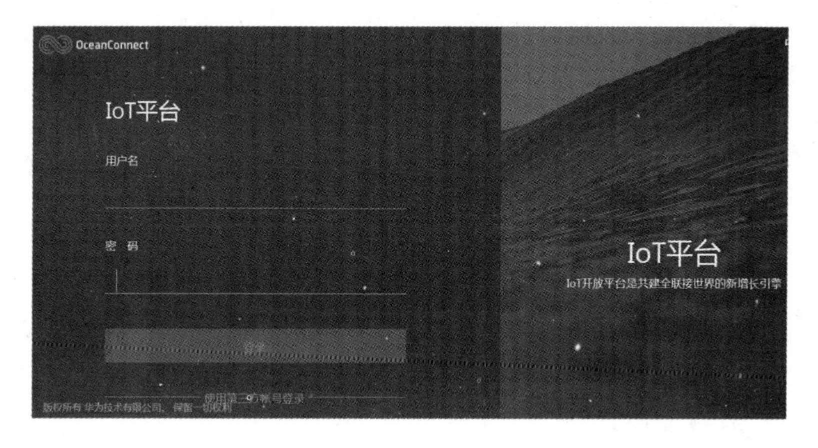

图 2-3-11　华为 OceanConnect 开发中心

任务 2：创建项目

如果在 IoT 平台上还未创建任何项目，在登录 OceanConnect 开发中心后，会提示先创建项目，如图 2-3-12 所示。

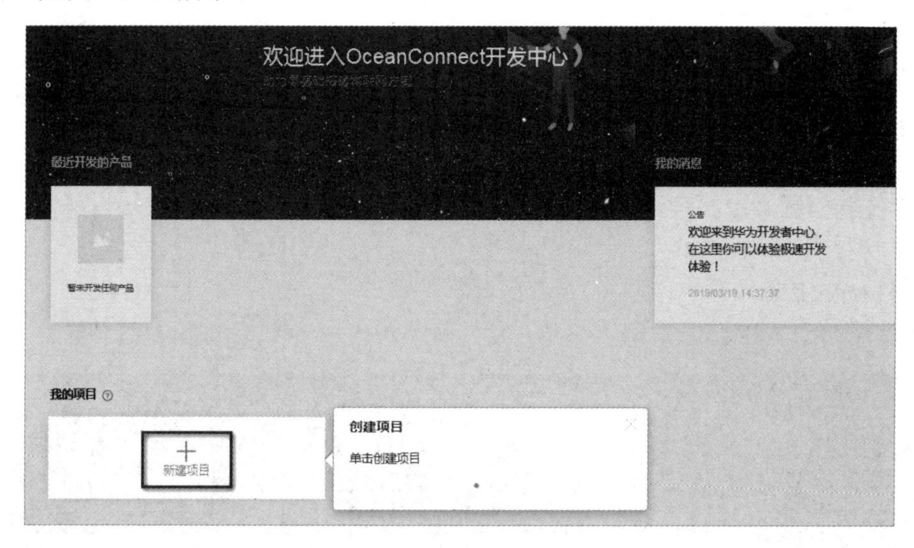

图 2-3-12　“创建项目”提示

如果 IoT 平台上已经存在项目，可以不用管它。

步骤 1：在图 2-3-12 中，单击“+新建项目”按钮。

步骤 2：在弹出的对话框中进行配置，如图 2-3-13 所示。

注意：图 2-3-13 中配置仅为参考示例，具体配置请以现网需求为准。

在图 2-3-13 中单击“确定”按钮后，IoT 平台会返回应用 ID 和应用密钥，如图 2-3-14 所示。请妥善保存该密钥，以便应用服务器接入平台时使用。如果忘记密钥，则可以通过 IoT 平台上的“对接信息”→“重置密钥”进行重置。

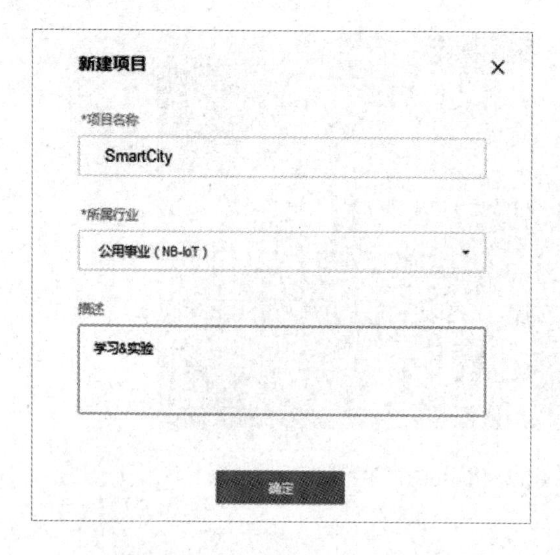

图 2-3-13 “新建项目”对话框

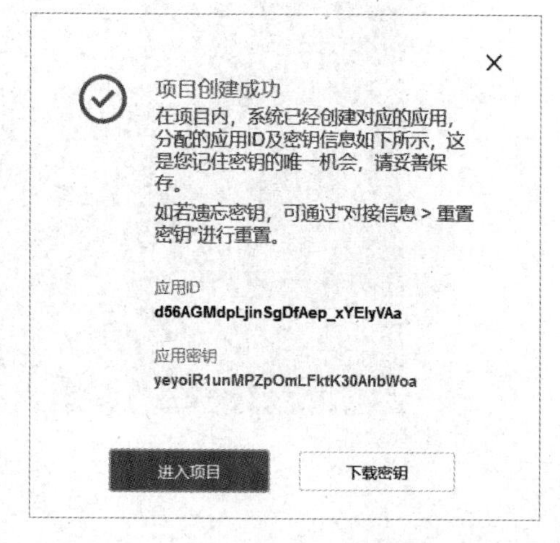

图 2-3-14 返回应用 ID 和应用密钥的对话框

任务 3：开发 Profile

1. 场景说明

智慧城市项目中有一款 NB-IoT 烟感设备，具有以下特征。

（1）具有烟雾报警功能（火灾等级）和温度上报功能。

（2）支持远程控制命令，可远程打开报警功能，如远程打开烟雾报警，提醒住户疏散。

（3）支持上报命令执行结果。

（4）协议类型：CoAP。

2. Profile 开发

步骤 1：进入项目后，选择“产品开发”→“新建产品”，如图 2-3-15 所示。

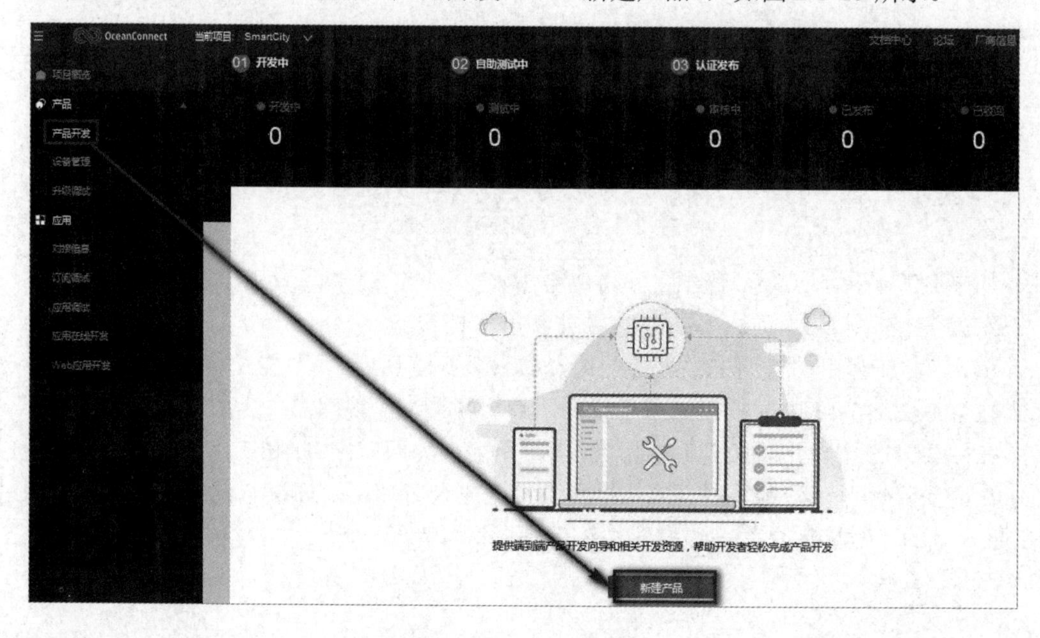

图 2-3-15 新建产品

在弹出的对话框中，选择“自定义产品”选项，并单击下方“自定义产品”按钮，如图 2-3-16 所示。

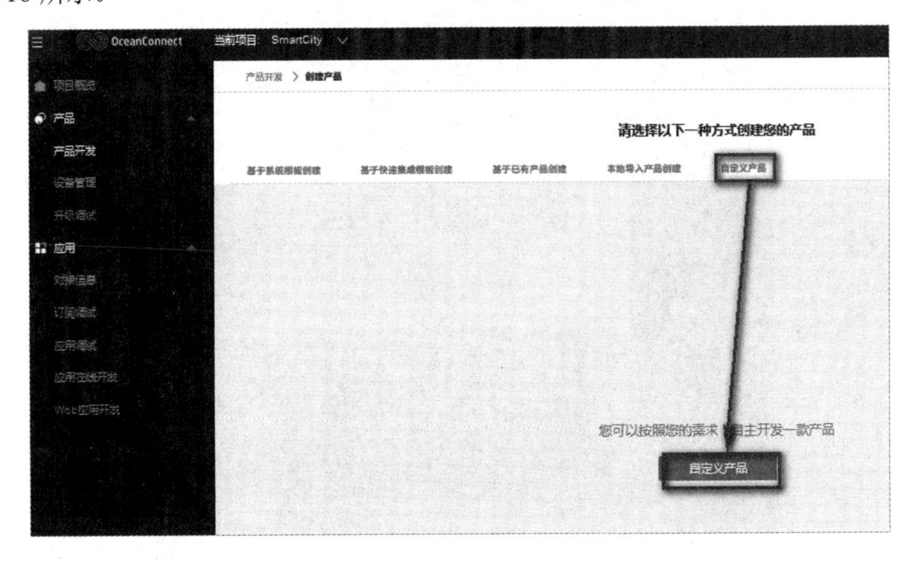

图 2-3-16　自定义产品

在弹出的对话框中，填写产品相关信息，如图 2-3-17 所示。注意：图 2-3-17 中配置仅为参考示例，具体配置以实际需求为准。

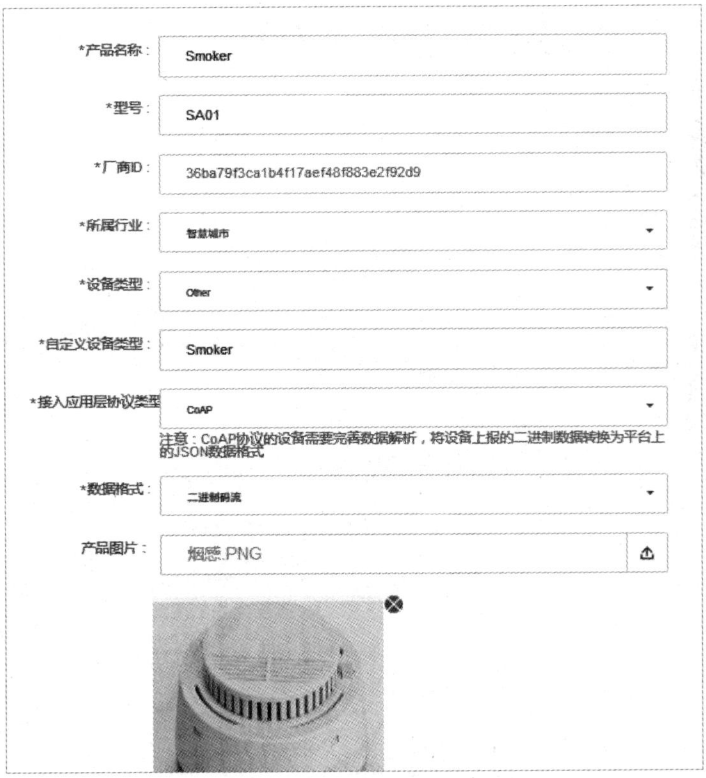

*产品名称：Smoker
*型号：SA01
*厂商ID：36ba79f3ca1b4f17aef48f883e2f92d9
*所属行业：智慧城市
*设备类型：Other
*自定义设备类型：Smoker
*接入应用层协议类型：CoAP
注意：CoAP协议的设备需要完善数据解析，将设备上报的二进制数据转换为平台上的JSON数据格式
*数据格式：二进制码流
产品图片：烟感.PNG

图 2-3-17　产品相关信息

单击“创建”按钮后，显示“产品创建成功”，如图 2-3-18 所示。

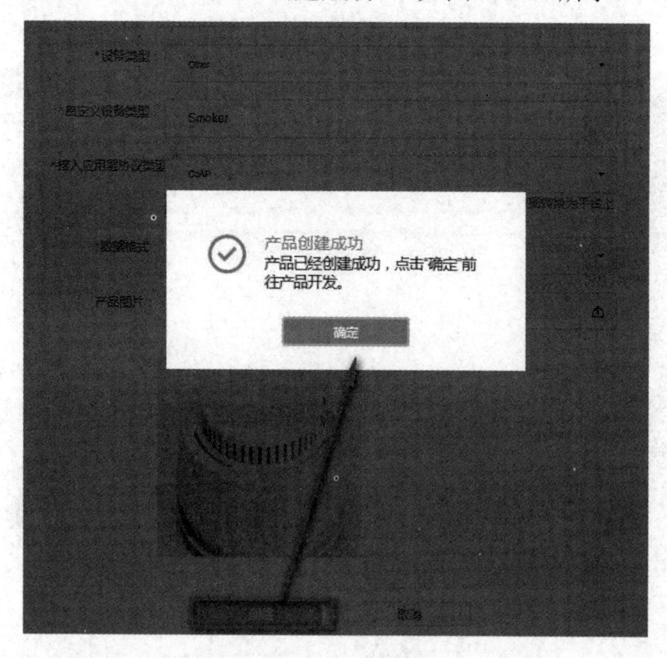

图 2-3-18　产品创建成功

单击图 2-3-18 中的“确定”按钮后，进入如图 2-3-19 所示界面。

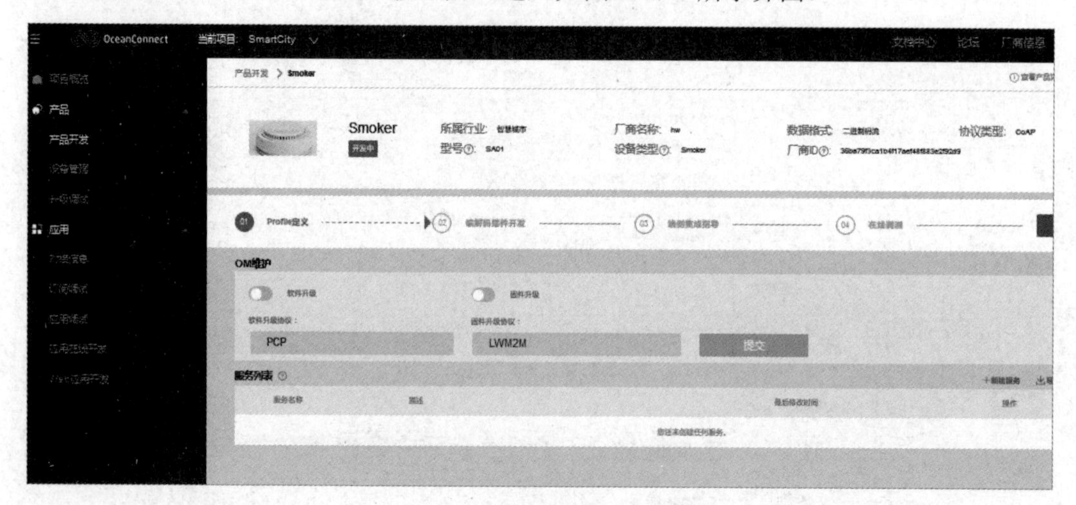

图 2-3-19　待开发的 Profile 文件

步骤 2：开始开发 Profile 文件。选择新创建的 Profile 文件，单击“+新建服务”，如图 2-3-20 所示。

在弹出的对话框中，设置服务名称等，如图 2-3-21 所示。

在图 2-3-21 中，单击“保存”按钮后，再在对话框中单击“属性列表”下方的“+新增属性”按钮，新增上报属性：level，如图 2-3-22 所示。

产品开发 > Smoker
Smoker
开发中
Profile定义
OM维护
软件升级
固件升级
PCP
LWM2M
服务列表
+新建服务
导出Profile
您还未创建任何服务。

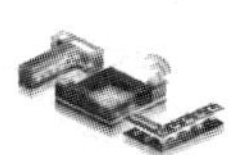

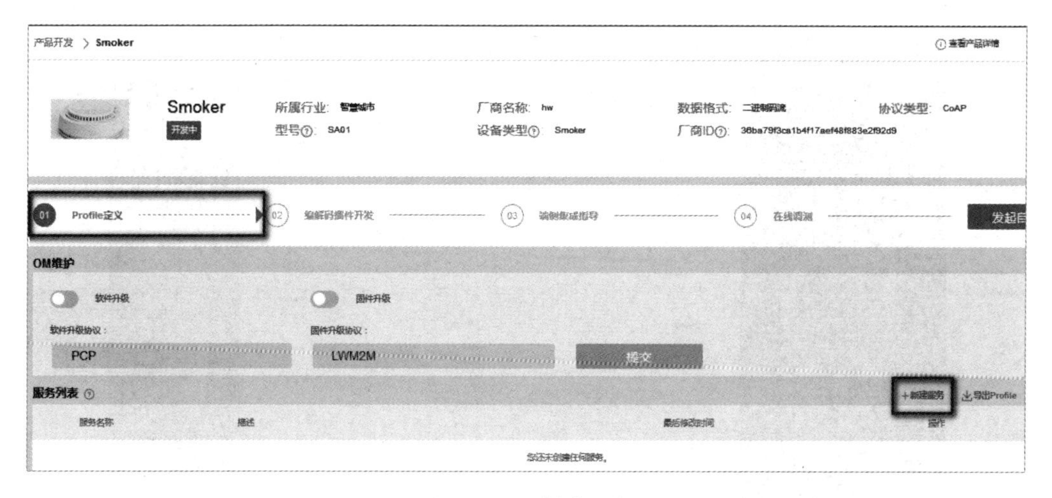

图 2-3-20　新建服务

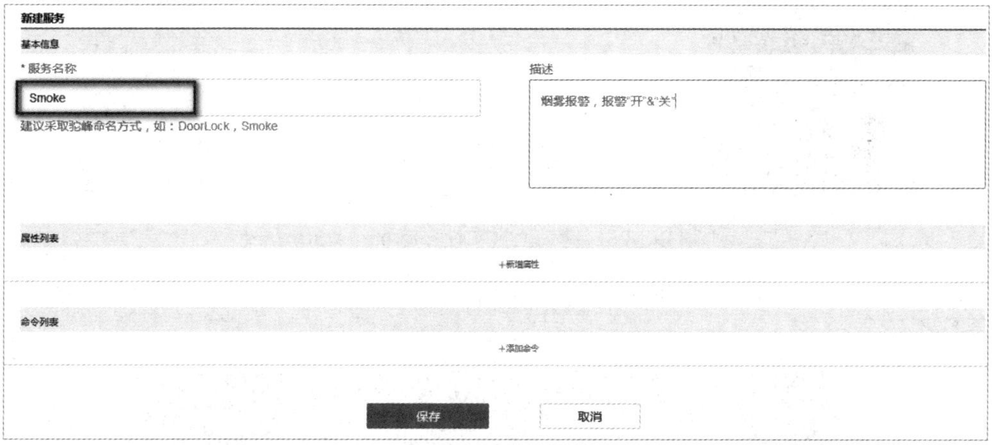

新建服务
基本信息
* 服务名称
Smoke
建议采取驼峰命名方式，如：DoorLock，Smoke
描述
烟雾报警，报警"开"&"关"
属性列表
+新增属性
命令列表
+添加命令
保存
取消

图 2-3-21　设置服务

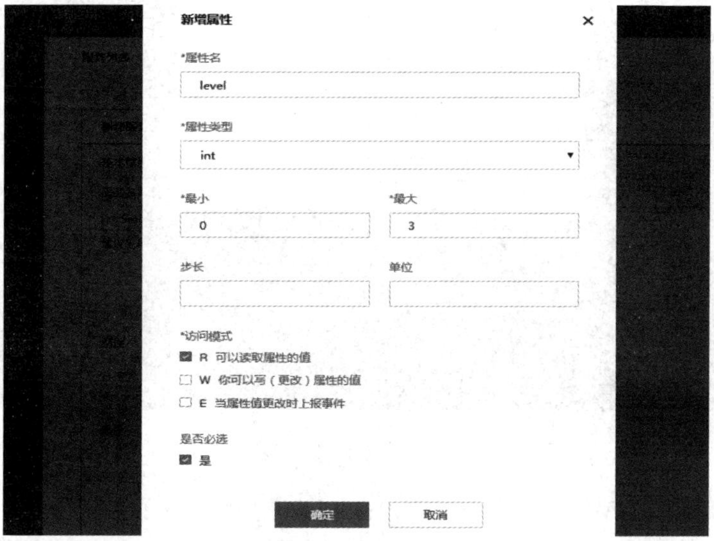

新增属性
*属性名
level
*属性类型
int
*最小
0
*最大
3
步长
单位
*访问模式
R 可以读取属性的值
W 你可以写（更改）属性的值
E 当属性值更改时上报事件
是否必选
是
确定
取消

图 2-3-22　新增上报属性：level

继续单击“+新增属性”按钮，新增上报属性：temperature，如图 2-3-23 所示。

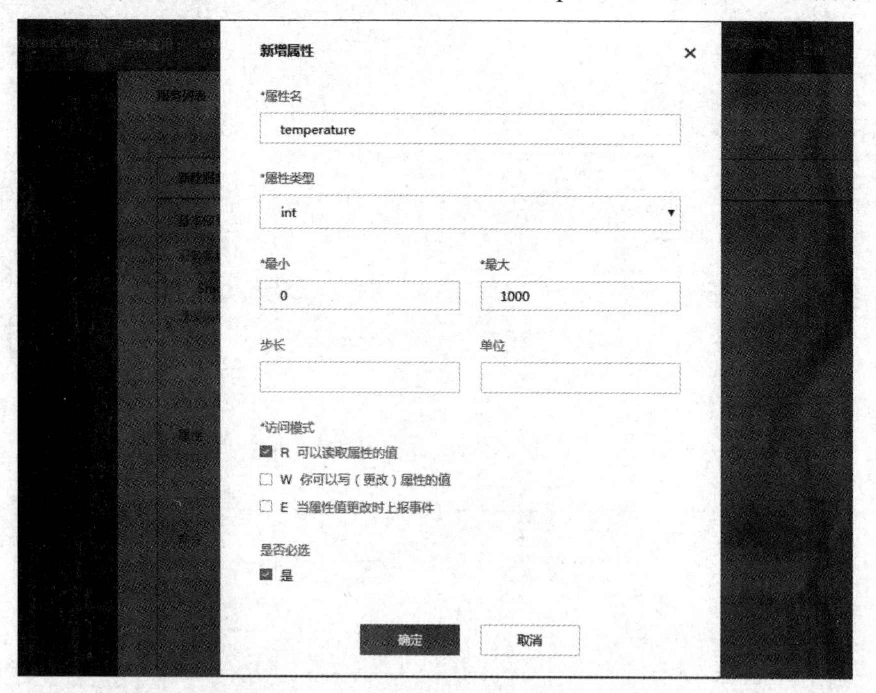

图 2-3-23　新增上报属性：temperature

单击“命令列表”下方的“+添加命令”按钮，新增下发命令：SET_ALARM，如图 2-3-24 所示。

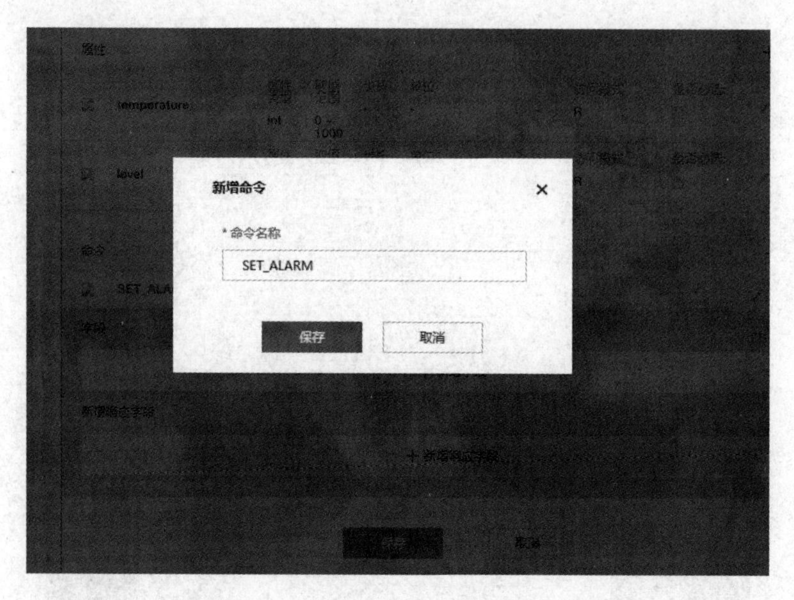

图 2-3-24　新增下发命令：SET_ALARM

新增“SET_ALARM”的下发命令字段：value，如图 2-3-25 所示。

新增“SET_ALARM”的响应字段：result，如图 2-3-26 所示。

新增字段
*字段名
value
*属性类型
int
*最小　0　*最大　1
步长　单位
是否必选
是
确定　取消

图 2-3-25　新增“SET_ALARM”的下发命令字段：value

图 2-3-26　新增“SET_ALARM”的响应字段：result

Profile 文件开发完成后具体结果及说明如图 2-3-27 所示。

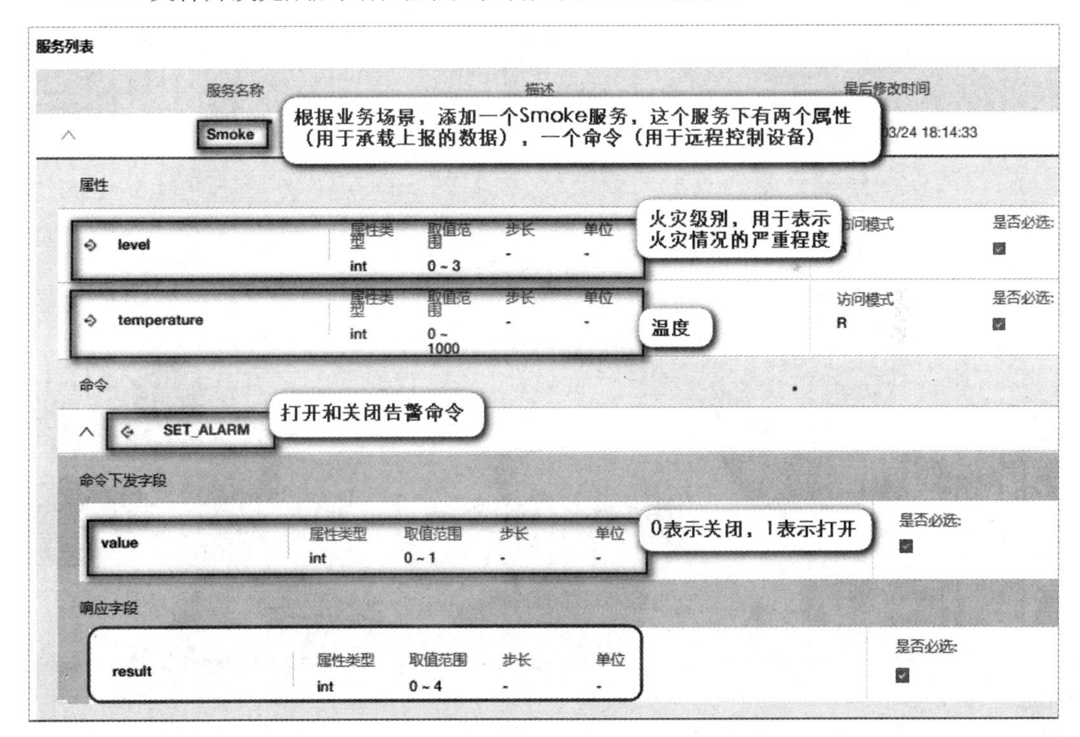

图 2-3-27　Profile 文件开发完成后具体结果及说明

任务 4：开发编解码插件

步骤 1：单击图 2-3-28 中的“02 编解码插件开发”按钮，继续进行编解码插件的开发。注意此时 Profile 文件已在插件开发界面的右侧呈现。

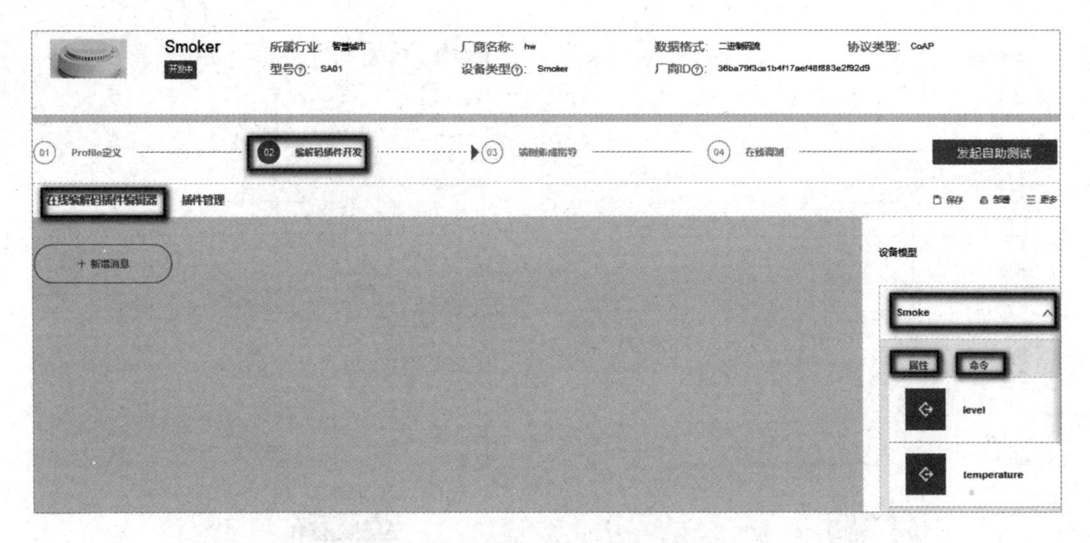

图 2-3-28　进入编解码插件开发环节

步骤 2：在图 2-3-28 中，单击“+新增消息”按钮，新建一条数据上报消息，如图 2-3-29 所示。

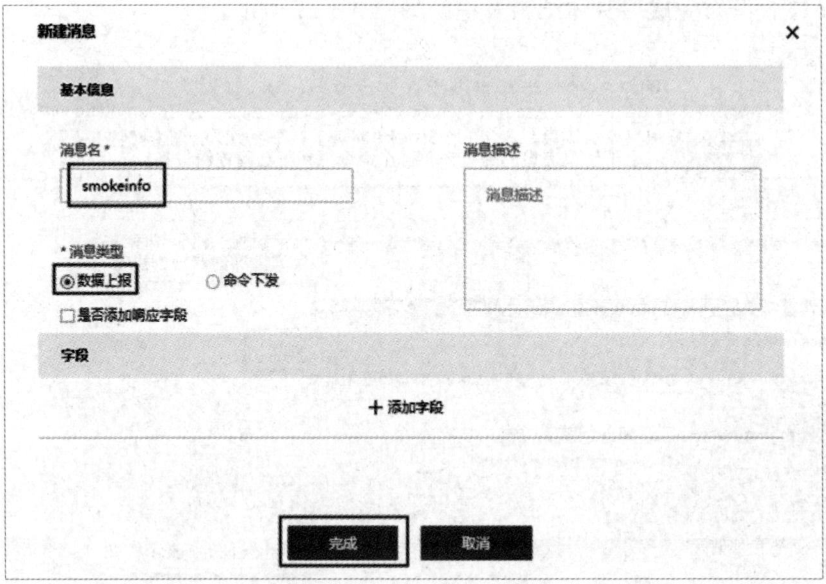

图 2-3-29　新建数据上报消息

在图 2-3-29 中，单击“+添加字段”按钮，添加第一个字段，表示 messageId，如图 2-3-30 所示。

在图 2-3-29 中，继续单击“+添加字段”按钮，添加第二个字段，表示上报的火灾等级（level），如图 2-3-31 所示。

在图 2-3-29 中，继续单击“+添加字段”按钮，添加第三个字段，表示温度（temperature），如图 2-3-32 所示。

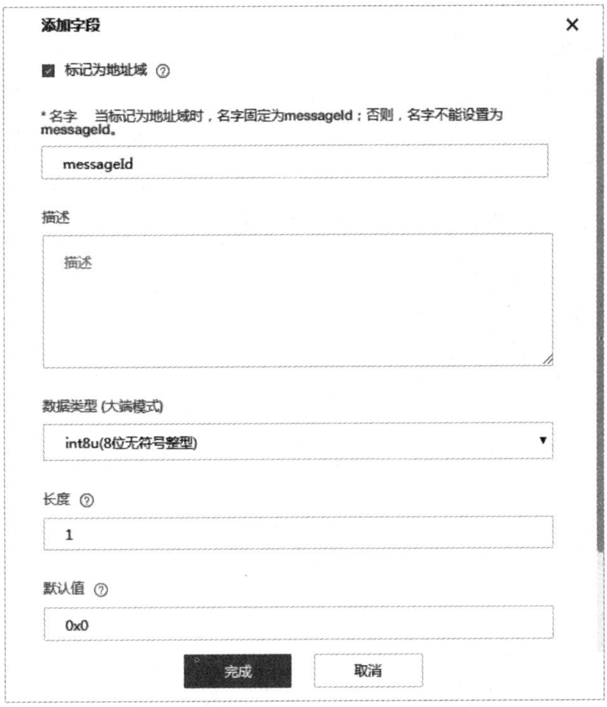

添加字段 ×

☑ 标记为地址域 ⓘ

* 名字　当标记为地址域时，名字固定为messageId；否则，名字不能设置为messageId。

messageId

描述

描述

数据类型（大端模式）

int8u(8位无符号整型) ▾

长度 ⓘ

1

默认值 ⓘ

0x0

完成　取消

图 2-3-30　为数据上报消息添加 messageId 字段

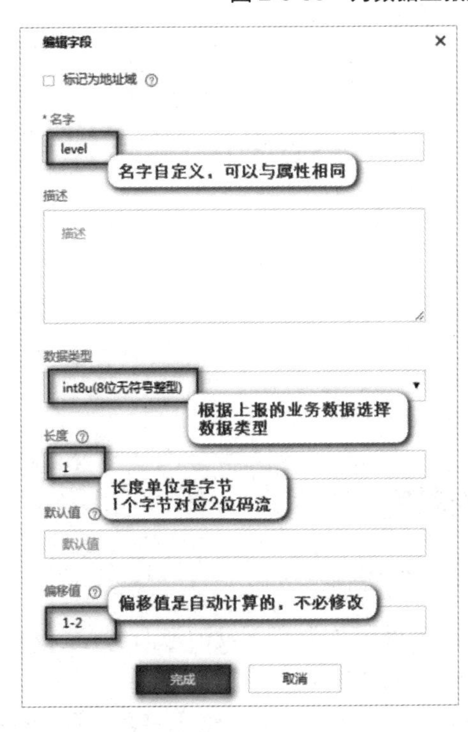

图 2-3-31　为数据上报消息添加 level 字段

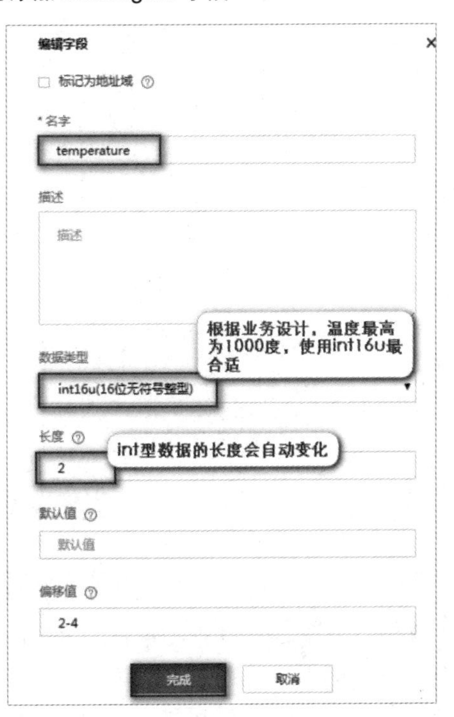

图 2-3-32　为数据上报消息添加 temperature 字段

步骤 3：拖曳右侧 Profile 文件的属性，与数据上报消息的字段建立映射关系，如图 2-3-33 所示。

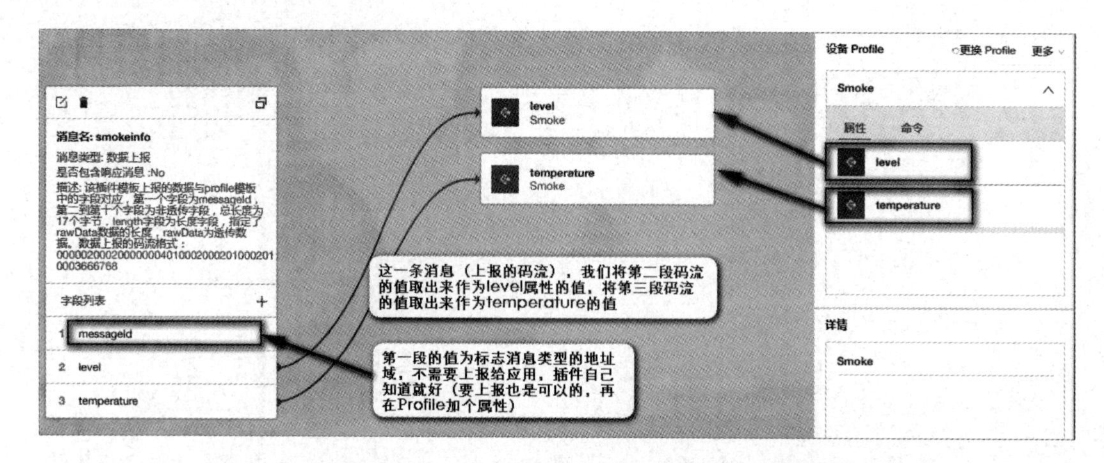

图 2-3-33　将数据上报消息字段与 Profile 文件的属性建立映射关系

步骤 4：在图 2-3-28 中，单击左侧“+新增消息”按钮，新建一条命令下发消息，如图 2-3-34 所示。在本场景中，设备会上报命令执行结果，需要勾选“是否添加响应字段”复选框。

新建消息

基本信息

消息名 *

SET_ALARM

消息描述

消息描述

* 消息类型

数据上报　命令下发

是否添加响应字段

字段

+ 添加字段

响应字段

+ 添加响应字段

完成　取消

图 2-3-34　新建命令下发消息

步骤 5：在图 2-3-34 中，单击“+添加字段”按钮，为命令下发消息添加 messageId 字段，如图 2-3-35 所示。如果设备仅支持一条命令，则可以不配置此字段。

在图 2-3-34 中，继续单击“+添加字段”按钮，添加 mid 字段，用于将命令和命令执行结果进行关联，如图 2-3-36 所示。

图 2-3-35　为命令下发消息添加 messageId 字段

图 2-3-36　为命令下发消息添加 mid 字段

在图 2-3-34 中，继续单击“+添加字段”按钮，添加 value 字段，表示告警的开关，如图 2-3-37 所示。

步骤 6：在图 2-3-34 中，单击“+添加响应字段”按钮，为命令执行结果添加 messageId 字段，如图 2-3-38 所示。命令执行结果为上行消息，需要通过 messageId 与数据上报消息进行区分。

在图 2-3-34 中，单击“+添加响应字段”按钮，添加 mid 字段，用于将命令和命令执行结果进行关联，如图 2-3-39 所示。

在图 2-3-34 中，继续单击“+添加响应字段”按钮，添加 result 字段，如图 2-3-40 所示。

在图 2-3-34 中，继续单击“+添加响应字段”按钮，添加 errcode 字段，用于表示命令执行结果。00 表示成功，01 表示失败，如果未携带该字段，则默认命令执行成功，如图 2-3-41 所示。

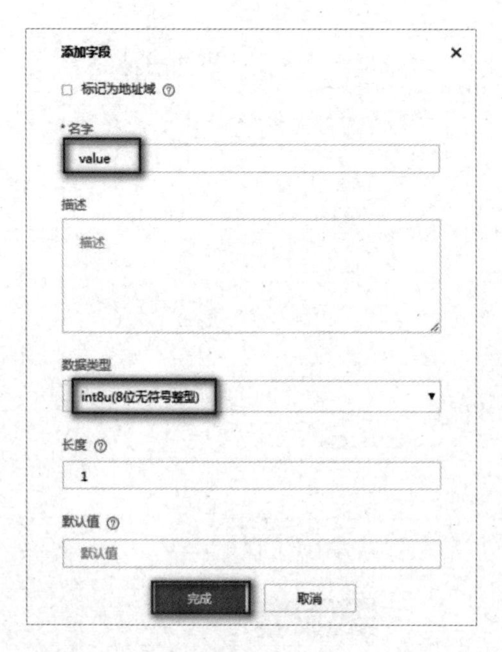

图 2-3-37　为命令下发消息添加 value 字段

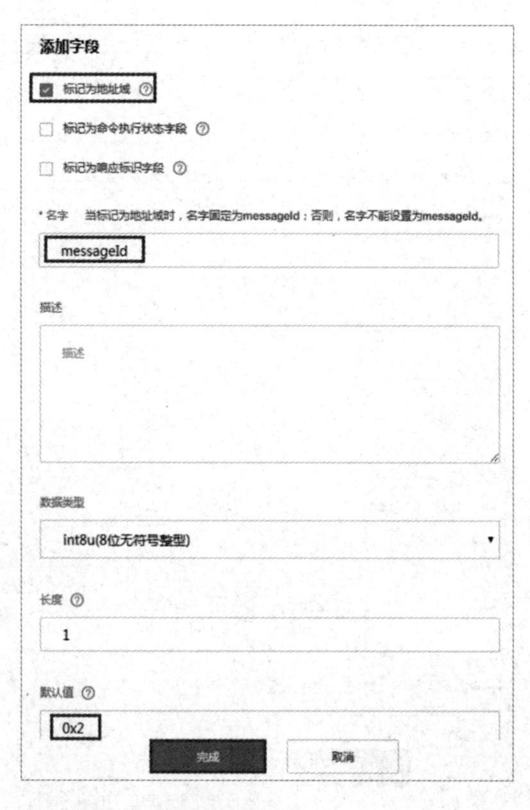

图 2-3-38　为命令执行结果添加 messageId 字段

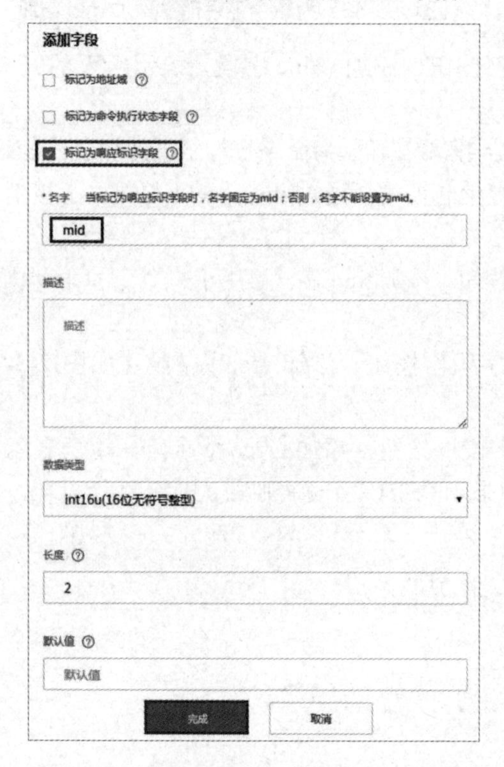

图 2-3-39　为命令执行结果添加 mid 字段

图 2-3-40　为命令执行结果添加 result 字段

图 2-3-41　为命令执行结果添加 errcode 字段

步骤 7：拖曳右侧 Profile 文件的命令，与命令下发消息及其命令执行结果的字段建立映射关系，如图 2-3-42 所示。

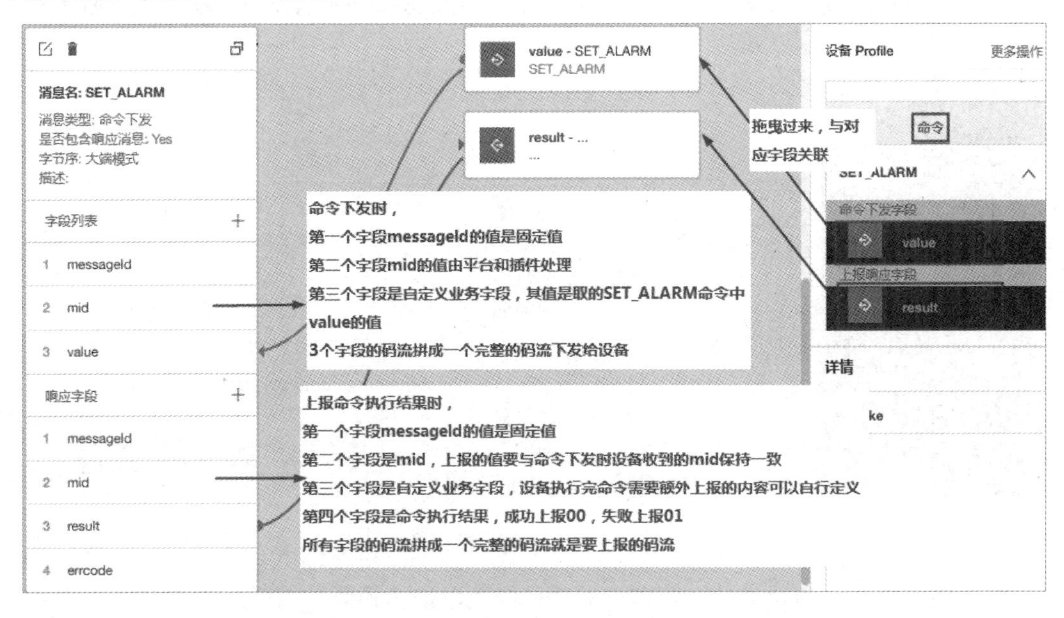

图 2-3-42　将命令下发消息字段与 Profile 文件建立映射关系

步骤 8：在图 2-3-43 中，单击右上角“保存”按钮，再单击“部署”按钮，保存和安装编解码插件，部署成功后提示：在线插件部署成功。

图 2-3-43　在线插件部署成功

3.3.2　基于 UE 模拟器的实验任务

任务 1：注册设备

注册虚拟设备的第一步是添加虚拟设备：在 SmartCity 项目中，首先在左侧位置单击“设备管理”按钮，然后单击右下角的“添加虚拟设备”按钮，如图 2-3-44 所示。

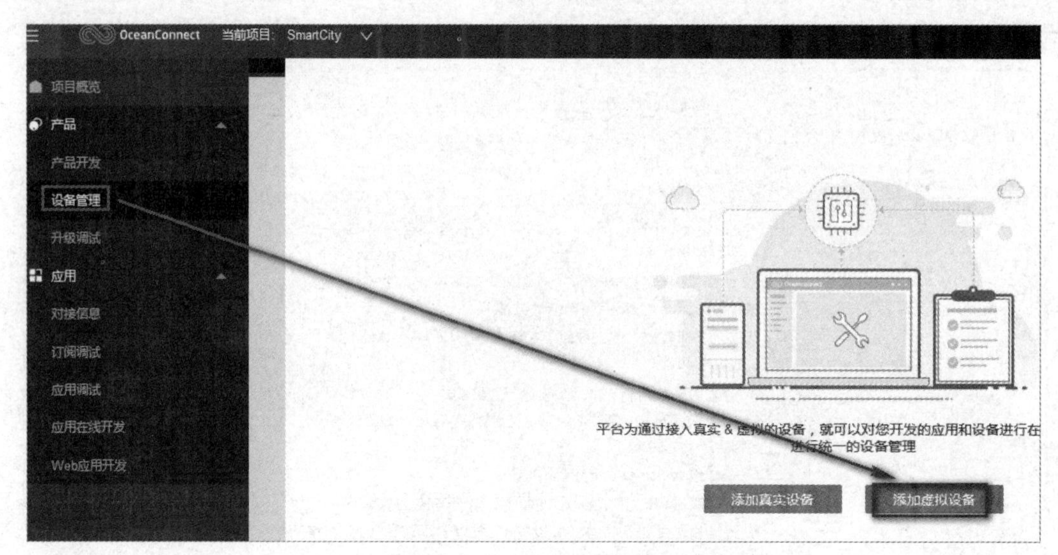

图 2-3-44　添加虚拟设备

弹出如图 2-3-45 所示对话框。在该对话框中，单击选择开发的产品（本例中产品名称为 Smoker）。

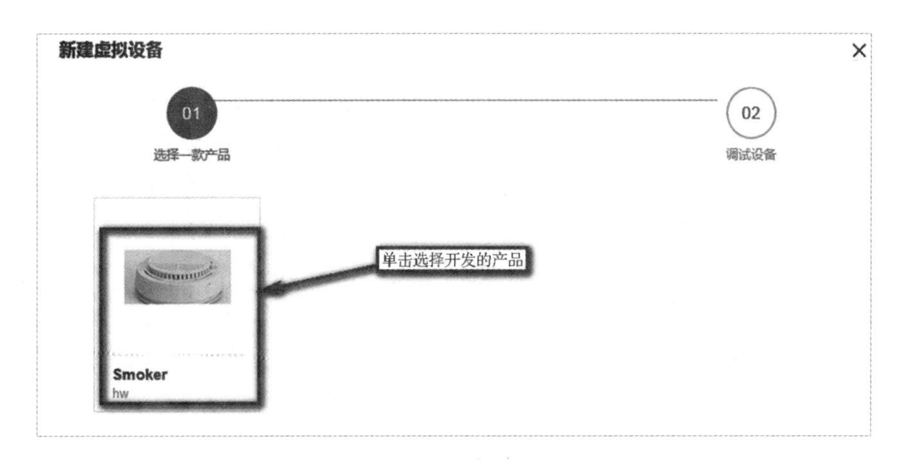

图 2-3-45　选择虚拟设备开发的产品

此时，虚拟设备注册成功，如图 2-3-46 所示。单击右上角的“×”按钮关闭对话框后，显示注册完虚拟设备的设备列表，如图 2-3-47 所示。

图 2-3-46　虚拟设备注册成功

图 2-3-47　注册完虚拟设备的设备列表

任务 2：设备数据上报

如果上报数据的设备是 NB-IoT 设备，IoT 平台在将消息推送到应用服务器或订阅的地址之前，会先调用编解码插件对消息进行解析。IoT 平台提供了设备模拟器（虚拟设备），可以模拟真实设备上报数据的场景。本节基于平台上的 NB-IoT 设备模拟器进行操作。

步骤 1：在图 2-3-47 中，单击虚拟设备右侧的“调试产品”按钮。

步骤 2：在弹出的对话框中进行设备数据上报操作（见图 2-3-48）：在右侧设备模拟器下方文本框中输入需要上报的码流，然后单击右下角“发送”按钮。在左侧的应用模拟器中可以接收到设备模拟器发送的数据。

图 2-3-48　在设备模拟器中进行数据上报

注意：本节基于 NB-IoT 设备进行说明，因此应用模拟器中显示的数据接收结果是经过编解码插件解析后的格式。

任务 3：命令下发

应用服务器需要调用 IoT 平台的命令下发接口，对设备下发控制指令。如果接收命令的设备是 NB-IoT 设备，那么 IoT 平台收到应用服务器下发的命令后，会先调用编解码插件进行转换，再发送给设备。

IoT 平台提供了应用模拟器，可以模拟应用服务器下发命令的场景。本节基于 IoT 平台上的应用模拟器进行操作。

步骤 1：在图 2-3-47 的设备列表中，单击虚拟设备右侧的“调试产品”按钮。

步骤 2：在弹出对话框左侧的应用模拟器窗口中，配置下发给设备的命令参数，单击“立即发送”按钮。在右侧的设备模拟器窗口中可以观察到设备收到的命令信息。同时，左侧的命令状态变为“已送达”，如图 2-3-49 所示。

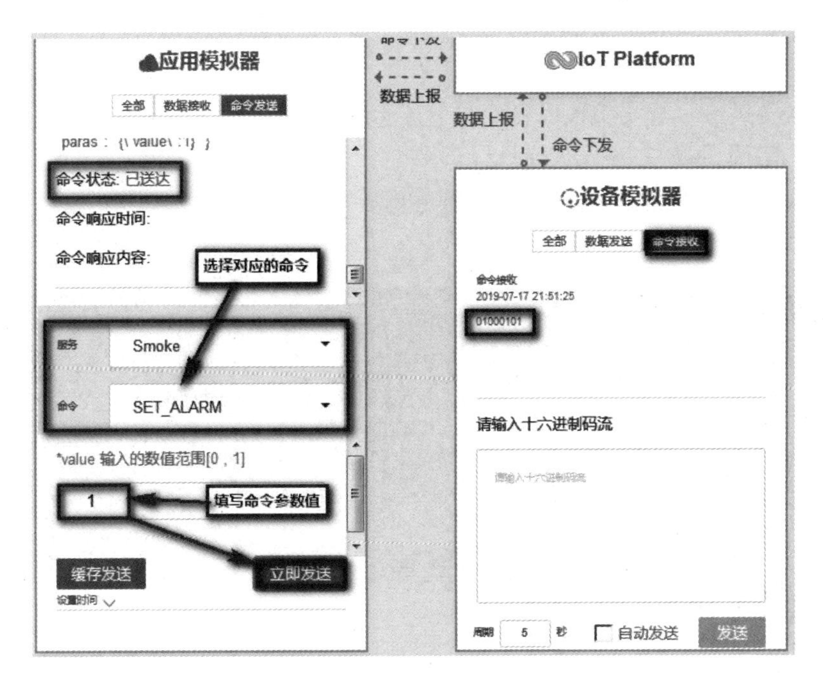

图 2-3-49　在应用模拟器中进行命令下发

注意：使用模拟器模拟设备，需要在上报数据后，立刻进行命令下发。

步骤 3：使用设备模拟器上报命令执行结果如图 2-3-50 所示。在右侧的设备模拟器中输入数据，以类似于上传数据方式（但数据格式不同）上报命令执行结果。然后，在左侧的应用模拟器中能够看到命令状态：执行成功。

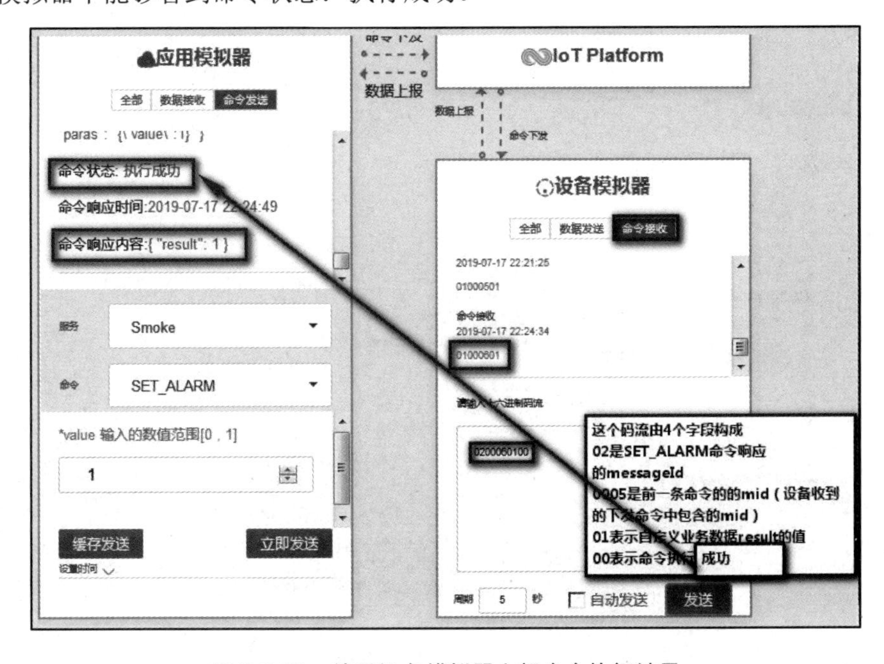

图 2-3-50　使用设备模拟器上报命令执行结果

3.3.3 基于真实设备的实验任务

与虚拟设备类似，真实设备也要先在平台上进行注册，然后才能对接。

任务 1：注册设备

在 SmartCity 项目中，首先在左侧位置单击“设备管理”按钮，然后单击右侧的“+新增真实设备”按钮，如图 2-3-51 所示。

图 2-3-51　新增真实设备

在弹出的对话框中，单击选择开发的产品（本例中产品名称为 Smoker），如图 2-3-52 所示。

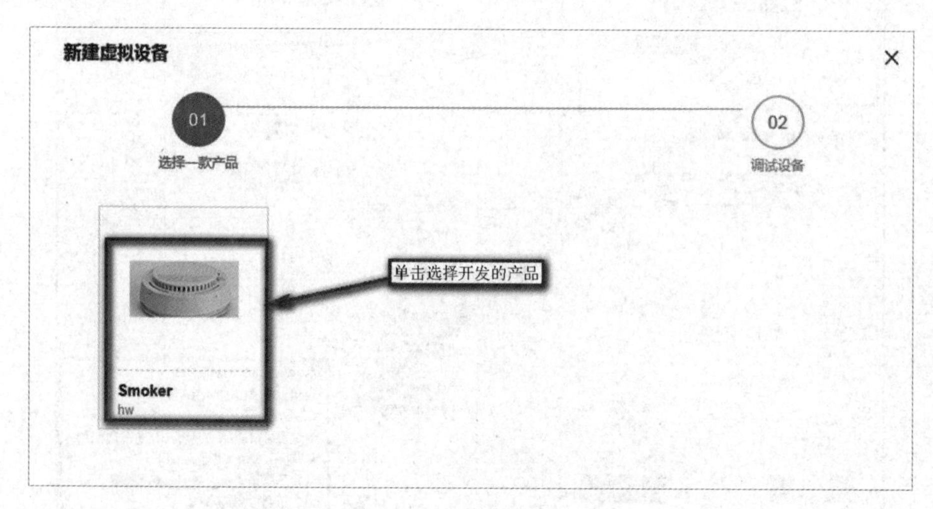

图 2-3-52　选择真实设备开发的产品

此时，真实设备注册成功，如图 2-3-53 所示。单击右上角的“×”按钮关闭对话框后，显示添加完真实设备的设备列表，如图 2-3-54 所示。注意：此时真实设备仍处于“离线”状态。

图 2-3-53　真实设备注册成功

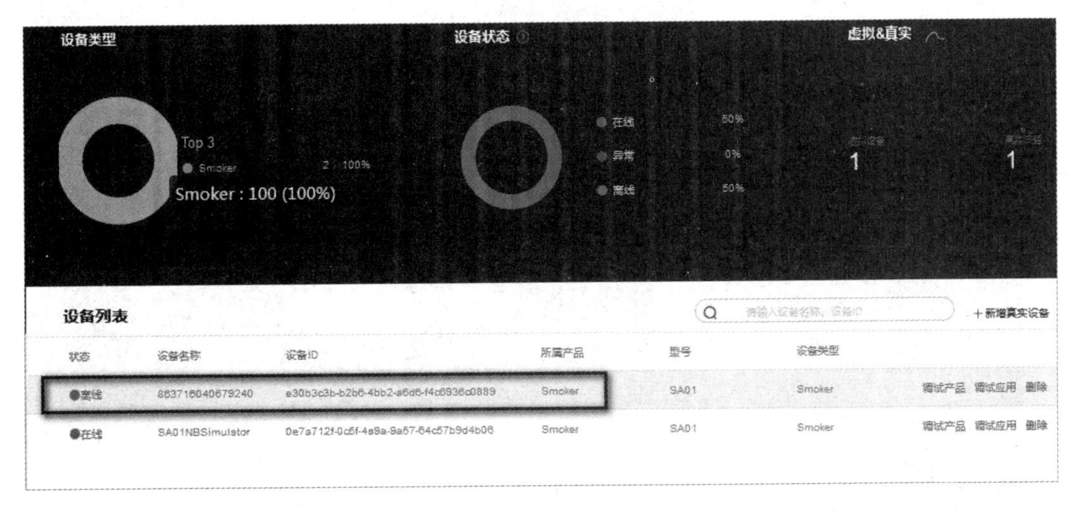

图 2-3-54　添加完真实设备的设备列表

在“应用”→“对接信息”中查询平台 IP 地址及端口号，如图 2-3-55 所示。

若该设备之前未曾在 IoT 平台上注册过，还要先完成项目 1 的注册过程，或者打开 sscom 串口调试工具，依次输入以下命令。

- AT+NRB
- AT+NCDP=49.4.85.232,5683
- AT+CFUN=1
- AT+CGATT=1
- AT+CGATT?

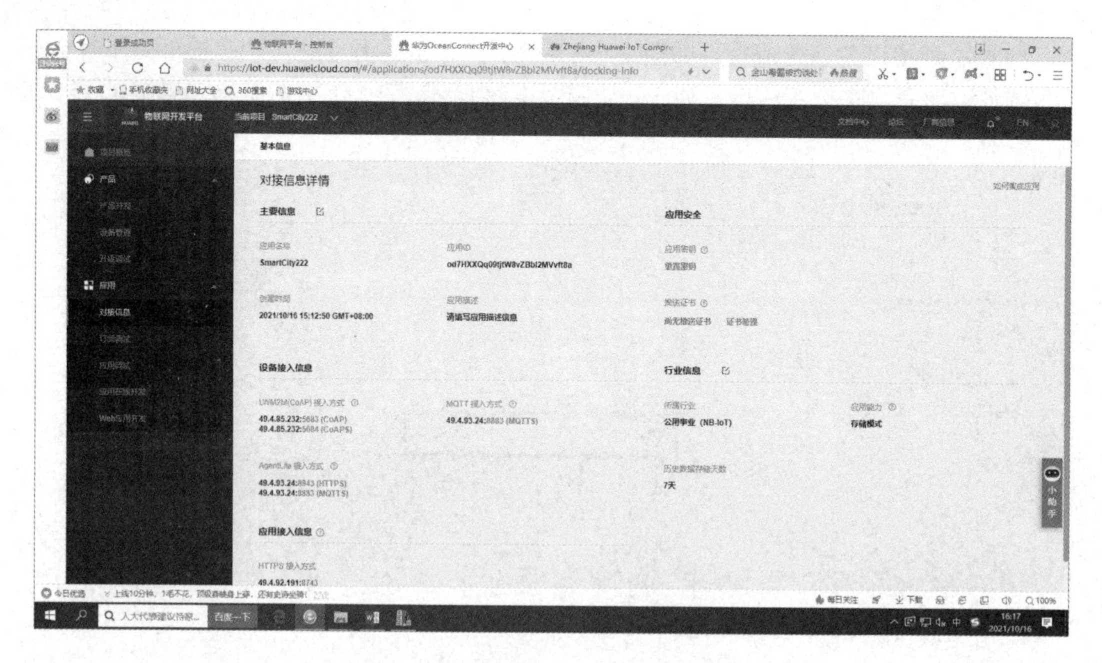

图 2-3-55　查询平台 IP 地址及端口号

再执行命令 AT+NMGS=2,0101，发送一个 2 字节数据“0101”至 IoT 平台。回到 IoT 平台，查看设备状态，已变为“在线”，如图 2-3-56 所示。

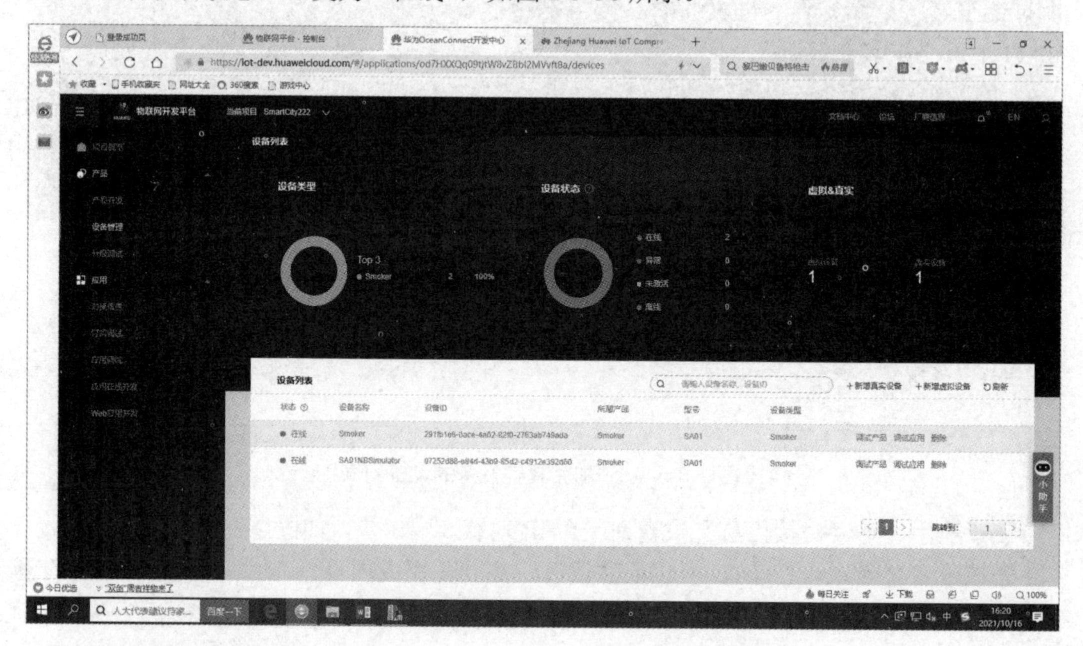

图 2-3-56　真实设备注册成功后的设备列表

任务 2：设备数据上报

步骤 1：在图 2-3-56 中，单击真实设备右侧的“调试产品”按钮，弹出如图 2-3-57 所示的对话框。

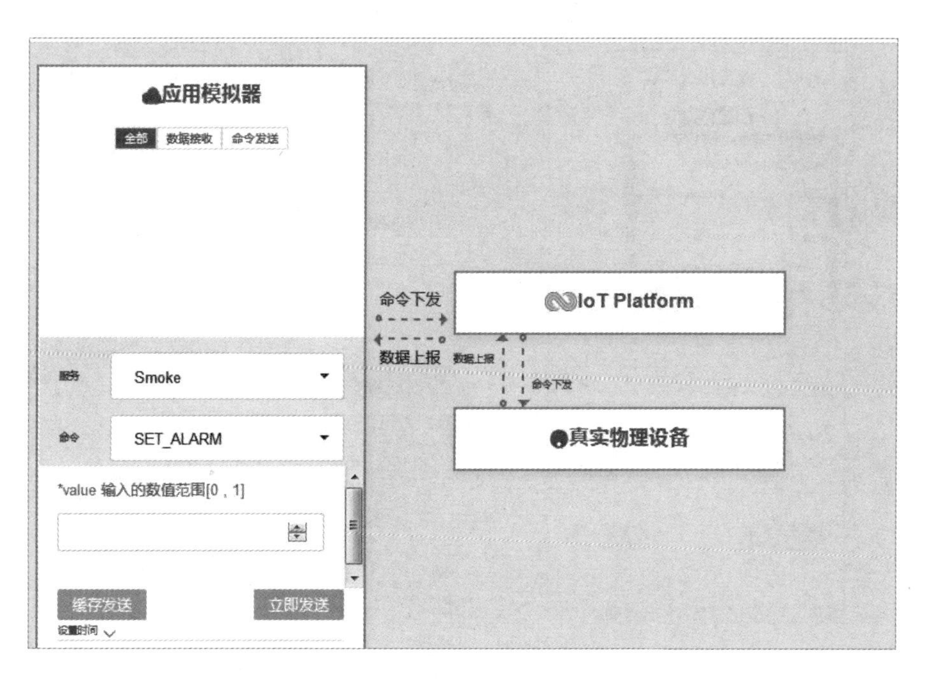

图 2-3-57　连接真实设备的平台调试对话框

步骤 2：在计算机的串口调试工具（sscom51.exe）对话框中选择正确的“串口号”和“波特率”后，单击“打开串口”按钮。在命令输入框中输入需要上报的码流，如图 2-3-58 所示，单击“发送”按钮。

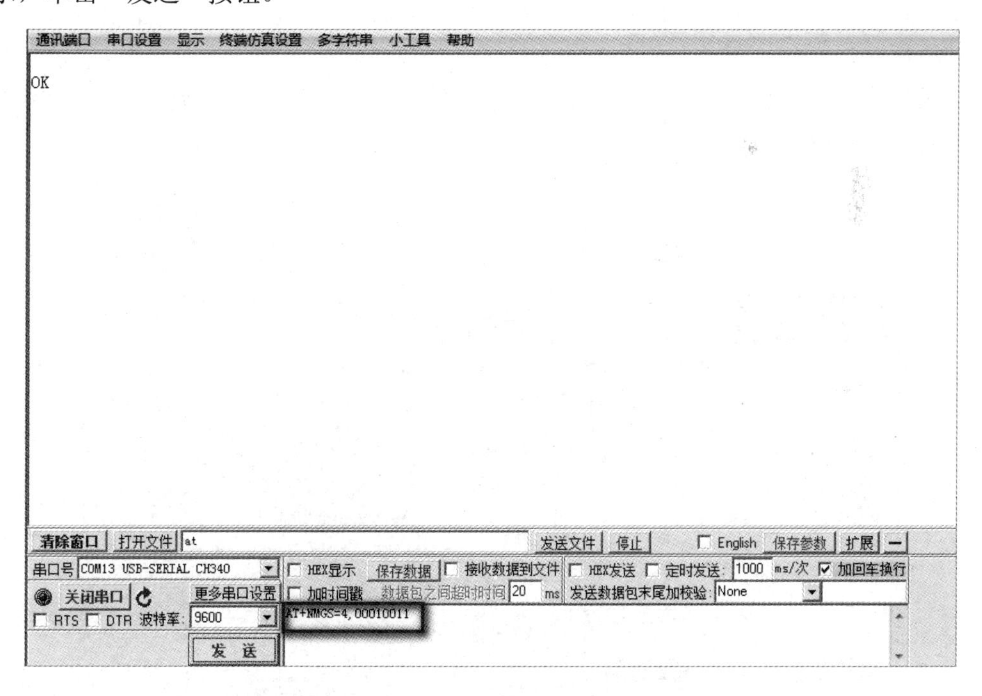

图 2-3-58　通过串口调试工具向 IoT 平台上报数据

在 IoT 平台的应用模拟器中可以收到真实设备上传的数据，如图 2-3-59 所示。

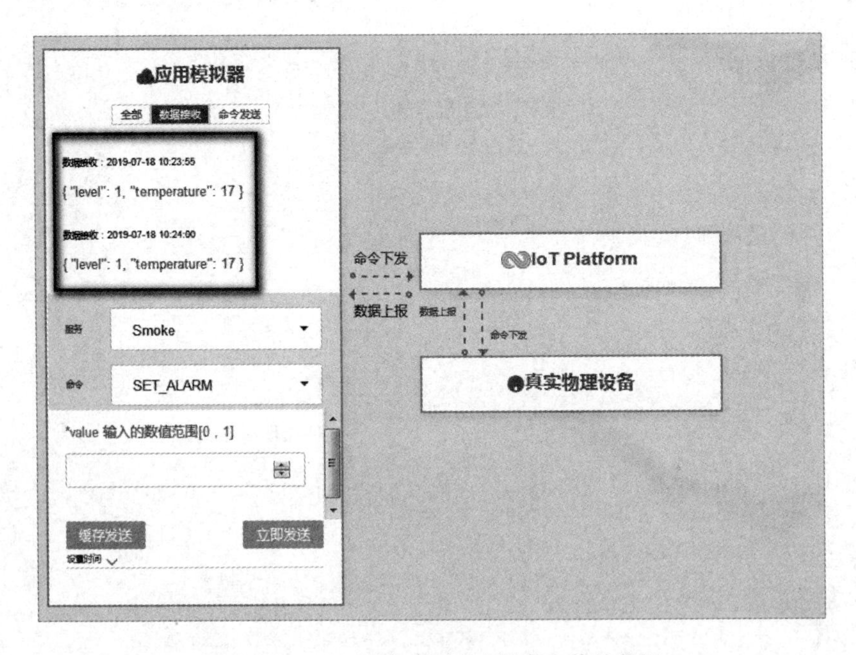

图 2-3-59　IoT 平台收到真实设备上传的数据

注意：本节基于 NB-IoT 设备进行说明，因此应用模拟器中显示的数据接收结果是经过编解码插件解析后的格式。

任务 3：命令下发

本节基于 IoT 平台上的应用模拟器进行操作，并通过串口调试工具对话框查看真实终端收到的数据。

在图 2-3-57 的应用模拟器对话框中，配置下发给真实设备的命令参数，单击“立即发送”按钮，同时命令状态变为“已送达”，如图 2-3-60 所示。

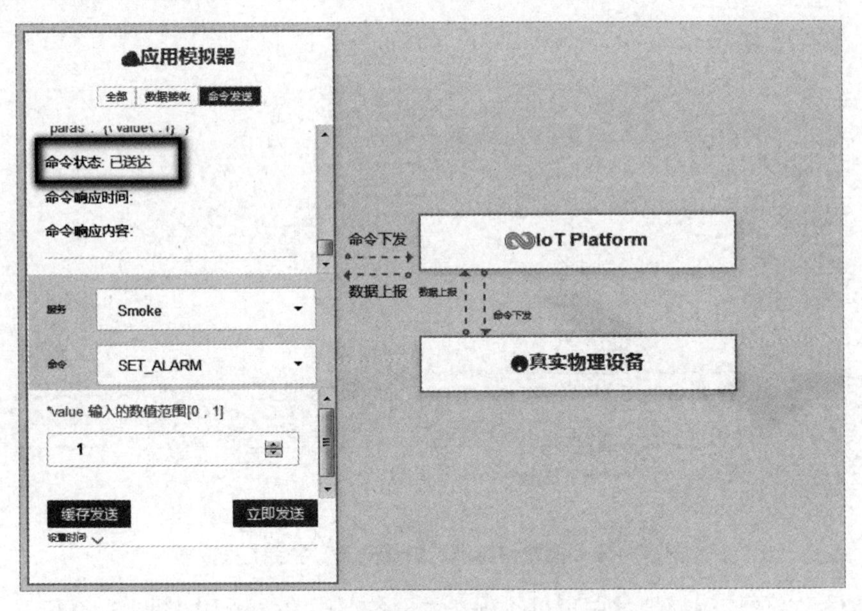

图 2-3-60　应用模拟器向真实设备下发命令

在串口调试工具对话框中，可以观察收到的命令信息，如图 2-3-61 所示。

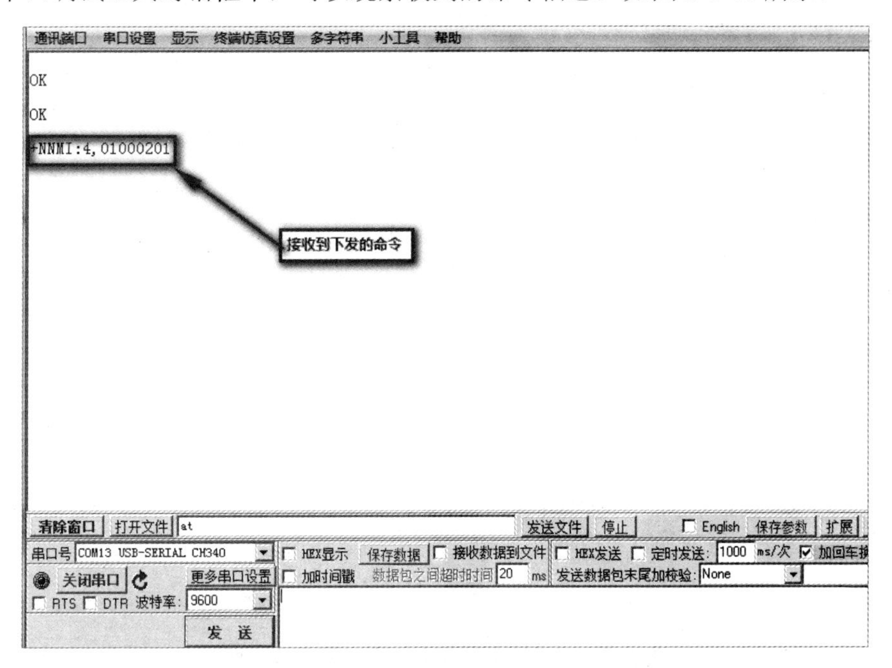

图 2-3-61　通过串口调试工具对话框查看 IoT 平台下发的命令

注意：需要在上报数据后，立刻进行命令下发。

3.4 任务执行结果解析

3.4.1 基于 UE 模拟器的执行结果

1．设备数据上报

基于 UE 模拟器的设备数据上报过程如图 2-3-62 所示，包含以下三个步骤。

（1）在模拟器中输入数据码流“00010001”，前四个二进制表示“level”为“1”，后四个二进制表示“temperature”为“1”。

（2）发送数据。

（3）在应用模拟器中收到上报的数据信息。

2．命令响应

基于 UE 模拟器的命令响应过程如图 2-3-63 所示，包含以下四个步骤。

（1）在应用模拟器中设置命令后，单击“立即发送”按钮。

（2）设备模拟器收到命令代码“01004301”，同时应用模拟器中可以看到命令状态：执行成功。

（3）在设备模拟器中输入命令响应数据“0200430100”后，单击“发送”按钮。

（4）应用模拟器收到命令响应内容。

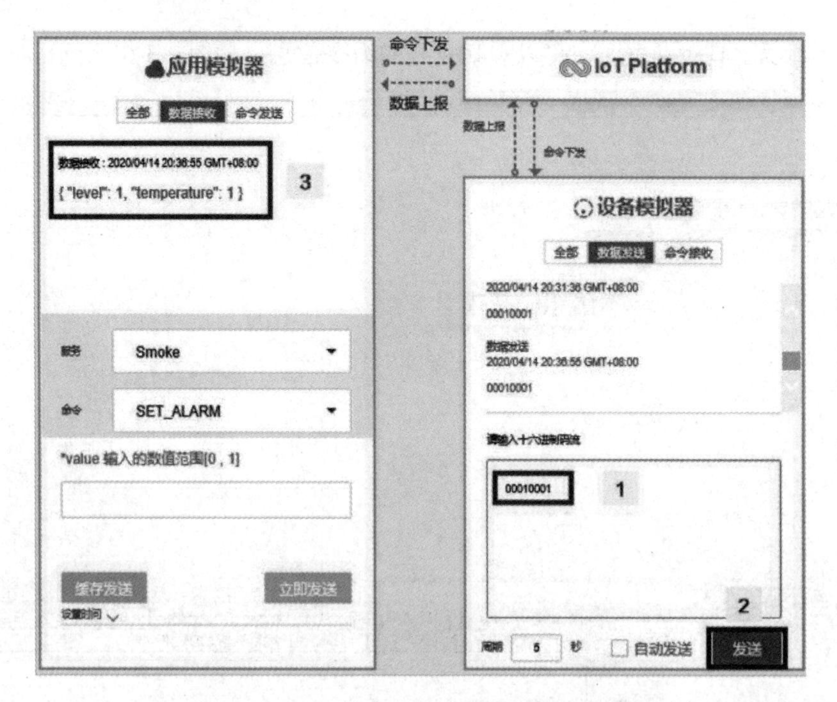

图 2-3-62　基于 UE 模拟器的设备数据上报过程

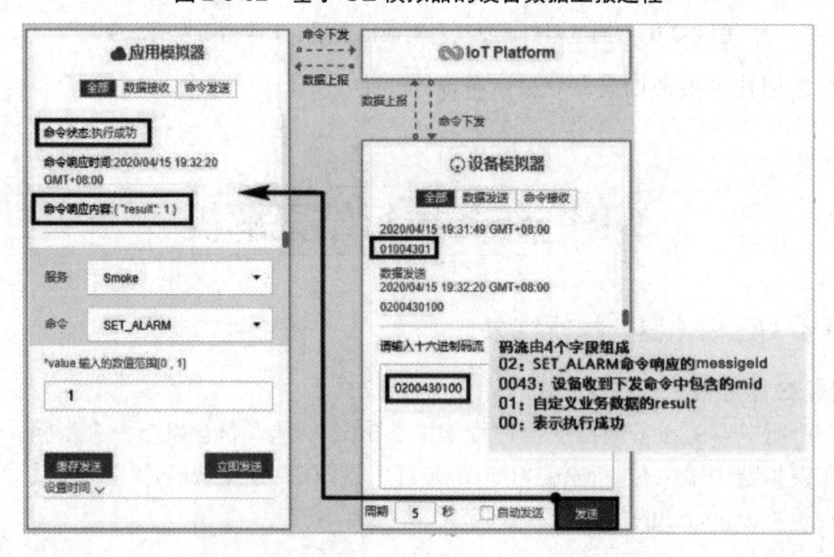

图 2-3-63　基于 UE 模拟器的命令响应过程

3.4.2　基于真实设备的执行结果

1．设备数据上报

基于真实设备的数据上报过程如图 2-3-64 所示，包含以下四个步骤。

（1）在计算机串口调试工具对话框的命令输入框中输入命令“AT+NMGS=4,00010001”。

（2）单击串口调试工具对话框下方的“发送”按钮。

（3）串口调试工具对话框的显示窗口显示已发送的命令和应用模拟器的接收状态为“OK”。

（4）应用模拟器收到上报的数据信息。

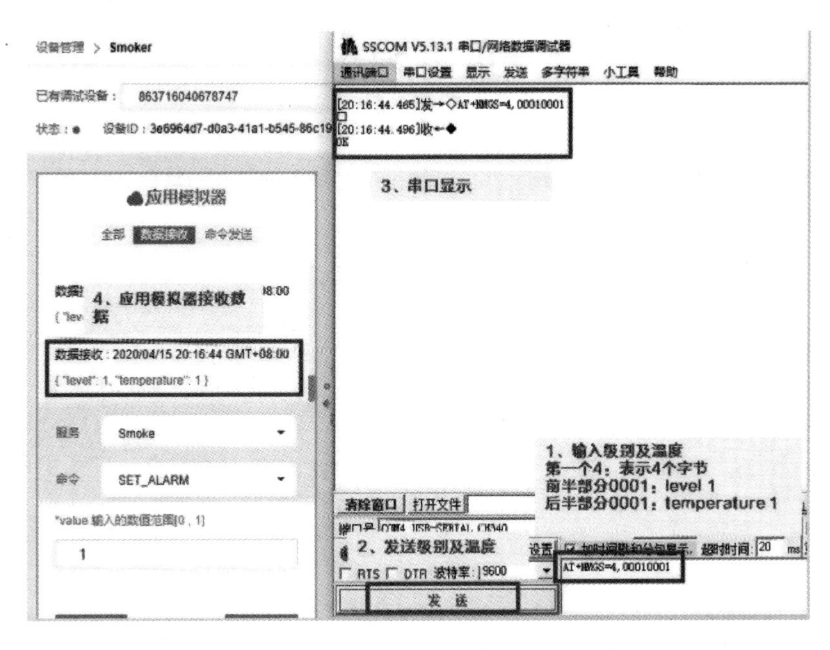

图 2-3-64 基于真实设备的数据上报过程

2. 命令响应

基于真实设备的命令响应过程如图 2-3-65 所示，包含以下三个步骤。

（1）在应用模拟器中设置命令后，单击“立即发送”按钮。

（2）在应用模拟器中可以看到命令状态：已送达。

（3）串口调试工具对话框的显示窗口显示收到的命令“NNMI:4,01000201”。

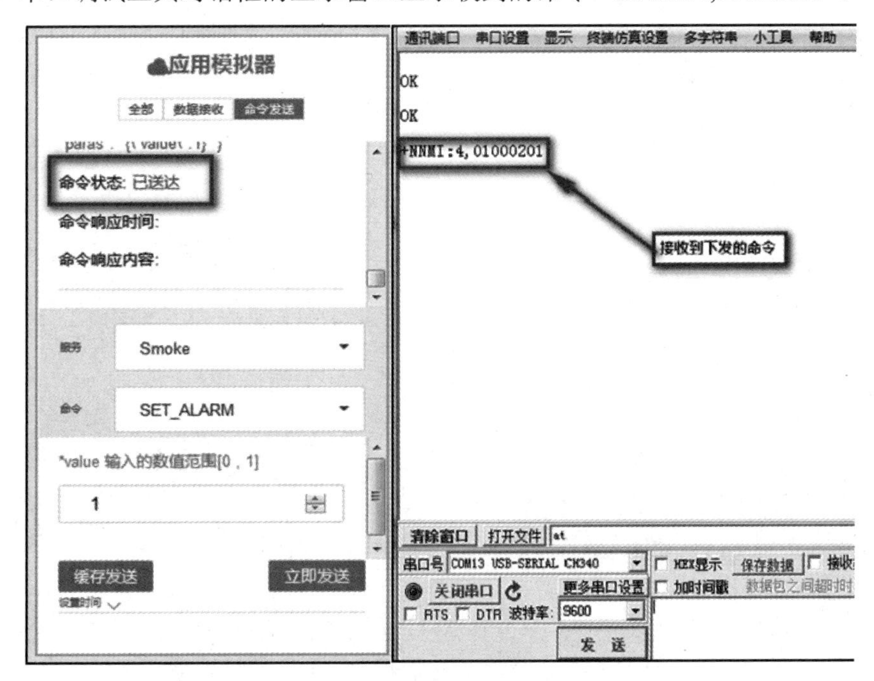

图 2-3-65 基于真实设备的命令响应过程

思考题 3

在本项目的 3.3.2 节和 3.3.3 节的任务 3 中，命令状态为“已送达”，如何操作才能使命令状态变为“执行成功”？

项目4 终端日志分析

4.1 必备知识

4.1.1 开机流程

开机流程的过滤关键字：

EMMSM_INIT||RRC_INIT||PDH_INIT||SIM_INIT||MN_INIT||USIM_READ

开机流程的关键信息：

（1）EMMSM_INIT_REQ 是 MN 下发给 NAS 的开机请求。

（2）EMMSM_INIT_CNF 是 NAS 回复 MN 开机确认消息。

（3）PDH_INIT_REQ 是 MN 下发给 PDH 开机请求。

（4）RRC_INIT_REQ 是 NAS 下发给 RRC 开机请求。

（5）RRC_INIT_CNF 是 RRC 回复 NAS 开机确认消息。

（6）SIM_INIT_REQ 是 MN 下发 SIM 开机请求。

（7）SIM_INIT_CNF 是 SIM 回复 MN 开机读卡确认消息。

（8）USIM_READ_PART_1_DATA_CNF 可以查看 SIM 卡读取内容，在工具右侧"Detail"选项卡中。

（9）MN_INIT_IND 是 MN 回复 AT 开机成功，这里说明 NAS 层开机完成，表示可以开始搜索网络。

4.1.2 搜网流程

搜网流程就是指本书第 1 部分 NB-IoT 基础理论篇 5.2 节所讲的小区搜索/小区选择/PLMN 选择的过程。除了 5.2 节所讲内容，这里再补充几点说明。

（1）如果通过 AT 指令锁频，则只搜索配置的频点。

（2）当频点搜索时，首先搜到主同步信号 NPSS，有效的辅同步信号 NSSS 中会携带小区 ID。

（3）获取的 SIB1 中有 PLMN，与 NAS 下发的 PLMN 进行比较，如果不匹配就搜索下一个频点。

（4）频点搜索，按顺序：存储（存储器里存储的上次成功驻留的频点，仅有一个）、先验（内存里的历史存储频点，有 5 个，下电丢失）、频点。

搜网主流程的过滤关键字：

RRC_CELL_SELECT||LL1_FREQ_SEARCH||ASN||RRC_DBG_CELL_SUITABILITY

搜网主流程的关键信息：

（1）RRC_CELL_SELECT_REQ 是 NAS 下发的 RRC 选网请求。

（2）LL1_FREQ_SEARCH_REQ 是 RRC 下发的 LL1 搜网请求。

（3）LL1_FREQ_SEARCH_CNF 是上报给 RRC 的搜索结果。

（4）RRC_DBG_CELL_SUITABILITY 是 RRC 层判断是否适合驻留。

（5）RRC_CELL_SELECT_CNF 是 RRC 上报 NAS 选网结果。

（6）RRC_DBG_ASN 是 RRC 读取的 MIB/SIB 信息。

小区选择流程的过滤关键字：

RRC_CELL_SELECT||LL1_FREQ_SEARCH||ASN||RRC_DBG_CELL_SUITABILITY

关于小区选择流程说明如下。

（1）频率搜索。

LL1_FREQ_SEARCH_REQ 是 RRC 下发物理层（LL1）的搜网请求。可以在 RRC_CELL_SELECT_REQ 对应的详细信息里查看搜索类型，如图 2-4-1 所示。注意：这里的 CCS（Cross Cluster Search，跨集群搜索）代指慢搜，而 SCS（Single Cluster Search，单个集群内搜索）代指快搜。

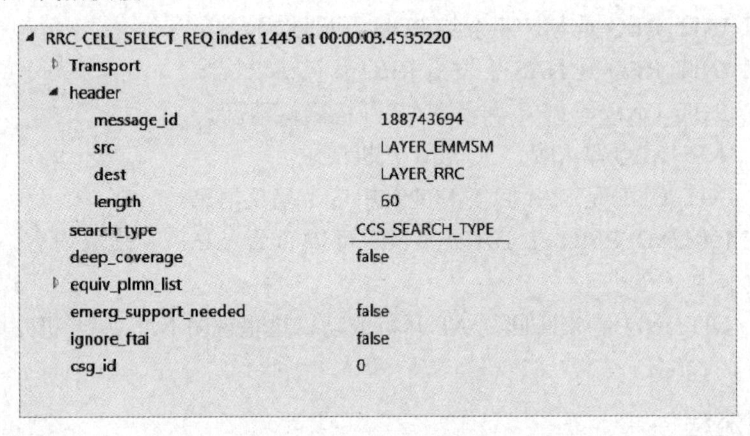

图 2-4-1 RRC_CELL_SELECT_REQ 信息

（2）频率搜索结果。

频率搜索最终可以找到选定频点可用的小区信号（这里只是 UE 被动监听基站的广播信号），在 LL1_FREQ_SEARCH_CNF 中可以看到。如图 2-4-2 所示，在 2506 号中心频点（Band5）搜到一个小区，物理小区标识 phy_cell_id=227，接收信号强度 rsrp=-809，接收信号质量 rsrq=-108。

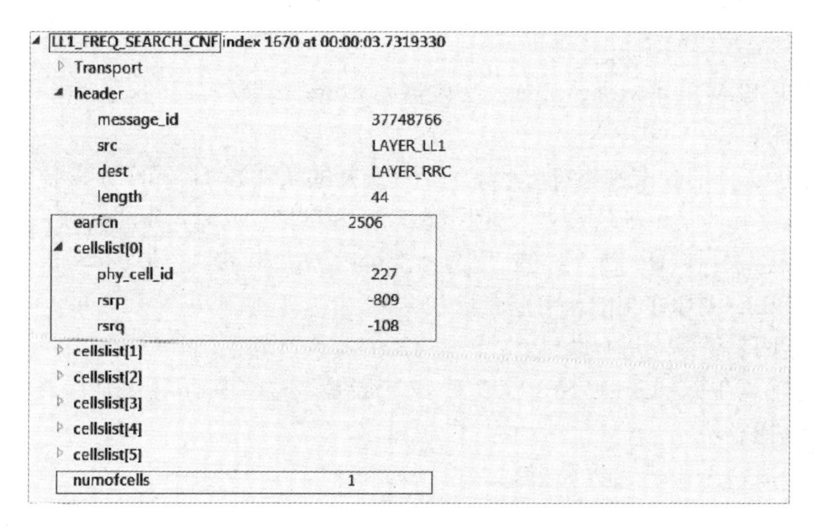

图 2-4-2　LL1_FREQ_SEARCH_CNF 信息

在上述小区选择流程中，在搜到小区后，为了能够驻留在该小区，UE 必须获取小区的系统信息 SI。获取小区系统信息的过滤关键字：

RRC_CELL_SELECT||LL1_FREQ_SEARCH||ASN||RRC_DBG_CELL_SUITABILITY||MIB||SIB1

关于获取小区系统信息的说明如下。

（1）小区系统信息。

搜到可用小区后，UE 会按照 LL1_FREQ_SEARCH_CNF 中的小区排名，尝试读取小区系统信息。系统信息包括一个主信息块（MIB）和多个辅信息块（SIB）。正确接收 MIB、SIB1 和 SIB2 是成功驻留小区的必要条件。

（2）MIB 信息。

MIB 包括有限个最重要、最常用的传输参数，包括系统带宽、部署方式和 SIB1 的调度信息，信息 LL1_MIB_DATA_IND 表示成功收到 MIB，之后第一条 RRC_DBG_ASN 可以看到解调的 MIB 内容。MIB 有时会因为小区信号质量差等读取失败，如看到 RRC_CRC_FAILURE_MIB。

（3）SIB1 信息。

SIB1 包含了小区接入相关信息和其他 SIB 的调度信息。与 MIB 的查看方式相似，LL1_SIB1_DATA_IND 表示成功收到 SIB1。紧跟其后的 RRC_DBG_ASN 为解调的 SIB1 具体信息。

若搜网过程中遇到问题，则建议采用的过滤关键字：

RRC_CELL_SELECT||LL1_FREQ_SEARCH||ASN||RRC_DBG_CELL_SUITABILITY||S_CRITERIA

关于搜网过程中遇到的问题的说明如下。

（1）小区可用判定结果。

成功解调 MIB 和 SIB 后，UE 就可以根据接收小区信息判定是否可用，在 RRC_DBG_CELL_SUITABILITY 中查看小区是否可用判定结果。如果搜索到的小区不可用，则“suitable”字段值为“false”，否则为“ture”。

（2）常见小区不可用原因。

① 错误的 PLMN，“wrong_plmn”字段值为“ture”，这种情况多为 SIM 卡配置与小区信息不符造成的。

② 与小区选择的 S 准则不符（不满足小区选择的条件），“s_fail”字段值为“ture”，说明小区信号强度和质量不满足要求。根据 36.304，S 准则的条件：Srxlev>0 且 Squal>0，其中 Srxlev 代表接收信号强度，Squal 代表接收信号质量。可在 RRC_DBG_CELL_S_CRITERIA 中查看。

下面对搜网是否成功进行总结。

（1）通过查看 RRC_CELL_SELECT_CNF 判断是否搜网成功，如果 PLMN 列表不为 0，则代表小区选择成功。

（2）搜网成功需要满足以下条件。

① 基站侧。

a．基站在 UE 所在地有可用小区。

b．可用小区没有被禁用。

② UE 侧。

a．配置上确保支持小区对应的频段（Band），如果锁频，则确定频点号和目标小区一致。

b．设备支持天线的频段范围和现场的频段范围对应。

c．确保 SIM 卡可用，能够被读取。

d．PLMN 能够与基站小区的 PLMN 对应。

e．信号强度满足 S 准则，即 RSRP 不能太差（满足 NB-IoT 最大路损 164dB 的条件，可以通过 RRC_DBG_CELL_S_CRITERIA 查看）。

下面给出一个因频点设置错误造成无法搜索的案例。案例现象：锁定频点 2501。从日志中没有看到驻留成功消息，对应频点没有可用小区，如图 2-4-3（a）所示。取消锁定以后，在 2550 频点搜索到小区并成功接入，如图 2-4-3（b）所示。

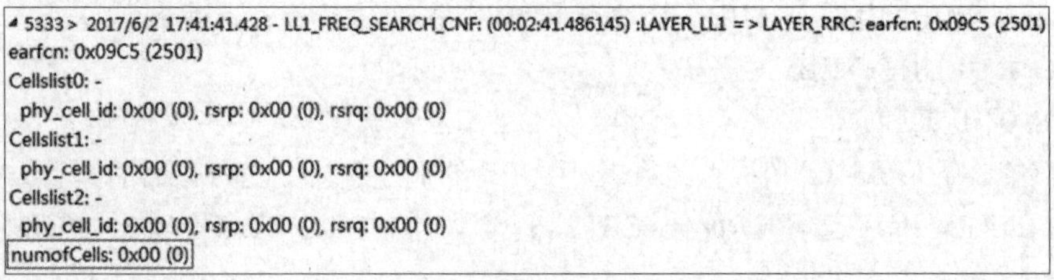

```
◢ 5333 > 2017/6/2 17:41:41.428 - LL1_FREQ_SEARCH_CNF: (00:02:41.486145) :LAYER_LL1 = > LAYER_RRC: earfcn: 0x09C5 (2501)
earfcn: 0x09C5 (2501)
Cellslist0: -
  phy_cell_id: 0x00 (0), rsrp: 0x00 (0), rsrq: 0x00 (0)
Cellslist1: -
  phy_cell_id: 0x00 (0), rsrp: 0x00 (0), rsrq: 0x00 (0)
Cellslist2: -
  phy_cell_id: 0x00 (0), rsrp: 0x00 (0), rsrq: 0x00 (0)
numofCells: 0x00 (0)
```

（a）锁定频点时

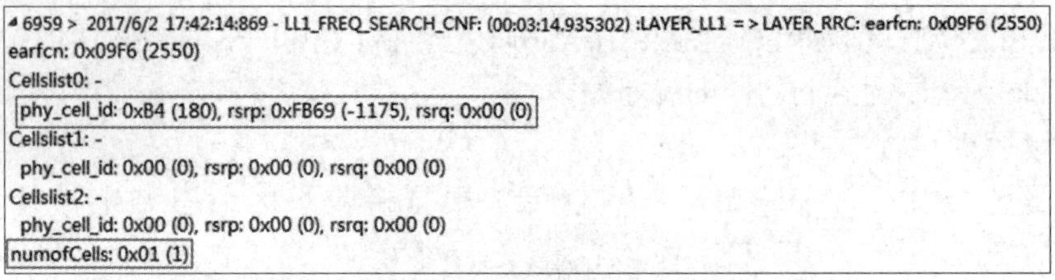

```
◢ 6959 > 2017/6/2 17:42:14:869 - LL1_FREQ_SEARCH_CNF: (00:03:14.935302) :LAYER_LL1 = > LAYER_RRC: earfcn: 0x09F6 (2550)
earfcn: 0x09F6 (2550)
Cellslist0: -
  phy_cell_id: 0xB4 (180), rsrp: 0xFB69 (-1175), rsrq: 0x00 (0)
Cellslist1: -
  phy_cell_id: 0x00 (0), rsrp: 0x00 (0), rsrq: 0x00 (0)
Cellslist2: -
  phy_cell_id: 0x00 (0), rsrp: 0x00 (0), rsrq: 0x00 (0)
numofCells: 0x01 (1)
```

（b）取消锁定以后

图 2-4-3　因频点设置错误造成无法搜索的案例

4.1.3 附着流程

小区附着流程的过滤关键字：RRC_EST||NAS_DBG_NAS_MSG||SUITABILITY。

关于小区附着流程的说明如下。

（1）NAS_DBG_NAS_MSG 是 EMM 发起核心网附着请求，能够看到 RRC_DBG_CELL_SUITABILITY，说明 UE 是在搜到合适小区后，由 EMM 发起了附着。

（2）附着第一步是先和基站建立起 RRC 连接。

（3）附着的关键信息是鉴权和安全模式过程，包括 AUTH 和 SECURITY 对应的消息。

（4）ATTACH_COMPLETE 说明核心网附着完成。

（5）附着后的 EMM_INFO 是核心网下发部分信息，如世界时钟。

（6）此时，UE 已经建立了默认的 PDP 承载，也就可以开始进行数据传输业务了。

4.1.4 随机接入流程

随机接入流程的过滤关键字：

NAS_MSG||ASN||RRC_EST_REQ||RRC_EST_CNF||LL1_RACH_REQ||DCI_FORMAT||RAR||MSG3|| LL1_RACH_CONTENTION_RESOLUTION_IND||LL1_RACH_CNF

NB-IoT 的随机接入分两种情况：初始接入和重同步。UE 初始接入的随机接入是 RRC 层发起的，目的是建立和基站的 RRC 连接；重同步的随机接入是由 MAC 层发起的，原因是 UE 由上行数据发送时，向基站请求上行资源 UL_GRANT。

随机接入流程的关键信息：

（1）LL1_RACH_REQ 中的“initiator”信息表示发起随机接入的是初始接入还是 MAC 重同步。

（2）LL1_RACH_CNF 中的“cause”表示接入结果，通常随机接入的结果有以下几种。

① LL1_RACH_SUCCESS（随机接入成功）。

② LL1_RACH_INTERRUPTED_BY_MAC_CANCEL（接入被 MAC 层打断，一般情况是重同步接入获取到上行调度后不需要继续重同步操作，属于正常结果）。

③ LL1_RACH_CONTENTION_RESOLUTION_MISMATCH（竞争解决不匹配）。

④ LL1_RACH_ERROR（接入错误）。

⑤ LL1_RACH_CANCEL（接入被取消）。

⑥ LL1_RACH_INTERRUPTED_BY_RRC_RELEASE（接入被 RRC 释放打断）。

⑦ LL1_RACH_INTERRUPTED_BY_MAC_RESET（接入被 MAC 层复位打断）。

⑧ LL1_RACH_ERROR_MAX_NUM_PREAMBLE_ATTEMPTS（Preamble 达到最大尝试次数，接入失败）。

初始随机接入过程如图 2-4-4 所示，具体如下。

① 在小区选择判定通过后，UE 开始尝试接入该小区。

② 首先从 SIB2 中读出发送随机接入请求 NPRACH（MSG1）的重要信息。

③ RRC_EST_REQ 表示 RRC 发起随机接入请求。

④ MSG1～MSG5 为随机接入过程。

⑤ LL1_RACH_CNF 表示 RRC 告诉 NAS 层随机接入成功。

⑥ 任意消息缺失，都会导致随机接入失败。

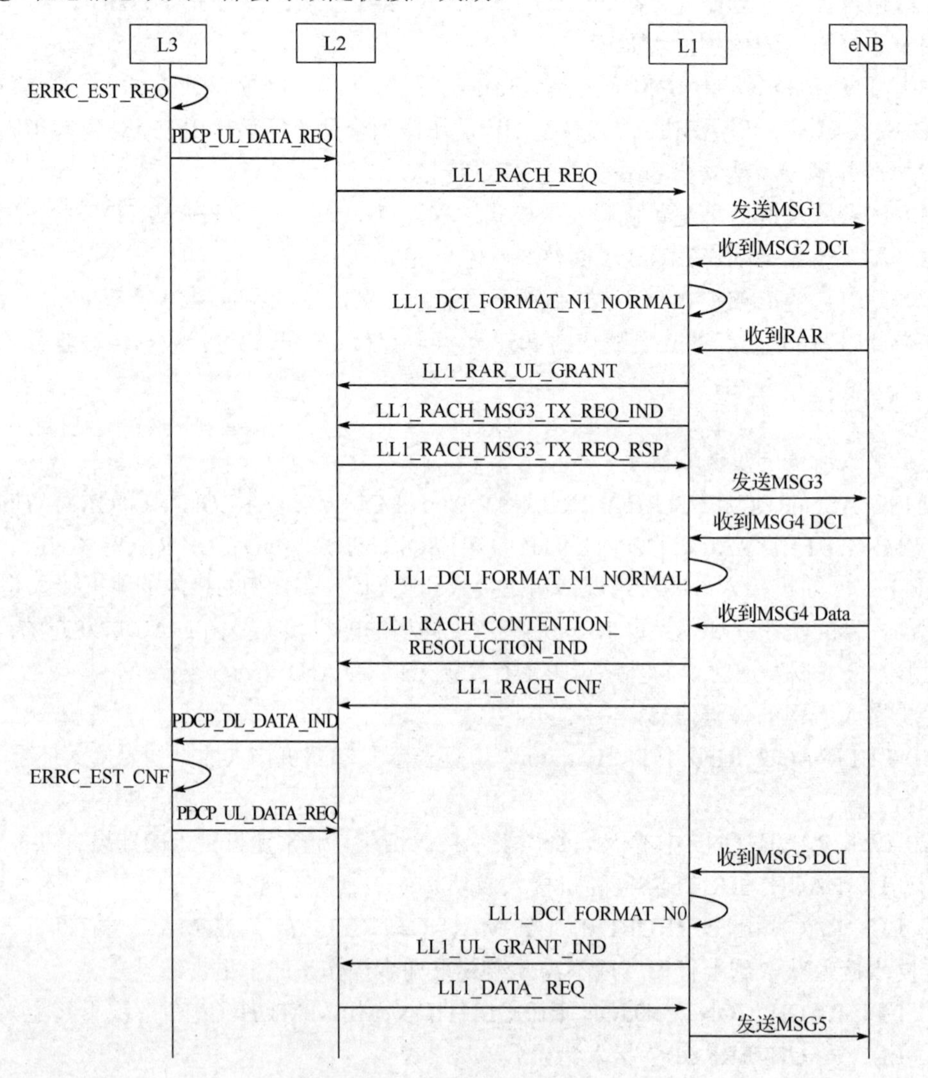

图 2-4-4 初始随机接入过程

初始随机接入过程分析方法如下（见图 2-4-5）。

① 过滤“DBG_NAS”，判断是否发起接入流程。

② 过滤“LL1_RACH”，通过 LL1_RACH_CNF 中的“cause”判断接入是否成功。

③ 过滤“MSG3”，判断是否收到 MSG2 和发送 MSG3。

④ 过滤“DCI”，通过 MSG3 前后是否有 DCI N1 判断 MSG2 和 MSG4 是否调度成功。

Index	Time	Name	msg_type	initiator	cause	icon	
1936	01:21:12.489054	RRC_DEBUG_ASN				5	MIB
1977	01:21:12.489054	RRC_DEBUG_ASN				26	SIB1
2007	01:21:12.489054	RRC_DEBUG_ASN				69	SIB2
2031	01:21:12.489054	NAS_DBG_NAS_MSG	L3_EMM_ATTACH_REQ				
2033	01:21:12.489054	RRC_EST_REQ					
2053	01:21:12.489054	RRC_DEBUG_ASN				9	
2059	01:21:12.489054	LL1_RACH_REQ		LL1_RACH_L3_INITIATED			MSG1
2090	01:21:12.489054	LL1_DCI_FORMAT_N1_NORMAL					MSG2
2103	01:21:12.489054	LL1_RAR_UL_GRANT					
2104	01:21:12.489054	LL1_RACH_MSG3_TX_REQ_IND					MSG3
2110	01:21:12.489054	LL1_RACH_MSG3_TX_REQ_RSP					
2139	01:21:12.489054	LL1_DCI_FORMAT_N1_NORMAL					MSG4
2149	01:21:12.489054	LL1_RACH_CONTENTION_RESOLUTION_IND					
2163	01:21:12.489054	LL1_RACH_CNF			LL1_RACH_SUCCESS		
2177	01:21:12.489054	RRC_DEBUG_ASN				9	
2213	01:21:12.489054	RRC_EST_CNF					
2236	01:21:12.489054	LL1_DCI_FORMAT_N0					

图 2-4-5　初始随机接入过程分析

重同步的随机接入过程如图 2-4-6 所示。

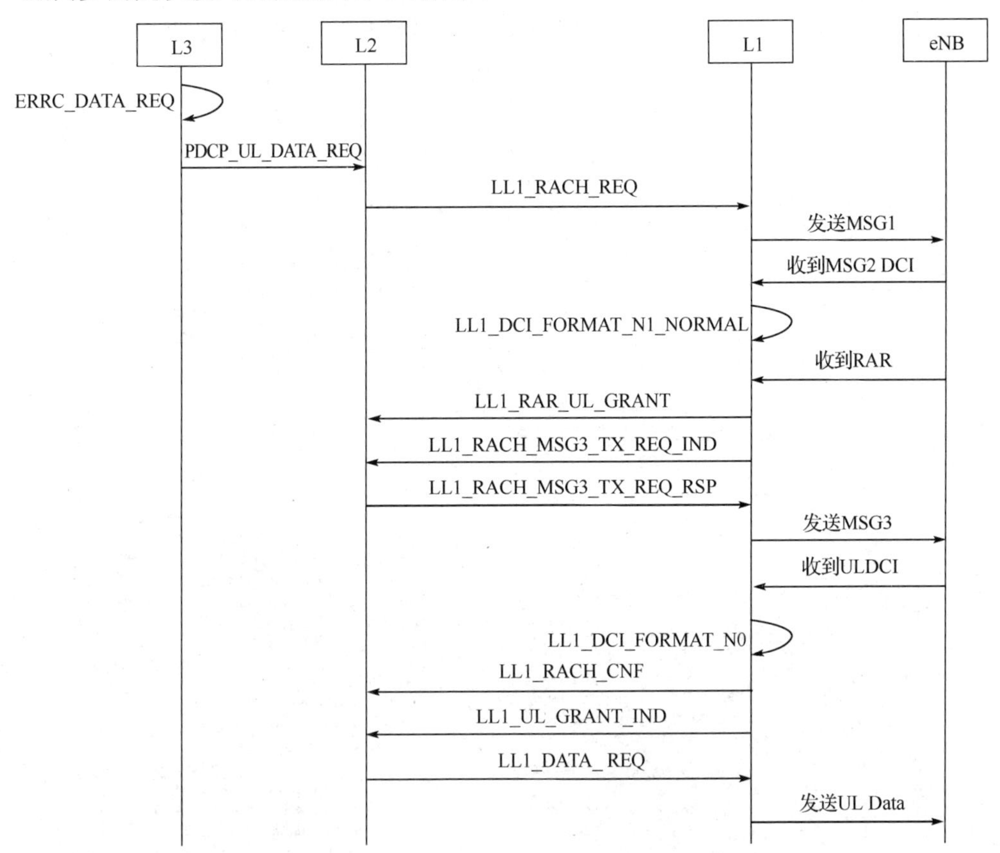

图 2-4-6　重同步的随机接入过程

重同步接入过程分析方法如下（见图 2-4-7）。

① 过滤“LL1_RACH”，判断 RACH 是否成功。

② 过滤“MSG3”，判断是否收到 MSG2 和发送 MSG3。

③ 过滤“DCI”，如果 MSG3 前没有 DCI N1，则说明没有解到 MSG2 DCI 调度；如果

MSG3 后没有 DCI N0，则说明没有解到上行数据调度。

Index	Time	Name	initiator	cause	
2964	00:06.744629	LL1_RACH_REQ	LL1_RACH_MAC_INITIATED		MSG1
3127	00:07.095550	LL1_DCI_FORMAT_N1_NORMAL			MSG2
3140	00:07.102051	LL1_RAR_UL_GRANT			
3141	00:07.102142	LL1_RACH_MSG3_TX_REQ_IND			MSG3
3148	00:07.102875	LL1_RACH_MSG3_TX_REQ_RSP			
3170	00:07.125549	LL1_DCI_FORMAT_N0			
3177	00:07.126129	LL1_RACH_CNF		LL1_RACH_SUCCESS	
3953	00:07.834411	LL1_RACH_REQ	LL1_RACH_MAC_INITIATED		MSG1
3988	00:07.850677	LL1_DCI_FORMAT_N0			Rach_Cancel
4011	00:07.852875	LL1_RACH_CNF		LL1_RACH_INTERRUPTED_BY_MAC_CANCEL	

图 2-4-7　重同步接入过程分析

如前所述，SIB2 中包含 nprach 随机接入的配置信息，如图 2-4-8 所示。SIB2 中的随机接入参数过滤关键字：

ASN||RRC_DBG_CELL_SUITBILITY||RRC_EST_REQ||PRACH||RRC_EST_CNF||
LL1_DCI_FORMAT_N||NPDSCH||RAR||NPUSCH

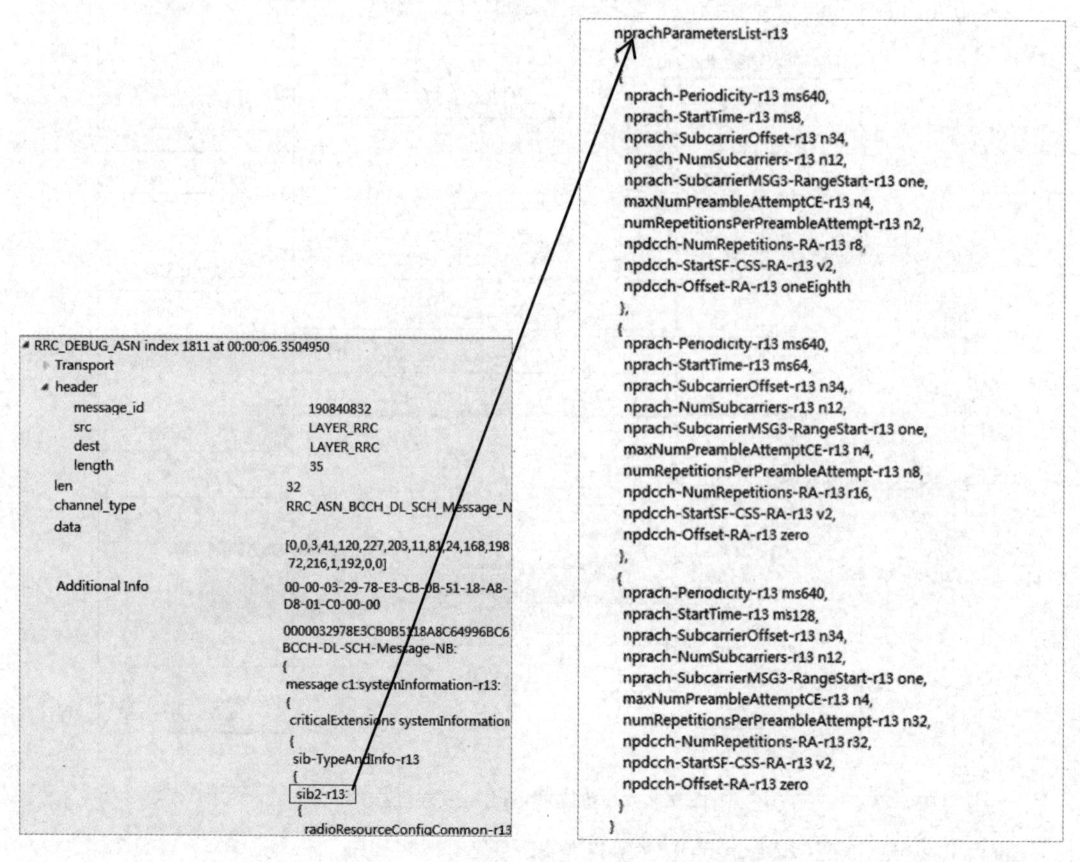

图 2-4-8　SIB2 中的随机接入参数

MSG1 和 MSG2 的过滤关键字（见图 2-4-9）：

ASN||RRC_DBG_CELL_SUITBILITY||RRC_EST_REQ||PRACH||RRC_EST_CNF||LL1_DCI_

FORMAT_N||NPDSCH||RAR||NPUSCH

（1）MSG1：RRC 向 LL1 发送连接请求，LL1 发起 RACH 请求，随后 UE 向 eNB 发起接入 preamble；可以在对应的 RRC_DBG_MSG 中判断出是否为 MSG1。

（2）MSG2：eNB 收到 UE 发送的 RACH 请求后，如果此时 eNB 可以接受接入，则会通过 PDSCH 信道向 UE 发送随机接入响应（RAR），即 MSG2。UE 通过盲检 PDCCH 获取 eNB 发送的随机接入响应的调度信息，即 DCI_FORMAT_N1（N0 则代表上行的调度信息）；UE 发送 MSG1 后会启动一个 RAR 时间窗口，eNB 必须在时间窗口内回复 MSG2，否则随机接入失败。

1856	00:06.365326	RRC_DEBUG_ASN
1866	00:06.366577	LL1_NPRACH_START_TIME
1867	00:06.366669	LL1_NPRACH_END_TIME
1878	00:06.805390	DSP_NPRACH_REQ
1883	00:06.824433	DSP_NPRACH_CNF
1905	00:06.843842	LL1_DCI_FORMAT_N1_NORMAL
1906	00:06.844116	DSP_NPDSCH_REQ
1909	00:06.849335	DSP_NPDSCH_CNF

图 2-4-9　MSG1 和 MSG2

MSG3 和 MSG4 的过滤关键字：

ASN||RRC_DBG_CELL_SUITBILITY||RRC_EST_REQ||PRACH||RRC_EST_CNF||LL1_DCI_FORMAT_N||NPDSCH||RAR||NPUSCH||Conten

（1）MSG3：rrcConnectionRequest，即 UE 向 eNB 发起竞争接入请求；从日志上并没有看到上行调度信息 DCI_FORMAT_N0，这是因为 MSG3 的调度信息由 eNB 在 MSG2 中带下来，因此 UE 也获取了 UL_GRANT；rrcConnectionRequest 会携带接入原因和 UE 的部分能力，如支持多音（Multi Tone）。

（2）MSG4：同一时间会有多个 UE 向 eNB 发起接入请求，MSG3 后，UE 会等待 eNB 回复竞争决议，即 MSG4，也是 rrcConnectionSetup。

① 同样，UE 通过盲检 PDCCH 解析到下行调度信息，接收到 MSG4。

② 过滤字段“Contention”可以在 MAC_UL_RACH_CONTENTION_IND 中的详细信息中看到竞争决议结果。

③ rrcConnectionSetup 同时携带了 eNB 需要 UE 配置自己的连接态参数，可以在对应的 RRC_ASN_MSG 中查看具体信息。

（3）MSG5：UE 向 eNB 回复 rrcConnectionComplete，由于在 MSG4 中 eNB 已经同意竞争决议，因此 MSG5 中的调度信息，UE 已经通过盲检 PDCCH 中的 DCI_N0 获得；rrcConnectionComplete 详细信息可以在对应的 RRC_ASN_MSG 中查看；日志中看到 RRC_EST_CNF 代表随机接入成功，UE 与基站建立连接。MSG5 示例如图 2-4-10 所示。

```
2017    00:06.909363    RRC_EST_CNF
2035    00:06.923859    LL1_DCI_FORMAT_N0
2047    00:06.925782    DSP_NPUSCH_REQ
2053    00:06.962250    DSP_NPUSCH_CNF
```

```
UL-DCCH-Message-NB:
{
 message c1:rrcConnectionSetupComplete-r13:
 {
  rrc-TransactionIdentifier 1,
  criticalExtensions rrcConnectionSetupComplete-r13:
  {
   selectedPLMN-Identity-r13 1,
   dedicatedInfoNAS-r13
'074171084906111147958462O7F070000008A40000120201D031D07B000A80000A0000100000160OF5C16A01055E0141'H
  }
 }
}
```

图 2-4-10　MSG5 示例

4.1.5　上下行数据传输流程

从传输方向上看，数据传输分为上行数据传输（UE→IoT Server）和下行数据传输（IoT Server→UE）两种。从分层协议（见图 2-4-11）上看，NB-IoT 网络的数据传输可用如下三种协议。

（1）CoAP：受限制的应用协议。

① 使用 AT+NMGS 发送上行 CoAP 数据。

② 使用 AT+NMGR 查看收到的下行 CoAP 数据。

（2）UDP：用户数据报协议。

① 先使用 AT+NSOCR 建立 Socket。

② 再使用 AT+NSOST 发送上行 UDP 数据。

③ 最后使用 AT+NSORF 查看接收到的下行 UDP 数据。

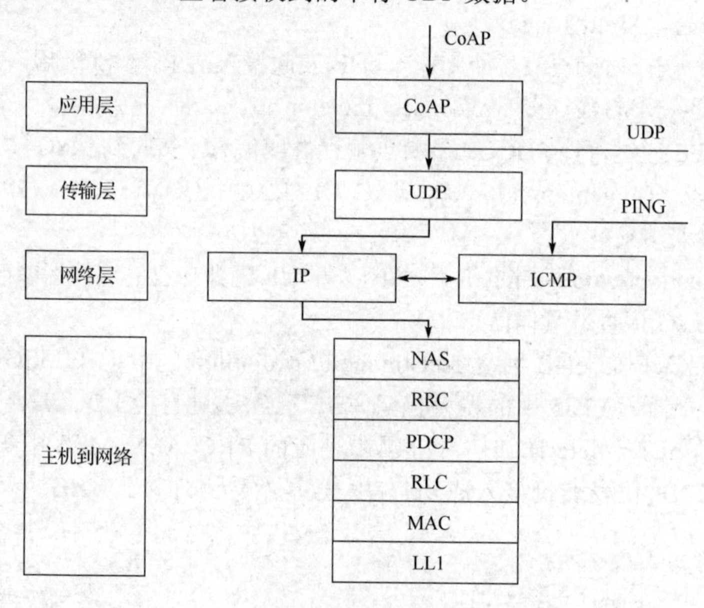

图 2-4-11　NB-IoT 分层协议

（3）PING：基于 ICMP（Internet 控制报文协议）的协议。

使用 AT+NPING 发送上行 PING 包。

上行数据传输流程（连接态）如图 2-4-12 所示。

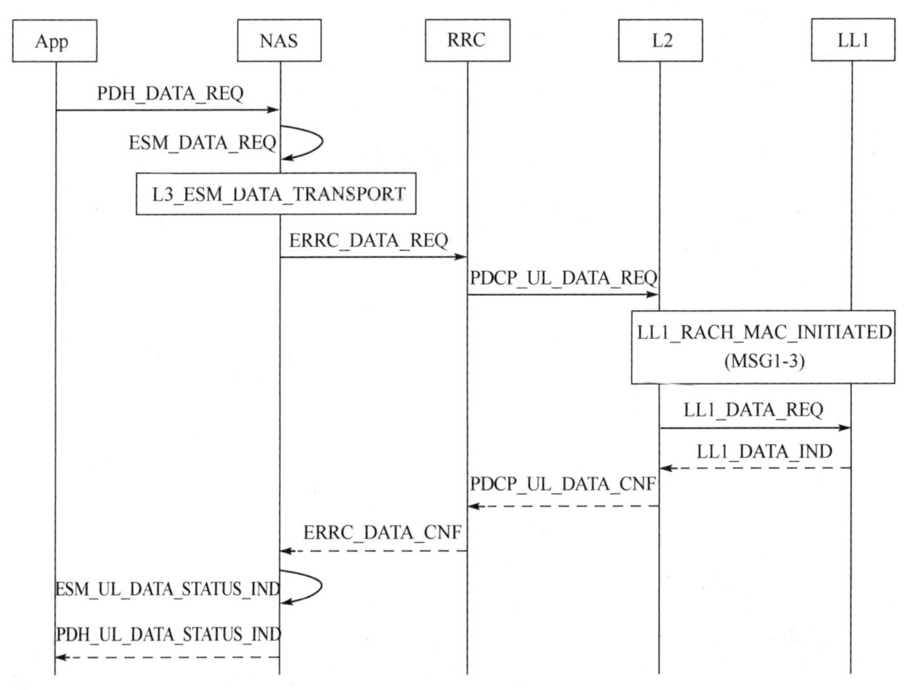

图 2-4-12　上行数据传输流程（连接态）

上行数据传输流程（空闲态）如图 2-4-13 所示。

上行数据传输的过滤关键字：

APPLI_||PDH_DATA||MAC_UL_UPDAT||NPRACH||RACH_RESET||DCI_FORMAT||UL_DATA||UL_GRANT||ESM_DATA||RRC_DATA||RACH_MSG3||LL1_DATA||RLC_UL_STATUS_IND

以 PING 协议为例的上行数据传输（见图 2-4-14）。

（1）PDH_DATA_REQ：LWIP 层将 PING 数据发送至 PDH 层。

（2）ESM_DATA_REQ：PDH 层将数据发送至 EMMSM 层。

（3）RRC_DATA_REQ：EMMSM 层将数据发送至 RRC 层。

（4）PDCP_DATA_REQ：RRC 层将数据添加包头，发送至 PDCP 层。

（5）RLC_UL_DATA_REQ：PDCP 层收到的上行数据作为一个 PDCP PDU 发送至 RLC 层。

（6）MAC_UL_UPDATE_BUFFER_SIZE_REQ：RLC 层通知 MAC 层更新 RLC BUFFER 大小，假设在这之前 BUFFER 已空，那么会触发一个规则的缓冲区状态报告（BSR）。

（7）LL1_RACH_REQ：在规则 BSR 触发之后，由于是 UE 主动申请上行数据发送的，MAC 层会向 LL1 发出 RACH 请求（注意：这里的 RACH 是重同步随机接入，区别于开机驻网的基于竞争的随机接入）。

（8）DSP_NPRACH_REQ：LL1 层向 DSP 最终发出 RACH 请求，这里的 NPRACH 有特定的调度周期 560ms。

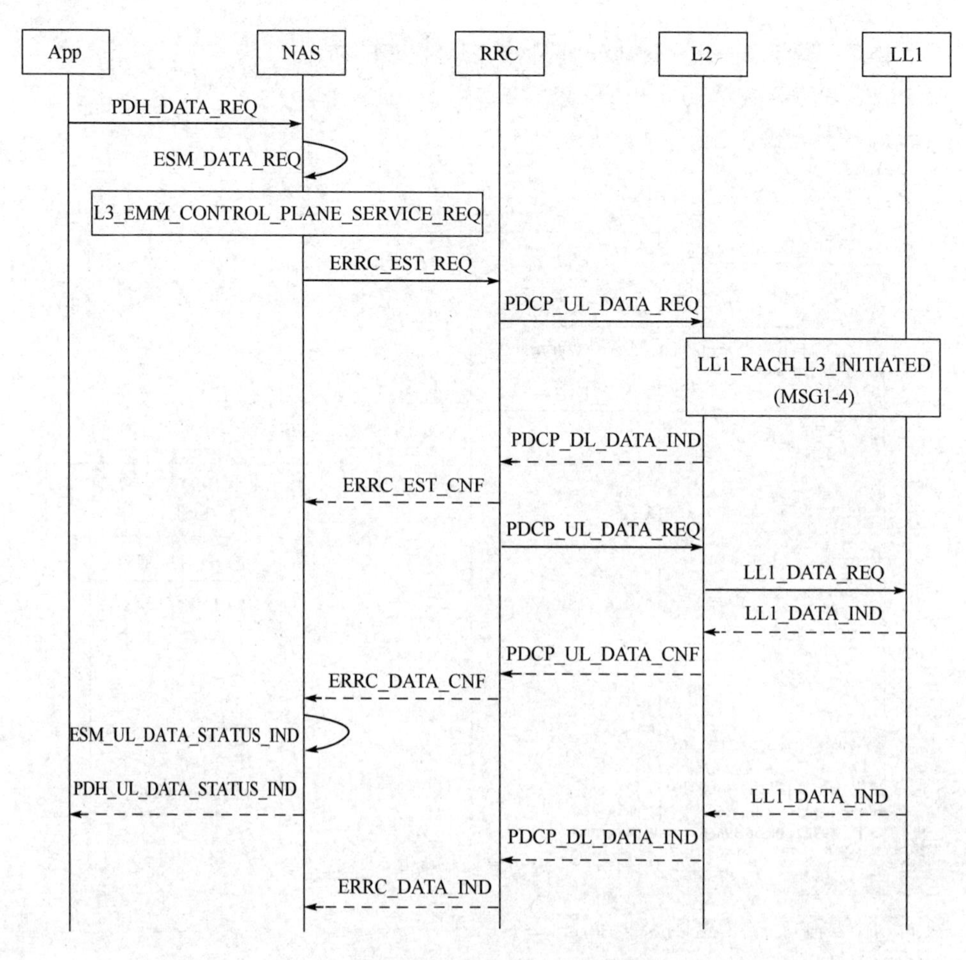

图 2-4-13 上行数据传输流程（空闲态）

（9）LL1_DCI_FORMAT_N1_NORMAL：UE 在 PDCCH 上盲检得到 eNB 下发的 RAR 调度信息，格式为 DCI_N1。

（10）LL1_RAR_UL_GRANT：UE 成功检测到 eNB 的 RAR。

（11）LL1_RACH_MSG3_TX_REQ_IND：LL1 请求 MAC 层发送 MSG3，MAC 层收到请求后就会组包 MAC PDU，首先 MAC 层会把 C_RNTI 和 BSR 等控制信息组进 MAC PDU。

（12）MAC_UL_GRANT_IND：MAC 层请求 RLC 组包 RLC PDU，RLC 此时通常对上行数据进行第一次分片，但是由于 MAC 层此前已经把 C_RNTI 和 BSR 等控制信息组进 MAC PDU，这里仅留给 RLC 少量的数据空间（5 字节），数据里的 BSR 会指示剩余待发送数据量，eNB 根据此值进行上行调度。

（13）LL1_RACH_MSG3_TX_REQ_RSP：MAC 收到 RLC PDU，将 MSG3 发送到 LL1，LL1 在 PUSCH 信道上发送给 eNB。

（14）MAC_UL_UPDATE_BUFFER_SIZE_REQ：RLC 完成分片组包后，更新发送 Buffer。

（15）LL1_DCI_FORMAT_N0：UE 在 PDCCH 上解析到 eNB 下发的对上行数据的调度信息。

（16）LL1_UL_GRANT_IND：LL1 请求 MAC 层组包 MAC PDU。

（17）MAC_UL_GRANT_IND：MAC 层请求 PDCP 层组包 PDCP PDU。

（18）LL1_DATA_REQ：MAC 层将组好的 MAC PDU 发送到 LL1，LL1 通过 NPUSCH 发送到 eNB。

（19）步骤（14）～步骤（18）会重复多次，MAC_UL_UPDATE_BUFFER_SIZE_REQ 在最后一次的流程中的长度“length”大小会变为 0，最后一次的 RLC PDU 中的“poll”会被设置为“true”，MAC PDU 中的 BSR 会等于 0。

（20）LL1_DCI_FORMAT_N1_NORMAL：在最后一个 RLC PDU 被 eNB 收到后，eNB 会回复 RLC SR 消息，这条 DCI_N1 就是 SR 消息调度。

（21）LL1_DATA_IND：LL1 收到 eNB 的 RLC SR 消息后，上报 MAC 处理。

（22）RLC_UL_STATUS_IND：RLC DL 解析出 RLC PDU 是一个 SR 报告，将 SR 报告中的信息（ACK_SN，NACK 参数）发送到 RLC UL 进行处理。

（23）RLC_UL_DATA_CNF：RLC UL 收到 SR 报告，将已经发送完的 RLC PDU 释放掉，并通知 PDCP UL 由“procid”标识的 PDCP PDU 已经发送成功。

（24）PDCP_UL_DATA_CNF：PDCP UL 发消息通知 RRC 层数据发送成功。

（25）RRC_DATA_CNF：RRC 层发消息通知 EMMSM 层数据发送成功。

（26）ESM_UL_DATA_STATUS_IND：EMMSM 层通知 PDH 层数据发送成功。

Index	Time	Message	message	Total_len
49317	08:56.395172	APPLICATION_REPORT	"+NPING"=117.60.157.130.100	
49319	08:56.396667	APPLICATION_REPORT	"OK"	
49320	08:56.396667	PDH_DATA_REQ		
49322	08:56.396667	ESM_DATA_REQ		
49333	08:56.401367	RRC_DATA_REQ		
49335	08:56.401977	PDCP_UL_DATA_REQ		
49336	08:56.402038	RLC_UL_DATA_REQ		
49338	08:56.402404	MAC_UL_UPDATE_BUFFER_SIZE_REQ		134
49353	08:56.416809	LL1_NPRACH_START_TIME		
49354	08:56.416870	LL1_NPRACH_END_TIME		
49397	08:56.496948	DSP_NPRACH_REQ		
49401	08:56.532165	DSP_NPRACH_CNF		
49414	08:56.539520	LL1_DCI_FORMAT_N1_NORMAL		
49426	08:56.548004	LL1_RAR_UL_GRANT		
49427	08:56.548156	LL1_RACH_MSG3_TX_REQ_IND		
49429	08:56.548370	MAC_UL_GRANT_IND		
49435	08:56.549438	LL1_RACH_MSG3_TX_REQ_RSP		
49441	08:56.551330	MAC_UL_UPDATE_BUFFER_SIZE_REQ		131
49457	08:56.571594	LL1_DCI_FORMAT_N0		
49468	08:56.572723	LL1_UL_GRANT_IND		
49470	08:56.572967	MAC_UL_GRANT_IND		
49475	08:56.573974	LL1_DATA_REQ		
49481	08:56.575744	MAC_UL_UPDATE_BUFFER_SIZE_REQ		9
49497	08:56.631591	LL1_DCI_FORMAT_N0		
49500	08:56.631958	LL1_UL_GRANT_IND		
49502	08:56.632171	MAC_UL_GRANT_IND		
49508	08:56.633300	LL1_DATA_REQ		
49514	08:56.634430	MAC_UL_UPDATE_BUFFER_SIZE_REQ		0
49529	08:56.661529	LL1_DCI_FORMAT_N1_NORMAL		
49540	08:56.668396	LL1_DATA_IND		
49544	08:56.668853	RLC_UL_STATUS_IND		
49545	08:56.668914	RLC_UL_STATUS_IND_INFO		
49546	08:56.669128	RLC_UL_DATA_CNF		
49550	08:56.669738	PDCP_UL_DATA_CNF		
49551	08:56.670013	RRC_DATA_CNF		
49553	08:56.670349	ESM_UL_DATA_STATUS_IND		

图 2-4-14　以 PING 协议为例的上行数据传输

下行数据传输流程（连接态）如图 2-4-15 所示。

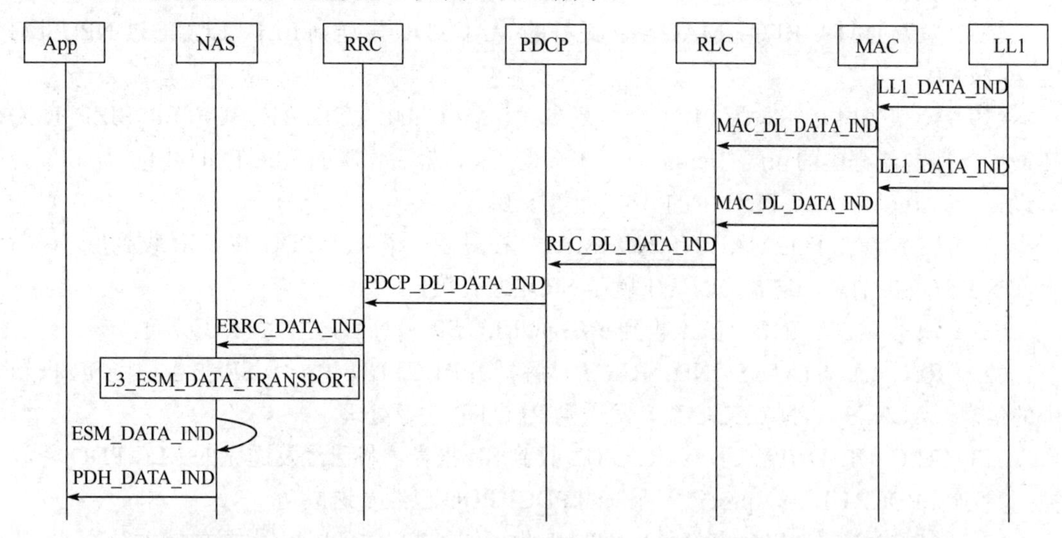

图 2-4-15　下行数据传输流程（连接态）

下行数据传输流程（空闲态）如图 2-4-16 所示。

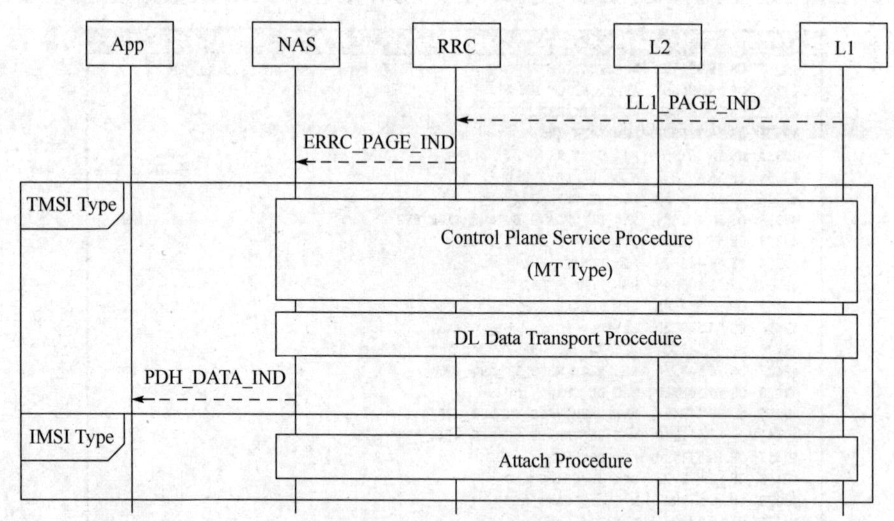

图 2-4-16　下行数据传输流程（空闲态）

下行数据传输的过滤关键字：

APPLI_||PDH_DATA||MAC_UL_UPDAT||NPRACH||RACH_RESET||DCI_FORMAT||UL_DATA||UL_GRANT||ESM_DATA||RRC_DATA||RACH_MSG3||LL1_DATA||RLC_UL_STATUS_IND||RLC_UL_SR|RLC_DL_DATA_IND

仍以 PING 协议为例（PING 的下行回包，日志接上行数据传输流程，如图 2-4-17 所示）。

（1）LL1_DCI_FORMAT_N1_NORMAL：UE 从 PDCCH 中盲检 eNB 对下行数据的调度信息。

（2）LL1_DATA_IND：LL1 收到 eNB 下发数据。

（3）步骤（1）～步骤（2）可能会重复多次，根据下行 PDCP PDU 大小决定分片多少次。

（4）RLC_DL_DATA_IND：RLC DL 将收到的分片 RLC PDU 串联，组成完整的 PDCP PDU 发送到 PDCP DL 层。

（5）RLC_UL_SR_TRIGGER_REQ：在最后一个 RLC PDU 中的“poll bit”会被设置为“true”，UE 收到这个指示后，会发送一个 SR 报告给 eNB。因此 RLC DL 会要求 RLC UL 发送一个上行的 SR 状态报告。

（6）发送上行 SR 状态报告和上行数据传输过程基本一样，从日志中可以看出，也是需要 RACH 请求、MAC buffer 更新等。但不同的是，RACH 发送出去收到 RAR 之前，eNB 会主动提供 DCI_N1 和 UL_GRANT，MAC 层收到 UL_GRANT 后会发送 LL1_RACH_RESET 取消 RACH 流程。

Index	Time	Message	message	total_len
49551	08:56.670013	RRC_DATA_CNF		
49553	08:56.670349	ESM_UL_DATA_STATUS_IND		
49584	08:56.698516	LL1_DCI_FORMAT_N1_NORMAL		
49595	08:56.711181	LL1_DATA_IND		
49621	08:56.727630	LL1_DCI_FORMAT_N1_NORMAL		
49633	08:56.738311	LL1_DATA_IND		
49659	08:56.757690	LL1_DCI_FORMAT_N1_NORMAL		
49672	08:56.764434	LL1_DATA_IND		
49676	08:56.772491	APPLICATION_REPORT	"+NPING:117.60.157.130,249,376"	
49678	08:56.772491	RLC_DL_DATA_IND		
49683	08:56.772491	RLC_UL_SR_TRIGGER_REQ		
49684	08:56.772491	MAC_UL_UPDATE_BUFFER_SIZE_REQ		2
49694	08:56.772491	RRC_DATA_IND		
49701	08:56.772491	ESM_DATA_IND		
49703	08:56.772491	PDH_DATA_IND		
49710	08:56.777374	LL1_NPRACH_START_TIME		
49711	08:56.777435	LL1_NPRACH_END_TIME		
49720	08:56.782470	LL1_DCI_FORMAT_N0		
49723	08:56.782837	LL1_UL_GRANT_IND		
49725	08:56.783294	LL1_RACH_RESET_REQ		
49729	08:56.783783	MAC_UL_GRANT_IND		
49736	08:56.784881	LL1_DATA_REQ		
49745	08:56.786255	MAC_UL_UPDATE_BUFFER_SIZE_REQ		0
51045	08:59.518890	APPLICATION_REPORT	"+NPING=117.60.157.130,100"	
51050	08:59.522796	APPLICATION_REPORT	"OK"	

图 2-4-17 以 PING 协议为例的下行数据传输

4.1.6 小区重选流程

小区重选的目的对于 UE 和网络来说是不同的。对于 UE 来说，找到一个更合适的小区进行驻留，以便寻呼的质量更好，发起业务时的成功率更高。对于网络来说，可以设置不同的优先级和重选参数，使网络规划灵活；可以根据不同的 UE 类型，设置 UE 的专属优先级和重选参数，使得网络规划更加灵活（如对数据感兴趣的 UE 优选到某些小区，而对语音业务感兴趣的 UE 优选到另一些小区）。关于小区重选的基本概念本书第 1 部分 NB-

IoT 基础理论篇 5.2.5 节已经介绍完毕，这里不再赘述。

关于邻区测量有以下几点补充说明。

（1）DRX 周期：eNB 在 SIB2 中下发寻呼的寻呼监听周期，即 DRX 周期，如图 2-4-18 所示。

（2）同频邻区测量：在 SIB3 中下发同频邻区测量门限 s-IntraSearchP（通过参数 cellResel.SintraSearch 配置），UE 使用 s-IntraSearchP 作为 SintraSearchP 的取值。UE 根据当前信号质量 Srxlev 与同频邻区测量门限 SintraSearchP 的比较决定是否进行测量，如图 2-4-19 所示。

（3）异频邻区测量：在 SIB3 中下发异频邻区测量门限 s-NonIntraSearchP（通过参数 CellResel.SnonintraSearch 配置），UE 使用 s-NonIntraSearchP 作为 SnonintraSearchP 的取值。UE 根据当前信号质量 Srxlev 与异频邻区测量门限 SnonintraSearchP 的比较决定是否进行测量，如图 2-4-19 所示。

（4）UE 只对在系统消息广播的邻区进行测量。

```
pcch-Config-r13
{
 defaultPagingCycle-r13 rf128,
 nB-r13 oneT,
 npdcch-NumRepetitionPaging-r13 r8
},
```

图 2-4-18　DRX 寻呼监听周期

```
sib3-r13:
{
 cellReselectionInfoCommon-r13
 {
  q-Hyst-r13 dB3
 },
 cellReselectionServingFreqInfo-r13
 {
  s-NonIntraSearch-r13 25
 },
 intraFreqCellReselectionInfo-r13
 {
  q-RxLevMin-r13 -64,
  p-Max-r13 23,
  s-IntraSearchP-r13 25,
  t-Reselection-r13 s3
 }
},
```

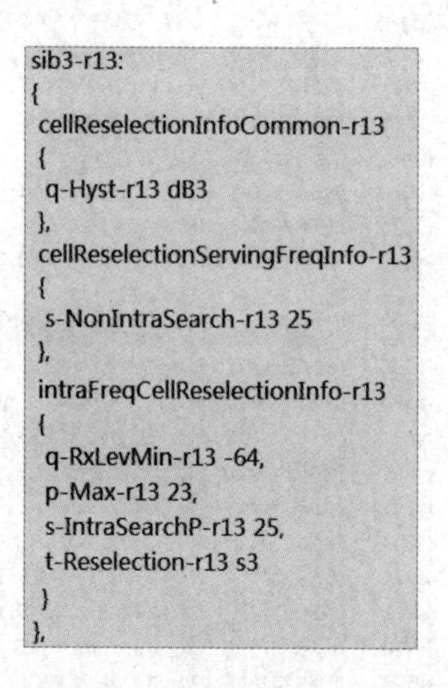

图 2-4-19　同频/异频邻区测量

小区重选过滤的关键字：

LL1_IDLE_MEAS_START_REQ||RRC_DBG_READING_SIBS_FOR_NCELL||RRC_DBG_RESELECTION_CANDIDATES||RRC_DBG_RESELECTION_MEASUREMENTS

小区重选的关键信息（见图 2-4-20）：

（1）LL1_IDLE_MEAS_START_REQ：启动测量。

（2）RRC_DBG_READING_SIBS_FOR_NCELL：测量上报。

（3）RRC_DBG_RESELECTION_CANDIDATES：测量的小区信息。

（4）RRC_DBG_RESELECTION_MEASUREMENTS：主服务小区信号信息。

LL1_IDLE_MEAS_START_REQ | RRC_DBG_READING_SIBS_FOR_NCELL | RRC_DBG_RESELECTION_CANDIDATES | RRC_DBG_RESELECTION_MEASUREMENTS | LL1_IDLE_MEAS_STOP_REQ | MIB

Index	Time	Name	len	sndev	squal	pci	earfcn	duration_ms	pci	earfcn	duration_ms	phy_cell_id
1430	18/01/25 14:39:30.854952	RRC_DBG_RESELECTION_CANDIDATES				283	2507	7743	214	2507	5183	
1758	18/01/25 14:39:34.318545	LL1_MIB_READ_REQ										283
1780	18/01/25 14:39:34.366977	LL1_MIB_DATA_IND										283
1839	18/01/25 14:39:35.956546	RRC_DBG_RESELECTION_MEASUREMENTS		306	86							
1840	18/01/25 14:39:35.956882	LL1_IDLE_MEAS_START_REQ										
1842	18/01/25 14:39:35.958133	RRC_DBG_RESELECTION_CANDIDATES				283	2507	0	0	0	0	
2234	18/01/25 14:39:37.725772	RRC_DBG_RESELECTION_CANDIDATES				153	2505	0	283	2507	0	
2237	18/01/25 14:39:37.726169	RRC_DBG_RESELECTION_CANDIDATES				284	2509	0	153	2505	1	
2239	18/01/25 14:39:37.726413	RRC_DBG_RESELECTION_MEASUREMENTS		306	86							
2240	18/01/25 14:39:37.726535	RRC_DBG_RESELECTION_CANDIDATES				284	2509	0	153	2505	1	
2458	18/01/25 14:39:38.685702	RRC_DBG_RESELECTION_CANDIDATES				284	2509	959	153	2505	960	
2461	18/01/25 14:39:38.686099	RRC_DBG_RESELECTION_CANDIDATES				284	2509	959	153	2505	960	
2464	18/01/25 14:39:38.686496	RRC_DBG_RESELECTION_CANDIDATES				284	2509	960	153	2505	961	
2466	18/01/25 14:39:38.686709	RRC_DBG_RESELECTION_MEASUREMENTS		309	85							
2467	18/01/25 14:39:40.451000	RRC_DBG_RESELECTION_CANDIDATES				284	2509	960	153	2505	961	
2685	18/01/25 14:39:41.163281	RRC_DBG_RESELECTION_CANDIDATES				284	2509	3520	153	2505	3521	
2688	18/01/25 14:39:41.163677	RRC_DBG_RESELECTION_CANDIDATES				284	2509	3520	283	2507	0	
2691	18/01/25 14:39:41.164074	RRC_DBG_RESELECTION_CANDIDATES				284	2509	3521	283	2507	0	
2693	18/01/25 14:39:41.164318	RRC_DBG_RESELECTION_MEASUREMENTS		298	81							
2694	18/01/25 14:39:41.164440	RRC_DBG_RESELECTION_CANDIDATES				284	2509	3521	283	2507	0	
2695	18/01/25 14:39:41.164532	RRC_DBG_READING_SIBS_FOR_NCELL										
2696	18/01/25 14:39:41.164959	LL1_MIB_READ_REQ										284
2851	18/01/25 14:39:41.663037	LL1_MIB_DATA_IND										284

图 2-4-20　小区重选

4.1.7　寻呼注意事项及服务小区信号查看

查看寻呼 Paging 问题的典型注意事项如下。

（1）过滤 RRC_DBG_LONG_EDRX_INFO，确认是否能激活 eDRX 特性，如图 2-4-21 所示。

Index	Time	Message	rsrp	edrx_enabled
61	18/05/28 17:17:48.068768	RRC_DBG_LONG_EDRX_INFO		false
1928	18/05/28 17:17:50.736279	EMM_EDRX_RETURN_IND		
1941	18/05/28 17:17:50.739941	MN_EDRX_RETURN_IND		
6919	18/05/28 17:17:58.728711	RRC_DBG_LONG_EDRX_INFO		true
11512	18/05/28 17:18:40.114222	RRC_DBG_LONG_EDRX_INFO		true
11551	18/05/28 17:18:40.473628	LL1_EDRX_PTW_EMPTY_IND		
11774	18/05/28 17:21:24.277866	LL1_EDRX_PTW_EMPTY_IND		
12047	18/05/28 17:24:08.154866	LL1_EDRX_PTW_EMPTY_IND		

图 2-4-21　确认是否能激活 eDRX 特性

（2）需要确保 UE 成功接入后回到 Idle 态，并且 UE 不能进入 PSM 状态。测试时可以看到 UE 收到“Release”，如图 2-4-22 所示。

（3）在激活 eDRX 特性时，由于 eDRX 周期较长和时钟同步问题，核心网可能很久之后才下发 Paging 消息，并且 eNB 有的可能丢掉核心网下发的 Paging 消息，因此 Paging 没有寻呼成功时请先确认 eNB 是否下发 Paging。

（4）可以过滤 PROTO_LL1_SERVING_CELL_MEASUREMENT_IND，看到服务小区的相关信号信息，其中“valid”指示打印值是否有效，如图 2-4-23 所示。

（5）更细致的信号测量值，可以通过 LL1_NRS_MEASUREMENT_LOG 过滤查看，如图 2-4-24 所示。

注释：其中 rsrp、rsrq、snr 是本次的测量值，filtered_rsrp、filtered_rsrq 和 filtered_nrs_snr 是取最近 4 次的平均值，更准确。但是它们只在小区选择 cell_select 之后才有效，cell_select 之前这些值为 0。

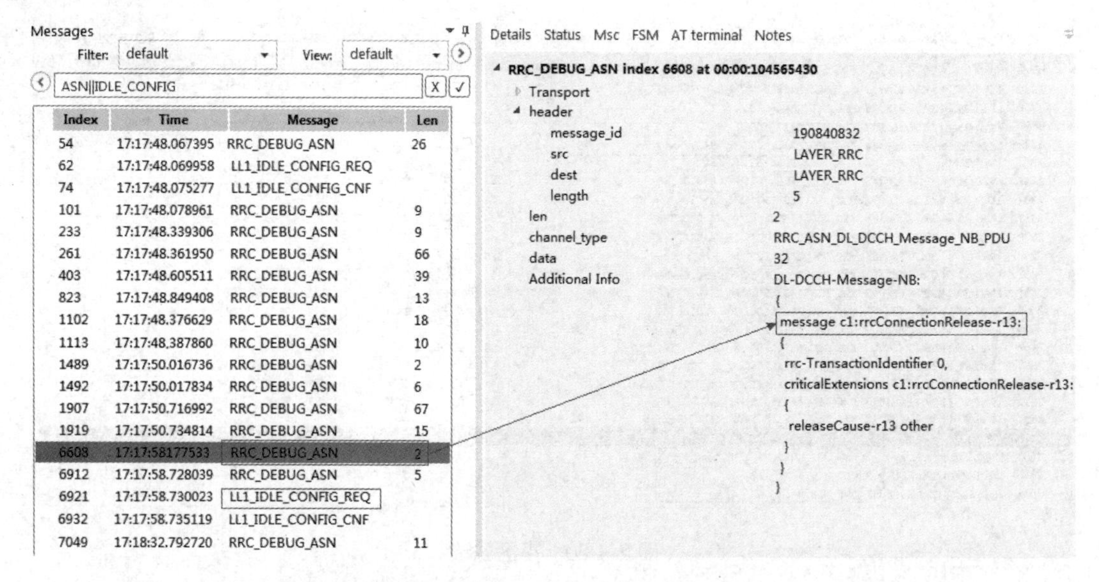

图 2-4-22　确认 UE 收到“Release”

Index	Time	Name	phy_cell_id	nrsrp	snr	valid
5611	00:10.927917	PROTO_LL1_SERVING_CELL_MEASUREMENT_IND	227	-922	200	true
5829	00:11.441284	PROTO_LL1_SERVING_CELL_MEASUREMENT_IND	227	-921	200	true
6099	00:11.952392	PROTO_LL1_SERVING_CELL_MEASUREMENT_IND	227	-903	200	true
6368	00:12.464477	PROTO_LL1_SERVING_CELL_MEASUREMENT_IND	227	-908	200	true
6653	00:12.977569	PROTO_LL1_SERVING_CELL_MEASUREMENT_IND	227	-913	200	true

图 2-4-23　服务小区的相关信号信息

Index	Time	Message	rsrp	rsrq	snr	filtered_rsrp	filtered_rsrq	filtered_nrs_snr
1663	18/05/23 17:05:35.015567	LL1_NRS_MEASUREMENT_LOG	-940	-108	262	-939	-108	273
1764	18/05/23 17:05:35.586062	LL1_NRS_MEASUREMENT_LOG	-940	-108	295	-939	-108	278
1773	18/05/23 17:05:35.591952	LL1_NRS_MEASUREMENT_LOG	-940	-108	272	-940	-108	272
1805	18/05/23 17:05:35.619571	LL1_NRS_MEASUREMENT_LOG	-940	-108	300	-940	-108	282
1812	18/05/23 17:05:35.634555	LL1_NRS_MEASUREMENT_LOG	-940	-108	300	-940	-108	291
1820	18/05/23 17:05:35.656222	LL1_NRS_MEASUREMENT_LOG	-941	-108	247	-940	-108	279
1830	18/05/23 17:05:35.664157	LL1_NRS_MEASUREMENT_LOG	-940	-108	287	-940	-108	283
1903	18/05/23 17:05:35.699618	LL1_NRS_MEASUREMENT_LOG	-940	-108	300	-940	-108	283
1911	18/05/23 17:05:35.015567	LL1_NRS_MEASUREMENT_LOG	-940	-108	300	-940	-108	283
1919	18/05/23 17:05:35.736239	LL1_NRS_MEASUREMENT_LOG	-941	-108	300	-940	-108	296
1950	18/05/23 17:05:35.794589	LL1_NRS_MEASUREMENT_LOG	-940	-108	300	-940	-108	300
1959	18/05/23 17:05:35.816256	LL1_NRS_MEASUREMENT_LOG	-940	-108	295	-940	-108	298
1968	18/05/23 17:05:35.821994	LL1_NRS_MEASUREMENT_LOG	-941	-108	265	-940	-108	290
2001	18/05/23 17:05:35.859622	LL1 NRS MEASUREMENT LOG	-940	-108	300	-940	-108	290
2010	18/05/23 17:05:35.874606	LL1_NRS_MEASUREMENT_LOG	-940	-108	300	-940	-108	290
2019	18/05/23 17:05:35.896274	LL1_NRS_MEASUREMENT_LOG	-939	-108	250	-940	-108	278
2029	18/05/23 17:05:35.905795	LL1_NRS_MEASUREMENT_LOG	-940	-108	277	-939	-108	281
2077	18/05/23 17:05:35.939639	LL1_NRS_MEASUREMENT_LOG	-940	-108	300	-939	-108	281
2085	18/05/23 17:05:35.954623	LL1 NRS MEASUREMENT LOG	-940	-108	300	-939	-108	281

图 2-4-24　查看更细致的信号测量值

4.2　实验准备

1．实验目的

本实验的实验目的包括：

（1）熟悉 NB-IoT 模块入网、附着流程。

（2）熟悉 NB-IoT 上行/下行数据传输流程。

（3）初步掌握利用日志分析排查模块或网络问题，并提供解决方案的技能。

2．实验要求

本实验利用日志查看/分析工具（UEMonitor）查看 NB-IoT 模块入网流程、上行数据传输流程、下行数据传输流程等内容，初步掌握利用日志分析排查常见网络问题并提供解决方案的技能。

3．理论支撑

本实验涉及 NB-IoT 常见 AT 指令操作、NB-IoT 通信基础知识、NB-IoT 空口信令流程和消息。

4．软硬件支撑

本实验所需使用的硬件名称、在实验箱中的编号和所需数量，如表 2-4-1 所示。

表 2-4-1　项目 4 所需硬件

序号	项目		
	硬件名称	在实验箱中的编号	所需数量
1	天线	01	1
2	主板	08	1
3	SIM 卡	—	1
4	USB 转 TTL 线（micro 口）	18	1
5	USB 转 TTL 多芯线	21	1

本实验所需使用的软件名称及其说明如表 2-4-2 所示。

表 2-4-2　项目 4 所需软件

序号	软件名称	说明
1	Win7/8/10	操作系统
2	sscom51.exe	串口调试工具
3	CH341SER.exe	USB 转 TTL 线驱动程序（因操作系统的位数而不同）
4	UEMonitor-3.22.0.14.msi	终端日志分析软件

5．实验准备工作

（1）硬件连线。

步骤 1：从实验箱中取出如表 2-4-1 所列出的硬件。

步骤 2：将天线和 SIM 卡与主板相连。

步骤 3：将 USB 转 TTL 线（micro 口）连接计算机和主板。

步骤 4：在主板上的 JP3 处使用跳线帽进行串口选择设置，选择模式 3，如图 1-6-11（b）所示，完成如图 1-6-8（a）所示的串口连接关系。

步骤 5：

用 USB 转 TTL 多芯线连接计算机和主板。注意：黑色、绿色和白色线分别为 GND、TXD 和 RXD 线。插线时，线与主板上接口的对应关系为 GND 线—GND 接口、TXD 线—RXD 接口、RXD 线—TXD 接口。红色为+5V 电源线，千万不能连接到模块上。

步骤 6：拨通主板上的电源开关，给主板上电。硬件连接关系图如图 2-4-25 所示。

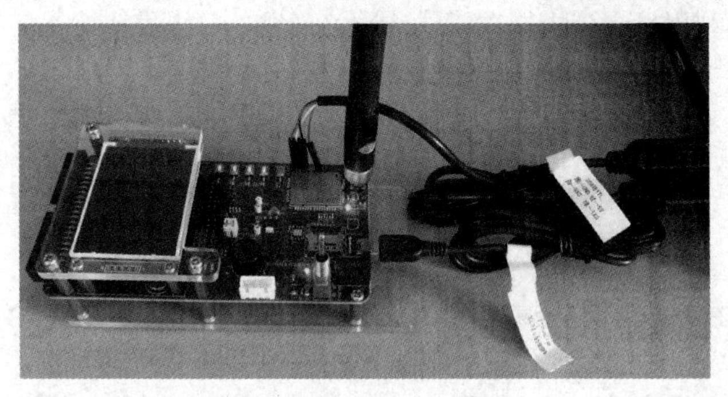

图 2-4-25　硬件连线关系图

（2）日志分析工具 UEMonitor 的安装和基本使用。

UEMonitor 工具主要用于终端芯片日志的打印，可以用来观察 NB-IoT 终端和网络之间交互的信令消息，并且用于终端和网络问题的定位。UEMonitor 工具安装和使用步骤如下。

步骤 1：从华为物联网综合实训平台上下载“日志分析软件工具”，并进行解压缩。双击文件夹中的“UEMonitor-3.22.0.14.msi”按钮，弹出如图 2-4-26 所示的窗口。

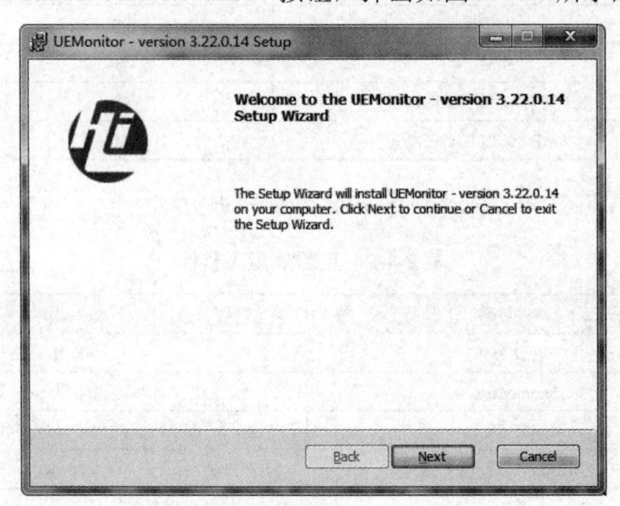

图 2-4-26　UEMonitor 安装步骤 1

在图 2-4-26 中，单击“Next”按钮，进入安装过程。安装完成后，看到如图 2-4-27 所示界面。

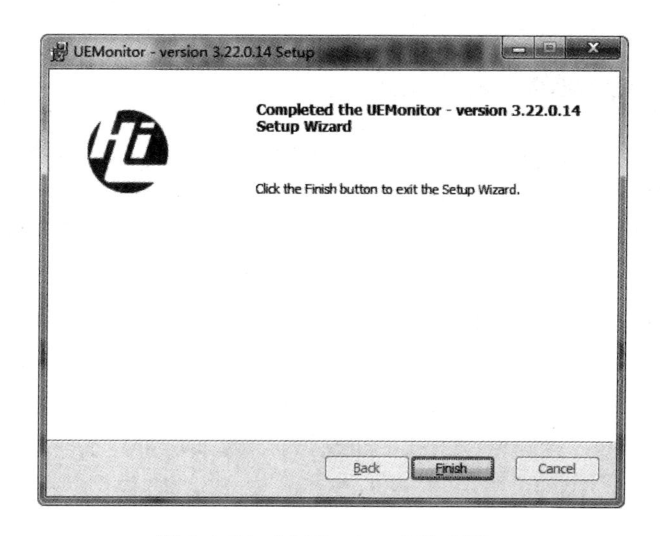

图 2-4-27　UEMonitor 安装步骤 2

在图 2-4-27 中，单击“Finish”按钮，完成安装。计算机桌面上自动出现 UEMonitor 工具图标。

步骤 2：将 UEMonitor 安装包配套的解码器文件 messages.xml（信令消息的本质是二进制代码，需要用 xml 解码后才能呈现出可读的信令格式）复制到 UEMonitor 的默认安装目录下，代替原有 messages.xml 文件。UEMonitor 的默认安装位置为 C:\Program Files (x86)\Neul\UEMonitor。

步骤 3：双击启动 UEMonitor，进入主界面，如图 2-4-28 所示。此时主界面右下角的消息框为蓝色。如果同时出现图中所示的提示框，将提示框最下方的复选框取消勾选，则以后启动 UEMonitor 时该提示框将不再出现。

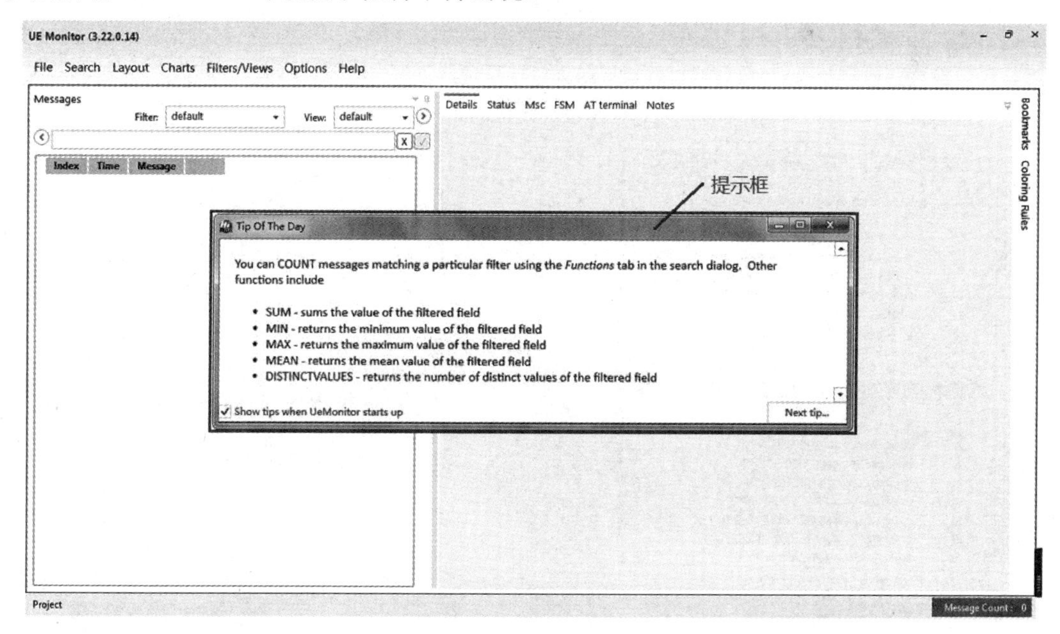

图 2-4-28　UEMonitor 主界面

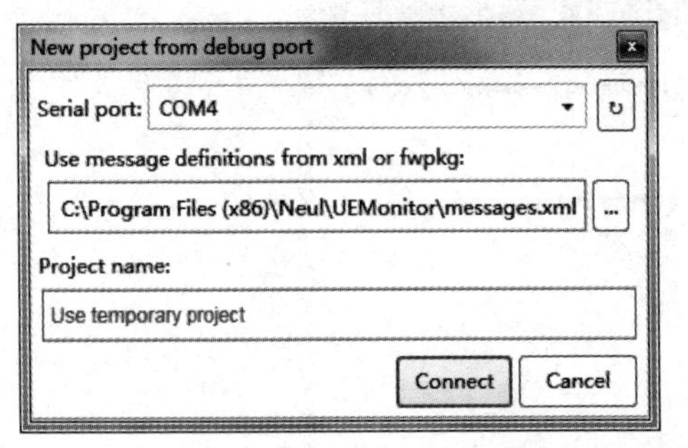

图 2-4-29 “New project from debug port”对话框

步骤 4：在图 2-4-28 中，单击菜单“File”→“New Project”→“From UE debug port”，弹出如图 2-4-29 所示的“New project from debug port”对话框。

步骤 5：在图 2-4-29 中，首先单击最上面的下拉按钮，选择与 USB 转 TTL 多芯线相对应的 USB-SERIAL CH340 端口。如果不确定是哪个端口号，则打开计算机的“设备管理器”，可以通过拔/插计算机侧的 USB 接口查看“端口”项下相应端口号的消失/出现来判断。

然后单击对话框中间位置文本框右侧的⊡按钮，加载步骤 2 中的解码器文件 messages.xml。

在对话框最下面的文本框中可以输入新建工程的名称。如果不输入，则软件会以默认格式给工程命名。所有新建的工程及其配套设置文件默认位置为 D:\Documents\UEMonitor。

最后单击下方的“Connect”按钮进行连接。连接完成后，软件主界面最右下角的消息框变为绿色。

步骤 6：在模组上电且完成连接的状态下，UEMonitor 的左侧 Messages 框中会不断出现未过滤的 Log 消息，且右下角的“Message Count”数量会不断增加。当“Message Count”的数量不再增加时表示信令抓取完毕，如图 2-4-30 所示。在图 2-4-30 中⊙图标后的文本框中输入过滤关键字，然后单击右侧的☑按钮，就可以查看过滤后的消息了。选中某条消息后，在右侧窗口中可以通过单击按钮进一步展开查看该消息的详情。

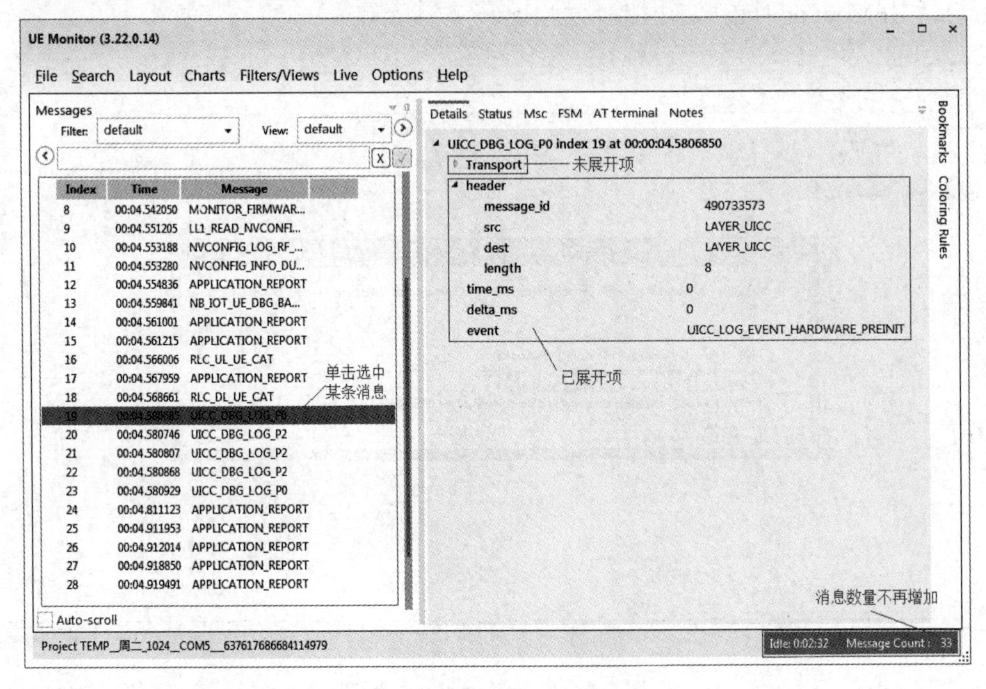

图 2-4-30 UEMonitor 抓取信令完毕

步骤 7：如果连接完成后，没有出现日志消息，那么可能是没有打开主板的电源开关，或者需要按照以下步骤将模块进行重启。模块重启后，即可在 UEMonitor 中看到日志了。

① 打开 sscom51.exe 串口调试工具，选择相应的串口和合适的波特率。

② 发送“AT+NRB”指令，使 NB-IoT 模块重启。

4.3　实验任务

任务 1：查看开机流程日志

此任务主要查看与开机流程相关的信令消息，请在 UEMonitor 中输入过滤关键字：

EMMSM_INIT||RRC_INIT||PDH_INIT||SIM_INIT||MN_INIT||USIM_READ

查看日志消息，确认与前述基本理论中的关键信息是否匹配。截图保存观察到的主要信息。

任务 2：查看搜网流程日志

此任务主要查看搜网流程相关消息，请在 UEMonitor 中输入过滤关键字：

RRC_CELL_SELECT||LL1_FREQ_SEARCH||ASN||RRC_DBG_CELL_SUITABILITY

其中，RRC_DEBUG_ASN 可以查看读到的 MIB/SIB 消息。查看日志消息，确认与前述基本理论中的关键信息是否匹配。截图保存观察到的主要信息。注意：搜网流程发送注册的 AT 指令要在开机流程完成之后，即等到日志中出现 USIM_READ_1_DATA_CNF 之后。

任务 3：查看附着流程日志

此任务主要查看附着流程相关消息，请在 UEMonitor 中输入过滤关键字：

RRC_EST||NAS_DBG_NAS_MSG||SUITABILITY

查看日志消息，确认与前述基本理论中的关键信息是否匹配。截图保存观察到的主要信息。

任务 4：查看上行数据传输流程日志

请先学习如图 2-4-12 和图 2-4-13 所示的上行数据传输流程各层之间的消息。

步骤 1：请在 UEMonitor 中输入过滤关键字 PDCP_DATA_REQ。对比以下信息是否匹配，并截图保存观察到的主要信息。

此消息为 RRC 层发送上行 PDCP PDU 至 PDCP UL 层的消息，应包含以下参数。

（1）pdu：PDCP PDU 的指针。

（2）pdu_len：PDCP PDU 的长度。

（3）rb_id：承载，有以下两种。

① L2_SRB1：SRB1，使用 AM 模式进行传输，进入 Connected 连接态后均采用该方式进行上行数据传输。

② L2_SRB0：SRB0，使用 TM 模式进行传输，只有在 Idle 态下发送 RRC_CONNECT_REQ 才会使用该方式进行上行数据传输。

（4）proc_id：在 PDCP_UL_DATA_CNF 中有相同字段，用于其指示上行数据传输成功的 PDCP PDU。

步骤 2：请在 UEMonitor 中输入过滤关键字 PDCP_DATA_CNF。对比以下信息是否匹配，并截图保存观察到的主要信息。

此消息为 PDCP UL 发送至 RRC 层指示对应的 PDCP PDU 发送状态信息，应包含以下参数。

（1）status：PDCP PDU 发送状态。

① PDCP_TX_SUCCESS：发送成功。

② PDCP_MAX_RLC_RETRX_ERR：重传超过最大次数后失败。

③ PDCP_RACH_FAILURE：重同步随机接入失败导致的传输。

（2）proc_id：PDCP PDU 的 process id，与 PDCP_UL_DATA_REQ 中的 proc_id 相对应。

（3）rb_id：承载，有以下两种。

① L2_SRB1：SRB1，使用 AM 模式进行传输，进入 Connected 连接态后均采用该方式进行上行数据传输。

② L2_SRB0：SRB0，使用 TM 模式进行传输，只有在 Idle 态下发送 RRC_CONNECT_REQ 才会使用该方式进行上行传输。

（4）proc_id：process id，在 PDCP_UL_DATA_CNF 中有相同字段，用于其指示上行数据传输成功的 PDCP PDU。

步骤 3：请在软件 UEMonitor 中输入过滤关键字 LL1_RACH_REQ。对比以下信息是否匹配，并截图保存观察到的主要信息。

此消息为 MAC UL 层向 LL1 发起 RACH 请求，应包含以下参数。

initiator：发起 RACH 的实体。

① LL1_RACH_MAC_INITIATED：MAC 层发起的随机接入，通常为重同步。

② LL1_RACH_L3_INITIATED：L3 层发起的随机接入，初始随机接入。

③ LL1_RACH_PDCCH_ORDER_INITIATED：PDCCH ORDER 发起的随机接入。

步骤 4：请在软件 UEMonitor 中输入过滤关键字 LL1_RACH_MSG3_TX_REQ_IND。对比以下信息是否匹配，并截图保存观察到的主要信息。

此消息为 LL1 层请求 MAC UL 层组包 MSG3 MAC PDU，应包含以下参数。

（1）tb_size：MSG3 的 TB size。

（2）crnti：如果是 L3 发起的随机接入，则该 crnti 为 T-CRNTI，MAC UL 层会保存该值，并在竞争决议成功之后作为 C-RNTI；如果是 PDCCH ORDER 或者 MAC 层发起的随机接入，则该 crnti 为 C-RNTI，MAC UL 会忽略该值，因为 MAC UL 已经保存。

（3）ph：power headeroom 的等级，用于指示在 MAC PDU 中 PHR control element 的取值。

① LL1_PH0：等级 0。

② LL1_PH1：等级 1。

③ LL1_PH2：等级 2。

④ LL1_PH3：等级 3。

⑤ LL1_PHR_NOT_USED：不在 MAC PDU 中包含 PHR control element。

步骤 5：请在软件 UEMonitor 中输入过滤关键字 LL1_RACH_MSG3_TX_REQ_RSP。对比以下信息是否匹配，并截图保存观察到的主要信息。

此消息为 MAC UL 层发送给 LL1 的 MSG3 MAC PDU，应包含以下参数。

（1）data：MSG3 的数据指针。

（2）free：释放指针。

步骤 6：请在软件 UEMonitor 中输入过滤关键字 LL1_RACH_CNF。对比以下信息是否匹配，并截图保存观察到的主要信息。

此消息为 LL1 层完成 RACH 流程后发送给 MAC UL 层告知结果，应包含以下参数。

cause：RACH 完成的结果，取值如下。

① LL1_RACH_SUCCESS。

② LL1_RACH_ERROR_MAX_NUM_PREAMBLE_ATTEMPTS。

③ LL1_RACH_CONTENTION_RESOLUTION_MISMATCH。

④ LL1_RACH_ERROR。

⑤ LL1_RACH_CANCEL。

⑥ LL1_RACH_INTERRUPTED_BY_RRC_RELEASE。

⑦ LL1_RACH_INTERRUPTED_BY_MAC_RESET。

步骤 7：请在软件 UEMonitor 中输入过滤关键字 LL1_UL_GRNAT。对比以下信息是否匹配，并截图保存观察到的主要信息。

此消息为 LL1 层发送给 MAC UL 层的 UL grant，MAC UL 层收到该消息后进行 MAC PDU 组包，应包含以下参数。

tb_size：UL grant 的 TB size。

步骤 8：RLC_UL_DATA_REQ 的查看操作与步骤 1 中 PDCP_DATA_REQ 的查看操作一致；RLC_UL_DATA_CNF 的查看操作和步骤 2 中 PDCP_DATA_CNF 的查看操作一致。

步骤 9：请在软件 UEMonitor 中输入过滤关键字 MAC_UL_UPDATE_BUFFER_SIZE_REQ。对比以下信息是否匹配，并截图保存观察到的主要信息。

此消息为 RLC 层更新 RLC BUFFER 状态，应包含以下参数。

（1）tx_len：待新传的上行数据长度。

（2）tx_header_len：在包含所有的上行新传数据情况下 RLC PDU header 的长度。

（3）retx_bs_num：待上行重传的 RLC PDU 的个数。

（4）retx_bs_p：待上行重传的各个 RLC PDU 的长度数组。

（5）total_retx_len：待上行重传数据的总字节数。

（6）sr_len：上行待传的状态报告的字节数。

（7）total_len：上行待传的数据的总字节数。

步骤 10：请在软件 UEMonitor 中输入过滤关键字 MAC_UL_GRANT。对比以下信息是否匹配，并截图保存观察到的主要信息。

此消息为 RLC 层更新 RLC BUFFER 状态，应包含以下参数。

（1）ptr：请求的 RLC PDU 的起始位置。

（2）size：RLC PDU 的最大 size。

（3）rsize：未使用，请忽略。

（4）rb_id：承载 ID，L2_SRB1 或者 L2_SRB0。

步骤 11：请在软件 UEMonitor 中输入过滤关键字 RLC_UL_STATUS_IND_INFO。对比以下信息是否匹配，并截图保存观察到的主要信息。

此消息为 RLC DL 接收到指示上行数据的 RLC SR 状态报告后转发给 RLC UL，RLC UL 根据其中信息释放 RLC PDU，并指示 PDCP UL 发送结果，应包含以下参数。

（1）ack_sn：所有小于该值的 SN RLC PDU，除了下面 nack_sn 的 RLC PDU 都确认被接收了。

（2）nack_sn：未被成功接收的 SN。

（3）so_start：未被成功接收的 SN 中丢失分片的起始字节。

（4）so_end：未被成功接收的 SN 中丢失分片的结束字节。

（5）nelem_filled：nack element 的数量，表示 RLC 丢包的数量。

任务 5：上行数据传输问题定位

步骤 1：请在软件 UEMonitor 中输入过滤关键字 PDCP_DATA_REQ||PDCP_DATA_CNF。对比以下信息是否匹配，并截图保存观察到的主要信息。

观察每一个 PDCP_DATA_REQ 是否都有与之对应的 PDCP_DATA_CNF。

① 正常期望：每一个 PDCP_DATA_REQ 都有对应的 PDCP_DATA_CNF，说明所有上层发往 L2 的上行数据包都被发送成功。

② 异常期望：发现某 PDCP_DATA_REQ 没有对应的 PDCP_DATA_CNF，说明该 PDCP_DATA_REQ 对应的上行数据包没有被发送成功，则进入步骤 2。

步骤 2：请在软件 UEMonitor 中输入过滤关键字 PDCP_DATA_REQ||PDCP_DATA_CNF。对比以下信息是否匹配，并截图保存观察到的主要信息。

观察 MAC_UL_UPDATE_BUFFER_SIZE_REQ 中的数据是否都已经成功发送，并观察接下来的 RLC_UL_STATUS_IND 是否指示 BTS 都已经接收成功。

① 正常期望：MAC_UL_UPDATE_BUFFER_SIZE_REQ 中的 total_len 是逐渐减少为 0，直到 total_len 为 0 为止，接下来有 RLC_UL_STATUS_IND，并且当中 nelem_filled 应该为 0，说明已发送的上行数据均被 BTS 确认接收成功。

② 异常期望：

a. 最后 MAC_UL_UPDATE_BUFFER_SIZE_REQ 中的 total_len 始终不为 0，并没有逐渐减少，继续步骤 3。

b. MAC_UL_UPDATE_BUFFER_SIZE_REQ 中的 total_len 最终减为 0，并且后续也有 RLC_UL_STATUS_IND_INFO，但是发现其中的 nelem_filled，继续步骤 4。

c. MAC_UL_UPDATE_BUFFER_SIZE_REQ 中的 total_len 最终减为 0，但是后续没有 RLC_UL_STATUS_IND_INFO，继续步骤 5。

步骤3：请在软件UEMonitor中输入过滤关键字PDCP_DATA_REQ||PDCP_DATA_CNF。对比以下信息是否匹配，并截图保存观察到的主要信息。

观察LL1是否有HARQ重传失败导致RLC丢包。

（1）正常期望：无LL1_HARQ_NACK_SENT，或者连续的LL1_HARQ_NACK_SENT少于4次，说明无MAC PDU丢包。

（2）异常期望：有连续4次的LL1_HARQ_NACK_SENT，说明该MAC PDU丢包。

步骤4：请在软件UEMonitor中输入过滤关键字PDCP_DATA_REQ||PDCP_DATA_CNF。对比以下信息是否匹配，并截图保存观察到的主要信息。

观察RLC是否使能了上行RLC PDU的重传。

① 正常期望：能够看到RLC_UL_RETX_ENABLED，说明RLC UL使能了重传，继续步骤5，观察重传数据是否发送成功。

② 异常期望：未能看到RLC_UL_RETX_ENABLED，说明RLC UL没有使能重传。

步骤5：请在软件UEMonitor中输入过滤关键字PDCP_DATA_REQ||PDCP_DATA_CNF。对比以下信息是否匹配，并截图保存观察到的主要信息。

观察在发送上行数据的过程中，LL1是否有RACH失败或者未能收到UL grant。

（1）正常期望：如果有LL1_RACH_REQ，则期望看到LL1_RACH_CNF（LL1_RACH_SUCCESS），说明RACH成功。如果后续还能观察到LL1_UL_GRANT，则说明LL1能够持续拿到UL grant，直到MAC_UL_UPDATE_BUFFER_SIZE_REQ中total_len为0为止，一切正常。

（2）异常期望：

① 有LL1_RACH_REQ，但无法观察到LL1_RACH_CNF（LL1_RACH_SUCCESS），说明LL1 RACH失败。

② MAC_UL_UPDATE_BUFFER_SIZE_REQ中total_len不为0，但是后续又看不到LL1_UL_GRANT，说明LL1没有上报UL grant。

任务6：查看下行数据传输流程日志

请先学习如图2-4-15和图2-4-16所示的下行数据传输流程各层之间的消息。

步骤1：请在UEMonitor中输入过滤关键字PDCP_DATA_IND。对比以下信息是否匹配，并截图保存观察到的主要信息。

此消息为PDCP DL层成功接收到下行PDCP PDU后发送至RRC层，应包含以下参数。

（1）pdcppdu：下行接收到的PDCP PDU的指针。

（2）pdcppdu_len：下行接收到的PDCP PDU的长度。

（3）rb_id：承载。

步骤2：请在UEMonitor中输入过滤关键字RLC_UL_SR_TRIGGER_REQ。对比以下信息是否匹配，并截图保存观察到的主要信息。

此消息为RLC DL层向RLC UL层发送针对下行RLC PDU的SR状态报告的消息，应包含以下参数。

（1）ack_sn：所有小于该值的SN RLC PDU，除了下面nack_sn的RLC PDU都确认被接收了。

（2）nack_info_list：nack element 的数值指针。

（3）num_nack_element：nack element 的数量，表示 RLC 丢包的数量。

任务 7：下行数据传输问题定位

步骤 1：请在软件 UEMonitor 中输入过滤关键字 PDCP_DATA_IND。对比以下信息是否匹配，并截图保存观察到的主要信息。

观察是否有成功接收下行的 PDCP PDU。

① 正常期望：每一个 PDCP_DATA_IND 都表示 L2/LL1 成功接收到一个完整的 PDCP PDU。

② 异常期望：在期望有下行数据的时候，没有发现有 PDCP_DATA_IND，说明 L2/LL1 接收下行数据存在问题，继续步骤 2。

步骤 2：请在软件 UEMonitor 中输入过滤关键字 RLC_UL_SR_TRIGGER_REQ。对比以下信息是否匹配，并截图保存观察到的主要信息。

观察 RLC 是否触发发送 RLC SR 至 BTS。

① 正常期望：能够观察到 RLC_UL_SR_TRIGGER_REQ，并且当中的 nack element 等于 0，说明 RLC DL 已经完整接收到一个下行 PDCP PDU。下一步需要发起随机接入来发送 RLC SR 至 BTS。

② 异常期望：

a．没有观察到 RLC_UL_SR_TRIGGER_REQ，说明 UE 丢失掉了该下行的 PDCP PDU 的最后一个分片，继续进行步骤 4。

b．观察到 RLC_UL_SR_TRIGGER_REQ，但是其中的 num_nack_element 不等于 0，说明有数据需要重传。

步骤 3：请在软件 UEMonitor 中输入过滤关键字 LL1_HARQ_ACK||LL1_HARQ_NACK。对比以下信息是否匹配，并截图保存观察到的主要信息。

观察 LL1 是否有 HARQ 丢包导致触发 UE 发送 RLC SR。

（1）正常期望：能够观察到 4 个连续的 LL1_HARQ_NACK，说明是 LL1 的丢包导致的 RLC 没有发送 SR。

（2）异常期望：没有观察到 4 个连续的 LL1_HARQ_NACK，说明是未知原因导致的 RLC UL 没有发送 SR。

步骤 4：请在软件 UEMonitor 中输入过滤关键字 MAC_UL_UPDATE_BUFFER_SIZE_REQ||LL1_RACH_REQ||LL1_RACH_CNF。对比以下信息是否匹配，并截图保存观察到的主要信息。

观察 RLC SR 状态报告是否成功发送至 BTS。

（1）正常期望：能够顺序观察到 MAC_UL_UPDATE_BUFFER_SIZE_REQ、LL1_RACH_REQ 和 LL1_RACH_CNF 三条 Log，并且 LL1_RACH_CNF 中的 cause 为 LL1_RACH_SUCCESS 或者 LL1_RACH_INTERRUPTED_BY_MAC_RESET。LL1_RACH_SUCCESS 表示 RACH 成功，LL1_RACH_INTERRUPTED_BY_MAC_RESET 表示 RACH 由于拿到 BTS 上行的 UL 而被取消掉了。如果观察到 MAC_UL_UPDATE_BUFFER_SIZE_REQ 中的 sr_len 大于 2，则继续返回步

骤2等待接收BTS重传下行数据。如果sr_len等于2，则成功发送SR并且无丢失RLC PDU。

（2）异常情况：如果没有观察到LL1_RACH_CNF，或者观察到其为其他cause，则说明LL1 RACH失败。

4.4 任务执行结果解析

1. 开机流程日志

开机流程关键信息如图2-4-31所示。

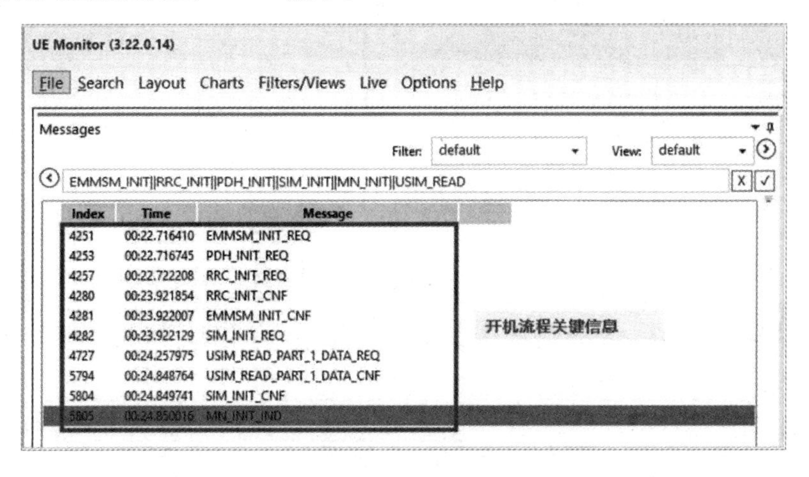

图2-4-31 开机流程关键信息

按照如图2-4-32所示方法还可以查看开机流程中的IMSI、GUTI和TAI等信息。

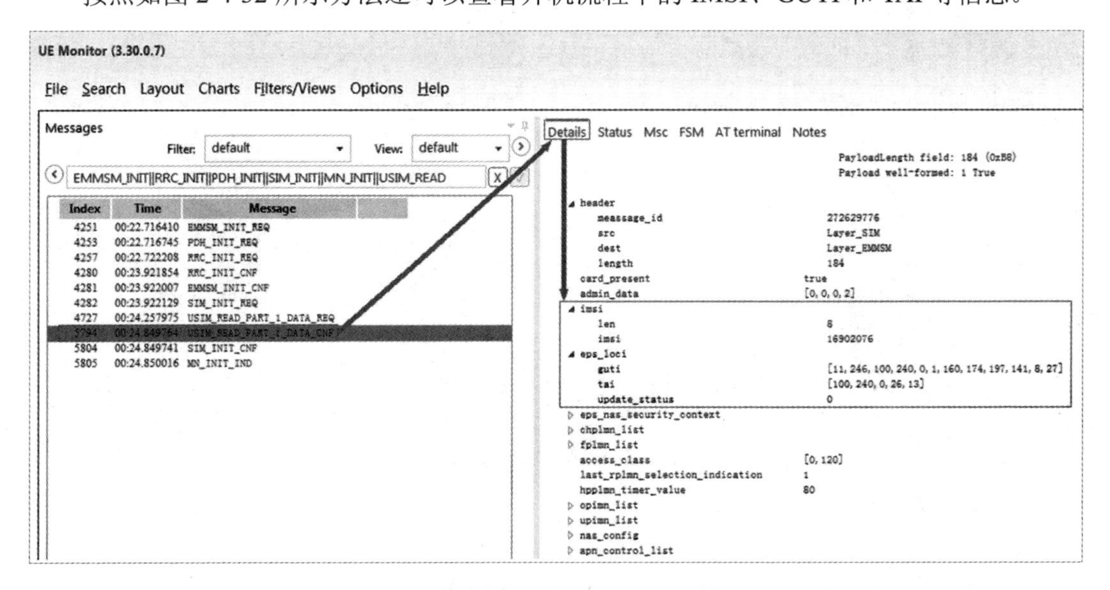

图2-4-32 查看开机流程中的IMSI、GUTI和TAI等信息

2．搜网流程日志

搜网流程关键信息如图 2-4-33 所示。

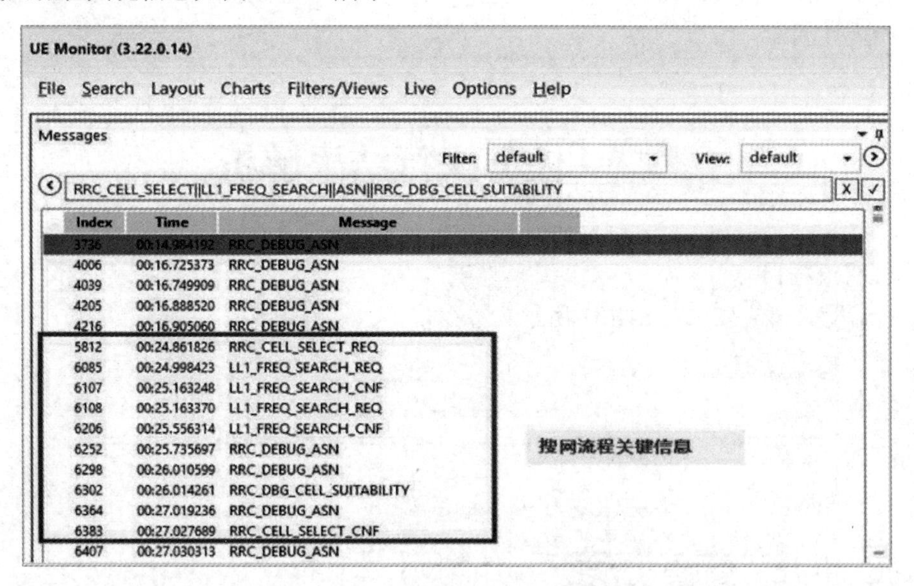

图 2-4-33　搜网流程关键信息

按照如图 2-4-34 和图 2-4-35 所示方法，还可以查看搜网流程中的 MIB 信息和 SIB1 信息。

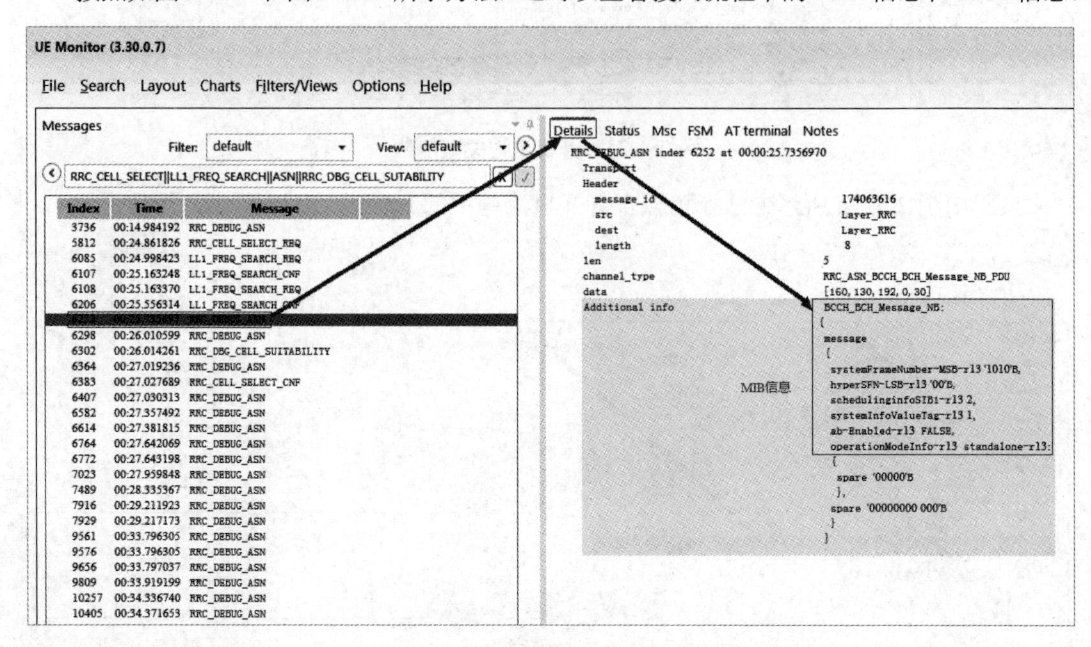

图 2-4-34　MIB 信息

3．附着流程日志

附着流程关键信息如图 2-4-36 所示。

按照如图 2-4-37 所示方法还可以查看附着流程中的 S-TMSI 信息。

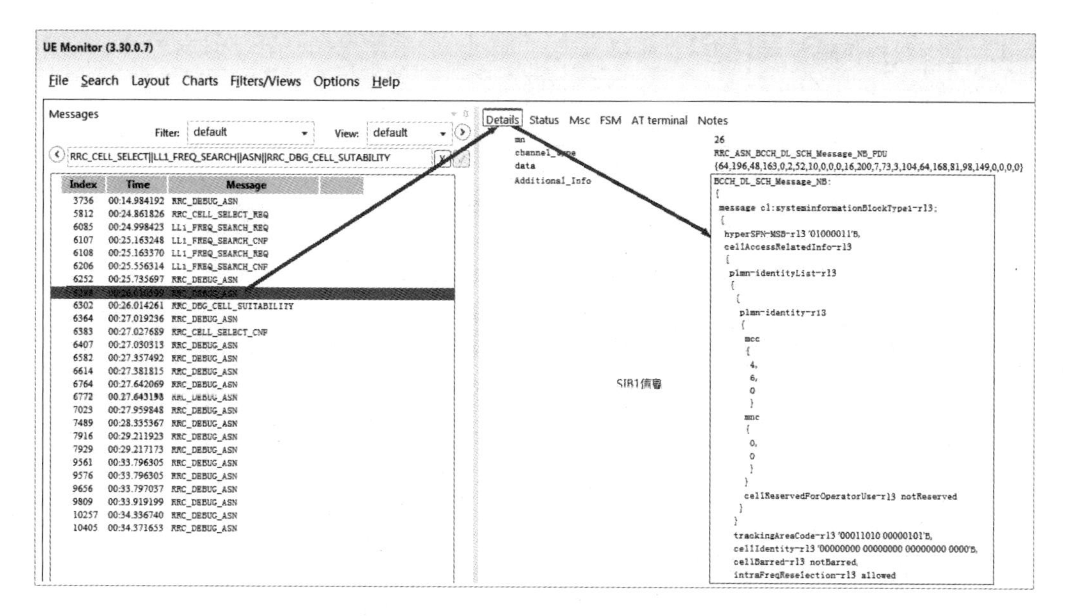

图 2-4-35　SIB1 信息

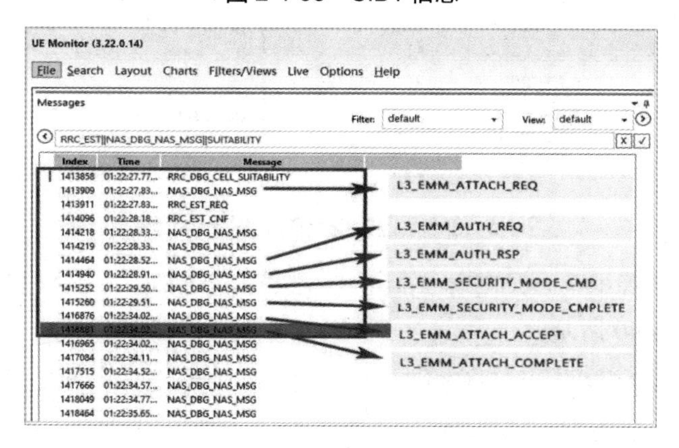

图 2-4-36　附着流程关键信息

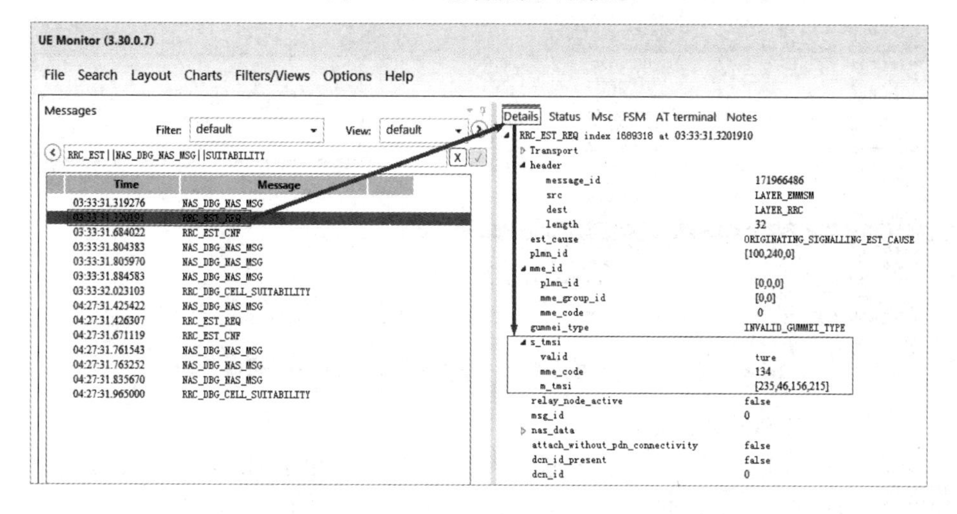

图 2-4-37　查看附着流程中的 S-TMSI 信息

4．上行数据传输流程日志

上行数据传输流程关键信息如图 2-4-38 所示。

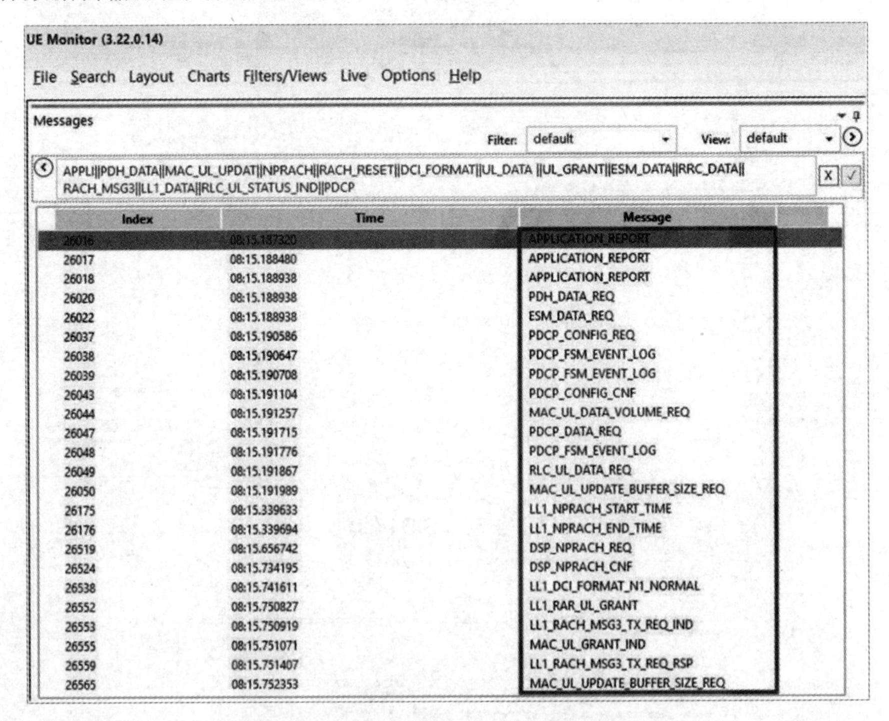

图 2-4-38　上行数据传输流程关键信息

上行数据传输流程中重点是查看 PDCP_DATA_REQ 和 LL1_RACN_REQ 信息，分别如图 2-4-39 和图 2-4-40 所示。

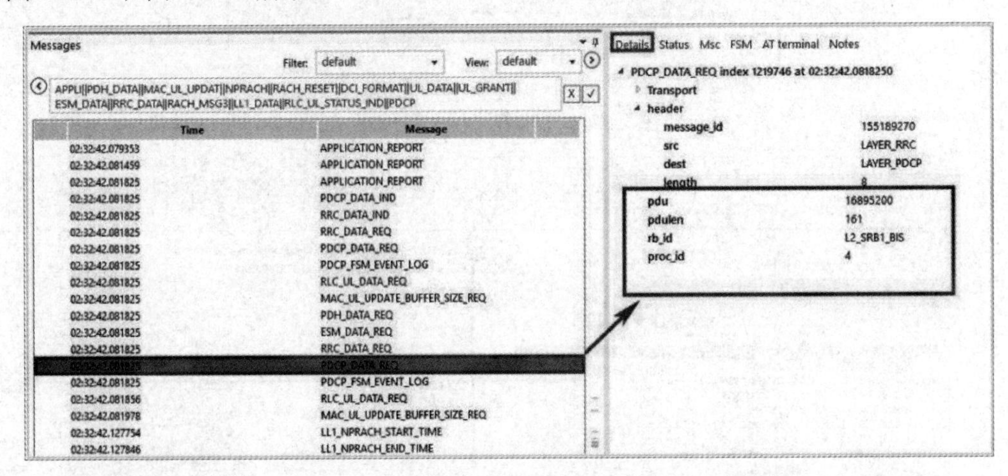

图 2-4-39　上行数据传输流程中的 PDCP_DATA_REQ 信息

5．上行数据传输问题定位

上行数据传输问题定位时查看 PDCP_DATA_REQ 和 LL1_HARQ_ACK_SENT 信息，分别如图 2-4-41 和图 2-4-42 所示。

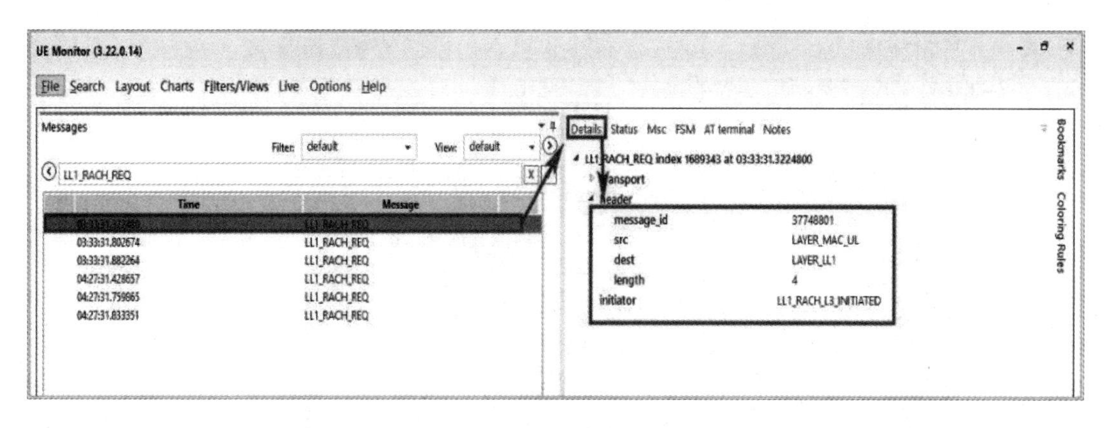

图 2-4-40　上行数据传输流程中的 LL1_RACN_REQ 信息

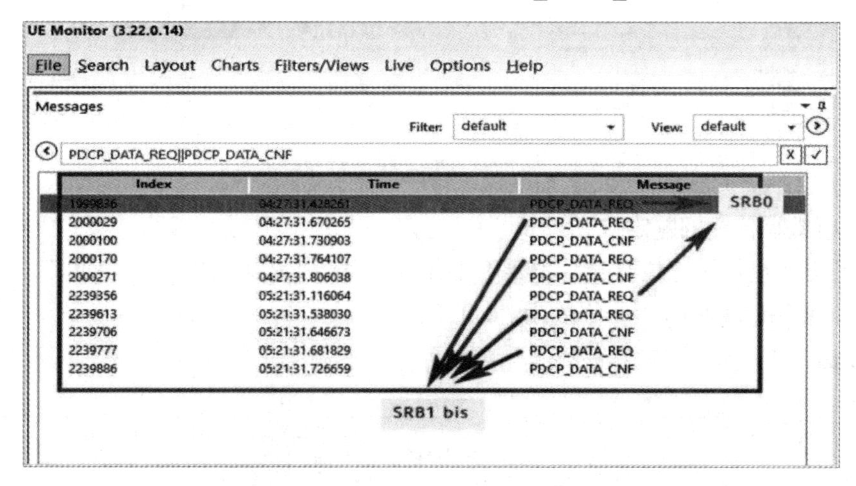

图 2-4-41　上行数据传输问题定位时查看 PDCP_DATA_REQ 信息

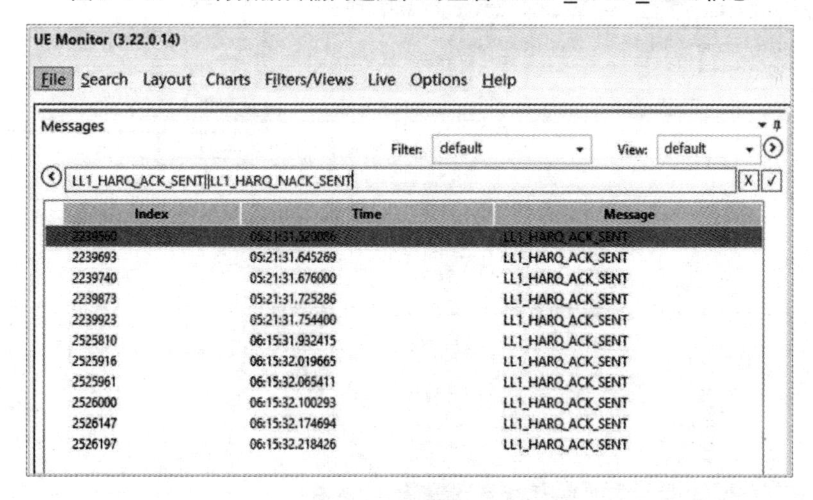

图 2-4-42　上行数据传输问题定位时查看 LL1_HARQ_ACK_SENT 信息

6. 下行数据传输流程日志

下行数据传输流程关键信息如图 2-4-43 所示。

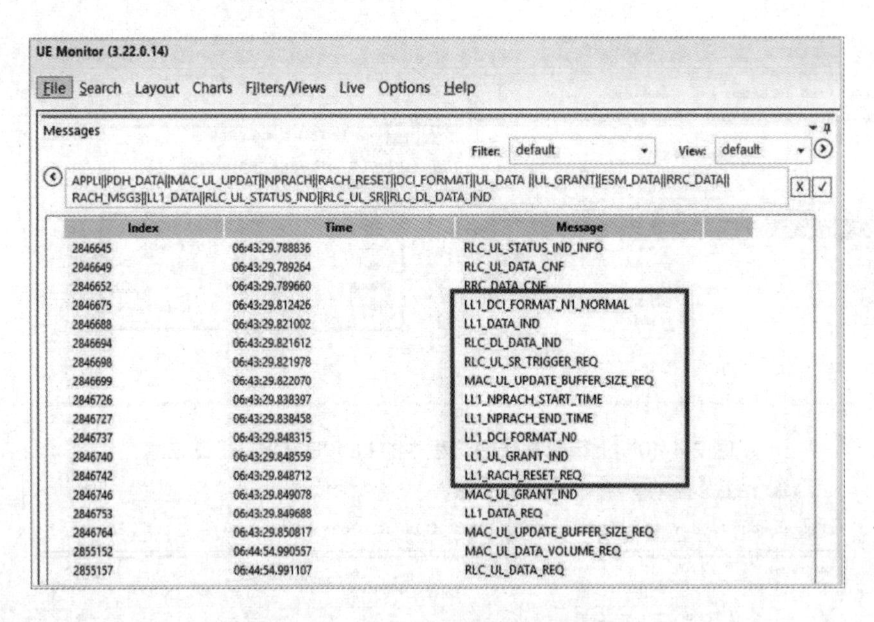

图 2-4-43　下行数据传输流程关键信息

7．下行数据传输问题定位

下行数据传输问题定位时查看 PDCP_DATA_IND 和 RLC_UL_SR_TRIGGER_REQ 信息，分别如图 2-4-44 和图 2-4-45 所示。

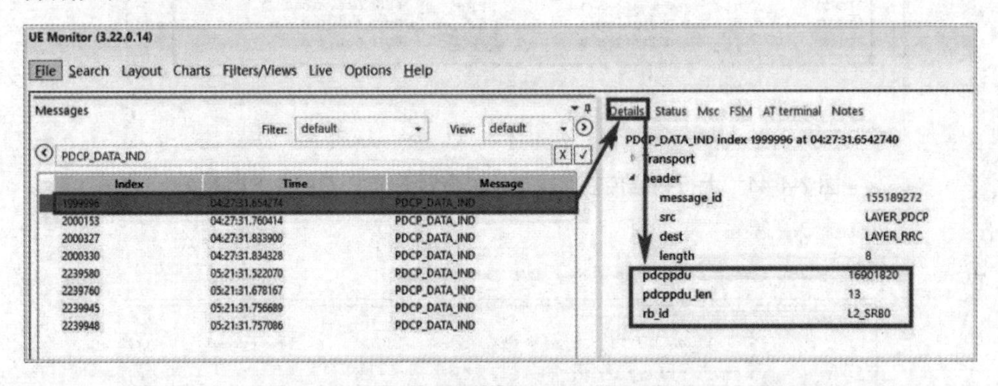

图 2-4-44　下行数据传输问题定位时查看 PDCP_DATA_IND 信息

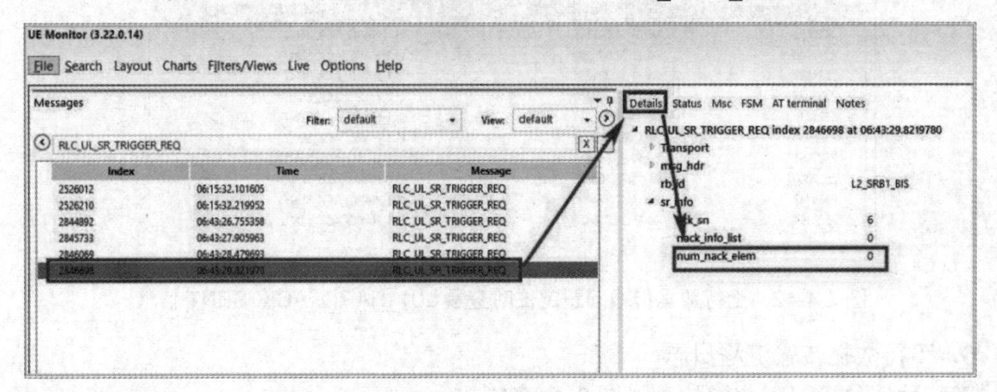

图 2-4-45　下行数据传输问题定位时查看 RLC_UL_SR_TRIGGER_REQ 信息

思考题 4

通过以上实验，请列举出上行数据传输流程和下行数据传输流程的关键区别点。

项目 5 CoAP 协议分析

5.1 必备知识

本书第 1 部分 NB-IoT 基础理论篇 1.4 节主要从传输协议和通信协议分类的角度介绍物联网协议架构。物联网协议分层如图 2-5-1 所示。其中，应用层协议主要有 CoAP、MQTT、XMPP、HTTP 等，目前主要使用的是 CoAP 和 MQTT 协议。相比于 HTTP 协议，CoAP、MQTT 和 XMPP 都属于轻量级协议，能够更好地适应物联网终端没有稳定电源（大多数情况采用电池供电）和无线网络的带宽、延时、丢包等问题。本项目将主要介绍应用最广泛的 CoAP 协议。

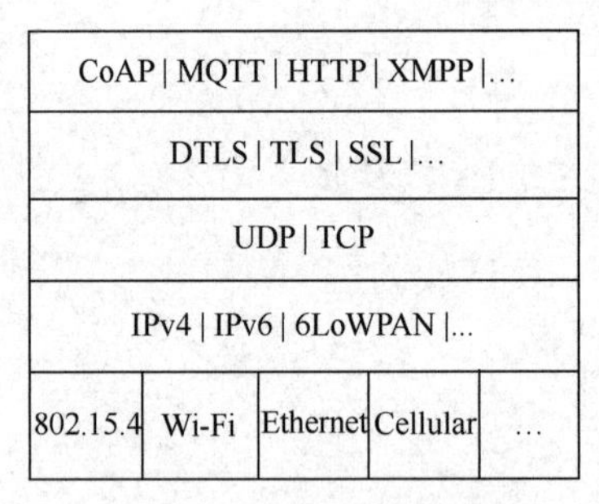

图 2-5-1　物联网协议分层

CoAP 是受限应用协议（Constrained Application Protocol）的简称。对于物联网设备而言接入互联网很难，这是因为互联网是由计算机组成的世界，信息交换是通过 TCP 协议和应用层 HTTP 协议实现的。但是对于物联网小型设备而言，实现 TCP 协议和 HTTP 协议显然是一个过分的要求。而 CoAP 这种轻量级的协议可以更好地适配物联网。尽管 CoAP 协议不能代替 HTTP 协议，但是对于那些小型设备（256KB Flash，32KB RAM，20MHz 主频）而言，CoAP 协议的确是一个更好的解决方案。

CoAP 协议在 NB-IoT 网络协议栈中的位置如图 2-5-2 所示。

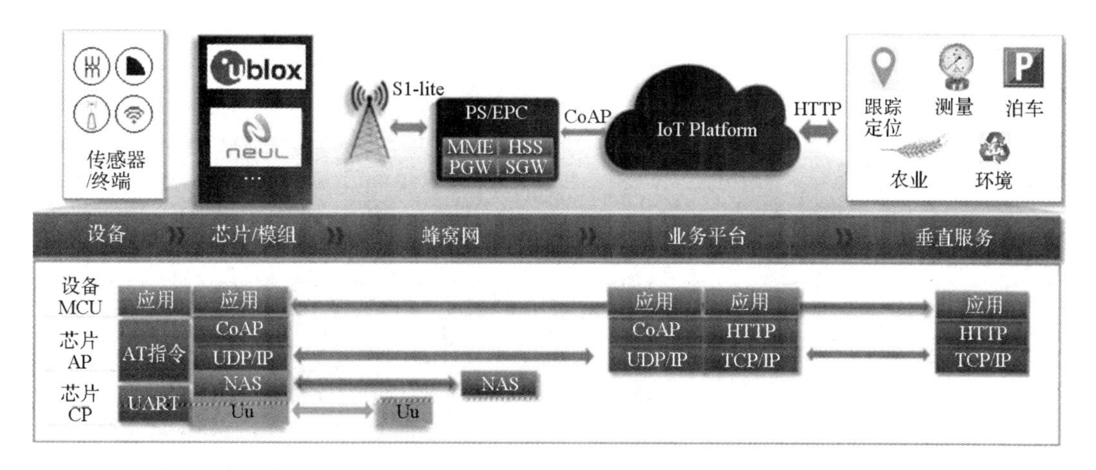

图 2-5-2　CoAP 协议在 NB-IoT 网络协议栈中的位置

CoAP 协议在网络的传输层，目前主要支持基于 UDP 协议（最新版本的 CoAP 协议已经支持基于 TCP 协议了）。

相比于 HTTP 协议，CoAP 协议具有以下特点。

（1）CoAP 协议是二进制格式的，HTTP 是文本格式的，CoAP 比 HTTP 更加紧凑。

（2）轻量化：CoAP 协议最小长度只有 4 个字节，一个 HTTP 的头部就有几十个字节。

（3）CoAP 协议支持可靠传输、数据重传、块传输，确保数据可靠到达。

（4）CoAP 协议支持 IP 多播，即可以同时向多个设备发送请求。

（5）CoAP 协议非长连接通信，适用于低速率、低功耗物联网场景。

（6）CoAP 协议基于 RESTful 架构，服务器的资源地址和互联网一样也有类似 URI 的格式，客户端同样用 POST、GET、PUT、DELETE（依次表示对资源的创建、获取、修改和删除）方法来访问服务器，但是相对 HTTP 协议简化实现、降低复杂度（代码更少、封包更小）。

REST 是一种设计风格，而不是标准。如果一个架构符合 REST 原则，就称之为 RESTful 架构。REST 可以直译为表现层状态转化，表现层其实指的是资源的表现层。通俗来讲，资源（数据）在网络中以某种表现形式（JSON、XML 等）进行状态转移（通过动词 POST、GET、PUT、DELETE 实现）。资源是由统一资源标志符（URI）来指定的。上网就是与互联网上的一系列资源互动，调用它的 URI。对资源的操作包括创建、获取、修改和删除等，这些操作正好对应 HTTP 协议或 CoAP 协议提供的 POST、GET、PUT、DELETE。通过操作资源的表现形式来操作资源。具体表现形式，应该在 HTTP 协议或 CoAP 协议请求的头信息中用 Accept 和 Content-Type 字段指定。JSON 是 JS 对象简谱的简称，是一种轻量级的数据交换格式。

5.1.1　报文结构

1．基本报文结构

CoAP 协议基本报文结构如图 2-5-3 所示，第一行为报文头（header），其余行为报文体（body）；第二行、第三行是可选项，其余行是负载（Payload）。

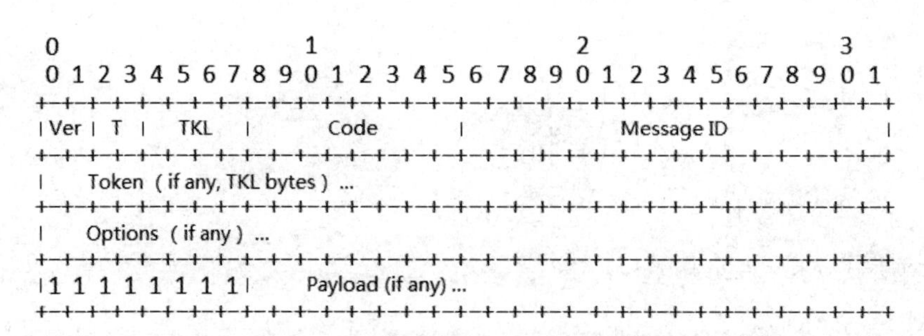

图 2-5-3　CoAP 协议基本报文结构

CoAP 协议的报文头是必选项，固定占 4 个字节，其中各字段的含义如下。

（1）Ver：版本编号，指示 CoAP 协议的版本号，类似于 HTTP1.0、HTTP1.1 等，占 2 个二进制位。

（2）T：报文类型，占 2 个二进制位。CoAP 协议定义了四种不同形式的报文，包括 CON、NON、ACK 和 RST。

（3）TKL：标识符长度，即 Token Length 的简称，占 4 个二进制位。

（4）Code：标签，用于将 CoAP 不同的请求报文和对应的响应报文进行匹配，占 1 个字节。

（5）Message ID：报文编号，用于重复消息检测、匹配消息类型等，占 2 个字节。每个 CoAP 协议报文都有一个 ID，在一次会话中 ID 总是保持不变的。但是在会话结束后，该 ID 会被回收利用。

CoAP 协议报文的可选项如下。

（1）Token：标识符的具体内容，是报文 ID 的另一种表现，用以标记报文的唯一性，通过 TKL 指定长度。当前有效取值为 0～8，其他值被认为是 Message Format Error（报文格式错误）。每条报文必须带有一个 Token，即使它的长度为 0。每个请求都带有一个客户端生成的 Token，服务器在任何结果响应中都必须对其进行回应。Token 还是报文安全性的一个设置，使用全 8 字节的随机数，使伪造的报文无法通过验证。

（2）Options：报文选项，可以设定 CoAP 主机、CoAP URI、CoAP 请求参数和负载媒体类型等。

CoAP 协议报文的第四行开始是负载部分，具体如下。

（1）11111111：报文头和负载之间的间隔，固定占一个字节。

（2）Payload：负载的具体数据内容。

2．Code 字段

CoAP 协议报文的 Code 字段占 1 个字节，分为两个部分：前 3 个二进制位和后 5 个二进制位。为了便于阅读，可以将 Code 描述为“*c.dd*”的形式。“*c*”的可取值有 4 个，用来标识本 CoAP 协议报文是“CoAP 请求”还是某种类型的“CoAP 响应”，如表 2-5-1 所示。

表 2-5-1　Code 字段中“*c*”值的不同含义

c	代表含义
0	CoAP 请求
2	CoAP 响应，对应请求已被正确执行
4	CoAP 响应，对应请求的客户端有问题
5	CoAP 响应，对应请求的服务器有问题

“*dd*”的具体含义如下。

（1）*c*=0。

c=0 时，代表报文是一种“CoAP 请求”，具体含义如表 2-5-2 所示。若 Code 不符合表 2-5-2 中的 4 种请求格式，则接收端不能识别请求的含义，就会返回一个 Code 为 4.05 的“CoAP 响应”。空消息是一种特例，空消息的 Code 为 0.00，既不是请求，也不是响应，空消息只有 4 个字节的报文头，没有报文体。

表 2-5-2　CoAP 的 4 种请求方法

c.dd	请求方法	代表含义
0.01	GET	用于获取某种资源
0.02	POST	用于创建某种资源
0.03	PUT	用于更新某种资源
0.04	DELETE	用于删除某种资源

“CoAP 请求”方法在 RESTful API 中的典型应用如表 2-5-3 所示。

表 2-5-3　“CoAP 请求”方法在 RESTful API 中的典型应用

资源	GET	PUT	POST	DELETE
一组资源的 URI，如 CoAP://example.com/resources/	列出 URI，以及该资源组中每个资源的详细信息（后者可选）	使用给定的一组资源替换当前整组资源	在本组资源中创建/追加一个新的资源。该操作往往返回新资源的 URL	删除整组资源
单个资源的 URI，如 CoAP://example.com/resources/142	获取指定的资源的详细信息，格式可以自选一个合适的网络媒体类型（如 XML、JSON 等）	替换/创建指定的资源，并将其追加到相应的资源组中	把指定的资源当成一个资源组，并在其下创建/追加一个新的元素，使其隶属于当前资源	删除指定的资源

（2）*c*=2。

c=2 时，代表报文是一种正常的“CoAP 响应”，如表 2-5-4 所示。

表 2-5-4　*c*=2 时的 Code 码含义

c.dd	英文	代表含义
2.01	Created	对 POST 或 PUT 的响应，响应中可能包含一个操作结果的描述；响应不可缓存
2.02	Deleted	对 POST 或 DELETE 的响应；响应不可缓存

续表

c.dd	英文	代表含义
2.03	Valid	用于指示请求中 ETag 指定的响应是有效的，响应必须包含 ETag，不能包含负载
2.04	Changed	对 POST 或 PUT 的响应；响应不可缓存
2.05	Content	对 GET 的响应，响应中包含对目标资源的描述；响应可缓存

注：ETag 是实体标签（Entity Tag）的缩写。一般不以明文的形式给客户端。在资源的各个生命周期中，ETag 都具有不同的值，用于标识出资源的状态。当资源发生变更时，如果其头信息中一个或多个发生变化或者报文实体发生变化，那么 ETag 也随之发生变化。可以通过时间戳得到 ETag 头信息。服务器计算 ETag 值，并在相应客户端请求时将它返回给客户端。

（3）c=4。

c=4 时，代表报文是一种对应请求的客户端有问题的“CoAP 响应”，可以应用于所有请求方法，并应该包含一个 Diagnostic Payload（诊断负载）。此类 Code 对应的响应都可缓存，如表 2-5-5 所示。

表 2-5-5　c=4 时的 Code 码含义

c.dd	英文	代表含义
4.00	Bad Request	请求错误，服务器无法处理；类似于 HTTP 400
4.01	Unauthorized	未经授权；类似于 HTTP 401
4.02	Bad Option	请求中包含错误选项
4.03	Forbidden	服务器拒绝请求；类似于 HTTP 403
4.04	Not Found	服务器找不到资源；类似于 HTTP 404
4.05	Method Not Allowed	非法请求；类似于 HTTP 405
4.06	Not Acceptable	请求选项和服务器生成内容选项不一致；类似于 HTTP 406
4.12	Precondition Failed	请求参数不足；类似于 HTTP 412
4.15	Unsupported Content-Type	请求中的媒体类型不被支持；类似于 HTTP 415

（4）c=5。

c=5 时，代表报文是一种对应请求的服务器有问题的“CoAP 响应”，可以应用于所有请求方法，并应该包含一个 Diagnostic Payload。此类 Code 对应的响应都可缓存，如表 2-5-6 所示。

表 2-5-6　c=5 时的 Code 码含义

c.dd	英文	代表含义
5.00	Internal Server Error	服务器内部错误；类似于 HTTP 500
5.01	Not Implemented	服务器无法支持请求内容；类似于 HTTP 501
5.02	Bad Gateway	服务器作为网关时，收到了一个错误响应；类似于 HTTP 502
5.03	Service Unavailable	服务器过载或者维护停机；类似于 HTTP 503
5.04	Gateway Timeout	服务器作为网关，执行请求时发生超时错误；类似于 HTTP 504
5.05	Proxying Not Supported	服务器不支持代理功能

3. Option 字段

Option 字段为可选项，占 0 个字节或者多个字节，主要用于描述请求或者响应对应的

各个属性，类似于参数或者特征描述，如是否用到代理服务器、目的主机的端口等。Option 的属性有以下两类。

（1）Critical Option：重要的 Option，接收方必须能够理解的 Option，否则报文无法正常处理。

（2）Elective Option：可选的 Option，接收方不能识别时可以忽略，不影响报文的正常处理。

Option 的格式如图 2-5-4 所示，Option 格式中各字段的含义如表 2-5-7 所示。

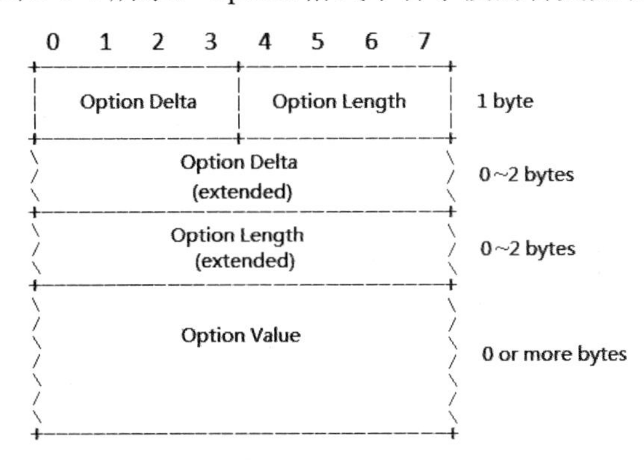

图 2-5-4　Option 的格式

表 2-5-7　Option 格式中各字段的含义

字段	含义
Option Delta	Option 的编号增量，当前 Option 的实际编号等于之前所有 Option Delta 的总和。Option 在报文中的实例必须按照编号大小顺序存放
Option Length	取值 0～12 时，表示 Option 占用的字节数；取值 13 时，表示需要占用扩展中的一个字节，且表示 Option Length 减去 13 的部分；取值 14 时，表示需要占用扩展中的两个字节，且表示 Option Length 减去 269 的部分；取值 15 时，保留不用
Option Value	表示 Option 具体内容项目

CoAP 中对 Option 具体内容的定义如表 2-5-8 所示。

表 2-5-8　CoAP 中的 Option 具体内容的定义

编号	重要性 Critical	不可靠 Unsafe	无缓存 Key	可重复 Repeatable	Option 项	格式	长度	默认值
1	√			√	If-Match	opaque	0～8	无
3	√	√	×		Uri-Host	string	1～255	无
4				√	ETag	opaque	1～8	无
5	√				If-None-Match	empty	0	无
7	√	√	×		Uri-Port	uint	0～2	5683
8				√	Location-Path	string	0～255	无
11	√	√	×	√	Uri-Path	string	0～255	无
12					Content-Format	uint	0～2	无

续表

编号	重要性 Critical	不可靠 Unsafe	无缓存 Key	可重复 Repeatable	Option 项	格式	长度	默认值
14		√	×		Max-Age	uint	0～4	60
15	√	√	×	√	Uri-Query	string	0～255	无
17	√				Accept	uint	0～2	无
20				√	Location-Query	string	0～255	无
35	√	√	×		Proxy-Uri	string	1～1034	无
39	√	√	×		Proxy-Scheme	string	1～255	无
60			√		Sizel	uint	0～4	无

Option 项 Uri-Host、Uri-Port、Uri-Path 和 Uri-Query 的作用分别如下。

（1）Uri-Host：指定目标资源所在主机的主机名，如 iot.eclipse.org。

（2）Uri-Port：指定目标资源所在的端口号。

（3）Uri-Path：指定目标资源绝对路径的一部分，采用 UTF8 字符串形式，如\temperature（注：长度不计最前面的“\”）。

（4）Uri-Query：指定 URI 的参数的一部分，如?value=1&value2=2，其中“？”用于分隔 Uri-Path 和 Uri-Query，而“&”用于分隔不同参数。

它们都用于指定发往服务器的请求中的目标资源，通过组合可以得出目标资源的 URI。一个请求中可以包含多个上述的 Option 项。

Option 项 Content-Format 用于指定负载的格式（多媒体类型）。CoAP 支持的多种媒体类型，采用整数描述，如表 2-5-9 所示，目前比较简单，将来会根据实际情况进行扩展。

表 2-5-9　CoAP 支持的多媒体类型

多媒体类型	编码	ID	说明
text/plain	×	0	表示负载为字符串形式，默认为 UTF8 编码
application/link-format	×	40	CoAP 资源发现协议中追加定义，该媒体类型为 CoAP 协议所特有
application/xml	×	41	表示负载类型为 XML 格式
application/octet-stream	×	42	表示负载类型为二进制格式
application/exi	×	47	表示负载类型为“精简 XML”格式
application/json	×	50	表示负载类型为“JSON”格式

Option 项 Accept 用于表明哪些 Content-Format 能够被客户端接受。如果没有 Accept 项则表明客户端可以接受所有格式。

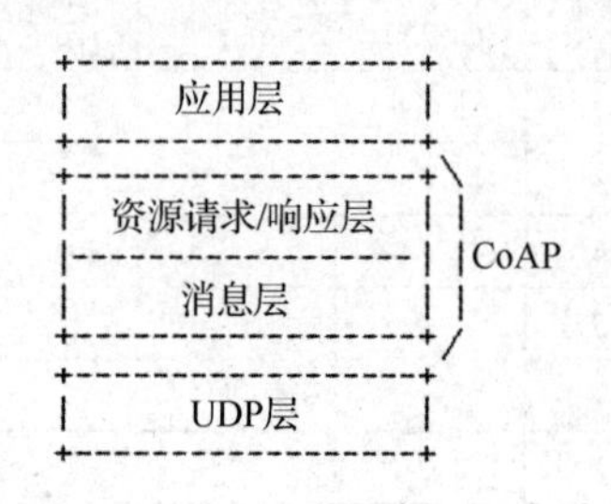

图 2-5-5　CoAP 协议的逻辑分层模型

5.1.2　逻辑分层模型

CoAP 协议的逻辑分层模型如图 2-5-5 所示，由图可见，CoAP 协议在逻辑上分为两层：资源请求/响应层（Request/Response）和消息层（Message）。消息层只负责控制端到端的报文交互；资源请求/响应层负责传输

资源操作的请求和响应。CoAP的双层处理方式使得CoAP没有采用TCP协议也可以提供可靠的传输机制，通过消息层的重传机制实现数据的可靠传输。

CoAP协议模型是基于UDP的类似于HTTP的客户端/服务器交互模型。客户端通过不同的请求方法向服务器发送请求对资源（通过URI表示）进行操作，服务器返回响应（携带着对资源的描述）和状态码。在物联网应用场景中，端点既可以是服务器，也可以是客户端。如果将UDP比作公路，那么消息层就是公路上的汽车，资源请求/响应层就好比汽车上的货物。资源请求/响应的内容最终会被放到CoAP消息包中。

CoAP协议的资源请求/响应层的消息包括3种：请求（Request）、响应（Response）和空消息（Empty Message）。

CoAP协议消息层的消息有以下4种类型，由报文中的“T”字段确定。

（1）CON消息（Confirmable Message）：需要确认的消息，接收方必须对消息回复Acknowledgement或Reset。

（2）NON消息（Non-Confirmable Message）：不需要确认的消息，但是接收方可能回复Reset。

（3）ACK消息（ACK Message）：用于向发送方确认CON消息已收到，可以携带附带响应（Piggybacked Response）。

（4）RST消息（Reset Message）：用于回复收到的无法处理的消息（CON消息或NON消息）；也可以通过一个空的CON消息触发一个RST消息，用于端点的保活检测。

消息层与资源请求/响应层不同消息类型之间的映射关系如表2-5-10所示。

表2-5-10　消息层与资源请求/响应层不同消息类型之间的映射关系

资源请求/响应层	消息层			
	CON	NON	ACK	RST
Request	√	√	×	×
Response	√	√	√	×
Empty Message	仅为了让接收方发送一个RST消息	×	√	√

消息层承载资源请求/响应层的消息有以下两种模式。

1．可靠模式（Reliability Mode）

可靠模式主要通过确认及重传机制来实现。客户端发送消息后，需要等待服务器收到通知。如果在规定的时间内没有收到，则需要重新发送数据。可靠模式是基于CON消息传输的，服务器端收到CON类型的消息后，需要返回ACK消息，客户端在指定时间ACK_TIMEOUT内收到ACK消息后，才代表这个消息已可靠到达服务器端。CON消息和ACK消息通过CoAP报文中的Message ID字段进行匹配，支持重复检测。采用简单的停等协议和基于指数回退的重传机制来保证可靠性，如下。

（1）客户端构造一个CON消息（承载一个请求或响应或一个为了触发RST消息的空消息）发送到服务器，未收到ACK或RST消息时，支持基于指数回退的重发。

（2）服务器如果可以处理该CON消息，则返回一个ACK消息（携带匹配的Message

ID)，否则返回一个 RST 消息或者忽略它（可能服务器不能正确处理收到的 CON 消息，或者收到的是一个空消息，或者收到的消息存在格式错误）。

对可靠传输请求的响应方式有以下两种。

（1）同步可靠响应模式（Piggybacked Response）。

在同步可靠响应模式下，一对一的请求和响应通过 Token 进行配对。例如，某客户端两次向服务器发起读取温度值的请求，如图 2-5-6 所示。

（2）异步可靠响应模式（Separate Response）。

跨多对的请求和响应通过 Token 进行配对，仍以前面某客户端向服务器发起读取温度值的请求为例，第一次发起请求时，由于服务器不能立即响应该请求，就通过空消息回复客户端；当服务器准备好后，通过新的 CON 消息将响应发送给客户端，如图 2-5-7 所示。

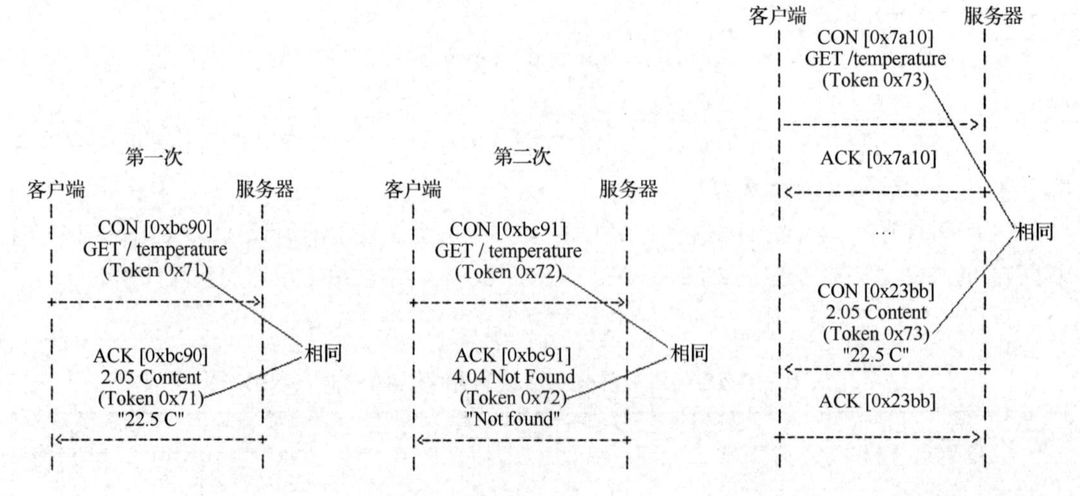

图 2-5-6　同步可靠响应模式举例

图 2-5-7　异步可靠响应模式举例

2. 非可靠模式（Non-Reliability Mode）

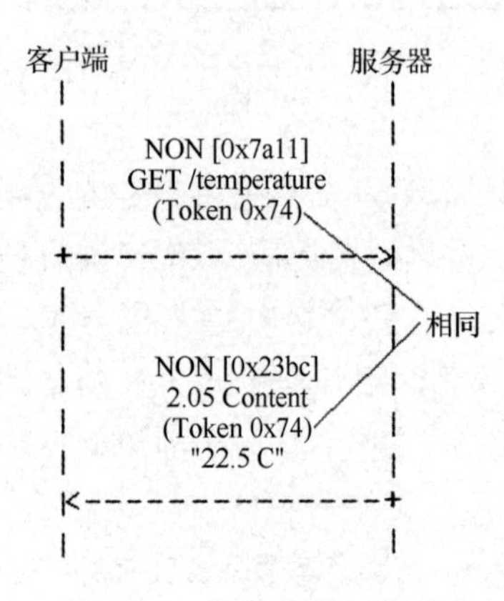

图 2-5-8　非可靠模式举例

客户端只管发送消息，不管服务器端有没有收到，因此可能存在丢包。非可靠模式是基于 NON 消息（承载一个请求或响应）传输的。服务器收到 NON 消息后，不用回复 ACK 消息，可能直接忽略它，也可能返回给客户端一个 RST 消息（如服务器不能处理收到的 NON 消息）。非可靠模式下 NON 消息中仍然携带有 Message ID，用于重复检测。

非可靠模式下采用非可靠响应模式，请求和响应也通过 Token 配对。对于通过 NON 承载的请求，服务器可以选择通过 NON 消息返回响应。这里仍然沿用前面读取温度值请求的例子，如图 2-5-8 所示。

5.1.3 HTTP 协议与 CoAP 协议转换代理

如本书 NB-IoT 基础理论篇第 2 章所述，NB-IoT 网络中存在着多种代理设备，包括 HTTP 协议与 CoAP 协议转换代理。按照功能不同，这种代理可以分为以下两类。

（1）前向代理（Forward-proxy）：被客户端显示指定，并转发请求到服务器或下一个代理，必要时可以直接从本地缓存中查询响应并返回给客户端。

（2）反向代理（Reverse-proxy）：代表服务器执行客户端的请求，反向代理背后一般隐藏着多个源服务器，反向代理根据请求的 URI 及其配置策略，决定将请求发往哪一个源服务器去执行请求，必要时也可以从本地缓存中查询响应直接返回给客户端。

按照方向不同，跨协议代理可以分为以下两种工作模式。

1. HTTP—CoAP 代理

HTTP—CoAP 代理模式如图 2-5-9 所示。在这种模式下，HTTP 作为客户端可以通过代理（中间件/平台）访问 CoAP 服务器上的资源。HTTP 客户端发送携带 URI 为“CoAP”或“CoAPs”的请求到代理处，代理对 CoAP 服务器上的资源执行请求中请求方法所指定的操作，并返回响应给 HTTP 客户端。

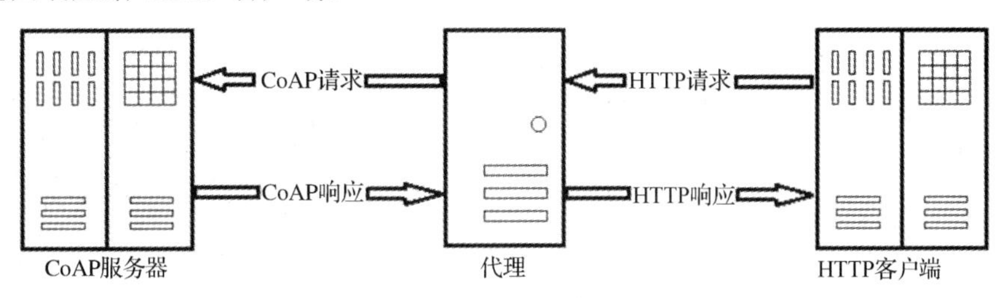

图 2-5-9 HTTP—CoAP 代理模式

如果代理不愿或不能服务一个携带指定 CoAP URI 的请求，则给客户端返回一个 Code 为 5.01 的响应。

如果代理将请求转发到 CoAP 源服务器，超时后未得到响应，则代理会给客户端返回一个 Code 为 5.04 的响应。或者代理得到了源服务器的响应，但是无法解析，会给客户端返回一个 Code 为 5.02 的响应。

2. CoAP—HTTP 代理

在 CoAP—HTTP 代理模式下，CoAP 作为客户端可以通过代理访问 HTTP 服务器上的资源。CoAP 客户端发送携带着代理 URI 或者代理 Scheme 的请求到代理处，代理对 HTTP 资源执行请求中请求方法所指定的操作，并返回响应给客户端。

如果代理不愿服务一个携带指定 URI 的请求，则向客户端返回一个 Code 为 5.05 的响应。

如果代理将请求转发到 HTTP 源服务器，超时后未得到响应，则代理会给客户端返回一个 Code 为 5.04 的响应。或者如果代理得到了源服务器的响应，但是无法解析，则代理会给客户端返回一个 Code 为 5.02 的响应。

5.1.4 块传输

CoAP 协议的特点是传输的内容小巧精简，但是在某些情况下不得不传输较大的数据。在这种情况下，可以使用 CoAP 协议中的某个选项设定分块传输（Block Transfer）的大小，无论是服务器还是客户端都可以完成分块和组装这两个动作。CoAP 块传输格式如图 2-5-10 所示。图中，NUM 是块标识字段，从 0 开始，依次递增；M 代表是否还有后续数据块；SZX 是块大小。当 M 为 1 时，当前块的负载长度必须严格等于 SZX 指示的长度。

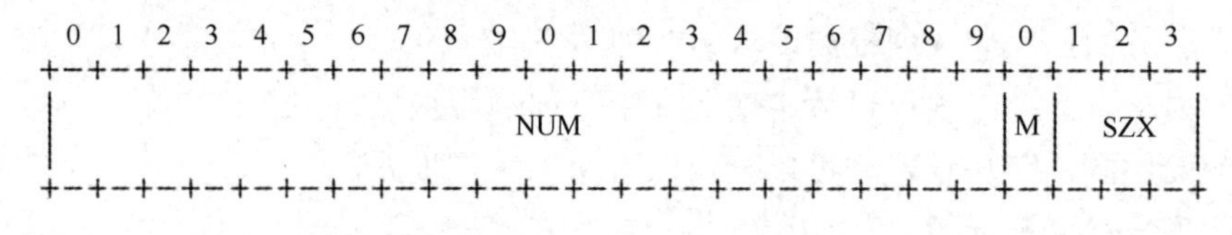

图 2-5-10 CoAP 块传输格式

5.1.5 加密算法

CoAP 协议支持通过 DTLS 进行加密，相对于非加密场景，基于 DTLS 加密的 CoAP 协议模型的变化如图 2-5-11 所示，具体包括如下。

（1）消息层：在 CoAP 通信前，需要建立 TLS 会话，消息作为 DTLS 的负载处理，增加了 DTLS 头（13 字节）的开销；报文除了通过 Message ID 字段匹配，还必须满足在同一个 DTLS 会话内。

（2）资源请求/响应层：请求和响应除通过 Token 字段匹配外，还必须满足在同一个 DTLS 会话内。

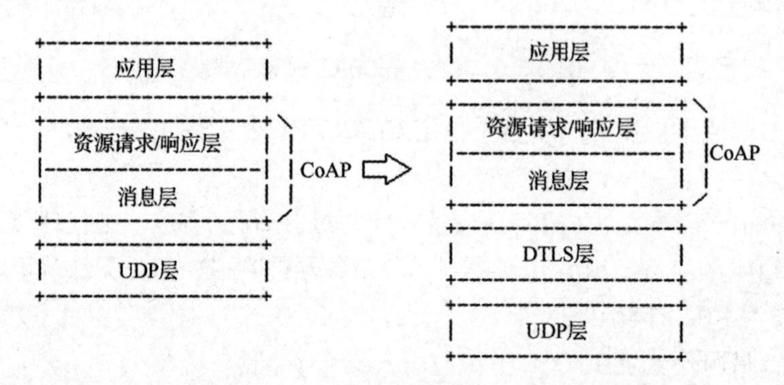

图 2-5-11 基于 DTLS 加密的 CoAP 协议模型的变化

5.1.6 使用示例

下面介绍一个 CoAP 请求响应的实例，CoAP 客户端通过 GET 方法从服务器端获得温度传感器数据，CoAP URI：CoAP://www.server.com/temperature，如图 2-5-12（a）所示。CoAP 请求采用 CON 报文，服务器接收到 CON 报文必须返回一个 ACK 报文。CoAP 请求采用 0.01 GET 方法，若操作成功，则 CoAP 服务器返回 2.05 Content，相当于 HTTP 200 OK。请求和响应的 MID 必须完全相同，此处为 0x7d34。请求和响应中的 Token 域为空。CoAP 请求中包含 Option，该 Option 的类型为 Uri-Path，Option Delta 的值为 0+11=11，Option Value 的值为字符串形式的“temperature”。CoAP 返回中包含温度数据，使用字符串

形式描述，具体值为“22.3”。CoAP 请求响应实例如图 2-5-12 所示。

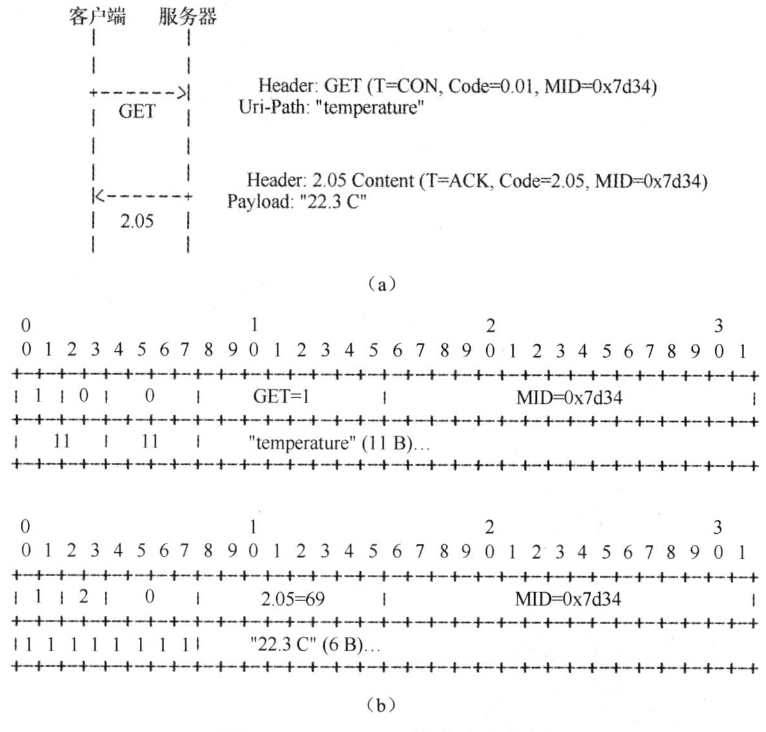

图 2-5-12　CoAP 请求响应实例

5.2 实验准备

1. 实验目的

本实验的目的包括：

（1）掌握 CoAP 协议消息获取的能力。

（2）掌握 CoAP 协议消息解读的能力。

2. 实验要求

本实验通过抓包工具 Wireshark 抓取 OceanConnect 平台与 NB-IoT 终端之间发送的 CoAP 协议消息，并对 CoAP 消息进行分析解读，从而加深对 CoAP 协议消息的理解。

3. 理论支撑

本实验涉及 CoAP 协议相关知识。

4. 软硬件支撑

本实验仅需软件支撑，所需使用的软件名称及其说明如表 2-5-11 所示。

表 2-5-11　项目 5 所需软件

序号	软件名称	说明
1	Win7/8/10	操作系统
2	Wireshark	多种网络协议消息抓包分析工具软件，版本 V2.4.5
3	NB-IoT Device Simulator	华为 NB-IoT 终端模拟器

5. 实验准备工作

1）安装并运行 Wireshark

步骤 1：从华为物联网综合实训平台上下载“Wireshark-win64-2.4.5”并进行解压缩。双击安装包“Wireshark-win64-2.4.5.exe”，打开安装窗口的欢迎界面，如图 2-5-13 所示。

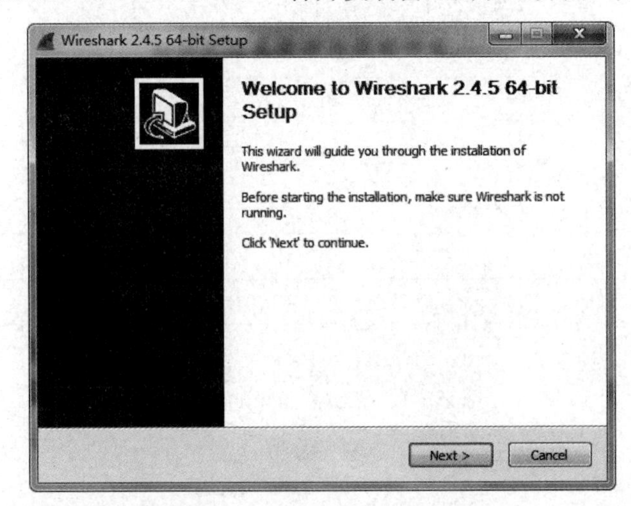

图 2-5-13　Wireshark 安装欢迎界面

步骤 2：在如图 2-5-13 所示的窗口中，单击“Next”按钮，进入 Wireshark 安装的协议许可界面，如图 2-5-14 所示。

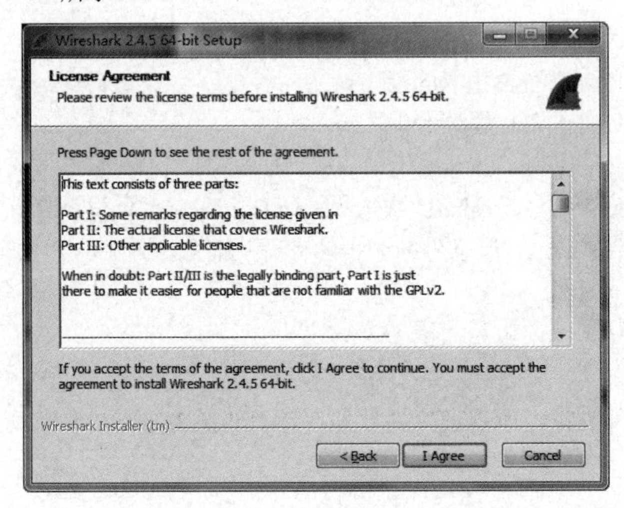

图 2-5-14　Wireshark 安装的协议许可界面

步骤3：在如图2-5-14所示的窗口中，单击“I Agree”按钮，进入选择组件界面，如图2-5-15所示。通过复选框，选择想要安装的组件，这里默认选择即可。

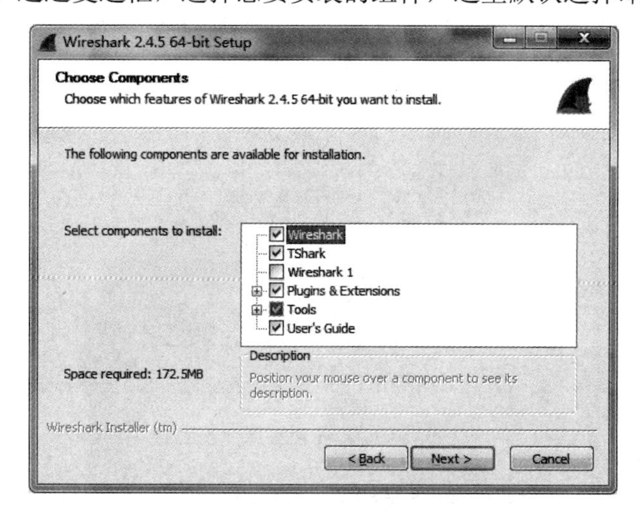

图2-5-15　Wireshark 安装的选择组件界面

步骤4：在如图2-5-15所示的窗口中，单击“Next”按钮，进入选择附加任务界面，如图2-5-16所示。

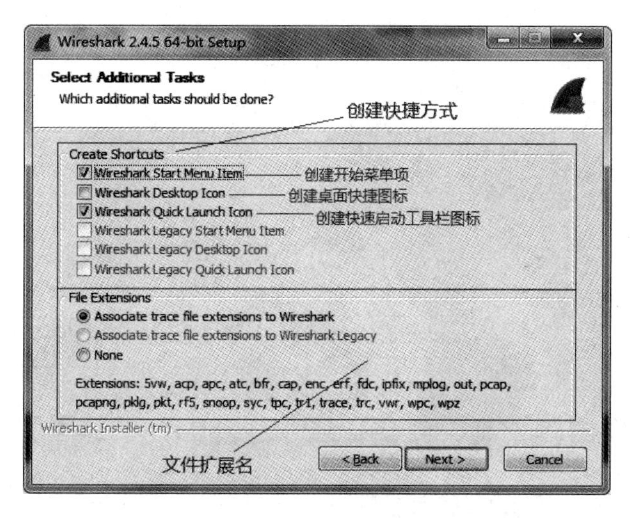

图2-5-16　Wireshark 安装的选择附加任务界面

步骤5：在如图2-5-16所示的窗口中，单击“Next”按钮，进入选择安装路径界面，如图2-5-17所示。

步骤6：在如图2-5-17所示的窗口中，单击“Next”按钮，进入询问是否安装WinPcap界面，如图2-5-18所示。勾选“Install WinPcap 4.1.3”复选框，选择先安装WinPcap。

步骤7：在如图2-5-18所示的窗口中，单击“Next”按钮，进入询问是否安装USBPcap界面，如图2-5-19所示。取消勾选“Install USBPcap 1.2.0.3”复选框，选择不安装USBPcap。

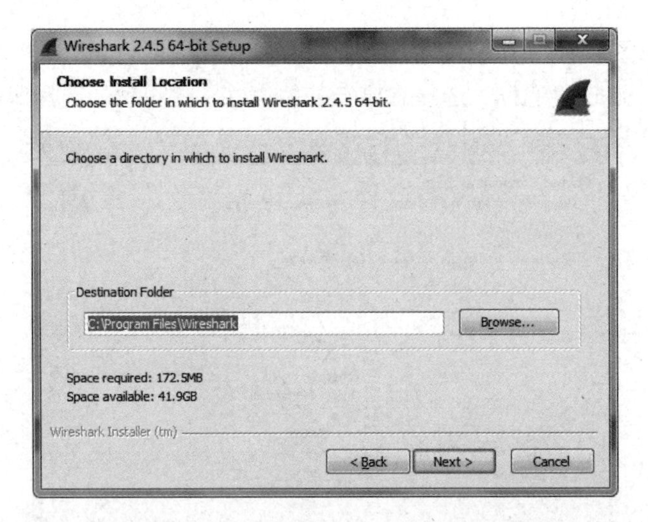

图 2-5-17　Wireshark 安装的选择安装路径界面

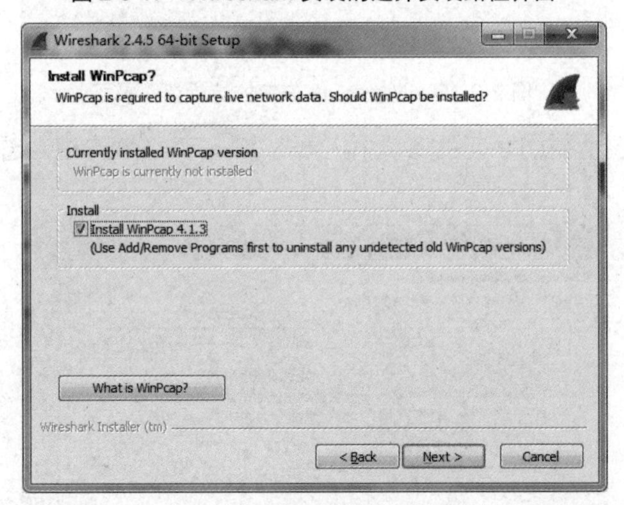

图 2-5-18　Wireshark 安装的询问是否安装 WinPcap 界面

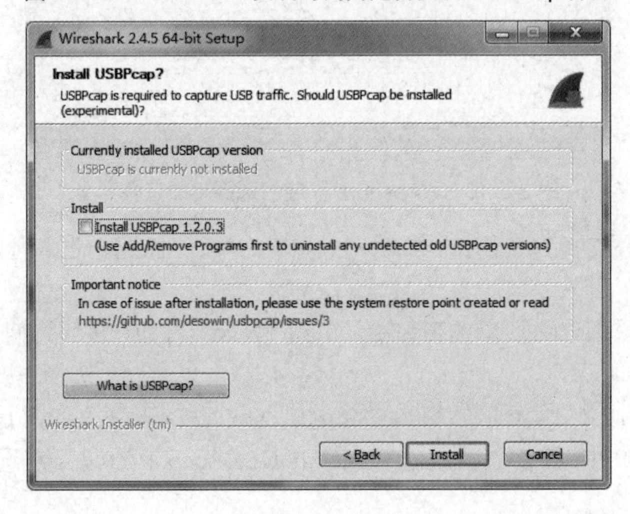

图 2-5-19　Wireshark 安装的询问是否安装 USBPcap 界面

步骤 8：在如图 2-5-19 所示的窗口中，单击“Install”按钮，开始安装 Wireshark 的进程。在安装过程中，会弹出一个新的安装 WinPcap 的欢迎窗口，如图 2-5-20 所示。

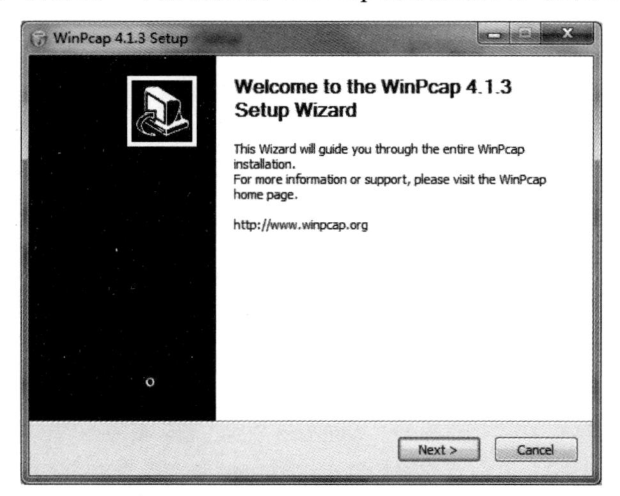

图 2-5-20　WinPcap 安装欢迎界面

步骤 9：在如图 2-5-20 所示的窗口中，单击“Next”按钮，进入 WinPcap 安装协议许可界面，如图 2-5-21 所示。

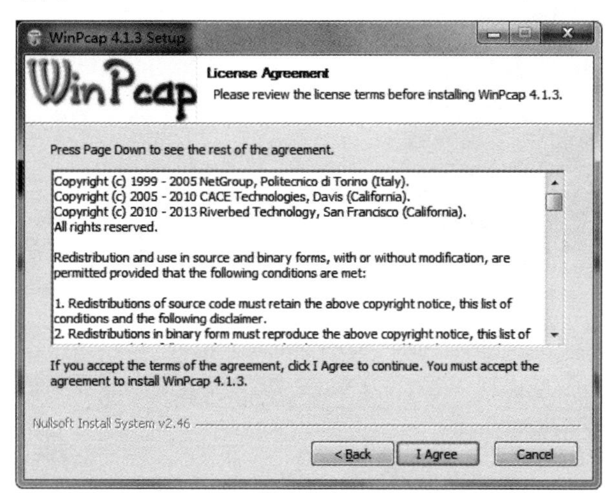

图 2-5-21　WinPcap 安装协议许可界面

步骤 10：在如图 2-5-21 所示的窗口中，单击“I Agree”按钮，进入 WinPcap 安装选项界面，如图 2-5-22 所示，取消勾选“Automatically start the WinPcap driver at boot time”复选框。

步骤 11：在如图 2-5-22 所示的窗口中，单击“Install”按钮，开始安装 WinPcap。安装完成后，弹出 WinPcap 安装完成界面，如图 2-5-23 所示。

步骤 12：在如图 2-5-23 所示的窗口中，单击“Finish”按钮，WinPcap 安装完成，当前对话框自动关闭。Wireshark 的安装进程自动继续进行，进程成功完成后的显示如图 2-5-24 所示。

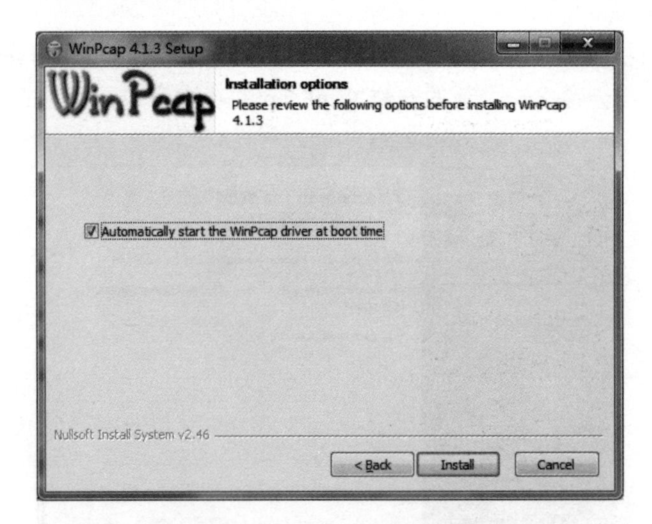

图 2-5-22　WinPcap 安装选项界面

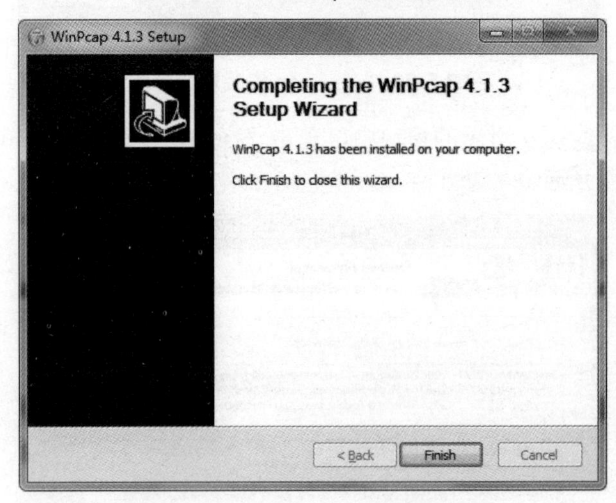

图 2-5-23　WinPcap 安装完成界面

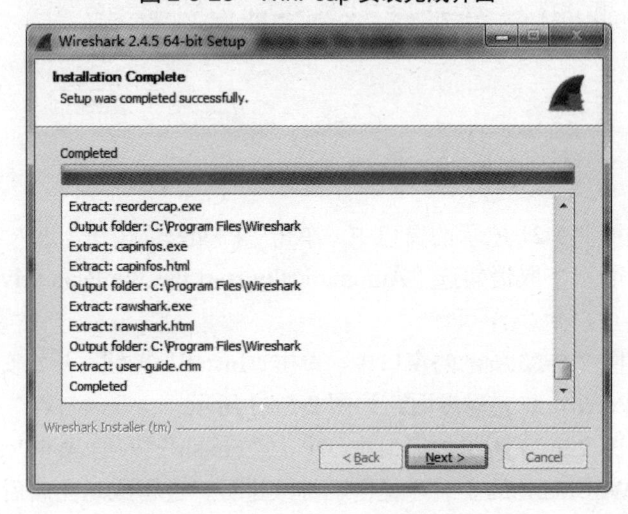

图 2-5-24　Wireshark 安装进程成功完成

步骤 13：在如图 2-5-24 所示的窗口中，单击“Next”按钮，进入 Wireshark 安装完成界面，如图 2-5-25 所示，单击“Finish”按钮，退出安装窗口。

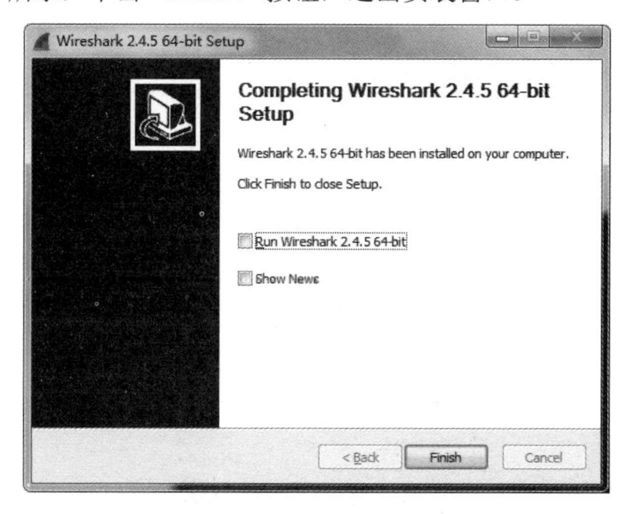

图 2-5-25　Wireshark 安装完成界面

步骤 14：进入计算机“开始”菜单，单击“所有程序”→“附件”→“命令提示符”按钮，以管理员方式打开 cmd 窗口，在该窗口的命令行中输入命令“net start npf”后回车，显示“请求的服务已经启动”，完成启动 NPF（Netgroup Packet Filter，网络数据包过滤器）服务的过程，如图 2-5-26 所示。

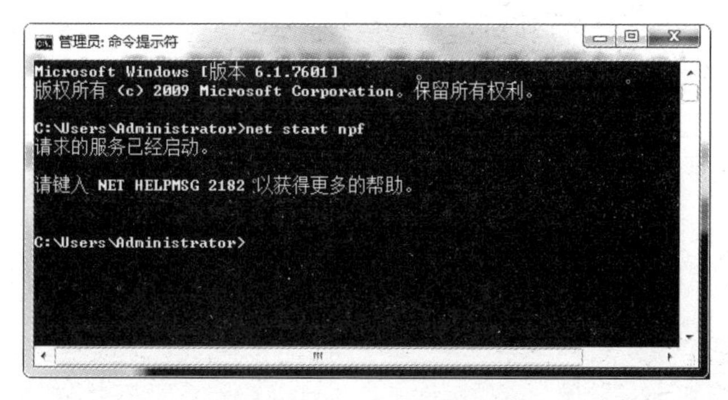

图 2-5-26　启动 NPF 服务

步骤 15：启动 Wireshark 软件自动查找本地接口，并进入 Wireshark 首页面，如图 2-5-27 所示。在首页面所有的网络连接中，找到并双击“WLAN”按钮，进入 CoAP 消息捕获窗口。

2）安装 NB-IoT Device Simulator

从华为物联网综合实训平台上下载“华为 NB-IoT 终端模拟器”并进行解压缩，然后进入“NB-IoT Device Simulator”文件夹。在该文件夹中找到文件“NB-IoTDeviceSimulator_zh.jar”，双击启动运行。如果不能打开，则建议先安装 Java 软件。

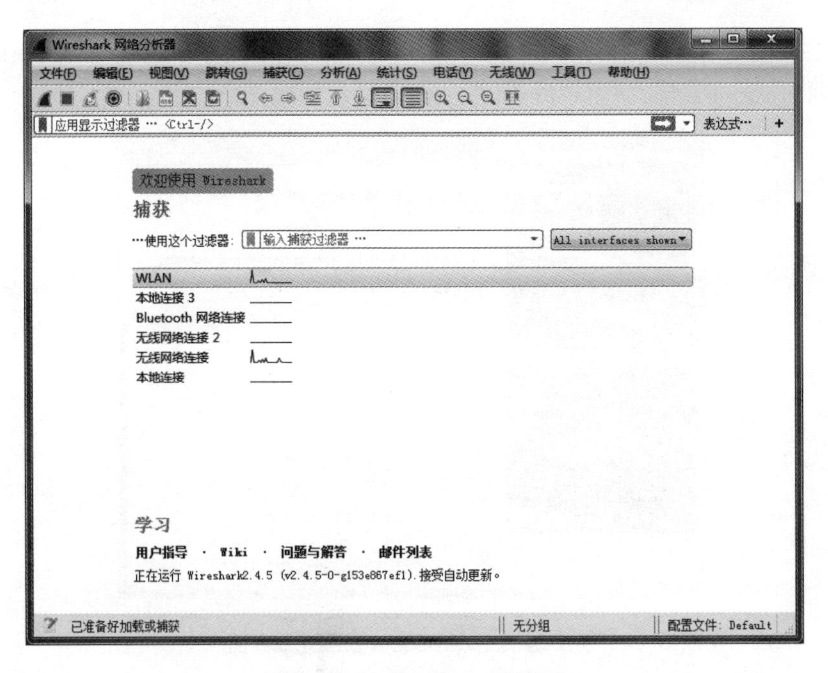

图 2-5-27　Wireshark 首页面

3）注册终端模拟器

步骤 1：进入项目。

打开 Ocean Connect 开发中心，进入项目 3 在平台上创建的项目“SmartCity”。

步骤 2：添加设备。

（1）单击“设备管理”按钮，添加真实设备（这里计算机中的终端模拟器模拟 NB-IoT 真实设备），如图 2-5-28 所示。

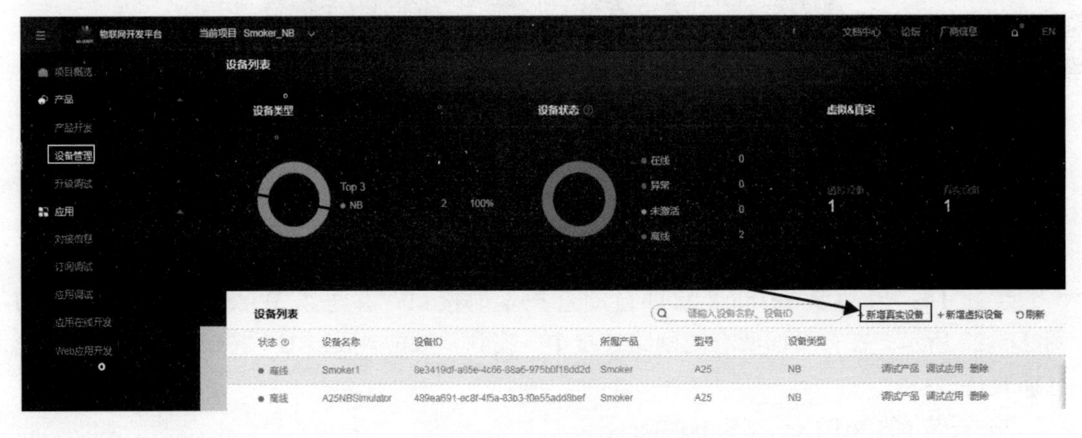

图 2-5-28　添加真实设备

（2）在弹出的页面中输入设备信息（见图 2-5-29）。设备名称及标识可以自定义，如果遇到冲突则要进行更换（建议完成本实验后删除设备信息）。

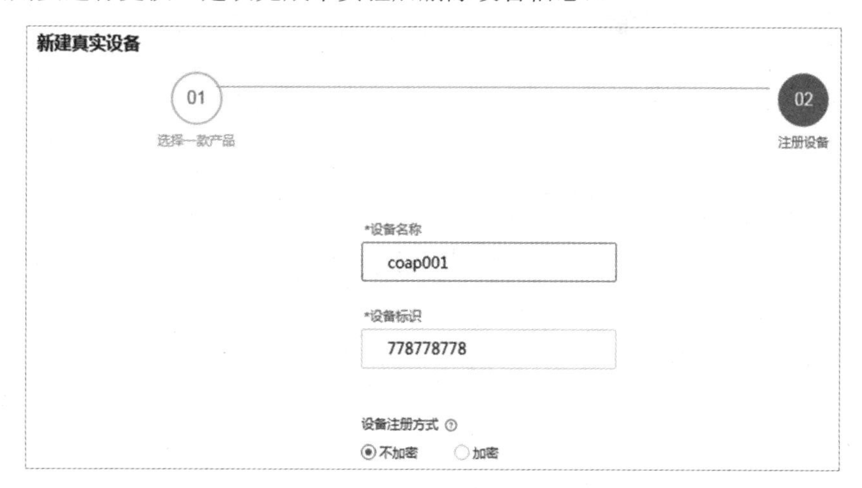

图 2-5-29　添加设备信息

完成设备添加后的“设备管理”页面，如图 2-5-30 所示。此时，设备处于“离线”状态。

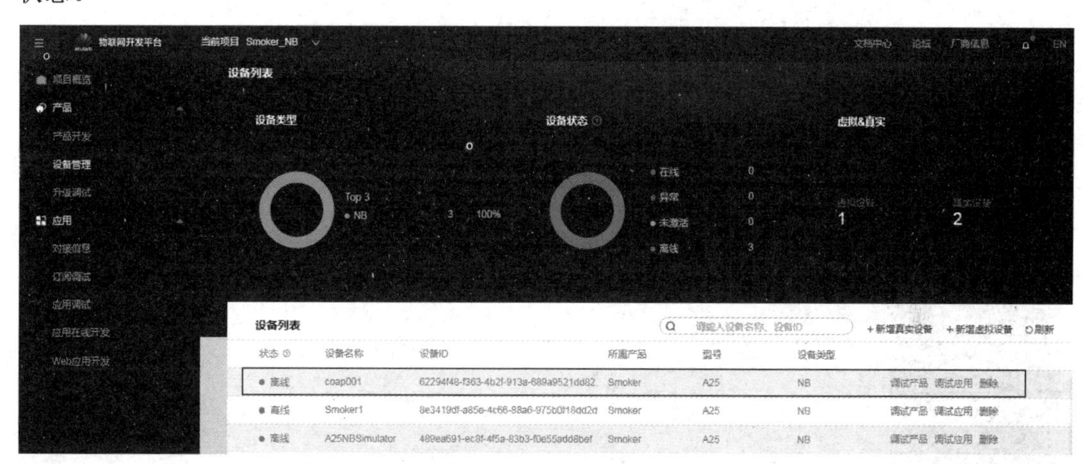

图 2-5-30　完成设备添加后

步骤 3：绑定设备。

（1）双击“NB-IoTDeviceSimulator_zh.jar”，启动中文版终端模拟器，如图 2-5-31 所示，单击“否”按钮，选择不开启 DTLS 加密传输。

（2）在 Ocean Connect 开发中心“应用”→“对接信息”→“设备接入信息”中查看南向 IP 地址（见图 2-5-32，图中“5683”对应不加密，“5684”对应 DTLS 加密），然后在 NB-IoT 终端模拟器上方输入该地址和自定义的设备标识，如图 2-5-33 所示，单击右上角的“注册设备”按钮。

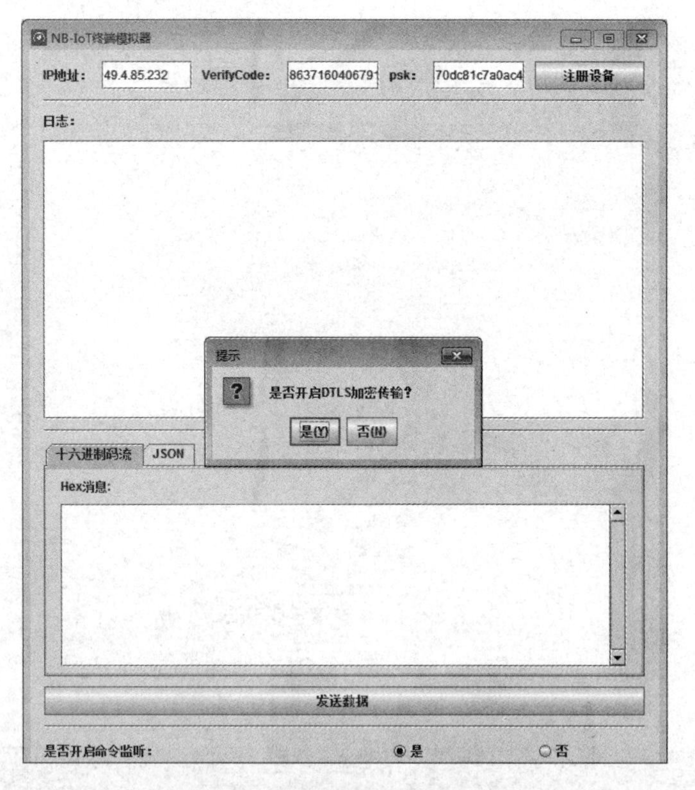

图 2-5-31　启动中文版终端模拟器

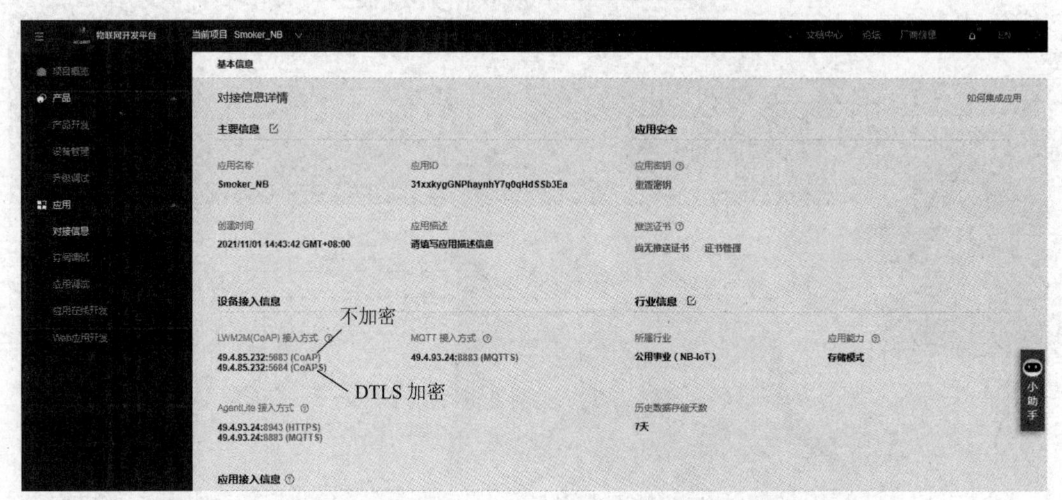

图 2-5-32　平台上查看对接信息

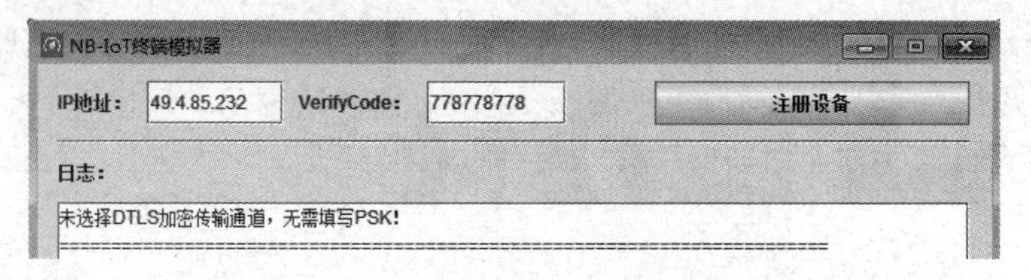

图 2-5-33　在 NB-IoT 终端模拟器中输入对接信息

（3）终端注册完成，在Ocean Connect开发中心上可以看到设备状态为“在线”，如图2-5-34所示。

图2-5-34 注册完成

5.3 实验任务

任务1：发送上行数据。

（1）在Ocean Connect开发中心的真实设备右侧，单击“调试产品”按钮。

（2）在终端模拟器中输入数据“00010001”，然后单击“发送数据”按钮，如图2-5-35所示。

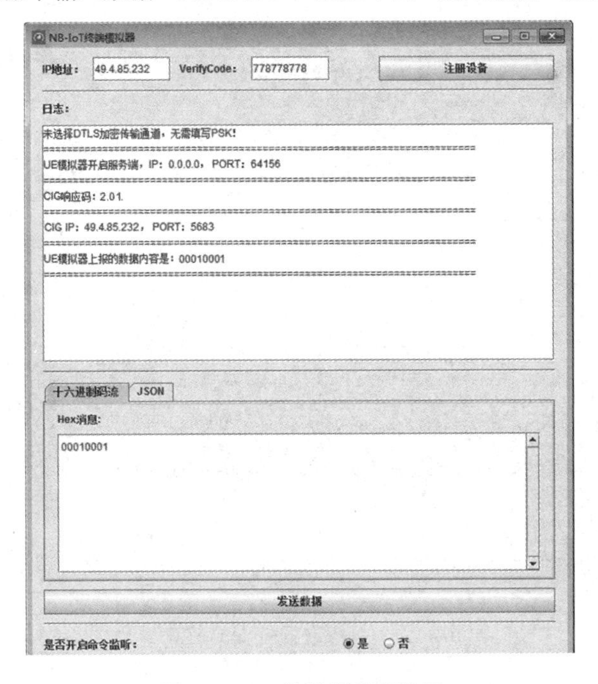

图2-5-35 模拟器发送数据

（3）打开 Ocean Connect 开发中心的应用模拟器，查看接收到的数据，如图 2-5-36 所示。

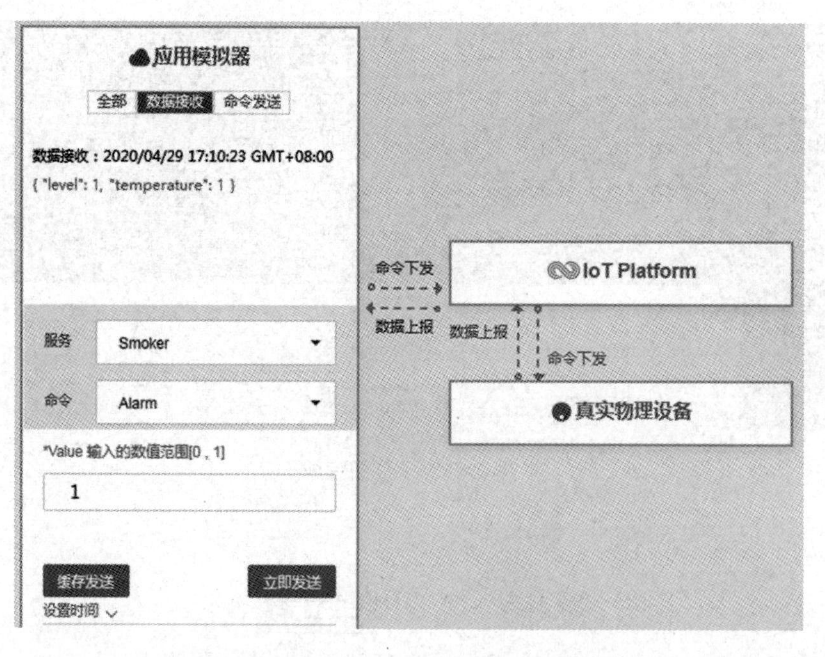

图 2-5-36　Ocean Connect 开发中心接收数据

（4）在 Wireshark 窗口上方的“应用显示过滤器”中输入“coap”，然后单击右侧的按钮，可以查看捕获到的 CoAP 消息，如图 2-5-37 所示。根据 CoAP 协议结构，试着分析协议内容。

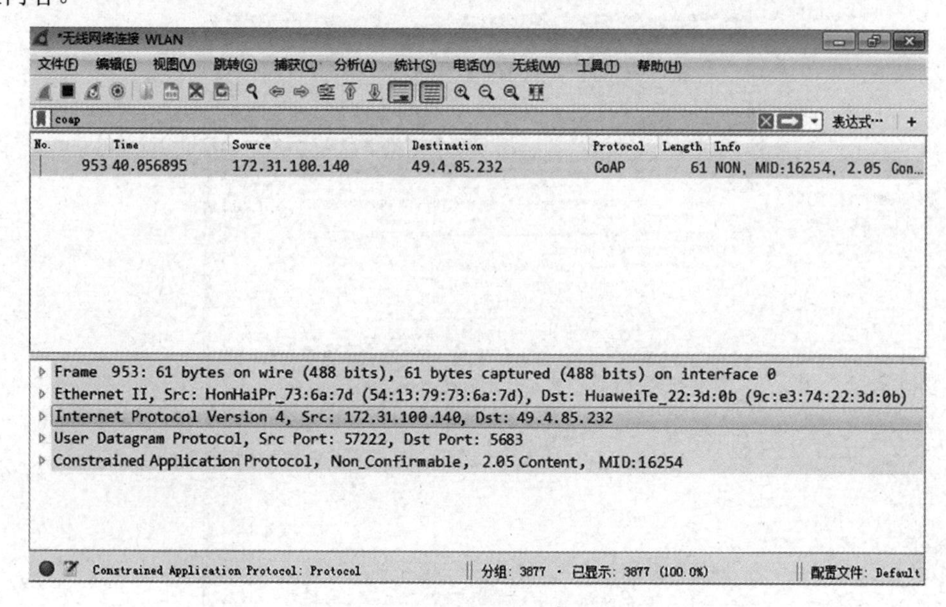

图 2-5-37　上行数据传输 CoAP 消息

任务 2：发送下行数据。

（1）在 Ocean Connect 开发中心的应用模拟器中配置下发给设备的命令参数，如图 2-5-38 所示，然后单击“立即发送”按钮。

图 2-5-38　Ocean Connect 开发中心下发数据

（2）查看 NB-IoT 终端模拟器，提示已经接收到的数据，并询问是否应答，如图 2-5-39 所示，单击“是”按钮。

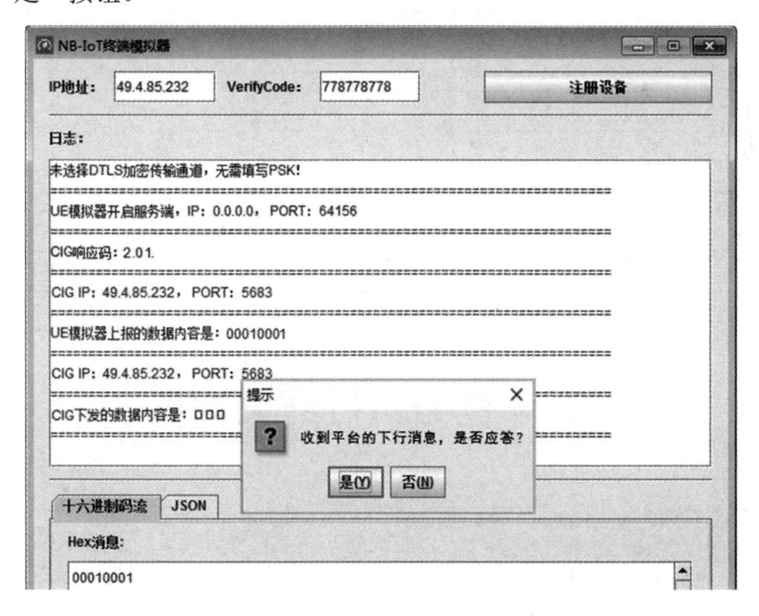

图 2-5-39　NB-IoT 终端模拟器收到数据

（3）在 Wireshark 中查看捕获到的 CoAP 消息，如图 2-5-40 所示。根据 CoAP 协议结构，试着分析协议内容。

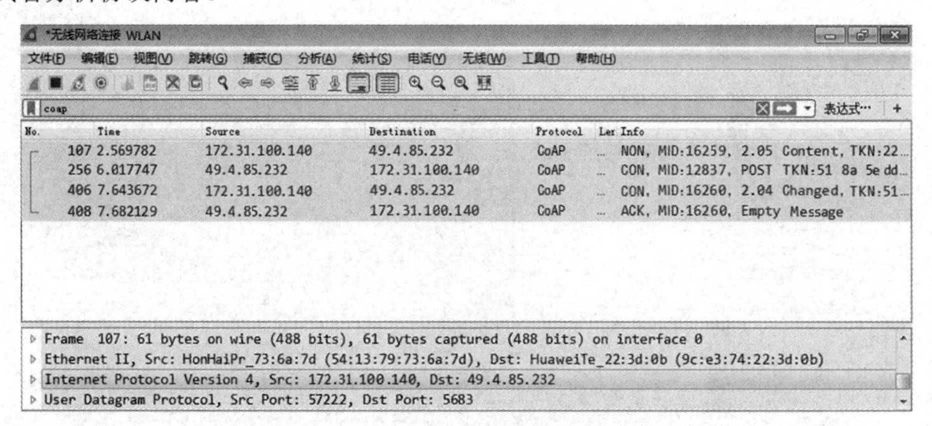

图 2-5-40　查看下行数据传输 CoAP 消息

任务 3：填写完成如表 2-5-12 所示的实验数据。

表 2-5-12　项目 5 实验数据

数据	消息			
	NON 消息	CON 消息	CON 响应消息	ACK 消息
Version				
Type				
Token Length				
Code				
Message ID				
Token				
Options 数量				
Content-format				
CoAP Messages 承载的信息				
Payload				

5.4 任务执行结果解析

NON 消息如图 2-5-41 所示。

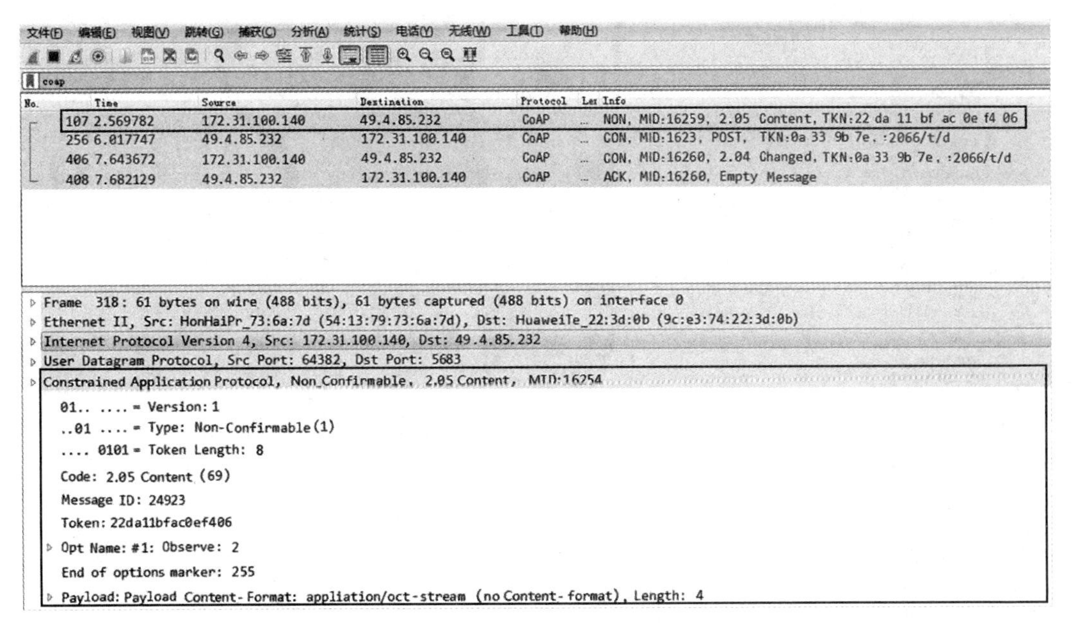

图 2-5-41　NON 消息

CON 消息如图 2-5-42 所示。

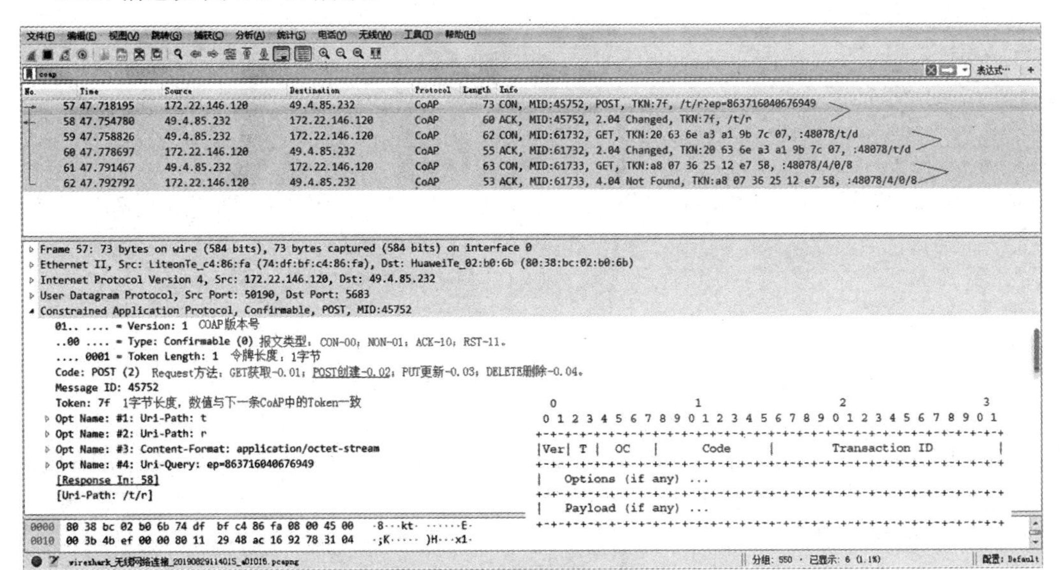

(a)

图 2-5-42　CON 消息

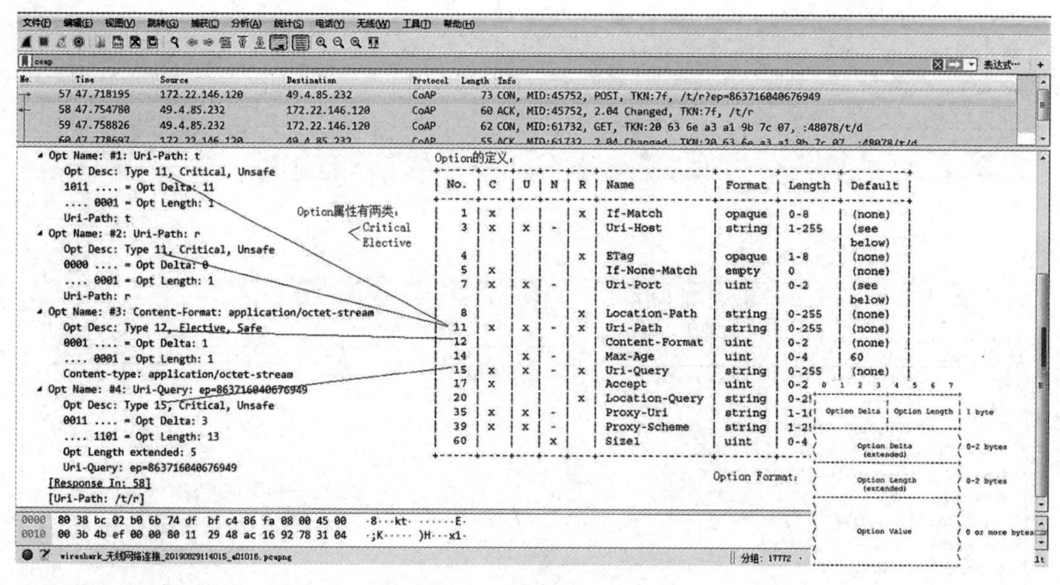

（b）

图 2-5-42 CON 消息（续）

CON 响应 ACK 消息如图 2-5-43 所示。

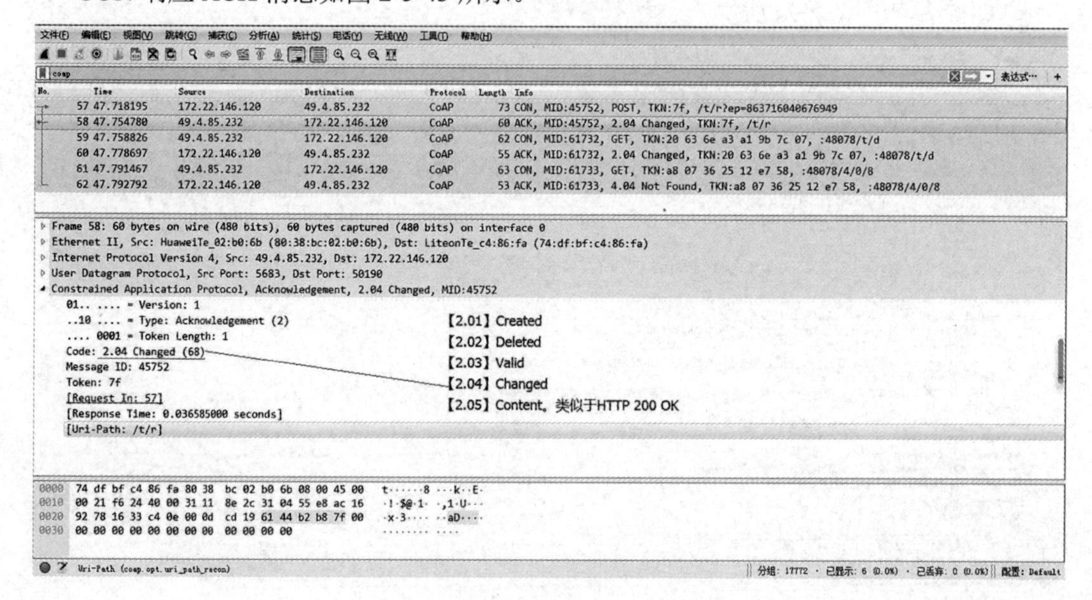

图 2-5-43 CON 响应 ACK 消息

思考题 5

5.1 CoAP 协议中的 4 种消息类型在何种情况下使用？与资源请求/响应层的关系是什么？

5.2 试展开分析一条 CoAP 协议消息。

缩略语

英文缩写	英文全称	对应中文
AAA	Authentication Authorization Accounting	认证、授权、记账
ADC	Analog-to-Digital Conversion	模数转换
ADR	Adaptive Data Rate	速率自适应
AEP	Application Enable Platform	应用使能平台
AFC	Auto Frequency Control	自动频率控制
AI	Artificial Intelligence	人工智能
AKA	Authentication and Key Agreement	认证与密钥协商
AL	Aggregation Level	聚合等级
AM	Acknowledge Mode	确认模式
API	Application Programming Interface	应用编程接口
APN	Access Point Name	接入点名称
ARPU	Average Revenue Per User	每用户平均收入
ARQ	Automatic Repeat Request	自动重传请求
AS	Access Stratum	接入层
AS	Application Server	应用服务器
BAP	Business Analytics Platform	业务分析平台
BRAS	Broadband Remote Access Server	宽带远程接入服务器
BSR	Buffer Status Report	缓冲区状态报告
CAN	Controller Area Network	控制器局域网
CCCH	Common Control Channel	公共控制信道
CCE	Control Channel Element	控制信道粒子
CCS	Cross Cluster Search	跨集群搜索（慢搜）
CDP	Cloud Data Platform	云数据平台
CE	Coverage Enhancement	覆盖增强
CIG	Cloud Inter-networking Gateway	云网关
CIoT	Cell Internet of Things	蜂窝物联网
CMP	Connectivity Management Platform	连接管理平台
CS	Circuit Switch	电路交换
CSFB	Circuit Switched Fallback	电路交换回退
CSP	Communication Service Provider	通信服务提供商
CSS	Common Search Space	公共搜索空间
CoAP	Constrained Application Protocol	受限应用协议

续表

英文缩写	英文全称	对应中文
CoMP	Coordinated Multiple Points	协作多点（传输协议）
CQI	Channel Quality Indicator	信道质量指示
CRS	Cell-specific Reference Signal	小区专用参考信号
CSG	Closed Subscriber Group	封闭用户组
CSGN	CIoT Serving Gateway Node	蜂窝物联网服务网关节点
CSI	Channel Status Information	信道状态信息
C-RNTI	Cell-Radio Network Temporary Identifier	小区无线网络临时标识
C-SGN	Cellular-Serving Gateway Node	蜂窝服务网关节点
DAC	Digital-to-Analog Conversion	数模转换
DCCH	Dedicated Control Channel	专用控制信道
DCI	Downlink Control Information	下行控制信息
DDoS	Distributed Denial of Service	分布式拒绝服务（攻击）
DMA	Direct Memory Access	直接内存存取
DMP	Device Management Platform	设备管理平台
DMRS	DeModulation Reference Signal	解调参考信号
DNS	Domain Name Sever	域名服务器
DoS	Denial of Service	拒绝服务（攻击）
DPI	Deep Packet Inspection	深度包检测
DRB	Data Radio Bearer	数据无线承载
DRA	Diameter Routing Agent	Diameter 协议路由代理（节点）
DRSS	Differential Receive Signal Strength	差分接收信号强度
DRX	Discontinuous Reception	非连续接收
DTLS	Datagram Transport Layer Security	数据报传输层安全性
E2E	End to End	端到端
EARFCN	E-UTRA Absolute Radio Frequency Channel Number	E-UTRA 绝对无线频率信道号
ECGI	E-UTRAN Cell Global Identifier	E-UTRAN 小区全球标识符
ECL	Enhancement Coverage Level	增强覆盖等级
ECM	EPS Connection Management	EPS 连接管理
eDRX	extended Discontinuous Reception	扩展非连续接收
EIR	Equipment Identity Register	设备标识寄存器
EMM	EPS Mobility Management	EPS 移动性管理
ESM	EPS Session Management	EPS 会话管理
eMTC	enhanced MachineType Communication	增强型机器类通信
EPC	Evolved Packet Core	演进的分组核心（网）
EPS	Evolved Packet System	演进的分组（核心）系统
E-UTRAN	Evolved Universal Terrestrial Radio Access Network	演进的通用陆地无线接入网
FBB	Fixed Broadband	固定宽带

续表

英文缩写	英文全称	对应中文
FDD	Frequency Division Duplex	频分双工
FDMA	Frequency Division Multiple Access	频分多址接入
FEC	Forward Error Correction	前向纠错
GGSN	Gateway GPRS Support Node	网关 GPRS 支持节点
GPIO	General-Purpose Input Output	通用型输入/输出（接口）
GPRS	General Packet Radio Service	通用分组无线业务
GTP-U	GPRS Tunneling Protocol-User plane	GPRS 隧道协议-用户面
GUI	Graphical User Interface	图形用户接口
GUMMEI	Global Unique MME Identifier	全球唯一 MME 标识
GUTI	Global Unique Temporary Identity	UE 的全球唯一临时标识
HARQ	Hybrid Auto Repeat reQuest	混合自动重传请求
HF	Hyper Frame	超帧
HSS	Home Subscriber Server	归属用户服务器
HTTP	Hyper Text Transfer Protocol	超文本传输协议
IaaS	Infrastructure as a Service	基础设施即服务
ICMP	Internet Control Message Protocol	Internet 控制报文协议
IIC/I^2C	Inter-Integrated Circuit	集成电路之间（接口）
IMEI	International Mobile Equipment Identity	国际移动设备识别码
IMSI	International Mobile Subscriber Identity	国际移动用户识别码
IND	Indicator	指示器
IP-CAN	IP-Connectivity Access Network	IP 连接访问网络
ISR	Idle mode Signaling Reduction	空闲态信令缩减
JSON	JavaScript Object Notation	JavaScript 对象简谱
LPWA	Low-Power Wide-Area	低功耗广域
LTN	Low Throughput Network	低吞吐率网络
LWIP	Light Weight Internet Protocol	轻型互联网协议栈
LwM2M	Lightweight Machine-To-Machine	轻量级机器对机器
M2M	Machine to Machine	机器对机器
MAC	Media Access Control	媒体接入控制
MBB	Mobile Broadband	移动宽带
MCC	Mobile Country Code	移动国家代码
MCL	Maximum Coupling Loss	最大耦合损耗
MCS	Modulation & Coding Scheme	调制编码策略
MCU	Micro Controller Unit	微控制器
ME	Mobile Equipment	移动设备
MIB	Main Information Block	主信息块
ML	Machine Learning	机器学习

续表

英文缩写	英文全称	对应中文
MME	Mobile Management Entity	移动管理实体
MN	Mobile Network	移动网络
MNC	Mobile Network Code	移动网络代码
MO	Mobile Origination	移动（呼叫）发起
MSIN	Mobile Subscriber Identification Number	移动用户识别码
MSPS	Million Samples Per Second	每秒百万次采样
MT	Mobile Termination	移动（呼叫）接收
MT	Mobile Terminal	移动终端
MQTT	Message Queuing Telemetry Transport	消息队列遥测传输（协议）
NAS	Non-Access Stratum	非接入层
NCCE	Narrowband Control Channel Element	窄带控制信道粒子
NDI	New Data Indicator	新数据指示标识
NFC	Near Field Communication	近场通信
NFV	Network Function Virtualization	网络功能虚拟化
NPBCH	Narrowband Physical Broadcast Channel	窄带物理广播信道
NPCI	Narrowband Physical Cell Indentity	窄带物理小区标识
NPDCCH	Narrowband Physical Downlink Control Channel	窄带物理下行控制信道
NPDSCH	Narrowband Physical Downlink Shared Channel	窄带物理下行共享信道
NPF	Netgroup Packet Filter	网络数据包过滤器
NPRACH	Narrowband Physical Random Access Channel	窄带物理随机接入信道
NPSS	Narrowband Primary Synchronization Signal	窄带主同步信号
NPUSCH	Narrowband Physical Uplink Shared Channel	窄带物理上行共享信道
NRS	Narrowband Reference Signal	窄带参考信号
NSSS	Narrowband Secondary Synchronization Signal	窄带辅同步信号
NV	Non-Valotile	（手机中的）非易失
OLED	Organic Light-Emitting Diode	有机发光二极管
OSA	Open Service Architecture	开放业务架构
PaaS	Platform as a Service	平台即服务
PCC	Policy & Charging Control	策略与计费控制
PCEF	Policy and Charging Enforcement Function	策略与计费执行功能
PCI	Physical Cell Identifier	物理小区标识
PCO	Protocol Configuration Option	协议配置选项
PCRF	Policy and Charging Rules Function	策略与计费规则功能（实体）
PDCP	Packet Data Convergence Protocol	分组数据汇聚协议
PDH	Plesiochronous Digital Hierarchy	准同步数字系列
PDN	Public Data Network	公共数据网络
PDP	Packet Data Protocol	分组数据协议

续表

英文缩写	英文全称	对应中文
PDU	Packet Data Unit	分组数据单元
PGW	PDN GateWay	公共数据网络网关
PHY	Physical layer	物理层
PKI	Public Key Infrastructure	公钥基础设施
PLC	Power Line Communication	电力线通信
PLMN	Public Land Mobile Network	公共陆地移动网络
POS	Point Of Sales	销售点
PRB	Physical Resource Block	物理资源块
PRS	Positioning Reference Signal	定位参考信号
PS	Packet Switch	分组交换
PSD	Power Spectral Density	功率谱密度
PSS	Primary Synchronization Signal	主同步信号
PSK	Pre-Shared Key	预共享密钥
PSM	Power Saving Mode	省电模式
QPSK	Quadrature Phase Shifting Keying	正交相移键控
QoS	Quality of Service	服务质量
RAR	Random Access Response	随机接入响应
RAT	Radio Access Technology	无线接入技术
RAU	Route Area Update	路由区更新
RB	Resource Block	资源块
RE	Resource Element	资源粒子
REG	Resource Element Group	资源粒子组
RLC	Radio Link Control	无线链路控制
ROHC	Robust Header Compression	健壮性包头压缩
RRC	Radio Resource Control	无线资源控制
RS	Reference Signal	参考信号
RSS	Receive Signal Strength	接收信号强度
RSRP	Reference Signal Receive Power	参考信号接收功率
RSRQ	Reference Signal Receive Quality	参考信号接收质量
RSSI	Reference Signal Strength Indicator	参考信号强度指示
RU	Resource Unit	资源单元
SaaS	Software as a Service	软件即服务
SAI	Serial Audio Interface	串行音频接口
SCEF	Service Capability Exposure Function	业务能力开放功能
SCF	Service Capability Features	业务能力特征
SCS/AS	Service Capability Server/Application Server	业务能力服务器/应用服务器
SCS	Single Cluster Search	单个集群内搜索（快搜）

续表

英文缩写	英文全称	对应中文
SCTP	Stream Control Transmission Protocol	流控制传输协议
SDK	Software Development Kit	软件开发工具包
SDU	Service Data Unit	业务数据单元
SGSN	Serving GPRS Support Node	服务 GPRS 支持节点
SF	Super Frame	超帧
SFBC	Space Frequency Block Coding	空频块编码
SFN	System Frame Number	系统帧号
SGW	Service GateWay	服务网关
SIB	System Information Block	系统信息块
SIM	Subscriber Identity Module	用户识别模块/卡
SINR	Signal to Interference &Noise Ratio	信号与干扰和噪声之比
SMTP	Simple Mail Transfer Protocol	简单邮件传输协议
SNR	Signal to Noise Ratio	信噪比
SON	Self-Organizing Network	自组织网络
SP	Service Provider	业务提供商
SPI	Serial Peripheral Interface	串行外设接口
SPU	Service Processing Unit	业务处理单元
SRAM	Static Random Access Memory	静态随机存储器
SRB	Signaling Radio Bearer	信令无线承载
SSB	Single-Side Band	单边带（调制）
SSL	Security Sockets Layer	安全套接层
SSS	Secondary Synchronization Signal	辅同步信号
SW	Serial Wire	串口线
TA	Tracking Area	跟踪区
TAI	Tracking Area Identity	跟踪区标识
TB	Transport Block	传输块
TBCC	Tail Biting Convolutional Coding	咬尾卷积码
TDD	Time Division Duplex	时分双工
TDM	Time Division Multiplexing	时分多路复用
TDOA	Time Difference Of Arrival	到达时间差
TE	Terminal Equipment	终端设备
TEID	Tunnel Endpoint Identifier	隧道端点标识符
TM	Transparent Mode	透明模式
UART	Universal Asynchronous Receiver/Transmitter	通用异步收发器
UCI	Uplink Control Information	上行控制信息
UDP	User Datagram Protocol	用户数据报协议
UE	User Equipment	用户设备

续表

英文缩写	英文全称	对应中文
ULA	Update Location Answer	位置更新响应
ULR	Update Location Request	位置更新请求
UMTS	Universal Mobile Telecommunications System	通用移动通信系统
UNB	Ultra Narrow Band	超窄带
URI	Uniform Resource Identifier	统一资源标志符
URL	Uniform Resource Locator	统一资源定位器
USART	Universal Synchronous Asynchronous Receiver/Transmitter	通用同步异步收发器
USB	Universal Serial Bus	通用串行总线
USIM	Universal Subscriber Identity Module	全球用户识别模块/卡
USS	UE-specific Search Space	用户专用搜索空间
VM	Virtual Machine	虚拟机
VPN	Virtual Private Network	虚拟专用网络
WPAN	Wireless Personal Area Network	无线个人局域网
WWAN	Wireless Wide Area Network	无线广域网
XML	eXtensible Markup Language	可扩展标记语言
XMPP	eXtensible Messaging and Presence Protocol	可扩展消息处理现场协议

参考文献

[1] 华为 NB-IoT 入门到精通. 华为技术有限公司，2022.

[2] 华为 NB-IoT 入门到精通实验手册. 华为技术有限公司，2022.

[3] 黄宇红，杨光，肖善鹏，等. NB-IoT 物联网技术解析与案例详解[M]. 北京：机械工业出版社，2019.

[4] 吴细刚. NB-IoT 从原理到实践[M]. 北京：电子工业出版社，2017.

[5] Omdia. 2020 年趋势观察：物联网[EB/OL]. [2021-1-9]. https://www.yunzhan364.com/19361420.html.

[6] NB-IoT 入门到精通. 华为技术有限公司，2019.

[7] HCIA-IoT 华为物联网工程师认证培训教材. 华为技术有限公司，2019.

[8] 李联宁. 物联网安全导论[M]. 北京：清华大学出版社，2013.